仪表选用及DCS组态

武平丽　主编
高国光　主审

化学工业出版社
·北京·

本书以一个具体流程装置对象的检测、控制与仿真工程项目为例，从工程项目实施执行的角度，依据该装置的检测与控制要求，讲述了仪表的选用、控制系统方案设计、DCS系统配置、DCS系统组态、以及项目的调试与投运。并针对该对象装置进行了建模与仿真，做到了虚实结合。

本书以工程项目实施的工作过程，按工作任务对内容进行分解序化，将知识点融于项目实施的过程中。以加强实践能力培养为原则，力求还原实际过程控制工程项目实施的真实工作过程。对于对象装置中没有涉及而实际工业生产过程中又经常用到的仪表和过程控制系统也做了介绍。

本书所选控制对象装置的I/O点数适中，所用DCS为自动化行业国内一流的和利时公司最新HOLLiAS MACS-K系统硬件与MACS V6版本软件，用于教学、培训或工程控制技术人员的学习，初学者比较容易上手。

本书有配套的电子教案，可在化学工业出版社的官方网站上免费下载。

本书可作为高等院校自动化及其相关专业"教·学·做"一体化的教科书、教学参考书或毕业设计指导用书，也可作为广大科技工作者和工程技术人员的参考用书。

图书在版编目（CIP）数据

仪表选用及DCS组态/武平丽主编. —北京：化学工业出版社，2019.9（2025.2重印）
ISBN 978-7-122-34563-9

Ⅰ.①仪… Ⅱ.①武… Ⅲ.①自动化仪表-自动控制系统-研究 Ⅳ.①TH82②TP273

中国版本图书馆CIP数据核字（2019）第101707号

责任编辑：高 钰　　文字编辑：陈 喆
责任校对：宋 夏　　装帧设计：刘丽华

出版发行：化学工业出版社（北京市东城区青年湖南街13号 邮政编码100011）
印 装：北京建宏印刷有限公司
787mm×1092mm 1/16 印张15¾ 字数406千字 2025年2月北京第1版第7次印刷

购书咨询：010-64518888 售后服务：010-64518899
网 址：http://www.cip.com.cn
凡购买本书，如有缺损质量问题，本社销售中心负责调换。

定 价：58.00元

前言

智能工厂是指在广泛采用现代数字信息处理和通信技术的基础上，集成智能的传感与执行、控制和管理云计算、大数据、工业互联网等技术，其涉及设备层、控制层、管理层、企业层、云服务层、网络层等企业系统架构。通过构建智能化生产系统、网络化分布生产设施，实现生产过程的智能化，也即实现工厂生产监控、生产管理、运营决策三个层面全部业务流程的上下一体化前后协同运作。基于和利时DCS系统的智能工厂解决方案不仅能在工厂控制范围内横向扩展，更能实现纵向的上下功能扩展，通过设备管理系统（AMS)、仿真系统（OTS)、实时信息系统（RMIS)、生产执行系统（MES)，实现工厂从现场仪表到信息管理系统的一体化控制与管理。

本书基于和利时DCS系统的智能工厂实训系统，展示了智能工厂架构中实际应用的部分内容。本书以一个具体装置的检测、控制与生产管理为项目为例，针对该对象装置的检测与控制要求，进行现场检测变送器及执行器的选用、控制系统方案设计、DCS系统配置及组态，并对DCS进行系统仿真、调试与投运，构成一个从输入到输出再到过程装置的完整生产控制体系，力求还原实际过程控制工程项目全生命周期的真实实施过程。

本书的内容已制作成用于多媒体教学的PPT课件，并将免费提供给采用本书作为教材的院校使用。如有需要，请发电子邮件至cipedu@163.com获取，或登录www.cipedu.com.cn免费下载。

本书由武平丽主编，并编写了绪论、第2章和第3章，由高国光主审，参加编写的有杨筝（第1章的1.2、1.3和1.4)，刘金浦（第1章中的1.1、1.5和1.6)，乔增波（第4章)，朱红（第5章)，李兆崇（第6章)。在本书编写过程中，参考了相关文献，得到了和利时科技集团和江苏昌辉成套设备有限公司王斌的诚挚帮助。在此一并向关心和支持本书出版的所有单位和个人，以及参考文献的作者表示衷心的感谢。

由于检测、控制、管理等技术的快速发展及编者水平所限，书中难免存在不足和缺点，恳请读者批评指正。

编者

2019年7月

目录

绪论

第1章 仪表的选用

第3章 DCS系统配置

第4章 DCS系统组态

绪论

本书以一个具体对象装置的检测与控制为贯穿性的项目，针对该对象装置的检测与控制要求，进行仪表选型、DCS系统配置与组态，并进行调试与投运。为了方便学习与培训，针对该对象装置还做了OTS系统。

绪论主要介绍对象装置和该装置的检测控制要求，简单介绍检测和控制的基础知识。

通过绪论的学习，能够让读者：

※ 了解对象装置的组成和检测控制要求。

※ 了解检测仪表的性能指标和测量误差。

※ 熟悉过程控制系统的分类与组成。

※ 熟悉控制系统的品质指标。

※ 熟悉传递函数与方块图变换。

0.1 对象装置简介

在工业生产中，对象泛指工业生产设备。常见的有电机、各类热交换器、塔器、反应器、储液槽、各种泵、压缩机等。有的生产过程容易操作，工艺变量能够控制得比较平稳；有的生产过程却很难操作，工艺变量会产生大幅度的波动，稍不谨慎就会超出工艺允许范围影响生产工况，甚至造成生产事故。只有充分了解和熟悉了生产工艺过程，明确了对象的特性，才能得心应手地操作生产过程，使生产工况处于最佳状态。所以，研究和熟悉常见控制对象的特性，对工程技术人员来说有着十分重要的意义。

本书所讲述的对象装置是一套基于工业过程的物理模拟对象，它是集自动化仪表及DCS技术、计算机技术、通信技术、自动控制技术为一体的多功能实验装置。

该装置由被控对象和电气柜两部分组成。被控对象由水箱、锅炉、反应釜、滞后水箱、不锈钢管道及动力装置等构成，用于模拟工业现场设备；电气柜安装有空开、变频器、按钮、指示灯，用于给现场设备和电气仪表供电，以及设备的就地启停操作。图0-1为该对象装置的实物照片，图0-2为工艺流程图。

该对象装置可用来研究液位、温度、流量及压力等热工参数的检测及控制。检测装置主要有压力传感器、K型热电偶和流量计等，它们安装在相关被控对象上或与其连接的管道上用来测量上述被控量；执行机构有电动调节阀、气动调节阀、变频器和加热调压模块等。

对象动力系统分五路：其中四路由水泵、电动调节阀、气动调节阀、变频器、流量计及电磁阀等组成，用来抽冷水或热水，以模拟反应釜进料冷却系统机构；另一路由变频器、气泵等组成，以模拟反应釜保压机构。

图 0-1　对象装置

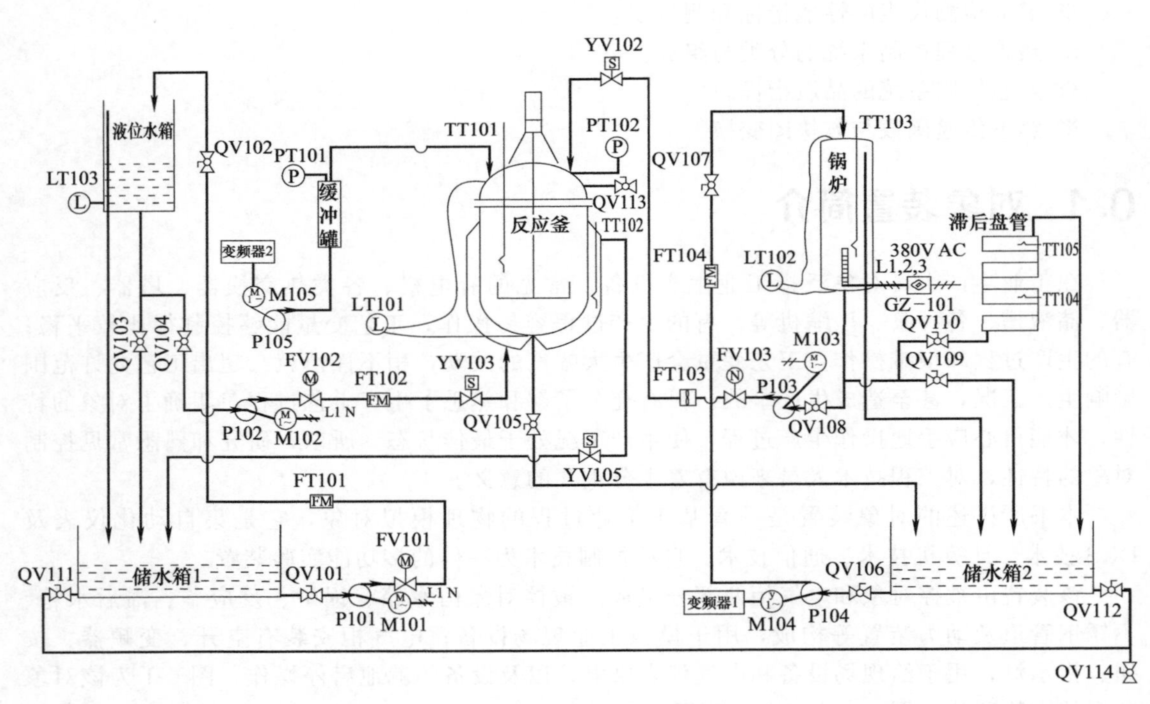

图 0-2　对象装置工艺流程图

如图 0-1 所示，对象装置的中间部分为本设备的主体部分，由反应釜及一些温度、压力等测量元器件组成，反应釜左边有液位系统、压力系统，右边有锅炉和滞后水箱组成的温度系统。该对象装置所包含的主要设备如表 0-1 所列。

如图 0-2 所示，反应釜上表面有 5 个开孔，1 个进料孔、1 个进气孔、1 个排气孔、1 个测温孔及 1 个测压孔。进料孔为物料的进口，本装置用冷水和热水模拟两种不同物料；进气

表 0-1 对象装置主要设备一览表

对象装置	实验对象	水泵管道流量系统
		水箱液位系统
		锅炉-滞后水箱温度系统
		气泵-压力罐压力系统
	检测仪表	扩散硅式压力传感变送器
		差压传感变送器
		电磁流量计
		孔板流量计
		涡轮流量计
		K 分度热电偶及变送器
		PA 总线仪表(罗斯蒙特压力变送器)
		HART 总线仪表(罗斯蒙特温度变送器)
		HART 总线仪表(EJA 液位变送器)
		PA 总线仪表(E+H 电磁流量计)
	执行机构	可控硅移相调压装置
		电动调节阀
		气动调节阀
		变频器
		电磁阀
	辅助系统	漏电保护器
		防干烧系统
		气泵

口为保压气体进口，因为化学反应有一定温压条件，保压气体一般为氮气，本装置用空气模拟；排气口，模拟尾气吸收装置等，废气检测合格后排出，进料完成后，此阀门可以关闭；测温测压孔用以安装温度及压力传感器。

反应釜下表面及侧面有 3 个开孔，1 个夹套进水口、1 个内胆出水口、1 个夹套测温孔。可以抽冷水通过反应釜的夹套进水口进入其夹套内部以冷却反应釜内胆。

针对该对象装置主要进行水箱液位，反应釜温度、压力及液位，反应釜夹套温度，锅炉温度及液位，滞后水箱进出口温度，以及四个水泵出口流量的检测及相关参数的控制。所用到的检测仪表和执行机构将在第 1 章中详细介绍，装置中所涉及的控制系统方案设计将在第 2 章中讲解。第 3～6 章将根据该对象装置的 DCS 的 IO 点进行 DCS 系统配置、系统组态、建模与仿真以及调试与投运。在本章先介绍检测和控制的一些基础知识。

0.2 过程检测技术基础

检测是指在工业生产过程中，为及时监视、控制生产过程，而对生产工艺参数进行的定性检查和定量测量的过程，实现生产过程参数检测的装置称为过程检测仪表，检测仪表是过程控制系统的重要组成部分。

0.2.1 检测仪表的组成与结构形式

(1) 检测仪表的组成

检测仪表一般由检测、转换和显示三部分组成。

① 检测部分：直接感受被测变量，并将其转换为便于测量传送的位移、电量或其他形式的信号。

② 转换部分：对测量信号进行转换、放大或其他处理，如温度、压力补偿，线性校正，参数计算等处理。

③ 显示部分：将测量结果以指针、记录笔、计数器、数码管、CRT 及 LCD 屏以模拟、数字、曲线、图形等方式指示、记录下来。

(2) 检测仪表的结构形式

检测仪表有开环和闭环两种结构形式。

① 开环式结构：特点是简单、直观，性能不高，如图 0-3 所示，即

$$y=K_1K_2K_3x=Kx$$

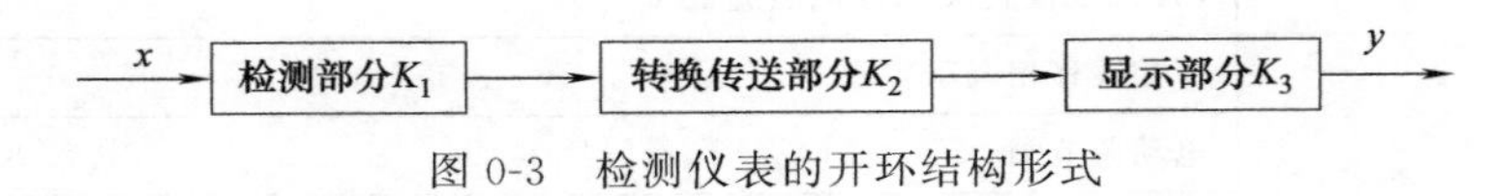

图 0-3 检测仪表的开环结构形式

② 闭环式结构：特点是消除了转换、显示环节干扰的影响，性能较高，如图 0-4 所示，即：

$$y=\frac{K_1K_2K_3}{1+K_2K_3K_f}x\approx\frac{K_1}{K_f}x$$

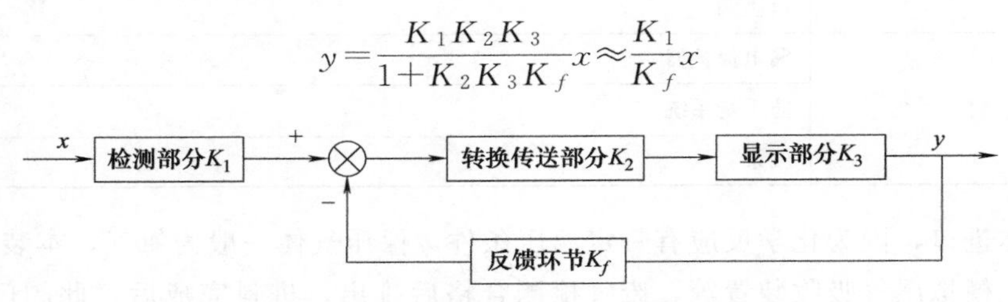

图 0-4 检测仪表的闭环结构形式

0.2.2 检测仪表的测量误差

测量的目的是获得过程变量的真实值，而在测量过程中，由于使用的测量工具本身不够精确、观测者的主观性和周围环境的影响等，使得测量值与真实值不可能完全一样，始终存在一定的差值，这个差值就是测量误差（measurement error）。在实际测量中，误差的表示方法有很多种，其含义、用途各不相同。通常分为绝对误差和相对误差。

(1) 绝对误差（absolute error）

绝对误差在理论上是指仪表指示值 x 和被测量的真实值 x_t 之间的代数差，可表示为

$$\Delta=x-x_t$$

在工程中，要知道被测量的真实值是困难的。因此，测量仪表在其标尺范围内各点读数的绝对误差，一般是用标准表（准确度较高）和被校表（准确度较低）同时对同一参数测量所得到的两个读数之差来表示的，即把上式中的真实值 x_t 用标准表读数 x_0 来代替，则绝对误差表示成

$$\Delta = x - x_0$$

(2) 相对误差 (relative error)

检测仪表都有各自的测量标尺范围，即仪表的量程。同一台仪表量程发生变化，也会影响测量的准确性。因此工业上定义了一个相对误差——仪表引用误差，它是绝对误差与测量标尺范围之比，即

$$\delta = \frac{\pm(x - x_0)}{\text{标尺上限} - \text{标尺下限}} \times 100\%$$

仪表的标尺上限值与下限值之差，一般称为仪表的量程 (span)。

各种测量过程都是在一定的环境条件下进行的，外界温度、湿度、电压的波动以及仪表的安装等都会造成附加的测量误差。因此考虑仪表测量误差时不仅要考虑其自身性能，还要注意使用条件，尽量减小附加误差。

0.2.3 检测仪表的性能指标

评价一台仪表的性能优劣通常用以下指标进行衡量。

(1) 精确度 (accuracy)

仪表的精确度简称精度，是用来表示测量结果可靠程度的指标。任何测量过程都存在着测量误差。在使用仪表测量生产过程中的工艺变量时，不仅需要知道仪表的指示值，而且还应该了解仪表的精度。

考虑到整个测量标尺范围内的最大绝对误差，则可得到仪表最大引用误差为

$$\delta_{\max} = \frac{\pm(x - x_0)_{\max}}{\text{标尺上限} - \text{标尺下限}} \times 100\%$$

仪表的最大引用误差又称允许误差，它是仪表基本误差的主要形式。仪表的精度等级是将仪表允许误差的“±”及“%”去掉后的数值，以一定的符号形式表示在仪表面板上，如1.5外加一个圆圈或三角形。精度等级1.5，说明该仪表的允许误差为±1.5%。

仪表的精度是按国家统一规定的允许误差划分成若干等级的。目前，我国生产的仪表常用的精度等级有0.005，0.02，0.05，0.1，0.2，0.4，0.5，1.0，1.5，2.5，4.0等。为了进一步说明如何确定仪表的精度等级，下面举两个例子。

例1 某台测温仪表的测温范围为200～700℃，仪表的最大绝对误差为±4℃，试确定该仪表的允许误差和精度等级。

解 仪表的允许误差为

$$\delta_{\max} = \frac{\pm 4}{700 - 200} \times 100\% = \pm 0.8\%$$

如果将该仪表的允许误差去掉“±”号及“%”号，其值为0.8。由于我国规定的精度等级中没有0.8级仪表，同时，该仪表的允许误差超过了0.5级仪表允许的最大误差，所以，这台测温仪表的精度等级为1.0级。

例2 某被测参数的测量范围要求0～1000kPa，根据工艺要求，用来测量的绝对误差不能超过±8kPa，试问选择何种精度等级的压力测量仪表才能满足要求。

解 根据工艺要求，被选仪表的允许误差是

$$\delta_{\max} = \frac{\pm 8}{1000 - 0} \times 100\% = \pm 0.8\%$$

如果将该仪表的允许误差去掉“±”号及“%”号，其值为0.8，介于0.5和1.0之间。如果选择1.0级的仪表，其允许最大相对误差百分误差为±1.0%，超过了工艺允许的

数值，因此，只有选择0.5级仪表才能满足工艺要求。

仪表精度等级是衡量仪表质量优劣的重要指标之一，数值越小，仪表精度等级越高，仪表的准确度也越高。工业现场用的测量仪表，其精度大多数是在0.5级以下的。

(2) 变差 (variation)

变差是指在外界条件不变的情况下使用同一仪表对某一变量进行正反行程（即在仪表全部测量范围内逐渐从小到大和从大到小）测量时，对应于同一测量值所得的仪表读数之间的差异。造成变差的原因很多，例如传动机构的间隙、运动部件的摩擦、弹性元件的弹性滞后等。在仪表使用过程中，要求仪表的变差不能超出仪表的允许误差。

(3) 线性度 (linearity)

通常总是希望检测仪表的输入输出信号之间存在线形对应关系，并且将仪表的刻度制成线性刻度，但是实际测量过程中由于各种因素的影响，实际特性往往偏离线性，如图0-5所示。线性度就是衡量实际特性偏离线性程度的指标。

(4) 灵敏度和分辨力 (sensitivity and resolution)

灵敏度是仪表输出变化量 ΔY 与引起此变化量的输入变化量 ΔX 之比，即

$$灵敏度=\frac{\Delta Y}{\Delta X}$$

对于模拟式仪表而言，ΔY 是仪表指针的角位移或线位移。灵敏度反映了仪表对被测量变化的灵敏程度。

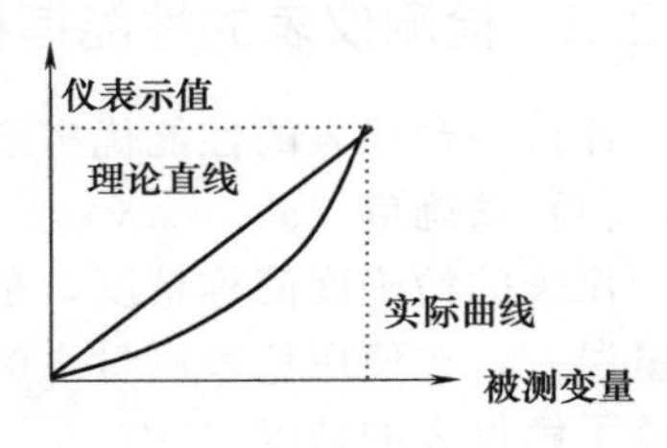

图0-5 线性度示意图

分辨力又叫仪表灵敏限，是仪表输出能响应和分辨的最小变化量。分辨力是灵敏度的一种反映，一般说仪表的灵敏度越高，则分辨力越高。对于数字式仪表而言，分辨力就是数字显示仪表变化一个LSB（二进制最低有效位）时输入的最小变化量。

(5) 动态误差 (dynamic error)

以上考虑的性能指标都是静态的（static），是指仪表在静止状态或者是在被测量变化非常缓慢时呈现的误差情况。但是仪表动作都有惯性延迟（时间常数）和测量传递滞后（滞后时间），当被测量突然变化后必须经过一段时间才能准确显示出来，这样造成的误差就是动态误差。在被测量变化较快时不能忽略动态误差的影响。

除了上面介绍的几种性能指标外，还有仪表的重复性、再现性、可靠性等指标。

通常情况下，过程控制对检测仪表有以下三条基本的要求：

① 测量值要正确地反映被控变量的值，误差不超过规定的范围；

② 在环境条件下能长期工作，保证测量值的可靠性；

③ 测量值必须迅速反映被控变量的变化，即动态响应比较迅速。

第一条基本要求与仪表的精确度等级和量程有关，并与使用、安装仪表正确与否有关；第二条基本要求与仪表的类型、元件的材质以及防护措施等有关；第三条基本要求与检测元件的动态特性有关。

0.3 过程控制技术基础

控制技术是以自动控制理论为基础，以生产过程（设备或装置）为对象，应用工业自动化仪器仪表来实现自动控制的技术。自动控制技术的应用范围很广，可分为断续过程控制（如加工过程自动化、电气传动控制系统、数控技术等）和连续过程控制。

0.3.1 过程控制系统的分类

过程控制系统一般分为生产过程自动检测（automatic monitoring）、过程自动控制（autocontrol）、过程自动报警与联锁（auto-alarm and interlocking）、过程自动操纵（automatic operation）四大类。

（1）过程自动检测系统

利用各种检测仪表自动连续地对相应的工艺变量进行检测，并能自动地对数据进行处理、指示和记录的系统，称为过程自动检测系统。

（2）过程自动控制系统

用自动控制装置对生产过程中的某些重要变量进行自动控制，使受到外界干扰影响而偏离正常状态的工艺变量自动地回复到规定的数值范围的系统。

过程的自动控制系统分类方法很多，若按被控变量的名称分，有温度、压力、流量、液位、成分等控制系统；若按给定信号的特点分，有定值控制系统、随动控制系统、顺序控制系统；若按系统的结构特点分，有反馈控制系统、前馈控制系统、前馈-反馈复合控制系统；按控制器的控制规律来分类，有比例（P）控制系统、比例积分（PI）控制系统和比例积分微分（PID）控制系统等；按被控量的多少来分类，有单变量控制系统和多变量控制系统等。

（3）过程自动报警与联锁系统

对一些关键的生产变量，应设有自动报警与联锁系统。当变量接近临界数值时，系统会发出声、光报警，提醒操作人员注意。如果变量进一步接近临界值、工况接近危险状态时，联锁系统立即采取紧急措施，自动打开安全阀或切断某些通路，必要时紧急停车，以防事故的发生和扩大。

（4）过程自动操纵系统

按预先规定的步骤，自动地对生产设备进行周期性操作的系统。

本书所介绍的自动控制系统，就其结构与基本原理来说，主要是定值的反馈控制系统，就其应用范围来说，主要是连续生产过程中的过程控制系统。本节简单介绍过程自动检测系统，主要讨论过程自动控制系统。

0.3.2 过程自动检测系统

实现被测变量的自动检测、数据处理及显示（记录）功能的系统叫过程自动检测系统。自动检测系统由两部分组成：检测对象和检测装置。如图 0-6 所示。

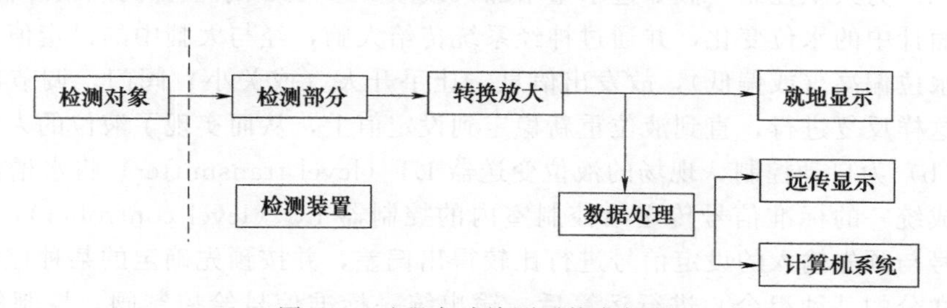

图 0-6 过程自动检测系统方框图

若检测装置由检测部分、转换放大和就地显示环节构成，则检测装置实际为一块就地显示的检测仪表。如单圈弹簧管压力表、玻璃温度计等。

若检测装置由检测部分、转换放大和数据处理环节与远传显示仪表（或计算机系统）组成，则把检测、转换 、数据处理环节称为传感器（如霍尔传感器、热电偶、热电阻等），它将被测变量转换成规定信号送给远传显示仪表（或计算机系统）进行显示。若传感器输出信号为国际统一标准信号 4～20mA DC 电流（或 20～100kPa 气压），则称其为变送器（如压力变送器、温度变送器等）。

0.3.3 过程自动控制系统

在生产过程中，对各个生产工艺参数都有一定的控制要求。有些工艺参数直接表征生产过程，对产品的产量和质量起着决定性的作用。如化学反应器的反应温度必须保持平稳，才能使效率达到最佳指标等。而有些参数虽不直接影响产品的产量和质量，然而保持它平稳却是使生产获得良好控制的先决条件。如用蒸汽加热反应器或再沸器，若蒸汽总管压力波动剧烈，要把反应温度或塔釜温度控制好是很困难的。还有些工艺参数是保证生产工厂安全的条件，如受压容器的压力等，不允许超过最大的控制指标，否则将会发生设备爆炸等严重事故。对以上各种类型的参数，在生产过程中都必须加以必要的控制。

能替代人工来操作生产过程的装置组成了过程自动控制系统。由于生产过程中“定值系统”使用最多，所以常常通过“定值系统”来讨论过程自动控制系统。

图 0-7 是一个简单的“定值系统”范例——水槽液位控制系统。其控制的目的是使水槽液位维持在其设定值（譬如水槽液位满刻度的 50%）的位置上。

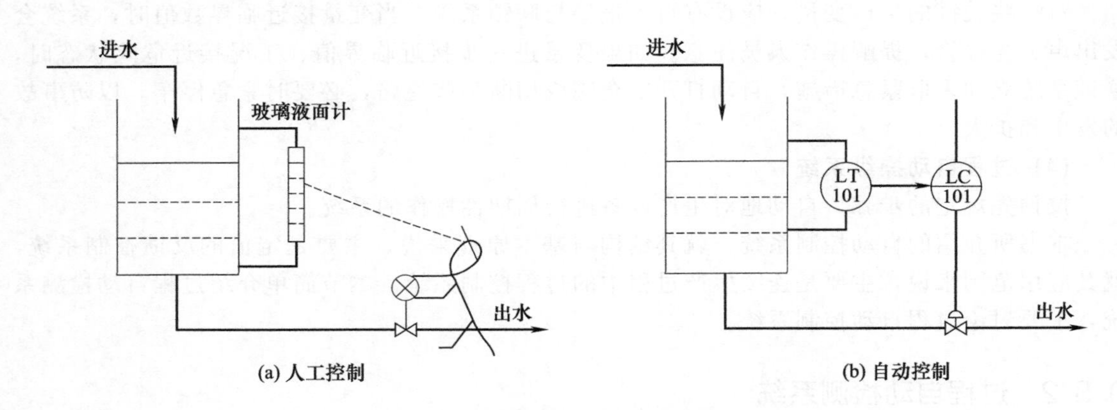

图 0-7 水槽液位控制系统示意图

图 0-7（a）为人工控制。假如进水量增加（或减少），导致水位升高（或降低），人眼睛观察玻璃液面计中的水位变化，并通过神经系统传给大脑，经与大脑中的设定值（50%）比较后，知道水位偏高（或偏低），故发出信息，让手开大（或关小）阀门，调节出水量，使液位变化。这样反复进行，直到液位重新稳定到设定值上，从而实现了液位的人工控制。

图 0-7（b）为自动控制，现场的液位变送器 LT（level transmitter）将水槽液位检测出来，并转换成统一的标准信号传送给控制室内的控制器 LC（level controller），控制器 LC 再将测量信号与预先输入的设定信号进行比较得出偏差，并按预先确定的某种控制规律（比例、积分、微分的某种组合）进行运算后，输出统一标准信号给控制阀，控制阀改变开启度，控制出水量。这样反复进行，直到水槽液位恢复到设定值为止，从而实现水槽液位的自动控制。

显然，过程自动控制系统代替人工控制时，基本对应关系如图 0-8 所示。

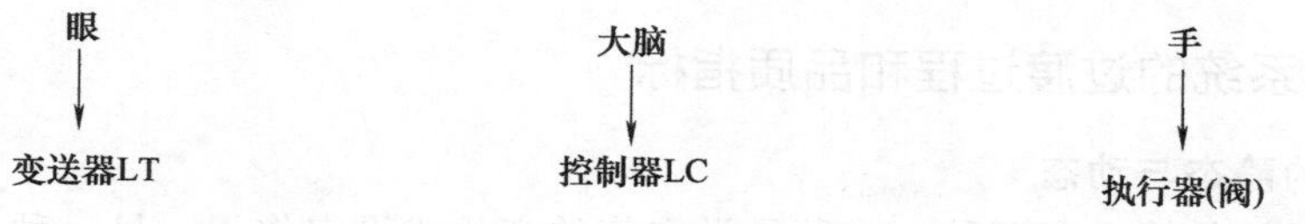

眼 → 变送器LT

大脑 → 控制器LC

手 → 执行器(阀)

图 0-8 人工控制与自动控制的对应关系

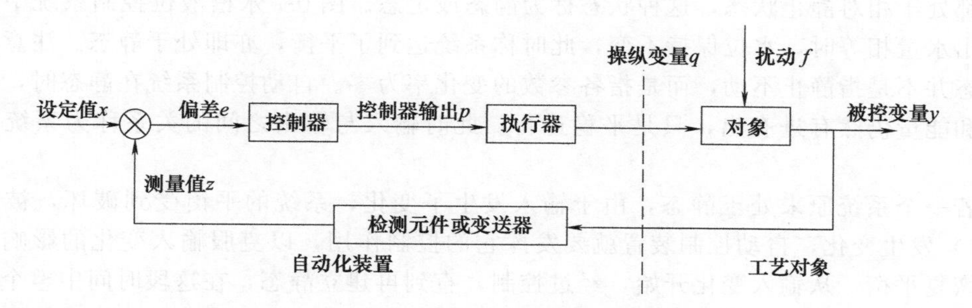

图 0-9 过程自动控制系统的组成框图

过程自动控制系统的基本组成框图如图 0-9 所示。从图 0-9 可知，过程自动控制系统主要由工艺对象和自动化装置（执行器、控制器、变送器）两个部分组成。其中：

对象（object；plant）——工艺参数需要控制的工艺设备、机器或生产过程，如上例中的水槽；

检测元件（detecting element）或变送器（transmitter）——其作用是把被控变量转化为测量值，如上例中的液位变送器，它将液位检测出来并转化成统一标准信号（4～20mA DC）；

比较机构（comparator）——其作用是将设定值与测量值比较并产生偏差值；

控制器（controller）——其作用是根据偏差的正负、大小及变化情况，按预定的控制规律实施控制作用，比较机构和控制器通常组合在一起，它可以是气动（pneumatic）控制器、电动（electric）控制器、可编程序（programmable）控制器、分布式控制系统（DCS）等；

执行器（actuator）——其作用是接受控制器送来的信号，相应地去改变操纵变量 q 以稳定被控变量 y，最常用的执行器是气动薄膜控制阀；

被控变量（manipulated variable）y——被控对象中，通过控制能达到工艺要求设定值的工艺变量，如上例中的水槽液位；

设定值（set value）（给定值）x——被控变量的希望值，由工艺要求决定，如上例中的 50%液位高度；

测量值（measured value）z——被控变量的实际测量值；

偏差（deviation）e——设定值与被控变量的测量值（统一标准信号）之差；

操纵变量（control variable）q——由控制器操纵，能使被控变量恢复到设定值的物理量或能量，如上例中的出水量；

扰动（disturbance）f——除操纵变量外，作用于生产过程对象并引起被控变量变化的随机因素，如进料量的波动。

为了设计系统方便和得到预期的控制效果，根据生产工艺要求，通过选用合适的过程检测控制仪表组成过程控制系统，并通过对控制器参数的整定，使系统运行在最佳状态，实现对生产过程的控制。

0.3.4 控制系统的过渡过程和品质指标

(1) 系统的静态与动态

自动控制系统的输入有两种，一种是设定值的变化或设定作用，另一种是扰动的变化或扰动作用。当输入恒定不变时，整个系统若能建立平衡，系统中各个环节将暂不动作，它们的输出都处于相对静止状态，这种状态称为静态或定态。图 0-7 水槽液位控制系统中，当进水量与出水量相等时，水位保持不变，此时称系统达到了平衡，亦即处于静态。注意这里所说的静态并不是指静止不动，而是指各参数的变化率为零。自动控制系统在静态时，生产中的物料和能量仍然有进有出，只是平稳进行。此时输入与输出之间的关系称为系统的静态特性。

假若一个系统原来处于静态，由于输入发生了变化，系统的平衡受到破坏，被控变量（即输出）发生变化，自动控制装置就要发挥它的控制作用，以克服输入变化的影响，力图使系统恢复平衡。从输入变化开始，经过控制，直到再建立静态，在这段时间中整个系统的各个环节和变量都处于变化的过程之中，这种状态称为动态。此时输入与输出之间的关系称为系统的动态特性。

在控制系统中，了解动态特性比静态特性更为重要。因为干扰引起系统变动以后，需要知道系统的动态情况，并搞清系统究竟能否建立新的平衡和怎样去建立平衡。而且平衡和静态是暂时的、相对的、有条件的，不平衡和动态才是普遍的、绝对的、无条件的。干扰作用总是不断地产生，控制作用也就不断地去克服干扰的影响，所以自动控制系统总是一直处于运动状态之中。因此，控制系统的分析重点要放在动态特性上。

(2) 控制系统的过渡过程

在工业生产中，被控变量稳定是人们所希望的，但扰动却随时存在。当控制系统受到外界干扰信号或设定值信号变化时，即输入变化时，被控变量都会被迫离开原先的值开始变化，使系统原先的平衡状态被破坏。只有通过调整操纵变量，来平衡外界干扰或设定值干扰的作用，使被控变量回到其设定值上来，系统才会处于一个新的平衡状态。

控制系统的过渡过程就是在系统的输入发生变化后，系统在控制作用下从一个平衡状态过渡到另一个平衡状态的动态过程。

对于一个稳定的系统（所有正常工作的反馈系统都是稳定系统）要分析其稳定性、准确性和快速性，常以阶跃作用为输入时的被控变量的过渡过程为例。因为阶跃作用很典型，实际上也经常遇到，且这类输入变化对系统来讲是比较严重的情况。如果一个系统对这种输入有较好的响应，那么对其他形式的输入变化就更能适应。

图 0-10 所示为定值控制系统在阶跃干扰作用下的过渡过程的几种基本形式。

图 0-10（a）为非周期衰减过程，被控变量在设定值的某一侧做缓慢变化，没有来回波动，最后稳定在某一数值上。图 0-10（b）为衰减振荡过程，被控变量在设定值附近上下波动，但幅度逐渐减小，最后稳定在某一数值上。图 0-10（c）为等幅振荡过程，被控变量在设定值附近来回波动，且波动幅度保持不变。图 0-10（d）为发散振荡过程，被控变量来回波动，且波动幅度逐渐变大，即离设定值越来越远。图 0-10（e）为单调发散过程，被控变量虽不振荡，但离原来的平衡点越来越远。

以上过渡过程的五种形式可以归纳为三类：

1）衰减过程

过渡过程形式图 0-10（a）和图 0-10（b）都是衰减的，称为稳定过程。被控变量经过一段时间后，逐渐趋向原来的或新的平衡状态，这是所希望的。对于非周期的衰减过程，由

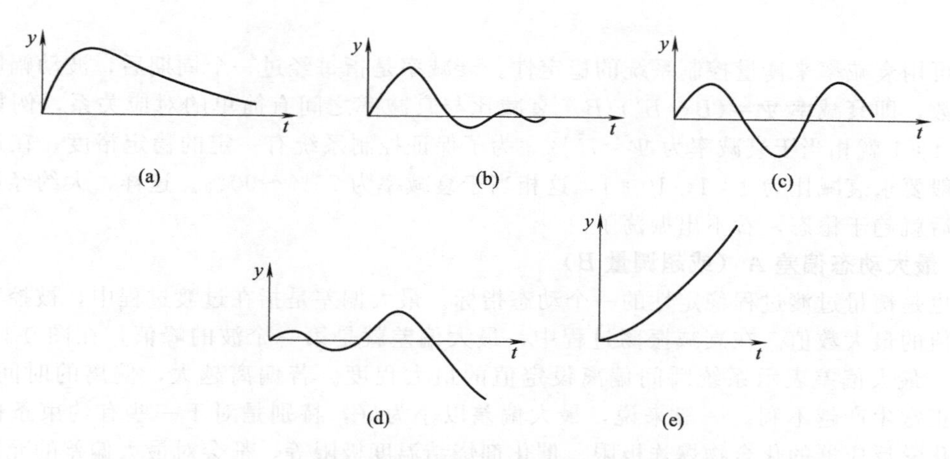

图 0-10　过渡过程的几种形式

于这种过渡过程变化较慢，被控变量在控制过程中长时间地偏离设定值，而不能很快恢复平衡状态，所以一般不采用，只是在生产上不允许被控变量有波动的情况下才可以采用。

2）等幅振荡过程

过渡过程形式图 0-10（c）介于不稳定与稳定之间，一般也认为是不稳定过程，生产上不能采用。只是对于某些控制质量要求不高的场合，如果被控变量允许在工艺许可的范围内振荡，那么这种过渡过程的形式是可以采用的。

3）发散过程

过渡过程形式图 0-10（d）、图 0-10（e）是发散的，为不稳定的过渡过程，其被控变量在控制过程中，不但不能达到平衡状态，而且逐渐远离设定值，它将导致被控变量超越工艺允许范围，严重时会引起事故，这是生产上所不允许的，应竭力避免。

(3) 描述系统过渡过程的品质指标

对于每一个控制系统来说，在设定值发生变化或系统受到扰动作用时，被控变量应该平稳、迅速和准确地趋近或回复到设定值。因此，在稳定性、快速性和准确性三个方面提出各种单项性能指标，并把它们组合起来；也可以提出各种综合性能指标。图 0-11 所示为过渡过程控制指标示意图。

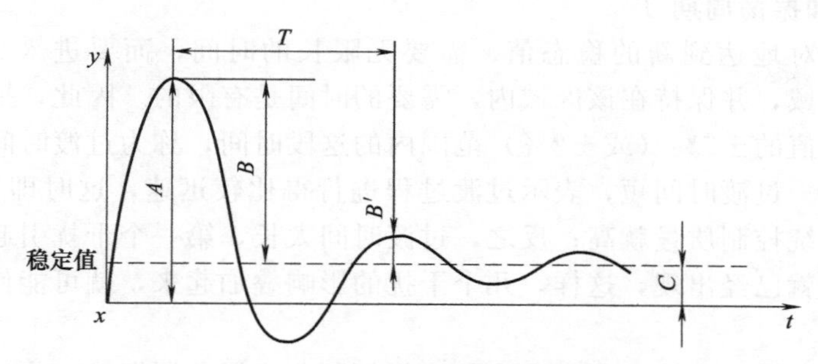

图 0-11　过渡过程控制指标示意图

1）衰减比 n（或衰减率 Ψ）

衰减比是衡量过渡过程稳定性的一个动态指标。它等于两个相邻的同向波峰值之比。在图 0-11 中，若第一个波与同方向第二个波的波峰分别为 B、B'，则衰减比 $n=B/B'$，或习惯表示为 $n:1$。可见 n 愈小，B'愈接近 B，过渡过程愈接近等幅振荡，系统不稳定；而 n 愈大，过渡过程愈接近单调过程，过渡过程时间愈长。所以一般认为衰减比 $4:1\sim10:1$

为宜。

也可用衰减率来衡量控制系统的稳定性。衰减率是指每经过一个周期后，波动幅度衰减的百分数，即衰减率 $\Psi=(B-B')/B$。衰减比与衰减率之间有简单的对应关系，例如衰减比 n 为 4∶1 就相当于衰减率为 $\Psi=75\%$。为了保证控制系统有一定的稳定裕度，在过程控制中一般要求衰减比为 4∶1～10∶1，这相当于衰减率为 75%～90%。这样，大约经过两个周期以后就趋于稳态，看不出振荡了。

2）最大动态偏差 A（或超调量 B）

这也是衡量过渡过程稳定性的一个动态指标。最大偏差是指在过渡过程中，被控变量偏离设定值的最大数值。在衰减振荡过程中，最大偏差就是第一个波的峰值，在图 0-11 中以 A 表示，最大偏差表示系统瞬间偏离设定值的最大程度。若偏离越大，偏离的时间越长，对稳定正常生产越不利。一般来说，最大偏差以小为好，特别是对于一些有约束条件的系统，如化学反应器的化合物爆炸极限、催化剂烧结温度极限等，都会对最大偏差的允许值有所限制。同时考虑到干扰会不断出现，当第一个干扰还未清除时，第二个干扰可能又出现了，偏差有可能是叠加的，这就更需要限制最大偏差的允许值。所以，在决定最大偏差允许值时，应根据工艺情况慎重选择。

有时也可以用超调量来表征被控变量偏离设定值的程度。在图 0-11 中超调量以 B 表示。从图中可以看出，超调量是第一峰值 A 与新稳态值 C 之差，即 $B=A-C$。如果系统的新稳态值等于设定值，那么最大偏差 A 也就与超调量 B 相等。超调量习惯上用百分数 σ 来表示：$\sigma=(B/C)\times100\%$。

3）余差 C

余差是衡量控制系统准确性的静态指标，当过渡过程终了时，被控变量的新稳态值与设定值之差称为余差。余差就是过渡过程终了时存在的残余偏差，在图 0-11 中用 C 表示。设定值是生产的技术指标，所以，被控变量越接近设定值越好，亦即余差越小越好。但实际生产中，也并不是要求任何系统的余差都很小，如一般储槽的液位控制要求就不高，这种系统往往允许液位有较大的变化范围，余差就可以大一些。又如化学反应器的温度控制，一般要求比较高，应当尽量消除余差。所以，对余差大小的要求，必须结合具体系统作具体分析，不能一概而论。有余差的控制过程称为有差控制，相应的系统称为有差系统；没有余差的控制过程称为无差控制，相应的系统称为无差系统。

4）过渡时间和振荡周期 T

过渡过程要绝对地达到新的稳态值，需要无限长的时间，而要进入稳态值附近±5%（或±2%）以内区域，并保持在该区域内，需要的时间是有限的。因此，把扰动开始到被控变量进入新的稳态值的±5%（或±2%）范围内的这段时间，称为过渡时间，它是衡量控制系统快速性的指标。过渡时间短，表示过渡过程进行得比较迅速，这时即使干扰频繁出现，系统也能适应，系统控制质量就高；反之，过渡时间太长，第一个干扰引起的过渡过程尚未结束，第二个干扰就已经出现，这样，几个干扰的影响叠加起来，就可能使系统满足不了生产的要求。

过渡过程同向两波峰（或波谷）之间的时间间隔称为振荡周期或工作周期，其倒数称为振荡频率。在衰减比相同的情况下，振荡频率越高，过渡时间越短，因此，振荡频率在一定程度上也可作为衡量控制快速性的指标。

0.3.5 对象特性

如前文所述，对象泛指工业生产设备。而所谓对象特性就是指对象在输入作用下，其输出变量（被控变量）随时间变化而变化的特性。通常，认为对象有两种输入，如图 0-12 所示，即操纵变量输入信号 q 和外界扰动信号 f，其输出信号只有一个被控变量 y。

工程上常把操纵变量 q 与被控变量 y 之间的作用途径称为控制通道，而把扰动信号 f 与被控变量 y 的作用途径称为扰动通道。

(1) 与对象有关的两个基本概念

1）对象的负荷

当生产过程处于稳定状态时，单位时间内流入或流出对象的物料或能量称为对象的负荷，也叫生产能力。例如液体储槽的物料流量，精馏塔的处理量，锅炉的出汽量等。负荷变化的性质（大小、快慢和次数）常常被看作是系统的扰动信号 f。负荷的稳定是有利于自动控制的，负荷的波动（尤其大的负荷）对控制作用影响很大。

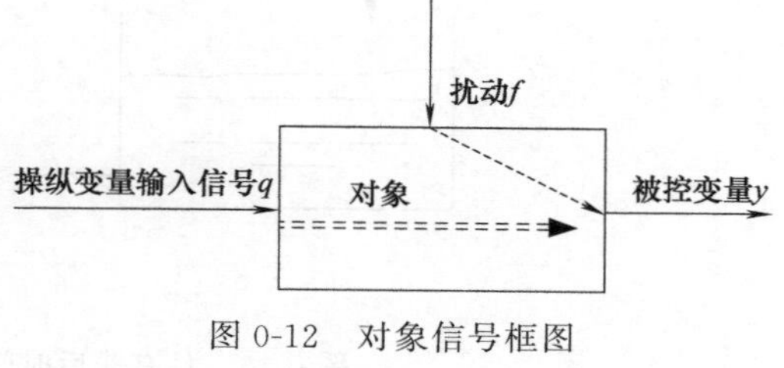

图 0-12　对象信号框图

2）对象的自衡

如果对象的负荷改变后，无须外加控制作用，被控变量 y 能够自行趋于一个新的稳定值，这种性质被称为对象的自衡性。有自衡性的对象易于自动控制。

(2) 描述对象特性的三个参数

一个具有自衡性质的对象，在输入作用下，其输出最终变化了多少，变化的速度如何，以及它是如何变化的，可以由放大系数 K、时间常数 T、滞后时间 τ 加以描述。

1）放大系数 K

放大系数是指对象的输出信号（被控变量 y）的变化量与引起该变化的输入信号（操纵变量 q 或扰动信号 f）变化量的比值。其中 $K_0=\Delta y/\Delta q$ 被称为控制通道的放大系数；$K_f=\Delta y/\Delta f$ 被称为扰动通道的放大系数。

K_0 大，说明在相同偏差输入作用下，对被控变量的控制作用强，有利于系统的自动控制（但 K_0 不能太大，否则，控制系统稳定性变差）；而 K_f 大，则说明对象中扰动作用强，不利于系统的自动控制，工程上常常希望 K_f 不要太大。

2）时间常数 T

时间常数是反映对象在输入变量作用下，被控变量变化快慢的一个参数。T 越大，表示在阶跃输入作用下，被控变量的变化越慢，达到新的稳定值所需要的时间就越长，工程上希望对象的 T 不要太大。

3）滞后时间 τ

有的过程对象在输入变量变化后，输出不是立即随之变化的，而是需要间隔一定的时间后才发生变化。这种对象的输出变化落后于输入变化的现象称为滞后现象。滞后时间 τ 就是描述对象滞后现象的动态参数，滞后时间 τ 分为纯滞后 τ_0 和容量滞后 τ_n。τ_0 是由于对象传输物料或能量需要时间而引起的，一般由距离与速度来确定。而 τ_n 一般由多容或大容量的设备而引起，滞后时间 $\tau=\tau_0+\tau_n$；对于控制通道来说希望 τ 越小越好，而对扰动通道来说希望 τ 适度大点好。

图 0-13 储槽中，如果进口阀门离储槽较远，那么当开大（或关小）进口阀门时，则流入的液体需要经过一定的时间才能进入储槽内对其液位发生影响，那么从阀门开大（或关小）到影响液位变化的这段时间，就是传递滞后时间，它是单纯地延迟了被控变量开始变化的时间，所示也叫纯滞后，如图中 τ_0 所示。在图 0-13 中，从被控变量开始变化的起点做曲线的切线与新的稳态值相交，这一段时间间隔就是容量滞后 τ_n。

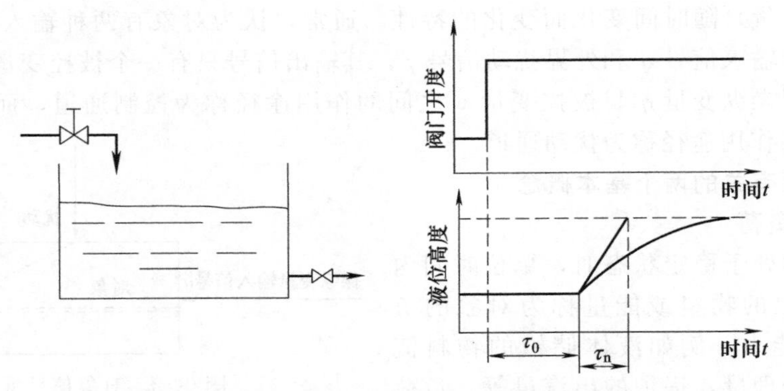

图 0-13 具有滞后时间的对象及特性曲线示意图

(3) 扰动通道特性对控制质量的影响

① 扰动通道放大系数 K_f越大，扰动引起的输出越大，这就使被控变量偏离设定值越多。从控制的角度看，希望 K_f越小越好。

② 扰动通道时间常数 T_f越大，对扰动信号的滤波作用就越大，可抑制扰动作用，希望 T_f越大越好。

③ 扰动通道滞后时间对控制系统无影响，因为 τ 的大小仅取决于扰动对系统影响进入的时间早晚。

(4) 控制通道特性对控制质量的影响

控制通道特性对被控变量的影响与扰动通道有着本质的不同，这是因为控制作用总是力图使被控变量与设定值一致，而扰动作用总是使被控变量与设定值相偏离。因此，控制通道特性对控制系统的影响大致如下。

① 控制通道放大系数 K_0越大，则控制作用越强，克服扰动的能力越强，系统的稳态误差越小。同时，K_0越大被控变量对操纵变量的控制作用反应越灵敏，响应越迅速。但 K_0越大，同时带来了系统的稳定性变差。为了保证控制系统的品质指标提高，考虑系统的稳定性平稳，通常 K_0适当选大一点。

② 控制通道时间常数 T_0较大，控制器对被控变量的控制作用就不够及时，导致控制过程延长，控制系统质量下降；T_0较小，又会引起系统不稳定，因此，希望 T_0适中最佳。

③ 控制通道滞后时间 τ 大，对系统的控制肯定不利。另外，在生产过程控制中，经常用 τ/T_0作为反映过程控制难易程度的一种指标．一般认为 $\tau/T_0\leqslant 0.3$ 的过程对象比较容易控制，而 $\tau/T_0>0.5\sim0.6$ 的对象就较难控制了。

0.4 传递函数与方块图

传递函数（transfer function）可以直观、形象地表示出一个系统的结构和系统各变量之间的关系。在研究控制系统的动态过程时，通常利用传递函数来描述各个环节的特性，然后根据方块图运算求出系统的等效传递函数，从而得到反映被控过程的输入量与输出量之间关系的数学模型（所谓数学模型，就是描述被控过程因输入作用导致输出量变化的数学表达式）。过程的数学模型是分析和设计过程控制系统的基本资料或基本依据。

0.4.1 传递函数

系统或环节的传递函数就是在零初始条件下，系统或环节的输出拉氏变换与输入拉氏变

换之比，记为

$$G(s)=\left.\frac{\text{输出变量拉氏变换}}{\text{输入变量拉氏变换}}\right|_{\text{初始条件}=0}=\frac{Y(s)}{X(s)} \tag{0-1}$$

由于自动控制系统其初始条件都看作零，因此式（0-1）右边一个等号也成立。

关于传递函数求取方法可归结为两种情况：

(1) 直接计算法

对于一般的环节或简单系统可以由它们的微分方程，利用拉氏变换基本定理、性质，对微分方程各项直接进行拉氏变换，然后展出 $G(s)=Y(s)/X(s)$ 来求得。

(2) 间接计算法

对于复杂的环节和系统，则可先求出各个环节的传递函数，然后利用方块图的各种连接的有关运算公式来计算出总的传递函数。

各种典型环节的微分方程和传递函数见表 0-2。

表 0-2 典型环节的传递函数

环节名称	微分方程	传递函数	相关变量解释	典型实例
放大环节	$y=Kx$	K	K 为放大系数	比例控制器、压力测量元件、电子放大器、气动放大器、电/气转换器、控制阀、位置继动器、杠杆机构、齿轮减速机构等
一阶惯性环节	$T\frac{dy}{dt}+y=Kx$	$\frac{K}{Ts+1}$	K 为放大系数 T 为时间常数	单个液体储槽、压力容器、简单加热器、测温热电偶、热电阻、气动薄膜执行机构、温包、水银温度计等
积分环节	$y=\frac{1}{T_i}\int_0^t x\,dt$	$\frac{1}{T_i s}$	T_i 为积分作用时间常数	输入输出流量差恒定的液体或气体容器、电动执行机构等
一阶微分环节	$y=T_D\frac{dx}{dt}+x$	$T_D s+1$	T_D 为微分作用时间常数	理想比例微分控制器、微分校正装置等
超前滞后环节	$T_1\frac{dy}{dt}+y=K\left(T_2\frac{dx}{dt}+x\right)$	$\frac{K(T_2 s+1)}{(T_1 s+1)}$	K 为放大系数 T_1 为滞后时间常数 T_2 为超前时间常数	气动或电子阻尼器、前馈补偿环节、校正装置、实际微分控制器等
时滞环节	$y(t)=x(t-\tau)$	$e-\tau_s$	τ 为纯滞后时间	皮带传送机、管道输送过程、钢板压制过程、信号脉冲导管等

传递函数在过程控制理论中是一个很有力的工具，它不但可直接地表示出各变量间数学关系，而且是控制系统许多分析方法的基础。

0.4.2 方块图

当传递函数已知时，就可以用方块图表示出线性控制系统中各环节（或元件）的作用关系了。每个方块表示一个具体的环节（或元件），用箭头指向方块的线段表示输入信号，箭头离开方块的线段表示输出信号。这就是说，信号只能沿箭头方向通过，这就是所谓方块图的单向性。方块内可写入该环节（或元件）的传递函数或名称。如图 0-14 所示。

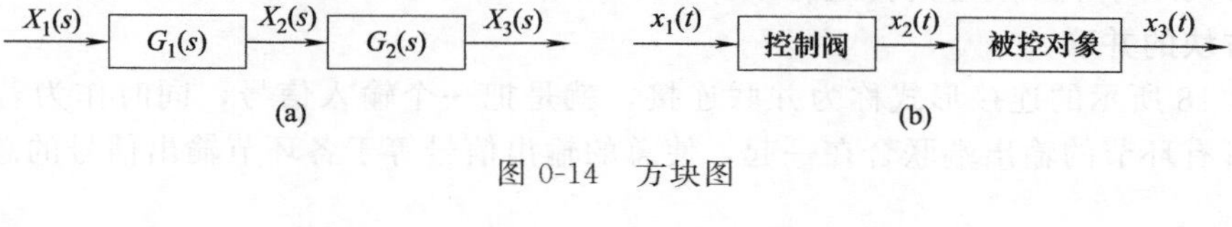

$X_1(s)$ → $G_1(s)$ → $X_2(s)$ → $G_2(s)$ → $X_3(s)$

(a)

$x_1(t)$ → 控制阀 → $x_2(t)$ → 被控对象 → $x_3(t)$

(b)

图 0-14 方块图

习惯上，当方块图内填入传递函数时，输入输出信号也用拉氏变换符号表示。方块图输出信号应等于输入信号与方块图中传递函数的乘积，即

$$Y(s)=X(s)G(s) \tag{0-2}$$

方块图中的比较点用图 0-15 所示符号表示。

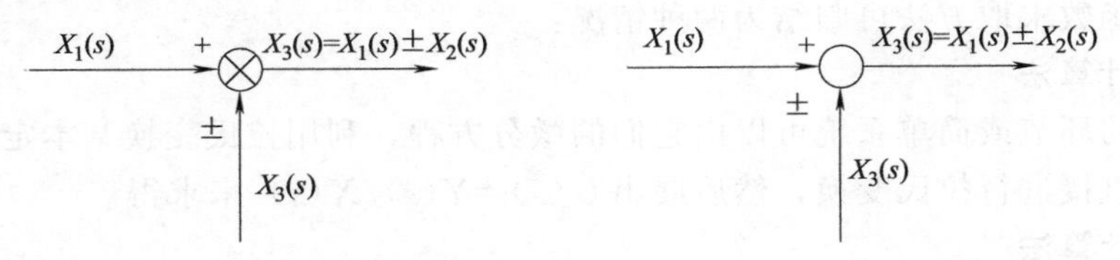

图 0-15 比较点符号

比较点代表两个或两个以上的输入信号进行加减比较，标注在信号箭头旁边的“+”或“-”号表示信号进行相加或相减。比较点并不一定代表一个实物，可以是为了表示变量间的相互关系而人为加进的。

如果需要相同的信号同时送至几个不同的方块，可以在信号线上任意一点分叉，如图 0-16 所示。信号分出一点称为分叉点（又称分支点）。从同一个分叉点引出信号，在大小和性质上完全一致。

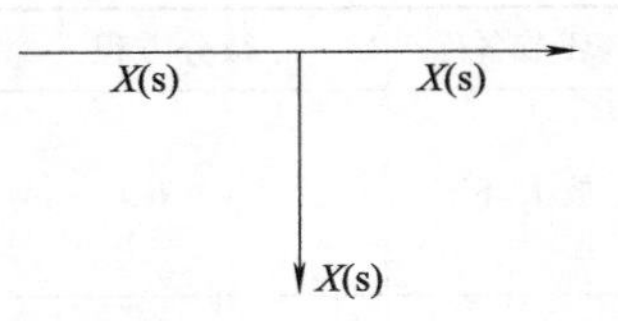

图 0-16 分叉点

系统或环节的方块图一般有三种基本连接方式，即串联、并联与反馈。

(1) 方块的串联

如图 0-17 所示的连接形式称为串联，就是把前一个方块的输出信号，作为后一个方块的输入信号，依次连接起来。

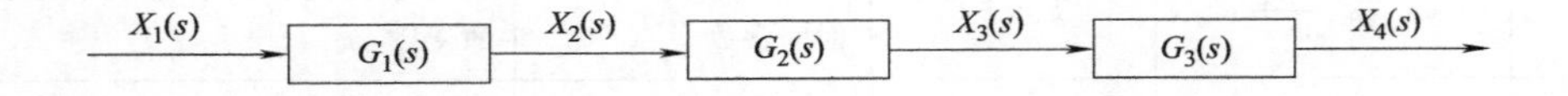

图 0-17 方块的串联

图 0-17 中的三个方块的传递函数分别是 $G_1(s)$、$G_2(s)$ 和 $G_3(s)$，因为

$$G_1(s)=\frac{X_2(s)}{X_1(s)}$$

$$G_2(s)=\frac{X_3(s)}{X_2(s)}$$

$$G_3(s)=\frac{X_4(s)}{X_3(s)}$$

以上三式相乘得

$$G(s)=\frac{X_2(s)}{X_1(s)}\times\frac{X_3(s)}{X_2(s)}\times\frac{X_4(s)}{X_3(s)}=G_1(s)G_2(s)G_3(s)=\frac{X_4(s)}{X_1(s)} \tag{0-3}$$

即几个方块串联后的等效传递函数为各方块传递函数的乘积。从理论上讲，串联时，改变方块的排列顺序不影响总的传递函数。

(2) 方块的并联

如图 0-18 所示的连接形式称为并联连接，就是把一个输入信号，同时作为若干环节的输入，而所有环节的输出端联合在一起，使总的输出信号等于各环节输出信号的总和。

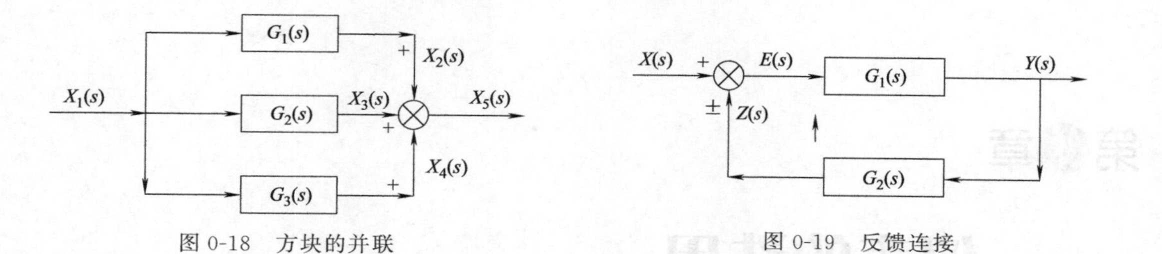

图 0-18　方块的并联　　　　　　　　图 0-19　反馈连接

$$
\begin{aligned}
X_5(s) &= X_2(s)+X_3(s)+X_4(s) \\
&= [G_1(s)+G_2(s)+G_3(s)]\,X_1(s) \\
&= G(s)\,X_1(s)
\end{aligned}
\tag{0-4}
$$

所以并联时，等效传递函数为各环节传递函数相加。

(3) 反馈连接

如图 0-19 所示的连接形式称为反馈连接，它是把输出信号取回来和输入信号相比较，按比较结果再作用到方块图上，而形成一个闭合回路。若比较结果为两信号之差，则称为负反馈；若比较结果为两信号之和，则称为正反馈。图 0-19 中 $G_1(s)$ 为系统前向通道传递函数，$G_2(s)$ 为反馈通道传递函数。

因

$$Y(s)=G_1(s)\,E(s)$$

$$E(s)=X(s)\pm Z(s)$$

及

$$Z(s)=G_2(s)Y(s)$$

故可得

$$
\begin{aligned}
Y(s) &= G_1(s)[\,X(s)\pm Z(s)] \\
&= G_1(s)[\,X(s)\pm G_2(s)Y(s)] \\
&= G_1(s)X(s)\pm G_1(s)G_2(s)Y(s)
\end{aligned}
$$

或

$$\frac{Y(s)}{X(s)}=\frac{G_1(s)}{1\mp G_1(s)G_2(s)} \tag{0-5}$$

当系统为负反馈时

$$\frac{Y(s)}{X(s)}=\frac{G_1(s)}{1+G_1(s)G_2(s)}$$

当系统为正反馈时

$$\frac{Y(s)}{X(s)}=\frac{G_1(s)}{1-G_1(s)G_2(s)}$$

所以具有反馈环节的传递函数等于正向通道的传递函数除以 1 加（减）正向通道和反馈通道传递函数的乘积。

某些控制系统不一定是上述三种基本连接方式，可以通过等效变换，将方块图逐步简化为这三种基本形式，并应用基本运算法则求取系统等效传递函数。

第1章 仪表的选用

仪表的选用即选择并正确安装使用工程控制中所用的各种检测变送与控制仪表，以及各种辅助性仪表。

通过本章的学习与训练，能够让读者：

※ 了解常用仪表的结构及简单工作原理。

※ 熟悉常用仪表的分类与性能特点。

※ 掌握仪表选型常识。

※ 根据仪表条件表进行常用仪表的选型。

※ 正确编写仪表清单。

※ 了解常用仪表的安装方式。

1.1 温度仪表的选用

1.1.1 测温仪表分类与性能特点

(1) 测温仪表的分类

温度是表征物体冷热程度的物理量，反映了物体内部分子运动平均动能的大小。温度是不能直接测量的，一般只能借助于冷热不同的物体之间的热交换，以及物体的某些物理性质随冷热程度不同而变化的特性，实现间接测量。当用以测温的标准物体（温度计）与被测物体的温度相等时，通过测量标准物体随温度变化的某一物理量，便可以定量得出被测物体的温度数值。

温度测量仪表按测温方式可分为接触式和非接触式两大类，工业上常用的测温仪表及其使用场合如表 1-1 所列。

表 1-1　温度检测仪表分类及使用场合

形式	类别	仪表	测温范围/℃	使用场合
接触式	膨胀式	双金属温度计	−80～600	现场温度指示
		玻璃管液体温度计	−100～600	
	压力式	气体	−20～350	用于传送距离不很远的易燃、易爆、振动处的温度测量
		蒸汽	0～250	
		液体	−30～600	
	热电类	热电偶	0～1600	液体、气体、蒸汽的中、高温度的远距离传送

续表

形式	类别	仪表	测温范围/℃	使用场合
接触式	热电阻	铂电阻	-200～850	液体、气体、蒸汽的中、低温度的远距离传送
		铜电阻	-50～150	
		热敏电阻	-50～300	
非接触式	光纤类	光纤温度传感器	-50～400	用于强电磁干扰、强辐射等恶劣环境的温度测量
		光纤辐射温度计	200～4000	
	辐射类	辐射式	400～2000	用于火焰、钢水等不能接触测量的高温场合
		光学式	800～3200	
		比热式	500～3200	

总体来说，接触式测温的原理是测温元件与被测对象直接接触，使两者之间进行充分的热交换，当两者达到热平衡状态时，测温元件的某一物理参数的量值就代表了被测对象的温度值。接触式测温仪表比较简单、可靠，测量精度较高；但因测温元件与被测介质需要进行充分的热交换，这需要一定的时间才能达到热平衡，所以存在测温的延迟现象，同时受耐高温材料的限制，不能应用于很高的温度测量。

非接触式测温的原理是温度计的测温元件不与被测介质相接触，而是通过辐射进行热交换，达到热平衡状态时，测温元件的某一物理参数的量值代表被测对象的表观温度值。非接触式测温仪表测温范围广，不受测温上限的限制，也不会破坏被测物体的温度场，反应速度一般也比较快；但受到物体的发射率、测量距离、烟尘和水汽等外界因素的影响，其测量误差较大。

(2) 测温仪表的性能特点

常用测温仪表的性能特点如表1-2所列。

表1-2 常用测温仪表的性能特点

名称	简单原理	特点		指示	报警	远距离	记录	变送
		优点	缺点					
液体膨胀式	液体受热时体积膨胀	价廉，准确度较高，稳定性好	易破碎，只能装在易测的地方	可	可			
固体膨胀式	金属受热时线性膨胀	示值清楚，机械强度好	准确度较低	可	可			可
压力式	温包里的气体或液体因受热而改变压力	价廉，易就地集中测量(一般毛细管长20m)	毛细管长，机械强度差，损坏不易修复	可	可	近距离	可	可
热电阻	导体或半导体的电阻随温度改变	测量准确，可用于低温温差测量	和热电偶比维护工作量大，振动场合易损坏	可	可	可	可	可
热电偶	两种不同金属的导体接点受热产生热电势	测量准确，安装维护方便，不易损坏	需要补偿导线，安装费较高	可	可	可	可	可
光学高温计	加热体的亮度随温度高低而变化	测量范围广，携带使用方便，价格低	只能目测，必须熟练才能测准	可				

续表

名称	简单原理	特点		指示	报警	远距离	记录	变送
		优点	缺点					
光电高温计	加热体的颜色随温度高低而变化	反应速度快，测量较准确	构造复杂，价高，读数较麻烦	可		可	可	可
辐射高温计	加热体的辐射能量随温度变化而变化	反应速度快	误差较大	可		可	可	可

1.1.2 双金属温度计

(1) 测温原理

双金属温度计是基于两种膨胀系数不同的金属元件膨胀差异的性质制成的，其测温性能与双金属片的特性有着直接的关系。用两片线胀系数不同的金属片叠焊在一起制成感温元件，成为双金属片，通常将膨胀系数较大的一层称为主动层，膨胀系数较小的一层称为被动层。双金属片的一端固定，另一端为自由端，温度升高时，主动层因伸长较多而向被动层一侧弯曲变形，如图 1-1 所示。温度越高，产生的弯曲越大，自由端带动指针指示出相应的温度数值。当 $t=t_0$ 时两金属片都处于水平位置；当 $t>t_0$ 时两金属片受热后由于两种金属片的热膨胀系数不同而使自由端产生弯曲变形，弯曲的程度与温度的高低成正比，即

$$\alpha=\frac{3}{2}\times\frac{l(a_2-a_1)}{\delta_1+\delta_2}(t-t_0) \tag{1-1}$$

式中 α——双金属片的偏转角；

a_1，a_2——双金属片被动层和主动层的膨胀系数；

δ_1，δ_2——双金属片被动层和主动层的厚度；

l——双金属片的有效长度。

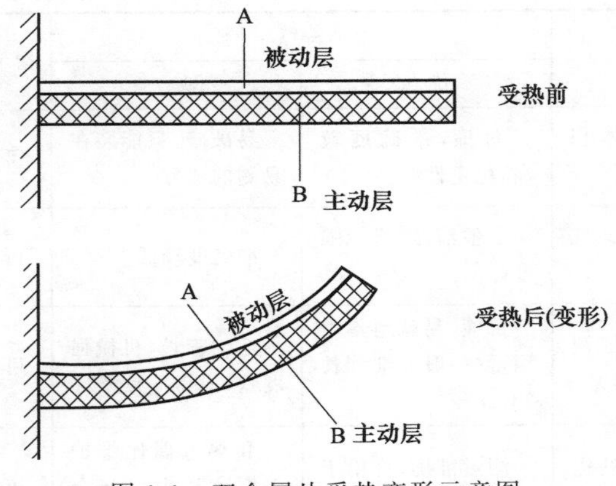

图 1-1 双金属片受热变形示意图

(2) 双金属片的材质

双金属片是双金属温度计的核心部件，其材质应满足以下基本要求：

◆ 主动层与被动层的热膨胀系数应该相差比较大，这样才能够使双金属温度计有较高的灵敏度。

◆ 双金属片的热膨胀系数要稳定。

◆ 金属片材料应有较高的弹性模量，使感温元件有较宽的工作温度范围。
◆ 双金属片材料在工作温度范围内不能发生相变。
◆ 双金属片应有良好的焊接性能。

常用的双金属片材料如表 1-3 所列。

表 1-3 常用的双金属片材料

双金属片材料化学组成		膨胀系数/10^{-6}K		测温范围/℃
被动层	主动层	被动层	主动层	
Ni36 余 Fe	Mn75Ni15Cu10	1.5	28	0～150
Ni36 余 Fe	3Ni24Cr2 余 Fe	1.5	18	0～200
Ni34 余 Fe	Ni20Mn7 余 Fe	1.68	20	−80～80
Ni42 余 Fe	Ni19Cr11 余 Fe	5.3	16.5	0～300
Ni50 余 Fe	3Ni24Cr2 余 Fe	4.7	18	0～400
Cr23Cu 余 Fe	Ni10Cr12Mn16 余 Fe	—	—	0～600

(3) 结构与特点

普通型双金属温度计由感温元件、指针、刻度盘和保护管等组成，如图 1-2 所示。

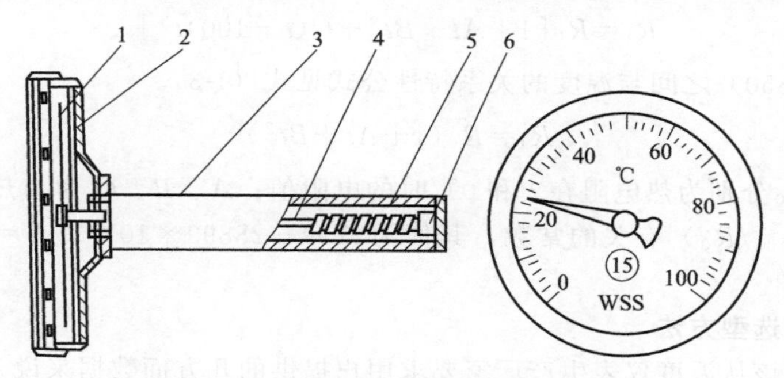

图 1-2 普通型双金属温度计的结构

1—指针；2—刻度盘；3—保护管；4—指针轴；5—感温元件；6—固定端

在工业上，为了提高双金属温度计的灵敏度，常常将双金属片制成螺旋形，如图 1-3 所示。当温度发生变化时，螺旋形双金属片的自由端将绕轴旋转，带动指针转动，在刻度盘上指示出被测温度。

双金属温度计的测温范围为−80～600℃，准确度等级为 1～2.5 级。其工作环境温度为−40～55℃，应在相对湿度小于 85% 的情况下使用。双金属温度计结构简单，使用方便，价格低廉，且耐振动、耐冲击，广泛应用于气体、液体和蒸汽的温度就地测量与显示。

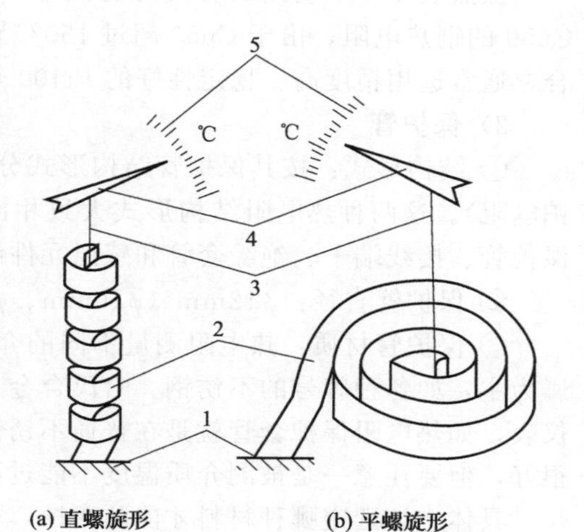

图 1-3 螺旋形双金属片

1—固定端；2—感温元件；3—指针轴；4—指针；5—刻度盘

1.1.3 热电阻

(1) 工业上常用的金属热电阻

热电阻是应用金属在温度变化时本身电阻也

随之发生变化的原理来测量温度的，常用于中低温区的温度检测，一般可在－200～500℃的范围使用。热电阻温度计输出的是电阻值信号，可以应用对应分度号的热电阻温度变送器将电阻值转换成4～20mA信号输出。热电阻温度计最大的特点是性能稳定、测量精度高、测温范围宽。

目前，应用最广泛的热电阻材料是铂和铜，参见表1-4。中国最常见的铂热电阻有R_0＝10Ω、R_0＝100Ω和R_0＝1000Ω等几种，它们的分度号分别为Pt10、Pt100和Pt1000；铜热电阻有R_0＝50Ω和R_0＝100Ω两种，它们的分度号分别为Cu50和Cu100。

表1-4 工业上常见的热电阻

名称	材料	分度号	0℃时阻值/Ω	测温范围/℃	主要特点
铂电阻	铂	Pt10	10	－200～850	精度高，适用于中性和氧化性介质，稳定性好，具有一定的非线性，温度越高电阻的变化率越小，价格较贵
		Pt100	100	－200～850	
铜电阻	铜	Cu50	50	－50～150	在测温范围内电阻和温度呈线性关系，温度系数大，适用于无腐蚀介质，超过150℃易被氧化，价格便宜
		Cu100	100	－50～150	

铂电阻在－200～0℃之间与温度的关系特性公式见式（1-2）。

$$R_t=R_0[1+At+Bt^2+C(t-100)t^3] \tag{1-2}$$

铂电阻在0～850℃之间与温度的关系特性公式见式（1-3）。

$$R_t=R_0(1+At+Bt^2) \tag{1-3}$$

式中，R_t、R_0分别为热电阻在t和0℃时的电阻值；A、B、C为与热电阻感温元件的电阻比（$W_{100}=R_{100}/R_0$）有关的常数，其值为$A=4.28899\times10^{-3}$，$B=-2.133\times10^{-7}$，$C=-1.233\times10^{-9}$。

（2）热电阻的选型方法

热电阻选型应该从温度仪表生产厂家要求用户提供的几方面数据来说。

1）分度号

虽然表1-4中列出的分度号有四个，但工业中最常用的分度号是Pt100的铂热电阻和Cu50的铜热电阻，由于Cu50超过150℃易氧化，耐腐蚀性不好，在控制要求比较严格的场合，通常选用精度高、稳定性好的Pt100热电阻。

2）保护管

① 结构形式：按其保护管结构形式分为装配式（可拆卸）和铠装式（不可拆卸，内装铂电阻）。这两种热电阻结构形式大致相同，如图1-4是装配式热电阻，它主要由接线盒、保护管、接线端子、绝缘套管和感温元件组成。图1-5为感温元件结构图。

② 保护管直径：ϕ12mm（ϕ10mm、ϕ12mm、ϕ16mm等）。

③ 保护管材质：热电阻测量不同的介质温度，要用不同的防腐蚀材料。仪表防腐以金属为主，如各种牌号的不锈钢、哈氏合金、钛和钛合金、钽等。也有用非金属材质做衬里的仪表，如热电阻保护套管就是在普通不锈钢管外面用烧结工艺衬一层聚四氟乙烯，防腐效果很好，但要注意一是被测介质温度不能过高，二是在滞后比较严重的场合会使滞后加剧。

具体应该选定哪种材料才能防腐蚀，可以参照“仪表常用材料防腐蚀性能表”来最终确定，只有选定了相应的抗腐蚀材料，才能确保仪表正常运行。

3）精度

根据工艺要求的测温偏差范围来计算，计算方法如前文所述。

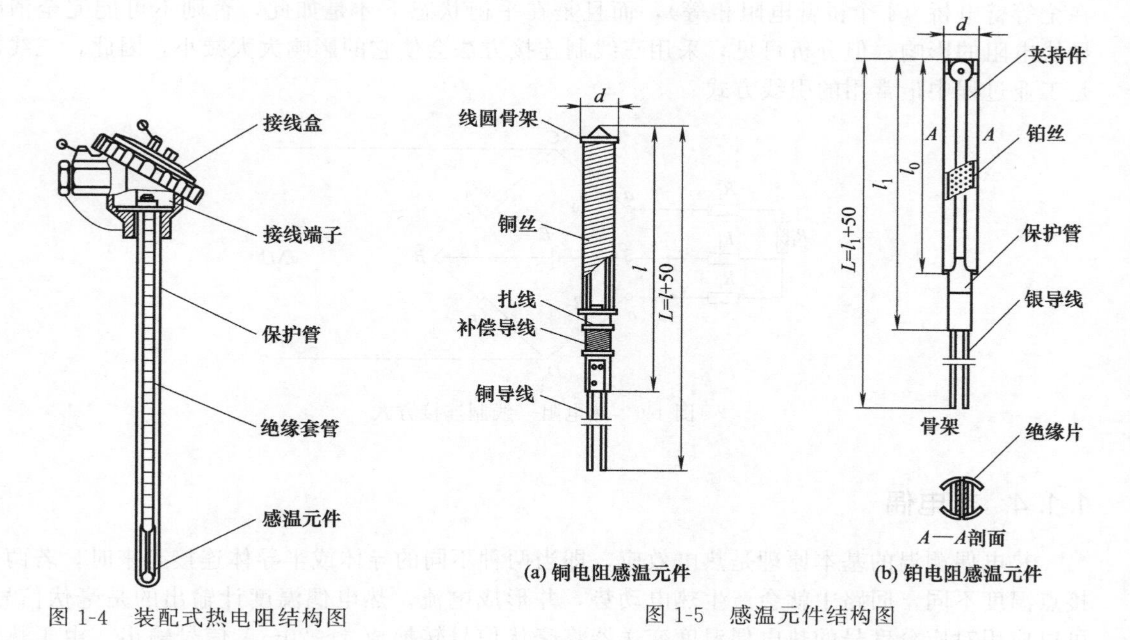

图 1-4 装配式热电阻结构图

图 1-5 感温元件结构图

4）插入深度

插入深度是从保护管最底部算起的，热电阻处于被测温空间的长度，一般由工艺人员提供，若工艺人员未提供，可以根据所选热电阻的安装位置来确定。

5）接线盒

① 防水的还是防爆的，如果是防爆的，那么防爆等级是多少。

② 电气接口尺寸：M20×1.5。

6）安装方式

① 法兰。固定或可动法兰，如固定法兰 JIS10K20ARF。

注意设备或管道上预留的法兰标准是 GB 国标，还是 JIS 日本标准，还是美国标准。

② 螺纹。螺纹规格 M20×1.5。

③ 无固定装置。

7）型号

不同厂家仪表的型号不尽相同，可以按某一厂家的选型样本来写，也可以先空着，等仪表招标后由厂家根据你提供的以上数据确定。

注意：备注栏可以填上仪表制造厂，也可以写一些其他需要说明的事项（例如：对于盐水的温度测量要求，套管整体钻孔、螺纹材质与保护管材质应相同；钛保护套的温度计密封面涂 Ti-Pd）。

(3) 热电阻信号的三线制连接方式

热电阻是把温度变化转换为电阻变化的一次元件，通常需要把电阻信号通过引线传递到计算机控制装置或者其他二次仪表上。工业用热电阻安装在生产现场，与控制室之间存在一定的距离，因此热电阻的引线对测量结果会有较大的影响。

目前，热电阻的引线方式主要采用的是三线制连接，三线制连接是在热电阻的根部的一端连接一根导线，另一端连接两根引线的方式，如图 1-6 所示。这种方式通常与电桥配套使用。与热电阻 R_t 连接的三根导线，粗细、长短相同，阻值相等。当电桥设计满足一定条件时，连接导线的线电阻可以完全消去，导线电阻的变化对热电阻毫无影响。必须注意，只有在全等臂电桥（4 个桥臂电阻相等），而且是在平衡状态下才是如此，否则不可能完全消除导线电阻的影响，但分析可见，采用三线制连接方法会使它的影响大大减小，因此，三线制是工业过程中最常用的引线方式。

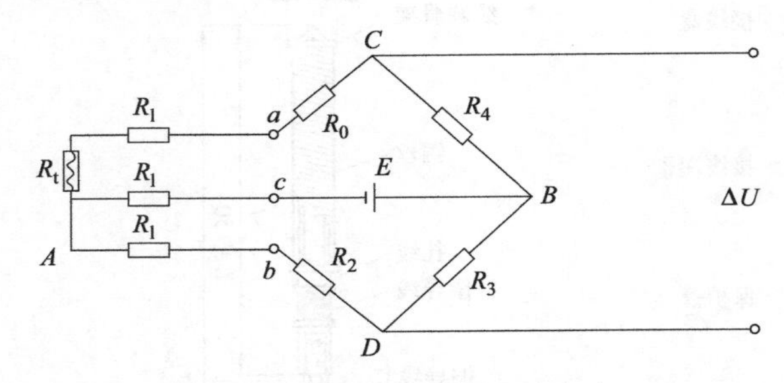

图 1-6　热电阻三线制连接方式

1.1.4 热电偶

热电偶测温的基本原理是热电效应，即当两种不同的导体或半导体连接起来时，若两个接点温度不同，回路中就会产生热电动势，并形成电流。热电偶温度计输出的是毫伏信号，可以应用对应分度号的热电偶温度变送器将毫伏信号转换成 4～20mA 信号输出。由于热电偶仪表具有结构简单、制造方便、测量范围宽（－270～＋1200℃）、精度高、惯性小和输出信号便于远传等许多优点，应用极为广泛，常被用作测量炉子、管道内的气体或液体的温度及固体的表面温度。在选用热电偶时，应重点注意以下几个问题：

(1) 热电偶的类型

热电偶通常由热电极、绝缘管、保护套管和接线盒等几个主要部分组成，其典型结构如图 1-7 所示，和图 1-4 热电阻结构相似。由于工艺条件、控制要求等的不同，从而围绕着这几部分形成了多种类别与性能各异的热电偶。虽然热电偶的形式与性能是多种多样的，但就其基本结构而言无外乎以下几种：装配式热电偶、铠装热电偶、薄膜热电偶。表 1-5 列出了这几种常用热电偶的特点与应用范围。

(2) 热电偶的材料

原则上说，随便两种不同的导体焊在一起，都会产生热电势。这并不是说所有热电偶都具有实用价值，能被大量采用的材料必须在测温范围内具有稳定的化学及物理性质，热电势大，且与温度接近线性关系。

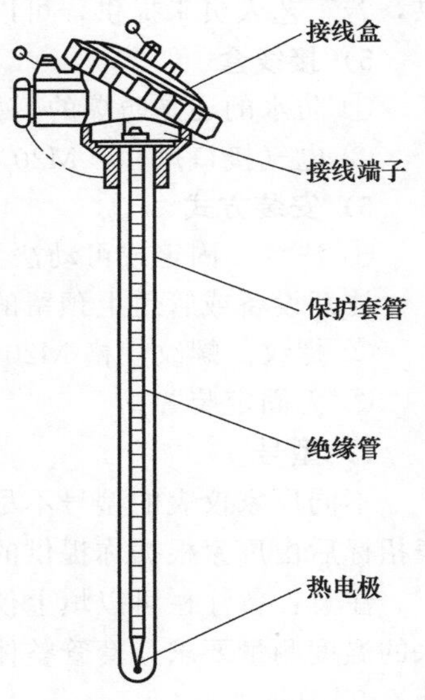

图 1-7　装配式热电偶的基本结构

从 1986 年起，我国按国际标准制定了热电偶生产和使用的国家标准。表 1-6 列出了几种常用的我国标准型热电偶的材料、分度号及主要特性，便于大家选用。

表 1-5　常用热电偶的特点与应用范围

类型	性能特点	典型时间常数	应用范围
装配式热电偶	结构简单,安装空间小,接线方便,已做成标准形式。但时间滞后大,动态响应慢,安装较困难	分级	测量气体、蒸汽、液体等介质的温度等实时性要求不高但要快速拆卸的环境

续表

类型	性能特点	典型时间常数	应用范围
铠装热电偶	热惯性小；有良好的柔性，便于弯曲；抗振性能好；动态响应快	秒级	测量狭小的对象上各点的温度或适用于实时性要求较高的场合
薄膜热电偶	厚度很薄，达微米级；热惯性小，动态响应最快	毫秒级	适用于各种物体表面温度的测量。如汽轮机叶片表面温度测量，火箭、飞机喷嘴的温度，钢锭、轧辊等表面温度测量等

表 1-6 几种常用的我国标准型热电偶

热电偶名称	分度号	热电偶丝材料	测温范围/℃	平均灵敏度/(μV/℃)	特点	补偿导线
铂铑 30-铂铑 6	B	正极铂70%，铑30%；负极铂94%，铑6%	0～1800	10	价格高、稳定、精度高，可在氧化性气氛使用	冷端在0～100℃间可不用补偿导线
铂铑 10-铂	S	正极铂90%，铑10%；负极铂100%	0～1600	10	同上。热电特性的线性度比B好	铜-铜镍合金
镍铬-镍硅	K	正极镍89%，铬10%；负极镍94%，硅3%	0～1300	40	线性度好，价廉	铜-康铜
镍铬-铜镍	E	正极镍89%，铬10%；负极铜60%，镍40%	－200～900	80	灵敏度高，价廉，可在氧化及弱还原气氛中使用	
铜-铜镍	T	正极铜100%；负极铜60%，镍40%	－200～400	50	最便宜，但铜易氧化，用于150℃以下温度测量	

(3) 热电偶的结构

1) 普通装配式热电偶的结构

装配式热电偶是热电极可以从保护管中取出的可拆卸的工业热电偶，它与显示仪表、记录仪表或计算机等配套使用，可以测量各种生产过程中气体、液体、熔体及固体表面的温度。常见热电偶的结构形式有无固定装置热电偶、固定螺纹式热电偶、活动法兰式热电偶、固定法兰式热电偶、活络管接头式热电偶、固定螺纹锥形热电偶、直形管接头式热电偶、固定螺纹接头式热电偶和活动螺纹管接头式热电偶等。图 1-8 是装配式热电偶的型谱图。

2) 铠装热电偶的结构

铠装热电偶作为测量温度的传感器，通常和显示仪表、记录仪和电子调节器配套使用，也可以作为装配式热电偶的感温元件。它可以直接测量各种生产过程中 0～1800℃范围内的液体、蒸汽和气体介质以及固体表面的温度。与装配式热电偶相比，铠装热电偶具有可弯曲、耐高压、热响应时间短和坚固耐用等优点。铠装热电偶是由导体、高绝缘氧化镁、外套1Cr18Ni9Ti不锈钢保护管，经多次一体拉制而成的。铠装热电偶产品主要由接线盒、接线端子和其他基本结构，并配以各种安装固定装置组成。常见铠装热电偶的结构形式有防喷式、防水式、圆接插式、扁接插式、手柄式、补偿导线式等。

(4) 热电偶冷端温度补偿

热电偶测量温度时要求其冷端（测量端为热端，通过引线与测量电路连接的端称为冷

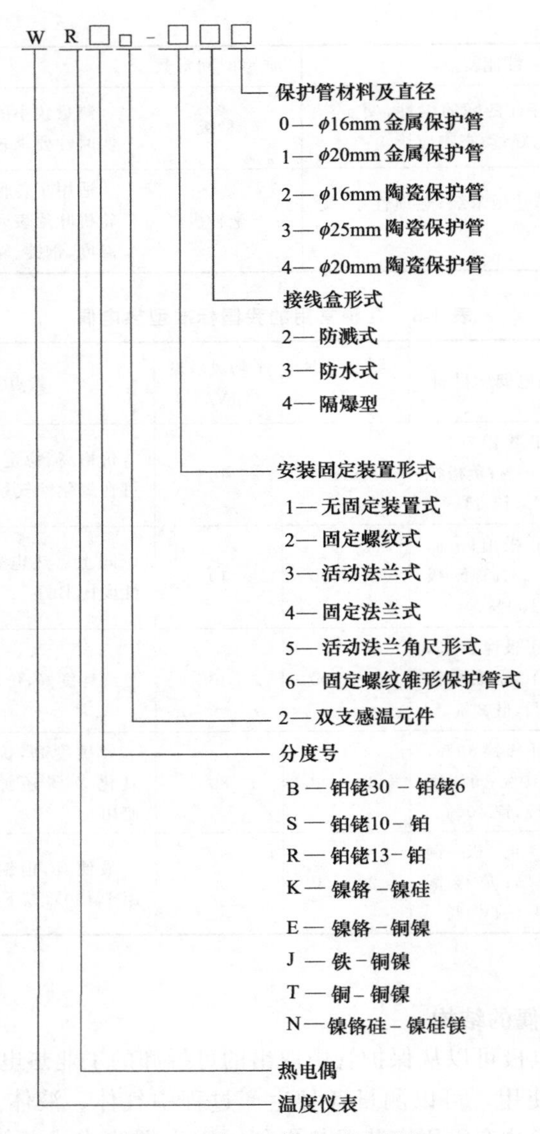

图 1-8　装配式热电偶的型谱

端）的温度保持不变，其热电势大小才与测量温度呈一定的比例关系。若测量时，冷端的（环境）温度变化，将严重影响测量的准确性。在冷端采取一定措施补偿由于冷端温度变化造成的影响称为热电偶的冷端补偿。

热电偶的冷端补偿通常在冷端串联一个由热电阻构成的电桥，它利用不平衡电桥产生的热电势来补偿热电偶因冷端温度的变化而引起的热电势的变化，如图 1-9 所示。电桥由 R_1、R_2、R_3（均为锰铜电阻）、R_{Cu}（热敏铜电阻）组成。在设计的冷端温度 t_0（例如 $t_0=0℃$）时，满足 $R_1=R_2$，$R_3=R_{Cu}$，这时电桥平衡，无电压输出，即 $U_{ab}(t_0)=0$，回路中的输出电势就是热电偶产生的热电势；当冷端温度由 t_0 变化成 t_0' 时，不妨设 $t_0>t_0'$，热电势减小，但电桥中 R_{Cu} 随温度的上升而增大，于是电桥两端会产生一个不平衡电压 $U_{ab}(t_0)$，于是回路中输出的热电势为 $E_{AB}(t,t_0)+U_{ab}(t_0)$。经过设计，可使电桥的不平衡电压等于因冷端温度变化引起的热电势变化，于是实现了冷端温度的自动补偿。实际的补偿电桥一般是按

$t_0=20$℃设计的，即$t_0=20$℃时，补偿电桥平衡，无电压输出。

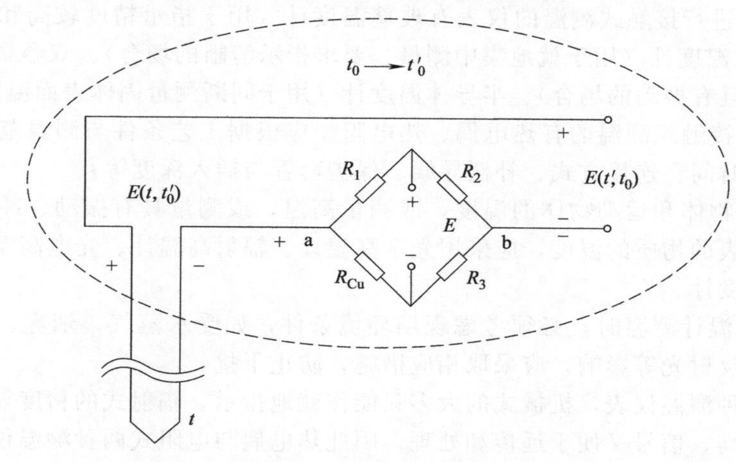

图 1-9 电桥补偿法

1.1.5 测温仪表的选用原则

为了经济、有效地进行温度测量，正确选用测温仪表是十分重要的。一般选用是首先要分析被测对象的特点及状态，然后根据现有仪表的特点及技术指标确定选用的类型。

(1) 分析被测对象

① 被测对象的温度变化范围及变化的快慢；

② 被测对象是静止的还是运动的；

③ 被测对象是液态还是固态，温度计的检测部分是否与它相接触，能否靠近，如果远离以后辐射的能量是否足以检测；

④ 被测区域的温度分布是否相对稳定，要测量的是局部温度，还是某一区域的平均温度或温度分布；

⑤ 被测对象及其周围是否有腐蚀性气氛，是否存在水蒸气、一氧化碳、二氧化碳、臭氧及烟雾等介质，是否存在外来能源对辐射的干扰，如其他高温辐射源、日光、灯光、炉壁反射光及局部风冷、水冷等；

⑥ 测量的场所有无冲击、振动及电磁场。

(2) 合理选用仪表

① 仪表的可用测温范围及常用测温范围；

② 仪表的精度、稳定度、变差及灵敏度等；

③ 仪表的防腐蚀性、防爆性及连续使用的期限；

④ 仪表输出信号能否自动记录和远传；

⑤ 测温元件的体积大小及互换性；

⑥ 仪表的响应时间；

⑦ 仪表的防震、防冲击、抗干扰性能是否良好；

⑧ 电源电压、频率变化及环境温度变化对仪表示值的影响程度；

⑨ 仪表使用是否方便，安装维护是否容易。

(3) 测温仪表的选用原则

① 根据工艺要求，正确选用温度测量仪表的量程和精度。正常使用的测温范围一般为

全量程的 30%～70%之间，最高温度不得超过刻度的 90%。

② 用于现场进行接触式测温的仪表有玻璃温度计（用于指示精度较高和现场没有振动的场合）、压力式温度计（用于就地集中测量、要求指示清晰的场合）、双金属温度计（用于要求指示清晰并且有振动的场合）、半导体温度计（用于间断测量固体表面温度的场合）。

③ 用于远传接触式测温的有热电偶、热电阻。应根据工艺条件与测温范围选用适当的规格品种、惰性时间、连接方式、补偿导线、保护套管与插入深度等。

④ 测量细小物体和运动物体的温度，或测量高温，或测量具有振动、冲击而又不能安装接触式测量仪表的物质的温度，应采用光学高温计、辐射高温计、光电高温计与比色高温计等不接触式温度计。

⑤ 用辐射高温计测温时，必须考虑现场环境条件，如受水蒸气、烟雾、一氧化碳、二氧化碳、臭氧、反射光等影响，应采取相应措施，防止干扰。

综观以上各种测温仪表，机械式的大多只能作就地指示，辐射式的精度较差，只有电的测温仪表精度较高，信号又便于远传和处理。因此热电偶与电阻式两种测温仪表得到了最广泛的应用。

1.1.6 测温仪表选型示例

例如，需要测量某管道中的氯气温度，已知操作温度为 20℃，操作压力为 8.3kPa，温度计全长及插入深度分别为 450mm、300mm。根据以上条件选择的热电阻如表 1-7 所列，该表格中的信息可作为这台温度仪表的订货依据。

表 1-7 热电阻规格样表

热电阻规格 RTD SPECIFICATION	
型号 MODEL	
分度号 MARK GRADUATION	Pt100
测温元件数量 THERMO ELEMENT QNTY.	1
结构形式 CONSTRUCTION STYLE	带保护管铠装
保护管直径 THERMOWELL DIAMETER/mm	ϕ13.7
保护管材质 THERMOWELL MATER.	钛 Ti
精度 ACCURACY	ClassA
接线盒防护等级 ENCLOSURE PROOF	IP56
防爆等级 EXPLOSION-PROOF CLASS	
安装固定方式 MOUNTING STYLE	法兰
螺纹规格 THREAD SIZE	
法兰标准及等级 FLANGE SIZE & RATING	HG20592-97 PN1.0
法兰尺寸及密封面 FLANGE SIZE & FACING	DN25 FF
电气接口尺寸 ELEC. CONN. SIZE	M20×1.5
制造厂 MANUFACTURER	
备注 REMARKS	套管整体钻孔/螺纹材质与保护管材质相同
	钛保护套的温度计密封面涂 Ti-Pd

修改 REV.	说明 DISCRIPTION	设计 DESG.	日期 DATE	校核 CHKD.	日期 DATE	审核 APPD.	日期 DATE

注：也可在选型网站上下载仪表订货清单样表。

在图0-1的对象装置中用到的温度仪表有Pt100热电阻、K分度的热电偶和一个HART总线的热电偶温度变送器。基本参数如表1-8所列。

表1-8 对象装置中所用到的温度仪表

序号	位号	设备名称	用途	信号类型	单位	量程
1	TT101	热电偶温度变送器	测反应釜内胆温度	HART总线	℃	0～400
2	TT102	K分度热电偶	测反应釜夹套温度	TC	℃	0～100
3	TT103	Pt100热电阻	测锅炉温度	RTD	℃	0～100
4	TT104	Pt100热电阻	测滞后温度1	RTD	℃	0～100
5	TT105	Pt100热电阻	测滞后温度2	RTD	℃	0～100

1.1.7 测温元件及仪表的安装

在准确选择测温元件及仪表之后，还必须注意正确安装测温元件。否则，测量精度仍得不到保证。

(1) 测温元件的安装

① 在测量管道中介质的温度时，应保证测温元件与流体充分接触，以减小测量误差。因此要求安装时测温元件应迎着被测介质流向插入（斜插）；至少需与被测介质流向正交，切勿与被测介质形成顺流，如图1-10所示。

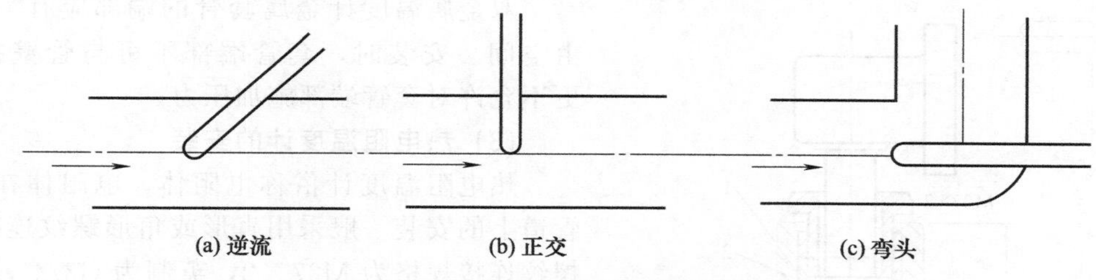

图1-10 测温元件的安装示意

② 测温元件的感温点应处于管道中流速最大处。一般来说，温度计保护套管的末端应分别越过流束中心线5～10mm、50～70mm、25～30mm。

③ 应避免测温元件外露部分的热损失而引起的测量误差。为此，一是保证有足够的插入深度（斜插或在弯头处安装）；二是在测温元件外露部分进行保温。

④ 若工艺管道过小，安装测温元件处可接装扩大管。

⑤ 测温元件安装在负压管道或设备中时，必须保证安装孔的密封，以免外界空气被吸入后而降低测量精度。

⑥ 凡安装承受压力的测温元件时，都必须保证密封。当工作介质压力超过1×10^5 Pa时，还必须另外加装保护套管。此时，为减少测温的滞后，可在套管之间加装传热良好的填充物。如温度低于150℃时可充入变压器油，当温度高于150℃时可充填铜屑或石英砂，以保证传热良好。

(2) 双金属温度计的安装

双金属温度计的安装形式一般为螺纹安装。安装位置应选择在被测介质温度变化灵敏的地方，必须使感温元件与被测介质能够进行充分的热交换，不应把感温元件插至被测介质的死角区域，应该是具有代表性和便于观察的地方。

在管道中，感温元件应与被测介质形成逆流，其工作端应处于管道流速最大处。为了便于观察，轴向型双金属温度计宜选择在垂直工艺管道上安装。若工艺管径较小，应采用扩大管，垂直安装时，取源部件轴线应与管道轴线垂直相交，如图 1-11 所示。

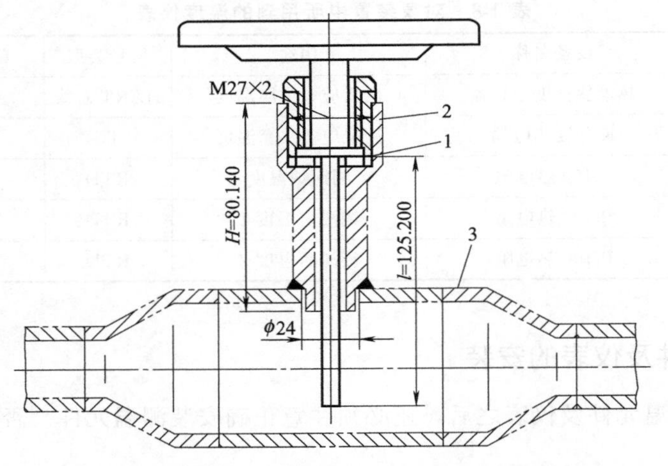

图 1-11 轴向型双金属温度计在垂直扩大管上的安装

1—垫片 φ22/14；2—直行连接头；3—扩大管

径向型双金属温度计可安装在管道的弯肘处，如图 1-12 所示。在工艺管道拐弯处安装时，也应逆着物流流向，取源部件轴线应与工艺管道轴线相重合。

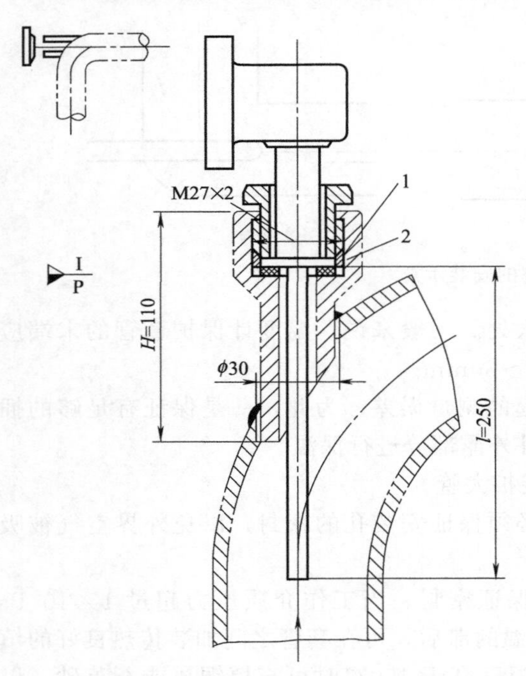

图 1-12 径向型双金属温度计在肘管上的安装

1—垫片 φ22/14；2—45°角连接头

双金属温度计金属套管的端部应有一定自由空间。安装时，套管端部不可与管壁接触，更不允许对套管端部施加压力。

(3) 热电阻温度计的安装

热电阻温度计俗称电阻体，电阻体在工艺管道上的安装一般采用直形或角形螺纹连接头。螺纹连接规格为 M27×2，英制为 G3/4″，也有用 G1/2″。

对于在工艺设备、衬里管道、有色金属或非金属管道上安装，或被测介质为强腐蚀性介质的管道或设备上，应采用法兰连接形式，或采用螺纹-法兰连接形式。法兰的规格、形式应参照管道（或设备）法兰或电阻体连接法兰来确定。

螺纹连接头或法兰的材质原则上与管道（设备）材质相同或优于管道（设备）材质。

温度取源部件安装在管径较大的工艺管道上时，通常采用垂直安装方式。取源部件轴线应与工艺管道轴线垂直相交，如图 1-13 所示。温度取源部件在管道（设备）上的法兰安装形式如图 1-14 所示。

当工艺管径较小时，为增大热传导体接触面积，宜采取倾斜安装方式；对于管径小于 80mm 的管道，取源部件需要安装在扩大管上，如图 1-15 所示。

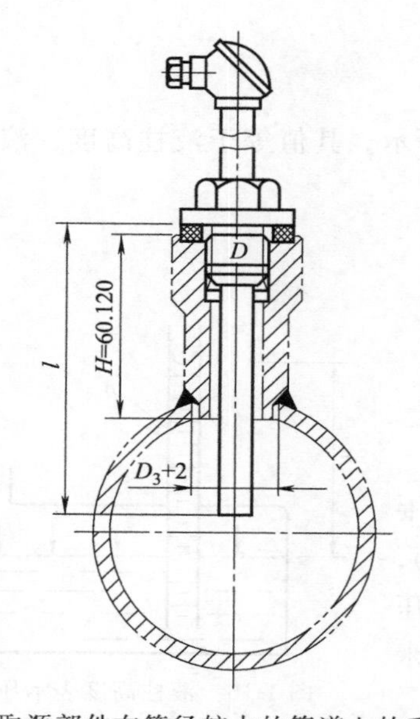

图 1-13 取源部件在管径较大的管道上的垂直安装图（连接件为直形连接头）

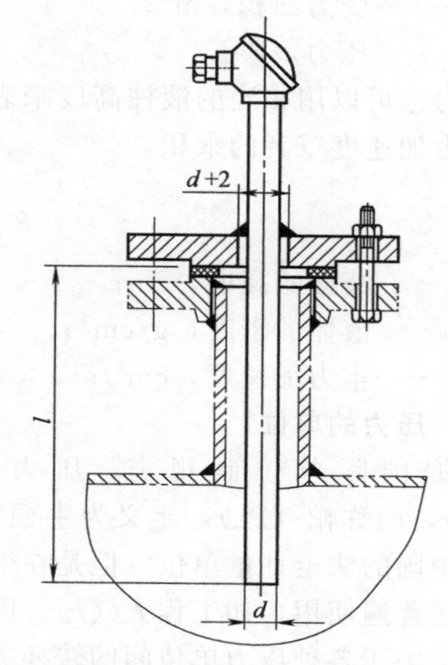

图 1-14 取源部件在管道（设备）上的法兰安装图（连接件为凸面法兰）

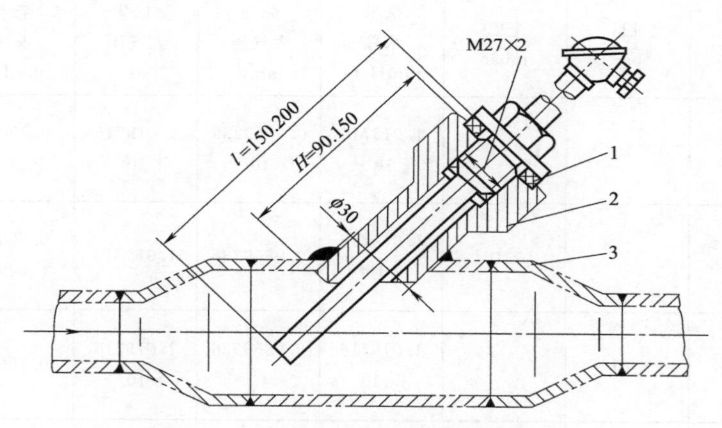

图 1-15 热电阻在扩大管上的安装图

1—垫片；2—连接头；3—扩大管

使用热电阻测温时，应防止干扰信号的引入。应使接线盒的出线孔向下方，以防止水汽、灰尘等进入而影响测量精度。

1.2 压力仪表的选用

1.2.1 压力的概念、单位及表示方法

(1) 压力的概念

所谓压力是指均匀而垂直地作用于单位面积上的力，用符号 p 表示。

$$p=\frac{F}{S} \tag{1-4}$$

式中 F——垂直作用力，N；

S——受力面积，m^2；

p——压力，Pa。

压力也可以用相当的液柱高度来表示，如图 1-16 所示。其值等于液柱高度、液体的密度和重力加速度三者的乘积。

$$p=\frac{F}{S}=\frac{hS\rho g}{S}=h\rho g \tag{1-5}$$

式中 h——液柱的高度，cm；

ρ——液体的密度，g/cm^3；

g——重力加速度，cm/s^2。

(2) 压力的单位

根据国际单位制规定，压力的单位为帕斯卡(pascal)，简称帕（Pa），定义为牛顿每平方米（N/m^2），它也是中国的法定计量单位。但是在工程上，其他一些压力单位还普遍使用，如工程大气压、巴、毫米汞柱、毫米水柱等。关于各种压力单位间的转换关系见表 1-9 所列。

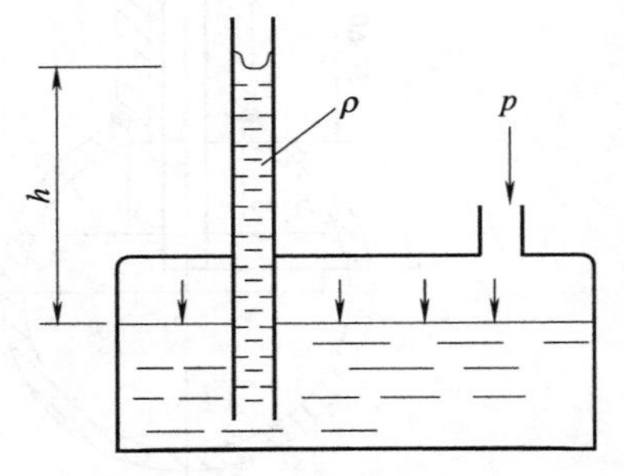

图 1-16 液柱高度表示压力

表 1-9 压力单位换算表

单位	帕 Pa	巴 bar	毫巴 mbar	毫米水柱 mmH_2O	标准大气压 atm	工程大气压 at	毫米汞柱 mmHg	磅力/英寸² lbf/in^2
帕 Pa	1	1×10^{-5}	1×10^{-2}	1.019716×10^{-1}	0.9869236×10^{-5}	1.019716×10^{-2}	0.75006×10^{-2}	1.450442×10^{-4}
巴 bar	1×10^{5}	1	1×10^{3}	1.019716×10^{4}	0.9869236	1.019716	0.75006×10^{3}	1.450442×10
毫巴 mbar	1×10^{2}	1×10^{-3}	1	1.019716×10	0.9869236×10^{-3}	1.019716×10^{-3}	0.75006	1.450442×10^{-2}
毫米水柱 mmH_2O	0.980665×10	0.980665×10^{-4}	0.980665×10^{-1}	1	0.9678×10^{-4}	1×10^{-4}	0.73556×10^{-1}	1.44223×10^{-3}
标准大气压 atm	1.01325×10^{5}	1.01325	1.01325×10^{3}	1.033227×10^{4}	1	1.0332	0.76×10^{3}	1.4696×10
工程大气压 at	0.980665×10^{5}	0.980665	0.980665×10^{3}	1×10^{4}	0.9678	1	0.73557×10^{3}	1.422398×10
毫米汞柱 mmHg	1.333224×10^{2}	1.333224×10^{-3}	1.333224	1.35951×10	1.316×10^{-3}	1.35951×10^{-3}	1	1.934×10^{-2}
磅力/英寸² lbf/in^2	0.68949×10^{4}	0.68949×10^{-1}	0.68949×10^{2}	0.70307×10^{3}	0.6805×10^{-1}	0.707×10^{-1}	0.51715×10^{2}	1

(3) 压力的表示方法

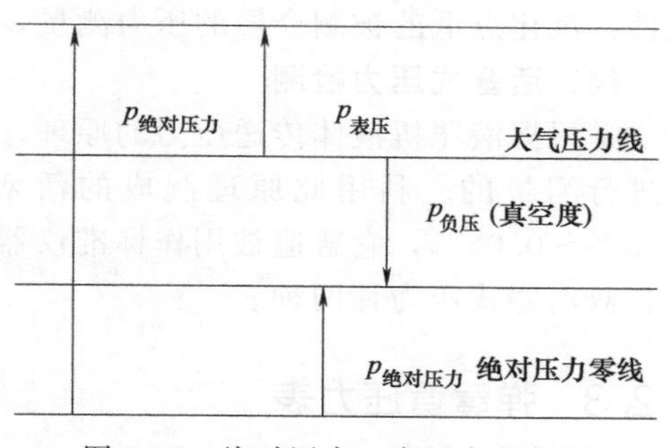

图 1-17 绝对压力、表压力和负压（真空度）的关系

压力的表示方法有三种：绝对压力，表压力，负压或真空度，其关系如图 1-17 所示。

绝对压力是物体所受的实际压力。

表压力是指一般压力仪表所测得的压力，它是高于大气压的绝对压力与大气压力之差，即

$$p_{表压}=p_{绝对压力}-p_{大气压力}$$

真空度是指大气压与低于大气压的绝对压力之差，有时也称负压，即

$$p_{负压}=p_{大气压力}-p_{绝对压力}$$

因为各种工艺设备和测量仪表通常处于大气之中，本身就承受着大气压力。所以，工程上经常用表压或真空度来表示压力的大小。以后所提压力，除特别说明外，均指表压力或真空度。

1.2.2 压力检测的主要方法

目前工业上常用的压力检测方法和压力检测仪表有很多，根据压敏元件和转换原理的不同，一般分为以下四类：

(1) 液柱式压力检测

是根据流体静力学原理，把被测压力转换成液柱高度来进行压力测量的仪表。目前常见的液柱式压力计有 U 形管压力计、单管压力计、斜管压力计、补偿微压计等。这类压力计一般由充有水或水银等液体的玻璃管构成，主要用于低压和微压的测量，其测量范围约在 10Pa 至 200～300kPa 之间，高精度者可用作压力基准器，用于校正其他类型压力计。

液柱式压力计结构简单，使用方便，价格低廉，灵敏度和精度都较高。缺点是体积大，玻璃易碎，测量速度慢，量程受液柱高度的限制，且只能就地指示，压力信号不能远传显示与控制，难以自动测量。

(2) 弹性式压力检测

是根据弹性元件受力变形的原理，利用各种形式的弹性元件作为压力敏感元件，将压力转换成弹性元件的变形位移或挠度，来进行压力测量的。常用的弹性元件有弹簧管、膜片和波纹管等。根据采用的弹性元件不同，弹性式压力测量仪表主要分为弹簧管压力表、膜片压力表、膜合压力表和波纹管压力表；按功能不同分为指示式压力表、电接点式压力表和远传压力表；按输出信号的不同可分为模拟压力表和数字压力表等。

弹性式压力表结构简单，结实耐用，读数清晰，价格低廉，安装方便，使用范围广又有足够的精度，可以测量－0.1～1500MPa 之间的压力，是工业上应用较广泛的测压仪表。

(3) 电气式压力检测

它是利用敏感元件将被测压力直接转换成各种电量（如电阻、电荷量等）进行测量的仪表，如各种压力传感器。压力传感器不仅能检测压力并且能提供远传信号，能够满足自动化系统检测显示、记录和控制的要求。当压力传感器输出的电信号进一步转换成标准统一信号时，又将它称为压力变送器。常见的压力传感器有电阻应变片压力传感器、压电式压力传感器、电感式压力传感器、电容式压力传感器、电位器式压力传感器、霍尔压力传感器、光纤压力传感器、谐振式压力传感器等。

压力传感器可以测量从绝压、微压直至中压和高压范围的压力信号，测量范围非常宽。而且压力传感器的精度高，性能稳定，可用于易燃、易爆场合，也可用于易堵塞、黏稠、腐

蚀性、汽化点低的被测介质的压力测量，是现代化工业生产中最常用的压力测量仪表。

(4) 活塞式压力检测

是根据液压机液体传送压力的原理，将被测压力转换成活塞面积上所加平衡砝码的质量来进行测量的。利用此原理制成的活塞式压力计的测量精度较高，允许误差可以小到0.05%～0.02%，它普遍被用作标准仪器对压力检测仪表进行校验，常用的有单活塞式压力计和双活塞式压力计两种。

1.2.3 弹簧管压力表

弹簧管压力表是最常用的弹性式压力检测仪表之一，常用于压力信号的就地检测与显示，它的主要部件是弹簧管弹性元件。

(1) 弹性元件

弹性元件是一种简易可靠的测压敏感元件，在弹性限度内受压后会产生变形，变形的大小与被测压力成正比关系。如图 1-18 所示，目前工业上常用的测压用弹性元件主要是弹簧管、波纹管和膜片等。

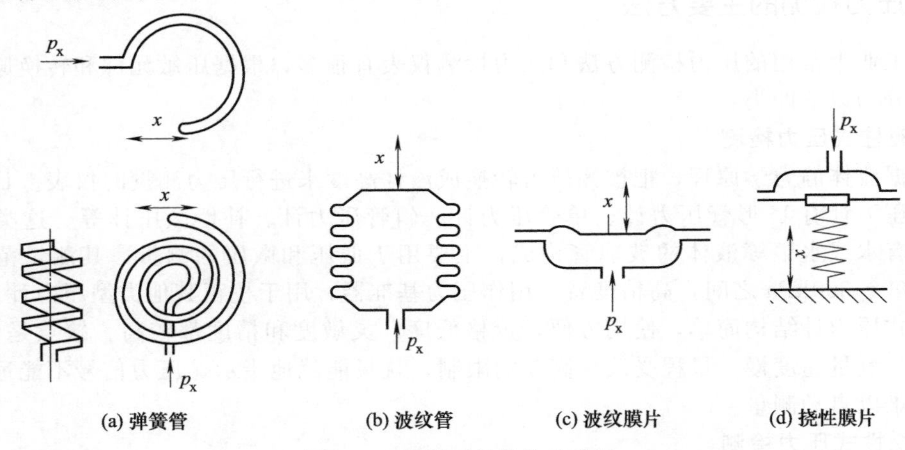

图 1-18 弹性元件结构示意图

① 弹簧管：弹簧管是弯成圆弧形的空心管子（中心角 θ 通常为 270°），其横截面呈非圆形（扁圆或椭圆形）。弹簧管一端是开口的，另一端是封闭的，如图 1-19 所示。开口端作为固定端，被测压力从开口端接入到弹簧管内腔；封闭端作为自由端，可以自由移动。

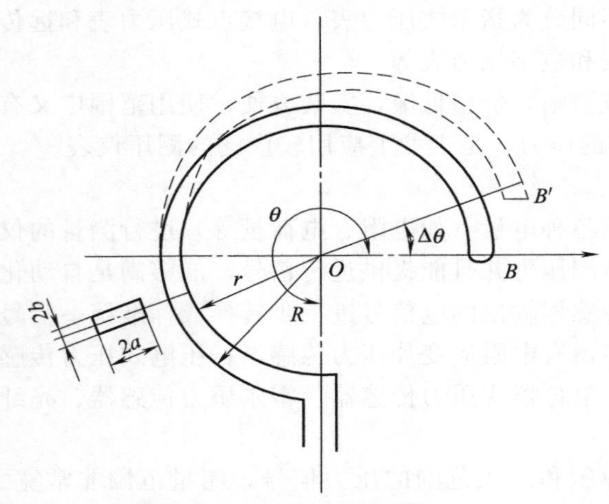

图 1-19 单圈弹簧管结构示意图

当被测压力从弹簧管的固定端输入时，由于弹簧管的非圆横截面，使它有变成圆形并伴有伸直的趋势，使自由端产生位移并改变中心角 $\Delta\theta$。由于输入压力 p 与弹簧管自由端的位移成正比，所以只要测得自由端的位移量就能够反映压力 p 的大小，这就是弹簧管的测压原理。工业中用的最多的是弹簧管压力表。

弹簧管有单圈和多圈之分。单圈弹簧管的中心角变化量较小，而多圈弹簧管的中心角变化较大，二者的测压原理是相同的。弹簧管常用的材料有锡青铜、磷青铜、合金钢、不锈钢等，适用于不同的压力测量范围和测量介质。

② 波纹管：波纹管是一种具有同轴环状波纹，能沿轴向伸缩的测压弹性元件。当它受到轴向力作用时，能产生较大的伸长或收缩位移。通常在其顶端安装传动机构，带动指针直接读数。波纹管的特点是灵敏度较高（特别是在低压区），适合检测低压信号（≤1MPa），但波纹管时滞较大，测量精度一般只能达到1.5级。

③ 膜片：膜片是一种沿外缘固定的片状圆形薄板或薄膜，按剖面形状分为平薄膜片和波纹膜片。波纹膜片是一种压有环状同心波纹的圆形薄膜，其波纹数量、形状、尺寸和分布情况与压力的测量范围及线性度有关。有时也可以把两张金属膜片沿周口对焊起来，成一薄壁盒子，内充液体（如硅油），称为膜盒。

当膜片两边压力不等时，膜片就会发生形变，产生位移，当膜片位移很小时，它们之间具有良好的线性，这就是利用膜片进行压力检测的基本原理。膜片受压力作用产生的位移，可直接带动传动机构指示。但是，由于膜片的位移较小，灵敏度低，指示精度不高，一般为2.5级。在更多的情况下，都是把膜片和其他转换环节合起来使用，通过膜片和转换环节把压力转换成电信号，例如膜盒式差压变送器、电容式压力变送器等。

(2) 弹簧管压力表

弹簧管压力表的测量范围极广，品种规格繁多。按其所使用的测压元件不同，可有单圈弹簧管压力表和多圈弹簧管压力表。按其用途不同，除普通弹簧管压力表、防震压力表外，还有耐腐蚀的氨用压力表、禁油的氧气压力表等。它们的外形与结构基本上相同，只是所用的材料有所不同。

单圈弹簧管压力表由单圈弹簧管和一组传动放大机构（简称机芯，包括拉杆、扇形齿轮、中心齿轮）以及表壳组成。其结构原理图如图1-20所示。

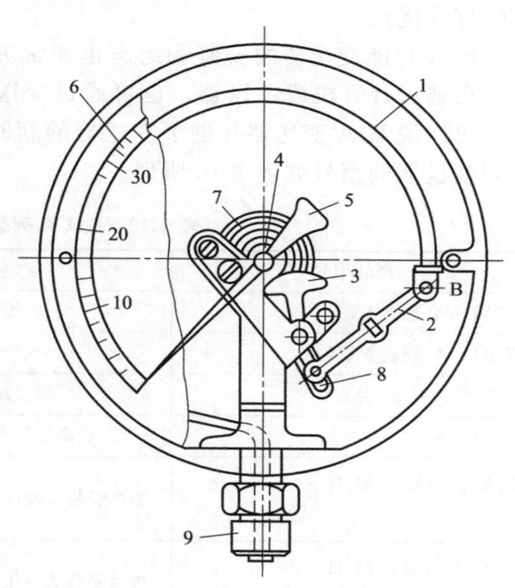

图1-20 弹簧管压力表

1—弹簧管；2—拉杆；3—扇形齿轮；4—中心齿轮；5—指针；6—面板；7—游丝；8—调节螺钉；9—接头

被测压力由接头9通入，迫使弹簧管1的自由端B向右上方扩张。自由端B的弹性变形位移通过拉杆2使扇形齿轮3做逆时针偏转，带动中心齿轮4做顺时针偏转，使其与中心齿轮同轴的指针5也做顺时针偏转，从而在面板6的刻度标尺上显示出被测压力p的数值。由于自由端的位移与被测压力呈线性关系，所以弹簧管压力表的刻度标尺为均匀分度。

1.2.4 智能压力变送器

当压力传感器输出的电信号进一步转换成标准统一信号时，又将它称为压力变送器。通常压力变送器由两部分组成，即传感器部分和信号转换部分。传感器的种类很多，比如根据结构不同，传感器有电阻式的、电容式的、频率式的等。但是它们的工作原理都相近，传感器的隔离膜片是直接接触被测介质的，它会因为介质的压力变化自己产生形变，此形变通过隔离液传送给测量膜片，测量膜片会产生相应的变形（如果是电阻式的，这个形变会改变电阻值，其他形式的同理），然后信号转换部分会根据此形变所产生的信号变送出相应的电信号。

工业上常用的还有差压变送器，差压变送器是测量两组介质压力差的，一般配用于差压式流量计或液位计，也有测量微小压力用的，但价格比较高。差压变送器比压力变送器多一个测量压室，多一组测量膜片，它的测量值是通过测量两个压力的差得到的，所以称之为差压变送器。

以下简单介绍工业中常用的两种压力/差压变送器。

(1) EJA 智能变送器

EJA 智能变送器是日本横河电机株式会社于 20 世纪 90 年代中期推出的产品，其率先采用真正的数字化传感器——单晶硅谐振式传感器。

传感器输出一对差值数字信号，温度和静压影响可忽略不计，连续工作 5 年不需调校，连续 10 万次单向过压实验后影响量≤±0.03%，在传感器部分直接消除外界干扰。

EJA 智能变送器还具有双向通信功能（BRAIN/HART 协议，FF 现场总线）、完善的自诊断功能，以及具有小型、轻量（标准型 3.9kg）、精度高（±0.075%）、稳定性高、可靠性好等优点。

EJA 智能变送器的安装和组态也非常灵活简便，可无需支架，直接安装。对变送器组态，可通过计算机或手操器，也可通过变送器上的量程设置按钮和调零按钮，进行现场调整。可以说 EJA 变送器开创了变送器的新时代，自从推向市场以来，深受各界好评。EJA 系列变送器的型号如表 1-10 所列。

表 1-10 EJA 系列智能式变送器选型一览表

产品型号	产品全称	产品详细选型资料
EJA110A(膜盒 L)	差压变送器	EJA110A 差压变送器
EJA110A(膜盒 M、H、V)	差压变送器	EJA110A 差压变送器
EJA120A	微差压变送器	微差压变送器
EJA130A	高静压差压变送器	高静压差压变送器
EJA210A(膜盒 M、H) (2in[①] 法兰)	法兰安装式差压变送器(平膜片形)	法兰安装式差压变送器
EJA210A(膜盒 M、H) (3in 法兰)	法兰安装式差压变送器(平膜片形)	法兰安装式差压变送器
EJA220A(膜盒 M、H)	法兰安装式差压变送器(凸膜片形)	法兰安装式差压变送器
EJA310A(膜盒 L)	绝对压力变送器	绝对压力变送器
EJA310A(膜盒 M、A)	绝对压力变送器	绝对压力变送器
EJA430A(膜盒 A、B)	压力变送器	压力变送器
EJA440A	高压力变送器	高压力变送器
EJA510A	绝对压力变送器	绝对压力变送器
EJA530A	压力变送器	压力变送器
EJA118W(2in 法兰)	隔膜密封式差压变送器(平膜片形)	隔膜密封式差压变送器
EJA118W(3in 法兰)	隔膜密封式差压变送器(平膜片形)	隔膜密封式差压变送器
EJA118N(3in 法兰)	隔膜密封式差压变送器(凸膜片形)	隔膜密封式差压变送器

续表

产品型号	产品全称	产品详细选型资料
EJA118N(4in 法兰)	隔膜密封式差压变送器(凸膜片形)	隔膜密封式差压变送器
EJA118Y	隔膜密封式差压变送器(平凸膜片形)	隔膜密封式差压变送器
EJA438W(2in、3in 法兰)	隔膜密封式差压变送器(平膜片形)	隔膜密封式差压变送器
EJA438N(3in 法兰)	隔膜密封式压力变送器(凸膜片形)	隔膜密封式压力变送器
EJA438N(4in 法兰)	隔膜密封式压力变送器(凸膜片形)	隔膜密封式压力变送器
EJA115(膜盒 L)	微小流量变送器	微小流量变送器
EJA115(膜盒 M、H)	微小流量变送器	微小流量变送器
EJA213	卫生型液位变送器	卫生型液位变送器
EJA223	卫生型液位变送器	卫生型液位变送器
EJA113W	卫生型差压变送器	卫生型差压变送器
EJA433W	卫生型压力变送器	卫生型压力变送器
BT200	智能终端	智能终端
HART275	智能终端	智能终端
F	三(五)阀组	三(五)阀组
IM	三阀组(日本横河)	IM 三阀组

① 1in＝25.4mm。

实验装置中应用了 EJA 智能变送器，下面以 EJA110E 为例进行讲解。

EJA110E 高性能差压变送器采用单晶谐振式传感器技术，适用于测量液体、气体或蒸汽的流量、液位、密度和压力。EJA110E 将测量差压转换成 4～20mA DC 电流信号输出，可测量、显示或远程监控静压，具有快速响应、远程设定、自诊断等功能。图 1-21 所示为 EJA110E 变送器的型谱图。

(2) 1151 压力/差压变送器

1151 压力/差压变送器已经为过程控制行业作出了卓越的贡献，今天，它们仍是全球应用最为广泛的变送器之一。1151 系列智能电容式变送器是以微处理器为核心的压力仪表，它在传统的 1151 电容式压力变送器和 1151 电容式差压变送器的结构上增加了通信和其他功能。用 268、275 通信器或采用 HART 协议的其他主机可在控制室、变送器现场或在同一控制回路的任何地方同它进行双向通信（读、写数据和诊断）。

1151 压力/差压变送器有多种不同形式，可用于差压、流量、表压、绝压、真空度、液位和密度的测量场合。根据订货信息表确定变送器的型号，指定压力范围、输出方式和变送器基本的结构材料等。此外，如附件、认证、特殊制造程序等选项均可选择。

1151DP、GP 和 AP 型差压、表压和绝压变送器具有以下优点：①性能优越，精度 0.1%，量程比 15∶1；②可测量差压、表压和绝压，且测量范围广；③具有智能、模拟或低功耗电路；④结构小巧、坚固、抗振；⑤模块化结构，阻尼、零点与量程可调。

图 1-22 所示为 1151GP 变送器的型谱图。

型号	规格代码	说明
EJA110E	....	差压变送器
输出信号	–D...........................	4～20mA DC　BRAIN协议
	–J...........................	4～20mA DC　HART 5/HART 7协议
	–F...........................	FF现场总线协议　参阅GS01C31T02-01CN
	–G...........................	PROFIBUS PA总线协议　参阅GS01C31T04-01CN
	–Q...........................	1～5V DC低功耗　HART7协议
测量量程(膜盒)	F...........................	0.5～5kPa(2.0～20in H_2O)(接液部分材质代码S)
	L...........................	0.5～10kPa(2.0～40in H_2O)(接液部分材质代码S除外)
	M...........................	1～100kPa(4～400inH_2O)
	H...........................	5～500kPa(20～2000inH_2O)
	V...........................	0.14～14MPa(20～2000psi)
接液部分材质	□...........................	参阅"接液部分材质"表
过程连接	0...........................	无过程接头(容室法兰上有Rc1/4内螺纹)
	1...........................	带Rc1/4内螺纹的过程接头
	2...........................	带Rc1/2内螺纹的过程接头
	3...........................	带1/4 NPT内螺纹的过程接头
	4...........................	带1/2 NPT内螺纹的过程接头
	5...........................	无过程接头(容室法兰上有1/4 NPT内螺纹)
螺栓、螺母材质	J...........................	B7
	G...........................	316L SST
	C...........................	660 SST
安装	–7...........................	垂直安装，左侧高压，过程连接在下
	–8...........................	水平安装，右侧高压
	–9...........................	水平安装，左侧高压
	–B...........................	底部过程连接，左侧高压
	–U...........................	通用型
放大器外壳	1...........................	铸铝合金
	3...........................	抗腐蚀铸铝合金
	2...........................	ASTM CF-8M不锈钢
电气连接	0...........................	G1/2内螺纹，一个电气接口不带盲塞
	2...........................	1/2 NPT内螺纹，两个电气接口不带盲塞
	4...........................	M20内螺纹，两个电气接口不带盲塞
	5...........................	G1/2内螺纹，两个电气接口带一个盲塞
	7...........................	1/2 NPT内螺纹，两个电气接口带一个盲塞
	9...........................	M20内螺纹，两个电气接口带一个盲塞
	A...........................	G1/2内螺纹，两个电气接口带一个SUS316盲塞
	C...........................	1/2 NPT内螺纹，两个电气接口带一个SUS316盲塞
	D...........................	M20内螺纹，两个电气接口带一个SUS316盲塞
内置显示表	D...........................	数字显示表
	E...........................	带量程设置开关的数字显示表
	N...........................	无
2in管道安装支架	A......	SECC　平托架
	B......	304 SST　平托架
	C......	SECC　L形托架
	D......	304 SST　L形托架
	J......	316 SST　平托架
	K......	316 SST　L形托架
	M......	316 SST　底部过程连接
	N......	无
附加规格代码		□/附加规格

图 1-21　EJA110E 变送器的型谱

1151GP	压力变送器

代号	测量范围
3	0～(1.3～7.5)kPa[0～(127～762)mmH_2O]
4	0～(6.2～37.4)kPa[0～(635～3810)mmH_2O]
5	0～(31.1～186.8)kPa[0～(3175～19050)mmH_2O]
6	0～(117～690)kPa[0～(1.2～7)kgf/cm^2](1kgf/cm^2=98.0665kPa)
7	0～(345～2068)kPa[0～(3.5～21)kgf/cm^2]
8	0～(1170～6890)kPa[0～(12～70)kgf/cm^2]
9	0～(3480～20680)kPa[0～(35～210)kgf/cm^2]
0	0～(6890～41370)kPa[0～(70～420)kgf/cm^2]

代号	输出
E	4～20mA DC、带可调阻尼

代号	结构材料			
	法兰接头	排气/排液阀	隔离膜片	灌充液体
22	316不锈钢	316不锈钢	316不锈钢	
23	316不锈钢	316不锈钢	哈氏合金C	
24	316不锈钢	316不锈钢	蒙乃尔	
25	316不锈钢	316不锈钢	钽	硅
33	哈氏合金C	哈氏合金C	哈氏合金C	
35	哈氏合金C	哈氏合金C	钽	油
44	蒙乃尔	蒙乃尔	蒙乃尔	

代号	选件
M_1	线性指示表0～100%刻度
M_4	数字线性指示表0～100%指示
B_1	管装弯支架(2″管子)
B_2	盘装弯支架
B_3	管装平支架(2″管子)
D_1	法兰侧面排气/排液阀在上部
D_2	法兰侧面排气/排液阀在下部
Da	南阳防爆电气研究所批准隔爆型Exds Ⅱ BT5
Fa	南阳防爆电气研究所批准本质安全型Exia Ⅱ
	防爆栅生产厂西仪股份有限公司
	防爆栅型号ISB安全保持器

1151GP	6	E	22	M_1B_1Da……完整的型号规格

图 1-22 1151GP 变送器的型谱

1.2.5 现场总线压力变送器

随着计算机、通信和微处理机技术的发展，变送器已经从模拟型、智能型发展到了现场总线型。现场总线型变送器具有全数字性，精确度高，抗干扰能力强，内嵌控制功能，实现高速通信，可多变量测量，系统综合成本低，真正的互操作性等特点。现场总线的发展如图 1-23 所示。

现场总线仪表的优势与不足如图 1-24 所示。

现场总线开发与测试平台主要形式如图 1-25 所示。

在图 0-1 的对象装置中，反应釜的压力测量采用的是 PROFIBUS PA 的现场总线仪表，现场总线仪表需要配置总线分线器，总线分线器如图 1-26 所示。

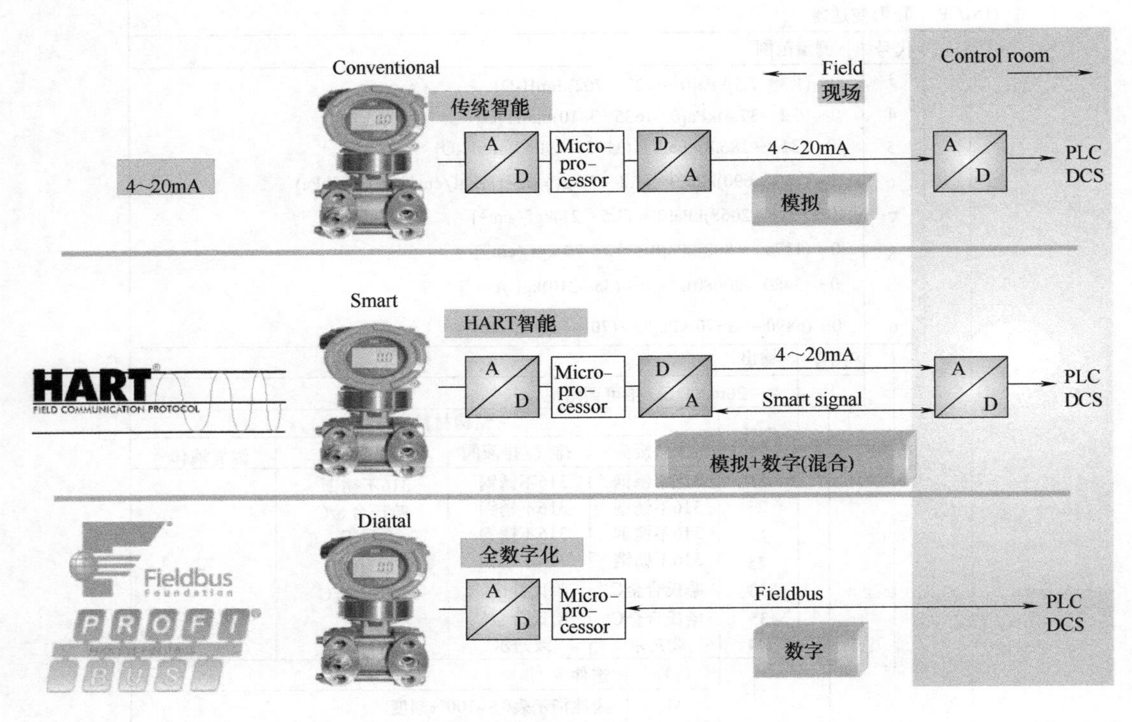

图 1-23 现场总线的发展

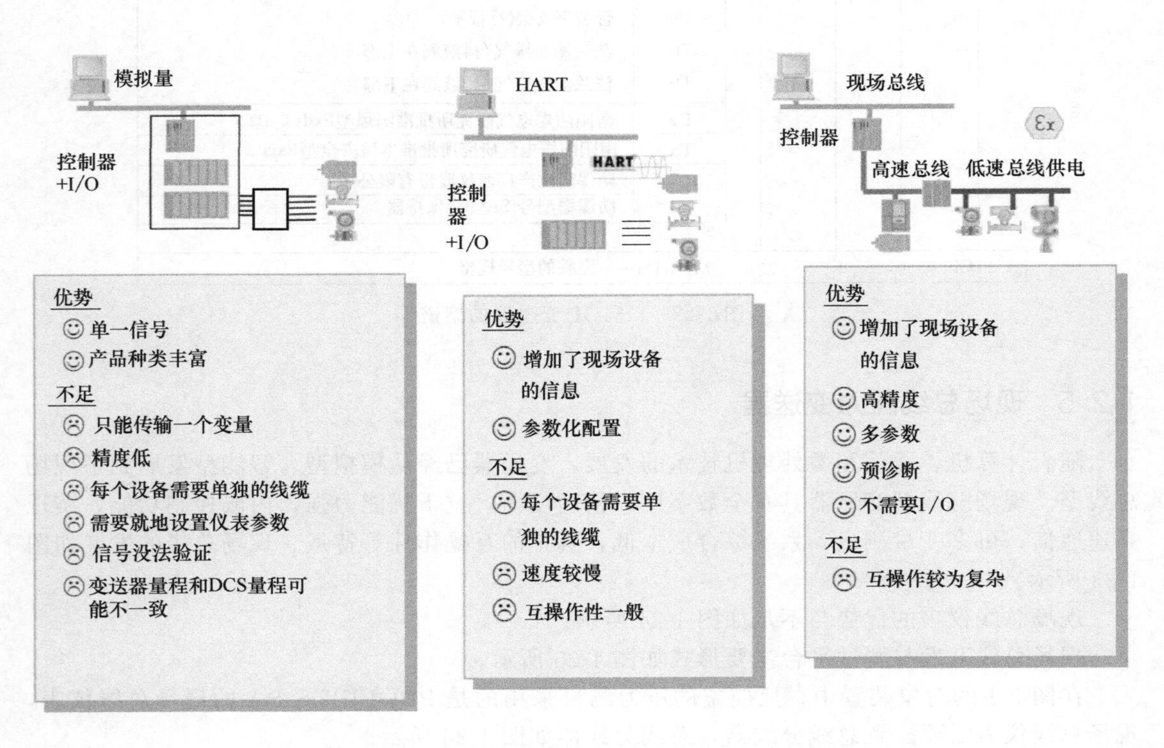

图 1-24 现场总线仪表的优势与不足

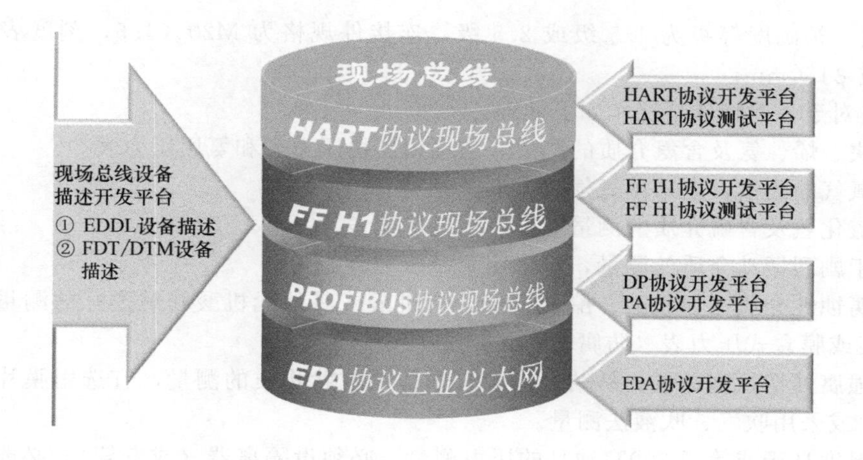

图 1-25 现场总线开发与测试平台

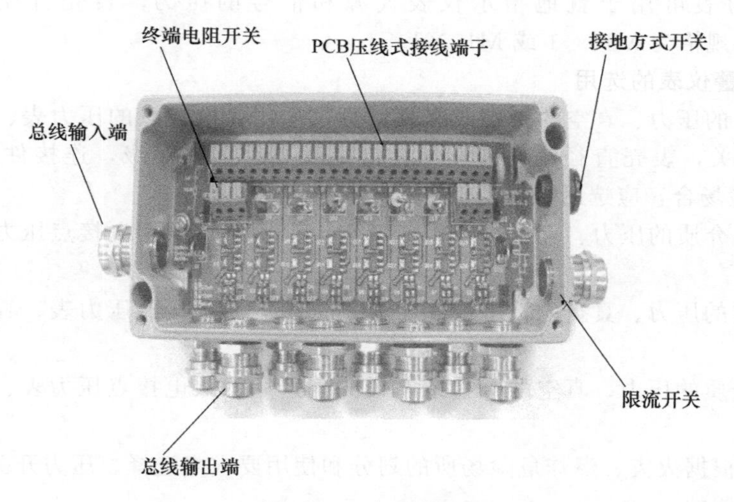

图 1-26 总线分线器

1.2.6 压力仪表的选用原则

压力检测仪表的选用是一项重要工作，如果选用不当，不仅不能正确、及时地反映被测对象的压力的变化，还可能引起事故。选用时应根据生产工艺对压力检测的要求、被测介质的特性、现场使用的环境条件，本着节约的原则合理地考虑仪表的量程、精度、类型等。

(1) 就地指示压力表的选用

压力在−40～0～+40kPa 的一般介质，宜选用膜盒压力表。表壳可为圆形或矩形，精确度等级为 2.5 级，连接件规格为 M20×1.5 或 ϕ8mm 软接头。

压力在 40kPa 以上的一般介质，可选用弹簧管压力表。精确度等级为 1.5 级或 2.5 级，连接件规格为 M20×1.5，刻度表壳直径为 ϕ100mm 或 ϕ150mm。就地指示一般选用径向不带边，就地盘装一般选用轴向带边。

压力在−0.1～2.4MPa 的一般介质，应选用压力真空表。精确度等级为 1.5 级或 2.5 级，连接件规格为 M20×1.5，刻度表壳直径为 ϕ100mm 或 ϕ150mm。

对于黏度较高的原油测量，应选用隔膜式压力表、膜片式压力表或采取灌隔离液措施的一般压力表。精确度等级为1.5级或2.5级，连接件规格为M20×1.5，刻度表壳直径为ϕ100mm或ϕ150mm。

另外，对于一些特殊情况作如下处理：

① 对炔、烯、氨及含氨介质的测量，应选用乙炔压力表和氨用压力表。

② 对氧气的测量，应采用氧气压力表。

③ 对硫化氢及含硫介质的测量应采用抗硫压力表。

④ 对于剧烈振动介质的测量，应采用耐振压力表。

⑤ 对腐蚀性介质（如硝酸、醋酸、部分有机酸或其他无机酸和碱类）的测量，宜选用耐酸压力表或膜盒式压力表（防腐型）。

⑥ 对强腐蚀性且高黏稠、易结晶、含有固体颗粒状物质的测量，宜选用膜片式压力表（防腐型），或采用吹气、吹液法测量。

⑦ 对温度高于或等于300℃油品的压力测量，必须设隔离器（或弯管），必要时可选用耐酸压力表。

⑧ 小型压力表可用于就地指示仪表气源和信号的压力，表壳直径为ϕ40mm或ϕ60mm，连接件规格为M10×1或M10×1.5。

(2) 压力报警仪表的选用

① 一般场合的压力、真空的报警或联锁宜分别选用带电接点的压力表、真空表及压力真空表或压力开关，表壳直径为ϕ150mm，精确度等级为1.5级，连接件规格为M20×1.5。在爆炸危险场合，应选用防爆型。

② 氨及含氨介质的压力、真空的报警或联锁应分别选用氨用电接点压力表、真空表及压力真空表。

③ 氧气介质的压力、真空的报警或联锁分别选用氧用电接点压力表、真空表及压力真空表。

④ 腐蚀性介质的压力、真空的报警或联锁分别选用耐酸电接点压力表、真空表及压力真空表。

压力开关应根据火灾、爆炸危险场所的划分和使用要求来选择。压力开关在全量程范围内设定值应是可调的。

就地安装的无指示压力调节器、变送器、压力开关、减压阀宜配置直接测量工艺介质的压力表。

(3) 远传压力仪表的选用

要求采用统一的标准信号时，应选用压力变送器。变送器的精确度应不低于0.5级。

① 对于爆炸和火灾危险场所，应选用气动压力变送器和防爆型电动压力变送器。

② 对于微压力的测量，可采用微差压变送器。

③ 对于黏稠（如黏度较高的原油）、含有固体颗粒或腐蚀性介质压力的测量，可选用法兰膜片式压力变送器（温度不高于200℃）。如采用灌隔离液、吹气或打冲洗液等措施，也可采用一般的压力变送器。

(4) 仪表量程的选择

仪表的量程是指该仪表按规定的精确度对被测量进行测量的范围，它根据操作中需要测量的参数的大小来确定。为了保证敏感元件能在其安全的范围内可靠工作，也考虑到被测对象可能发生的异常超压情况，对仪表的量程选择必须留有足够的余地。

在被测压力较稳定的情况下，最大工作压力不应超过仪表满量程的3/4；在被测压力波动较大或测振动压力时，最大工作压力不应超过仪表满量程的2/3；在测量高压压力时，最大工作压力不应超过仪表满量程的3/5。为了保证测量准确度，最小工作压力不应低于满量程的1/3。当被测压力变化范围大，最大和最小工作压力可能不能同时满足上述要求时，选择仪表量程应首先要满足最大工作压力条件。

根据被测压力，计算得到仪表上、下限后，还不能以此直接作为仪表的量程，目前中国出厂的压力（包括差压）检测仪表有统一的量程系列，它们是1kPa、1.6kPa、2.5kPa、4.0kPa、6.0kPa以及它们的10^n倍数（n为整数）。因此，在选用仪表量程时，应采用相应规程或者标准中的数值。

（5）仪表精度的选择

压力检测仪表的精度主要根据生产允许的最大误差来确定，即要求实际被测压力允许的最大绝对误差应小于仪表的基本误差。另外，在选择时应坚持节约的原则，只要测量精度能满足生产的要求，就不必追求过高精度的仪表。

（6）仪表类型的选择

根据工艺要求正确选用仪表类型是保证仪表正常工作及安全生产的主要前提。压力检测仪表类型的选择主要应考虑以下几个方面。

① 仪表的材料：压力检测的特点是压力敏感元件往往要与被测介质直接接触，因此在选择仪表材料的时候要综合考虑仪表的工作条件。例如，对腐蚀性较强的介质应使用像不锈钢之类的弹性元件或敏感元件；氨用压力表则要求仪表的材料不允许采用铜或铜介质，因为氨气对铜的腐蚀性极强；又如氧用压力表在结构和材质上可以与普通压力表相同，但要禁油，因为油进入氧气系统极易引起爆炸。

② 仪表的输出信号：对于只需要观察压力变化的情况，应选用如弹簧管压力表甚至液柱式压力计那样的直接指示型的仪表；如需将压力信号远传到控制室或其他电动仪表，则可选用电气式压力检测仪表或其他具有电信号输出的仪表；如果控制系统要求能进行数字量通信，则可选用智能式压力检测仪表。

③ 仪表的使用环境：对爆炸性较强的环境，应选择防爆型压力仪表；对于温度特别高或特别低的环境，应选择温度系数小的敏感元件及其他变换元件。

1.2.7 压力仪表选型示例

例如，需要测量某氯气缓冲罐出口氯气的压力，已知操作温度为40℃，操作压力为0.15kPa，根据以上条件选择的压力变送器如表1-11所列，该表格中的信息可作为这台压力仪表的订货依据。

表1-11 压力变送器规格示例样表

压力变送器规格 PRESSURE TRANSMITTER SPECIFICATION		
型号 MODEL		—
测量范围 MEAS. RANGE		0～0.6MPa(G)
精度 ACCURACY		0.5
输出信号 OUTPUT SIGNAL		4～20mA DC
测量元件材质 MEASURING ELEMENT MATERIAL		SS316
本体材质 BODY MATERIAL		SCS14A
连接尺寸 PROCESS CONNECTION	尺寸 SIZE	—
	标准 RATING	—
	高/低 HIGH/LOW	高压侧

续表

电气接口尺寸 ELEC. CONN. SIZE	G1/2″(F)
防爆等级 EXPLOSION-PROOF CLASS	—
防护等级 ENCLOSURE PROOF	IP67
安装形式 INSTALLATION TYPE	2″PIPE 管
安装图号 HOOK-UP NO.	—
铭牌 SST tag no plate	√
输出指示表 OUTPUT INDICATOR	数显
毛细管长度 CAPILLARY LENGTH	5m
毛细管材料 CAPILLARY MATERIAL	SUS316+PVC
毛细管填充液材料 CAP. FILL FLUID	硅油
远传密封膜材质 REMOTE DIAPHRAGM MATERIAL	Hastelly-C
密封法兰标准及等级 FLANGE STD. & RATING	HG20592-97 *PN*1.6MPa
密封法兰尺寸及密封面 FLANGE SIZE & FACING	*DN*50 M凸面密封
密封法兰材质 FLANGE MATERIAL	SS
制造厂 MANUFACTURER	—
附件 ACCESSORIES	—
备注 REMARKS	差压变送器带远传密封型 环氧树脂烤漆

修改 REV.	说明 DISCRIPTION	设计 DESG.	日期 DATE	校核 CHKD.	日期 DATE	审核 APPD.	日期 DATE

注：也可在选型网站上下载仪表订货清单样表。

在图 0-1 的对象装置中用到的压力仪表有测量反应釜压力的 PA 总线压力变送器、缓冲罐压力就地测量指示的压力表和锅炉压力就地测量指示的压力表。基本参数如表 1-12 所列。

表 1-12 对象装置中所用到的压力仪表

序号	位号	设备名称	用途	信号类型	单位	量程
1	PT102	压力变送器	反应釜压力	PA 总线	kPa	0～300
2	PI101	压力表	缓冲罐压力就地指示	—	kPa	0～30
3	PI102	压力表	锅炉压力就地指示	—	kPa	0～30

1.2.8 压力仪表的安装

(1) 一般压力测量仪表的安装

无论选用何种压力仪表和采用何种安装方式，在安装过程中都应注意以下几点。

① 压力仪表必须经检验合格后才能安装。压力仪表与取压口之间应安装切断阀，以便维修。

② 压力仪表的连接处，应根据被测压力的高低和被测介质性质，选择适当的材料作为

密封垫圈，以防泄漏。

③ 压力仪表尽可能安装在室温，相对湿度小于80%，振动小，灰尘少，没有腐蚀性物质的地方，对于电气式压力仪表应尽可能避免受到电磁干扰。

④ 压力仪表应垂直安装，如图1-27（a）、（b）所示。一般情况下，安装高度应与人的视线齐平，对于高压压力仪表，其安装高度应高于一般人的头部。

⑤ 测量液体或蒸汽介质压力时，应避免液柱产生的误差，压力仪表应安装在与取压口同一水平的位置上，否则必须对压力仪表的示值进行修正。

⑥ 导压管的粗细应合适，一般为6～10mm。长度应尽可能短，否则会引起压力测量的迟缓。

⑦ 当测量温度高于60℃的液体、蒸汽和可凝性气体的压力时，就地安装的压力表的取源部件应带有环形或U形冷凝弯管，如图1-27（c）所示。

⑧ 对于腐蚀性介质，当必须采用隔离容器时，隔离容器接口安装方位的确定应根据隔离液的密度、被测介质密度和隔离容器结构确定，应以隔离液能进入压力表内的安装方位为正确，如图1-27（d）所示。

(2) 差压变送器的安装

差压变送器也属于压力测量仪表，因此差压变送器的安装要遵循一般压力测量仪表的安装原则。然而，差压变送器与取压口之间必须通过引压管连接，才能把被测压力正确地传递到变送器的正负压室，如果取压口选择不正确，或者引压管有堵塞、渗漏现象，或者差压变送器的安装和操作不正确，都会引起较大的测量误差。

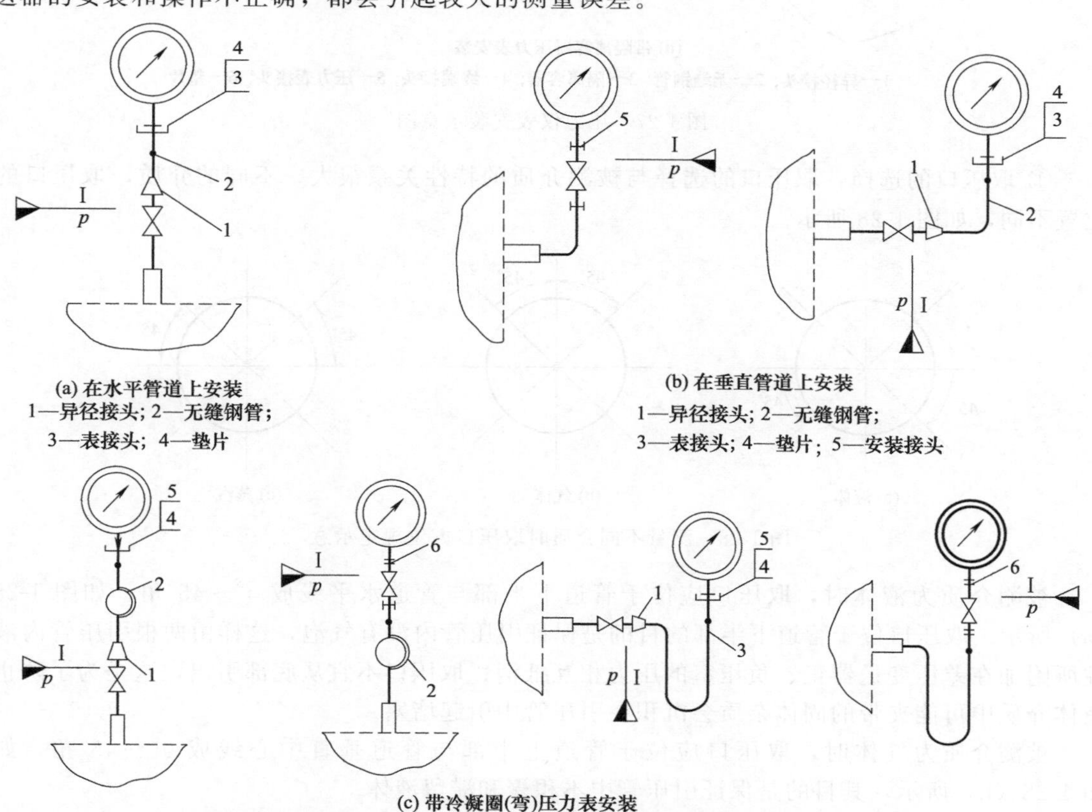

(a) 在水平管道上安装
1—异径接头；2—无缝钢管；
3—表接头；4—垫片

(b) 在垂直管道上安装
1—异径接头；2—无缝钢管；
3—表接头；4—垫片；5—安装接头

(c) 带冷凝圈(弯)压力表安装
1—异径接头；2—冷凝圈；3—冷凝弯；4—压力表接头；5—垫圈；6—安装接头

图1-27

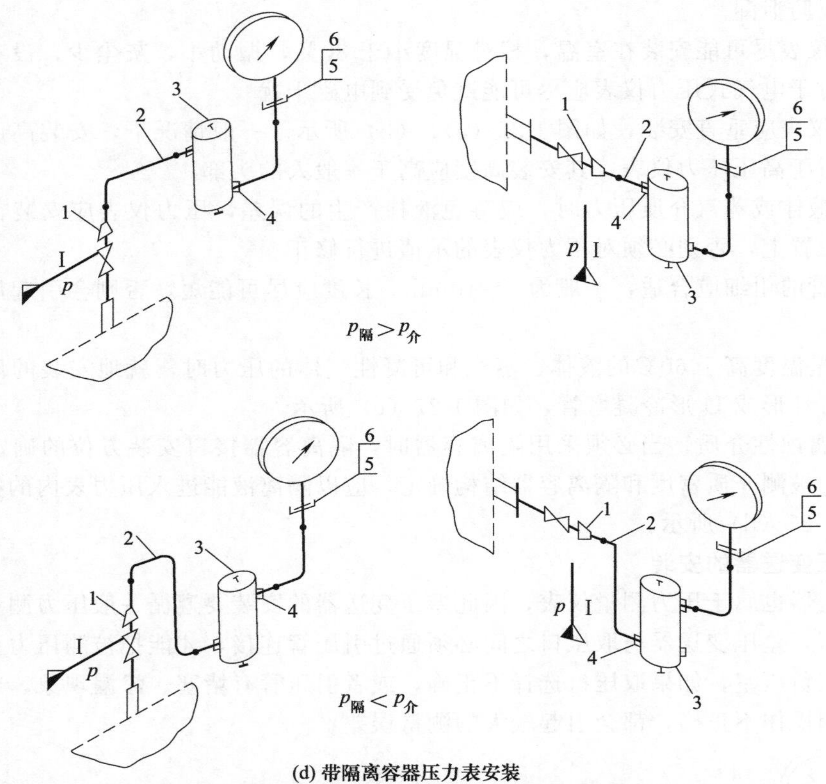

(d) 带隔离容器压力表安装

1—异径接头；2—无缝钢管；3—隔离容器；4—终端接头；5—压力表接头；6—垫片

图 1-27 压力仪表安装示意图

① 取压口的选择：取压口的选择与被测介质的特性关系很大，不同的介质，取压口的位置不同，如图 1-28 所示。

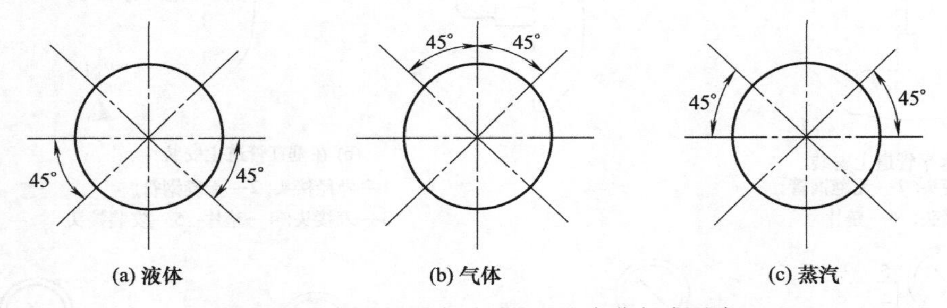

图 1-28 测量不同介质时取压口方位规定示意

被测介质为液体时，取压口应位于管道下半部与管道水平线成 0°～45°角，如图 1-28（a）所示。取压口位于管道下半部的目的是保证引压管内没有气泡，这样由两根引压管内液柱所附加在差压变送器正、负压室的压力相互抵消；取压口不宜从底部引出，这是为了防止液体介质中可能夹带的固体杂质会沉积在引压管中引起堵塞。

被测介质为气体时，取压口应位于管道上半部与管道垂直中心线成 0°～45°角，如图 1-28（b）所示，其目的是保证引压管中不积聚和滞留液体。

被测介质为蒸汽时，取压口应位于管道上半部与管道水平线成 0°～45°角，如图 1-28（c）所示。常见的接法是从管道水平位置接出，并分别安装凝液罐，这样两根引压管内部都充满冷凝液，而且液体高度相同。

② 引压管的安装：引压管应按最短距离敷设，引压管内径的选择与引压管长度有关，一般可以参照表 1-13 执行。引压管的管路应保持垂直，或者与水平线之间留小于 1∶10 的倾斜度，必要时要加装气体、凝液、微粒收集器等设备，并定期排放收集物。

表 1-13　引压管内径与引压管长度

引压管长度/m 引压管内径/mm 被测介质	＜1.6	1.6～4.5	4.5～9
水、水蒸气、干气体	7～9	10	13
湿气体	13	13	13
低中黏度油品	13	19	25
脏液体	25	25	33

③ 差压变送器的安装：由引压导管接至差压计或变送器前，一般需安装切断阀 1、2 和平衡阀 3，构成三阀组，如图 1-29 所示。

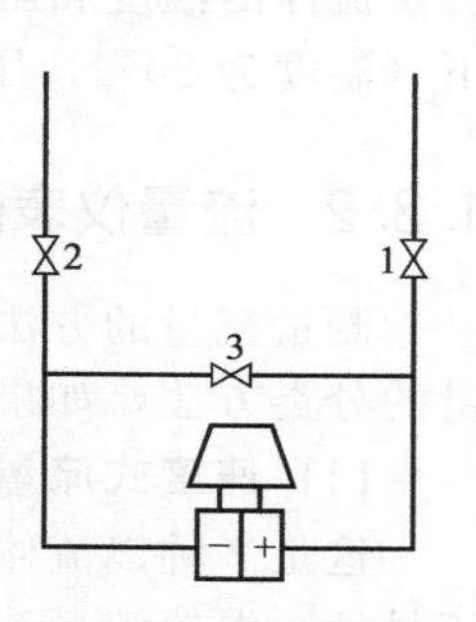

图 1-29　差压变送器的安装示意图

差压变送器是用来测量差压的，但如果正、负引压管上的两个切断阀不能同时打开或者关闭时，就会造成差压变送器单向受很大的静压力，有时会使仪表产生附加误差，严重时会使仪表损坏。为了防止差压计单向受很大的静压力，必须正确使用平衡阀。在启用差压变送器时，应先打开平衡阀 3，使正、负压室接通，受压相同，然后打开切断阀 1、2，最后关闭平衡阀 3，变送器即可投入运行。差压变送器需要停用时，应先打开平衡阀，然后关闭切断阀 1、2。当切断阀 1、2 关闭，平衡阀 3 打开时，即可以对仪表进行零点校验。

某些智能式压力变送器无须安装三阀组，可参考其安装说明书。

1.3　流量仪表的选用

1.3.1　流量检测概述

在现代工业生产自动化过程中，流量是重要的过程参数之一。在具有流动介质的工艺流程中，物料（液体、气体、蒸汽等）通过管道在设备间来往输送和配比，生产过程中的物料平衡和能量平衡等也与流量有着密切的关系。为了有效地进行生产操作和控制，需要对生产过程中各种介质的流量进行测量，以便为生产操作和控制提供依据。另外，在大多数工业生产中，常用测量和控制流量来确定物料的配比与耗量，实现生产过程自动化和最优控制。同时，为了进行经济核算，也需要知道一段时间（如一班、一天、一月等）内流过的介质总量。因此，流量是控制生产过程达到优质高产和安全生产以及经济核算所必需的一个重要参数。

一般所讲的流量大小是指单位时间内流过管道某一截面的流体数量的大小，即瞬时流量。而在某一段时间内流过管道的流体流量的总和，即瞬时流量在某一段时间内的累计值，称为总量或累计流量。

瞬时流量和累计流量可以用质量表示，也可以用体积表示。单位时间内流过的流体以质量表示的称为质量流量，常用符号 M 表示。以体积表示的称为体积流量，常用符号 Q 表示。若流体的密度是 ρ，则体积流量和质量流量之间的关系是

$$M=Q\rho \quad 或 \quad Q=\frac{M}{\rho}$$

若以 t 表示时间，则流量和总量之间的关系是

$$Q_{总}=\int_0^t Q\mathrm{d}t \qquad M_{总}=\int_0^t M\mathrm{d}t$$

测量流体瞬时流量的仪表一般叫流量计；测量流体累计流量的仪表常称计量表。然而两者并不是截然划分的，在流量计上配以累计机构，也可读出累计流量。

常用的流量单位有吨每小时（t/h）、千克每小时（kg/h）、千克每秒（kg/s）、立方米每小时（m^3/h）、升每小时（L/h）、升每秒（L/s）等。

对于气体，密度受温度、压力变化影响较大，如在常温常压附近，温度每变化 10℃，密度变化约为 3%；压力每变化 10kPa，密度约变化 3%。因此在测量气体流量时，必须同时测量流体的温度和压力。为了便于比较，常将在工作状态下测得的体积流量换算成标准状态下（温度为 20℃，压力为 101325Pa）的体积流量，用符号 Q_n 表示，单位符号为 m^3/s。

1.3.2 流量仪表的分类

测量流量的方法很多，其测量原理和所用的仪表结构形式各不相同。目前有很多流量测量的分类方法，如果按流量测量原理来分，可分为以下三类：

(1) 速度式流量计

这是一种以流体在管道内的流速作为测量依据来计算流量的仪表，如差压流量计、电磁流量计、涡轮流量计、转子流量计、涡街流量计、堰式流量计等。

(2) 容积式流量计

这是一种以单位时间内所排出的流体的固定容积的数目作为测量依据来计算流量的仪表。例如椭圆齿轮流量计、腰轮流量计、活塞式流量计等。

(3) 质量式流量计

这是一种以流体流过的质量为测量依据的流量计，例如惯性力式质量流量计、补偿式质量流量计等。目前，质量流量的检测方法主要有三大类：

① 直读式：检测元件的输出可直接反映出质量流量；

② 间接式：同时检测出体积流量和流体的密度，或同时用两个不同的检测元件检测出两个与体积流量和密度有关的信号，通过运算得到质量流量；

③ 补偿式：同时测量出流体的体积流量、温度和压力信号，根据密度与温度、压力之间的关系，求出工作状态下的密度，进而与体积流量组合，换算成质量流量。

本节仅介绍几种工程中最常用的流量计。

1.3.3 差压流量计

差压流量计也称为节流式流量计，它是基于流体流动的节流原理，利用流体流经节流装置时产生的压力差而实现流量测量的。它是目前生产中测量流量最成熟、最常用的方法之一。通常由节流装置产生的压差信号，通过差压流量变送器转换成相应的标准电信号，以供显示、记录或控制用。

差压流量计由节流装置、测量管、导压管和差压变送器（差压计）等组成，如图 1-30 所示。

(1) 节流装置的流量测量原理

在管道中流动的流体具有动压能和静压能，在一定条件下这两种形式的能量可以相互转换，但参加转换的能量总和不变，可以用伯努利方程式（1-6）表示。

$$\frac{p_1}{\rho_1}+\frac{v_1^2}{2}=\frac{p_2}{\rho_2}+\frac{v_2^2}{2}+\xi\frac{v_2^2}{2} \tag{1-6}$$

图 1-31 为节流件前后流速和压力分布情况，由于节流元件造成的流束局部收缩，使管中心流体流速发生变化，故其静压力随之变化。又由于流体流经孔板时，产生局部涡流损耗和摩擦阻力损失，故在流束充分恢复后，静压力不能恢复到原来的数值。节流元件前后的静压差大小与流量有关。流量愈大，流束的收缩和动、静压能的转换也愈显著，则产生的压差也愈大。只要测得节流元件前后的静压差大小，即可确定流量，这就是节流装置测量流量的基本原理。

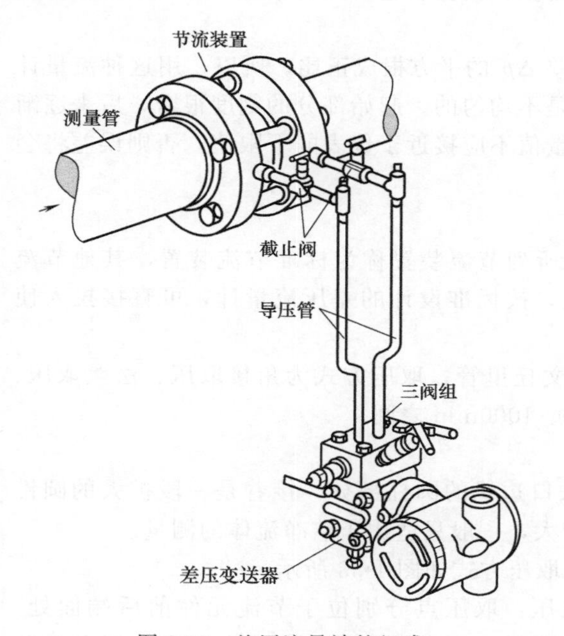

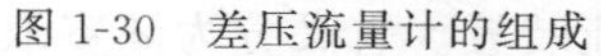

图 1-30 差压流量计的组成

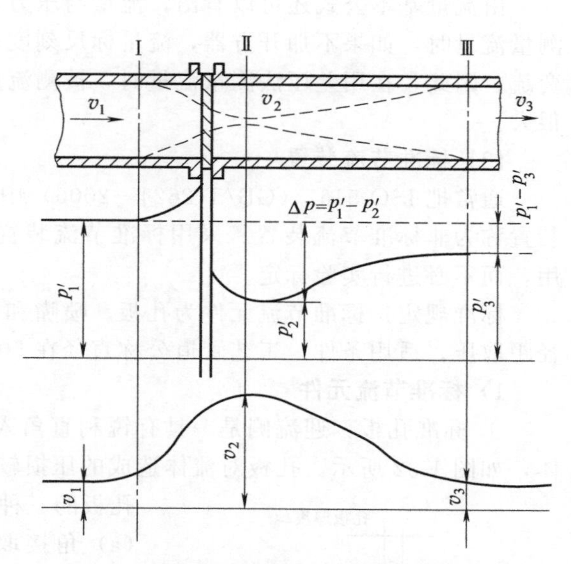

图 1-31 节流元件附近流速和压力分布情况

(2) 流量基本方程式

流量基本方程式是阐明流量与压差之间的定量关系的基本流量公式。它是根据流体力学中的伯努利方程式和连续性方程式推导而得的，即

$$Q=\alpha\varepsilon F_0\sqrt{\frac{2}{\rho_1}\Delta p} \tag{1-7}$$

$$M=\alpha\varepsilon F_0\sqrt{2\rho_1\Delta p} \tag{1-8}$$

式中，α 为流量系数，它与节流装置的结构形式、取压方式、孔口截面积与管道截面积之比 m、雷诺数 Re、孔口边缘锐度、管壁粗糙度等因素有关；ε 为膨胀校正系数，它与孔板前后压力的相对变化量、介质的等熵系数、孔口截面积与管道截面积之比等因素有关，运用时可查阅有关手册而得，但对不可压缩的液体来说，常取 $\varepsilon=1$；F_0 为节流装置的开孔截面积；Δp 为节流装置前后实际测得的压力差；ρ_1 为节流装置前流体的密度。

在计算时，如果把 F_0 用 $\frac{\pi}{4}d_t^2$ 表示，d_t 为工作温度下孔板孔口直径，单位为 mm，而

Δp 以 MPa 为单位，ρ_1 以 kg/m^3 为单位，Q 和 M 分别以 m^3/h 和 kg/h 为单位，则上述基本流量方程式可换算为实用计算公式，即：

$$Q=0.03998\alpha\varepsilon d_t^2\sqrt{\frac{\Delta p}{\rho_1}} \quad m^3/h \tag{1-9}$$

$$M=0.03998\alpha\varepsilon d_t^2\sqrt{\Delta p\rho_1} \quad kg/h \tag{1-10}$$

由流量基本方程式可看出，要知道流量与压差的确切关系，关键在于 α 的取值。α 是一个受很多因素影响的综合性系数，对于标准节流装置，其值可从有关手册查出；对于非标准节流装置，其值要由实验方法确定。所以，在进行节流装置的设计计算时，是针对特定的条件选择一个 α 值来计算的。计算的结果只能应用在一定条件下，一旦条件改变（例如节流装置形式、尺寸、取压方式等等的改变），就不能随意套用，必须另行计算。例如，按小负荷情况下计算的孔板，用来测量大负荷时流体的流量，就会引起较大的误差，必须加以必要的修正。

由流量基本公式还可以看出，流量与压力差 Δp 的平方根成正比。所以，用这种流量计测量流量时，如果不加开方器，流量标尺刻度是不均匀的。起始部分的刻度很密，后来逐渐变疏。因此，在用差压法测量流量时，被测流量值不应接近于仪表的下限值，否则误差将会很大。

(3) 标准节流装置

通常把 ISO 5167（GB/T 2624—2006）中所列节流装置称为标准节流装置，其他节流装置称为非标准节流装置。采用标准节流装置，按标准设计的差压流量计，可直接投入使用，而不必进行实验标定。

标准规定：标准节流元件为孔板、喷嘴和文丘里管；取压方式为角接取压、法兰取压、径距取压。适用条件：工艺管道公称直径在 50～1000mm 之间。

1）标准节流元件

① 标准孔板：迎流侧是一具有锐利直角入口边缘的圆柱部分，接着是一段扩大的圆锥体，如图 1-32 所示。孔板对流体造成的压损较大，一般只适用于洁净流体的测量。

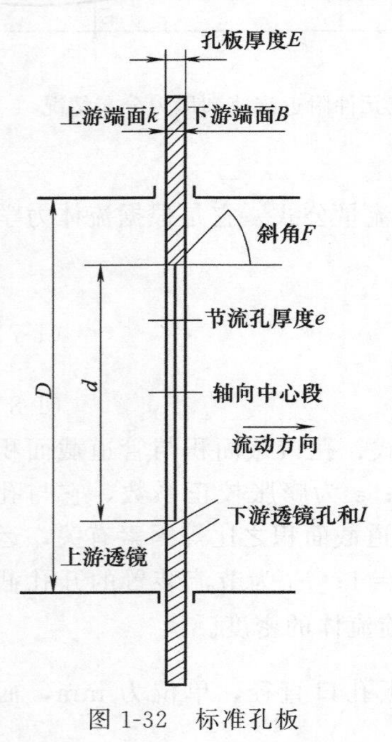

图 1-32 标准孔板

孔板的三种取压方式如图 1-33 所示。

(a) 角接取压：取压点分别位于节流元件前后端面处。适用于孔板和喷嘴两种节流装置。它又分为环室取压和单独钻孔取压两种方法。

(b) 法兰取压：在距节流元件前后端面各 1in（25.4mm）的位置上垂直钻孔取压，仅适用于孔板。

(c) 径距取压（D-$D/2$ 取压）：在距节流元件前端面 D、后端面 $D/2$ 处的管道上钻孔取压。适用于孔板和喷嘴。

② 标准喷嘴：是一个以管道喉部开孔轴线为中心线的旋转对称体，如图 1-34 所示。可用于测量温度和压力较高的蒸汽、气体和带杂质的液体流量。测量精度较孔板高，加工难度大，价格高，压损略小于孔板。要求工艺管径 D 不超过 500mm。

③ 标准文丘里管：压损较孔板和喷嘴都小，可测量有悬浮固体颗粒的液体，适合大流量气体流量测量，如图 1-35 所示。但制造困难，价格昂贵，不适用于 200mm 以下管径的流量测量，工业应用较少。

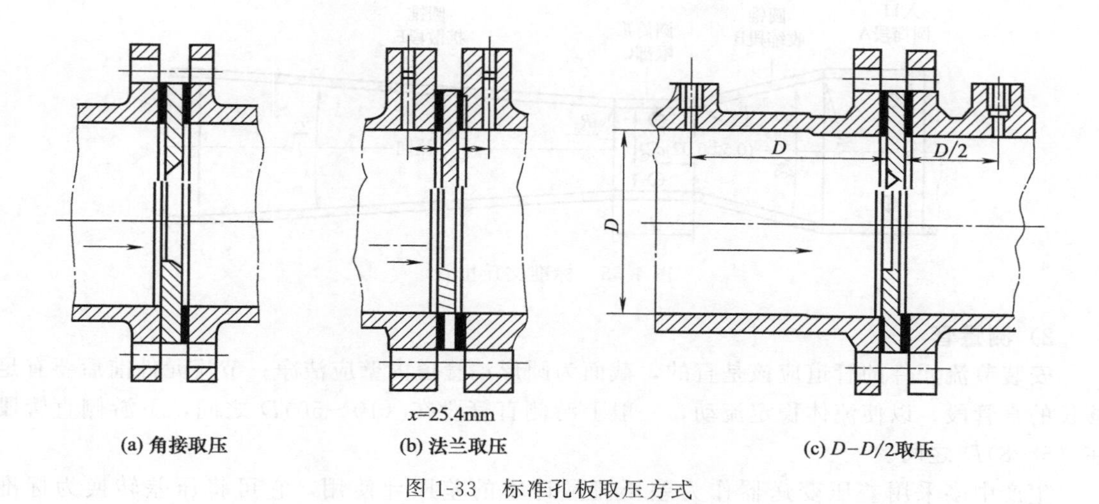

图 1-33 标准孔板取压方式

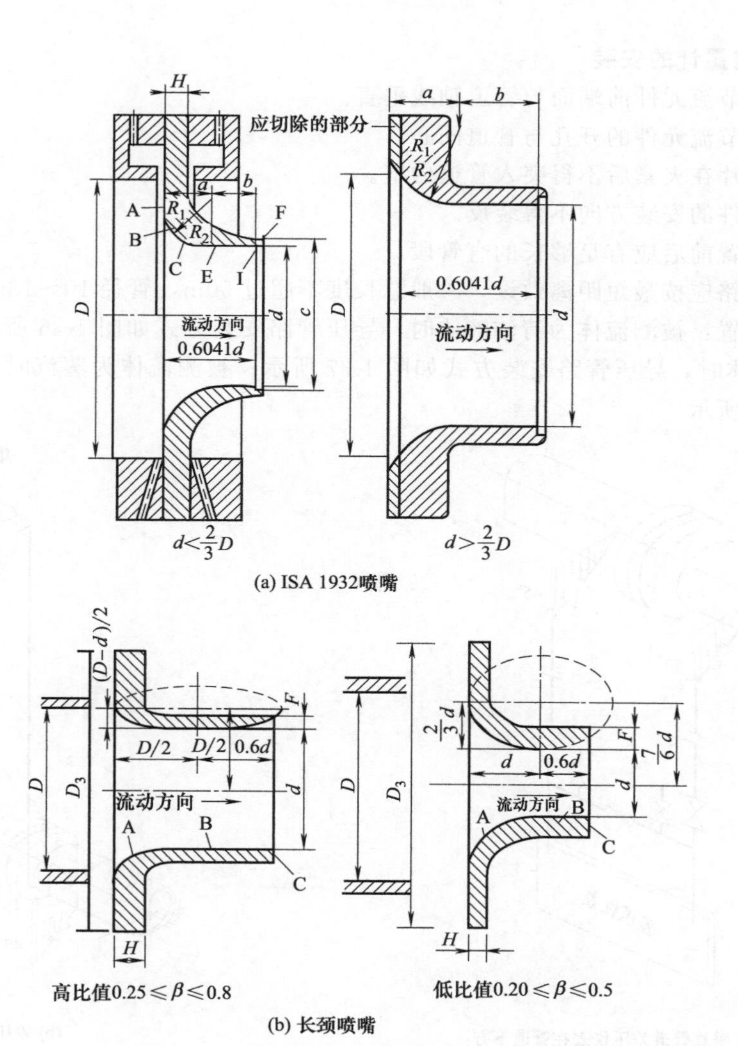

图 1-34 标准喷嘴

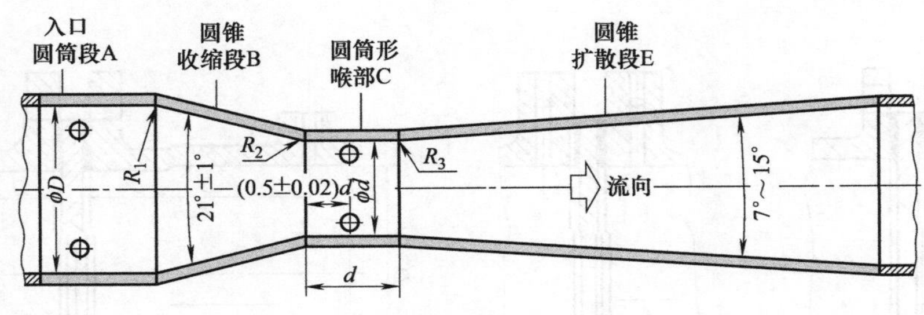

图 1-35　标准文丘里管

2）测量管

安装节流元件的管道应该是直的，截面为圆形；管道内壁应洁净；节流元件前后要有足够长的直管段，以使流体稳定流动，一般上游侧直管段在（10～50）D 之间，下游侧直管段在（5～8）D 之间。

生产中多采用差压变送器作为差压流量计中的差压计使用，它可将压差转换为标准信号。

(4) 差压流量计的安装

① 应保证节流元件前端面与管道轴线垂直。

② 应保证节流元件的开孔与管道同心。

③ 密封垫片在夹紧后不得突入管道内壁。

④ 节流元件的安装方向不得装反。

⑤ 节流装置前后应有足够长的直管段。

⑥ 引压管路应按最短距离敷设，一般总长度不超过 50m，管径 10～18mm。

⑦ 取压位置：被测流体为清洁液体时，导压管路安装方式如图 1-36 所示；被测流体为清洁的干燥气体时，导压管路安装方式如图 1-37 所示；被测流体为蒸汽时，导压管路安装方式如图 1-38 所示。

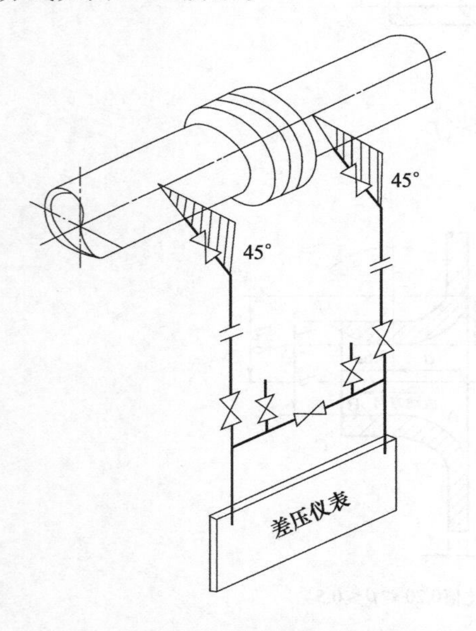

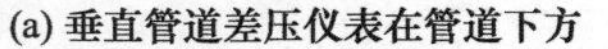
(a) 垂直管道差压仪表在管道下方

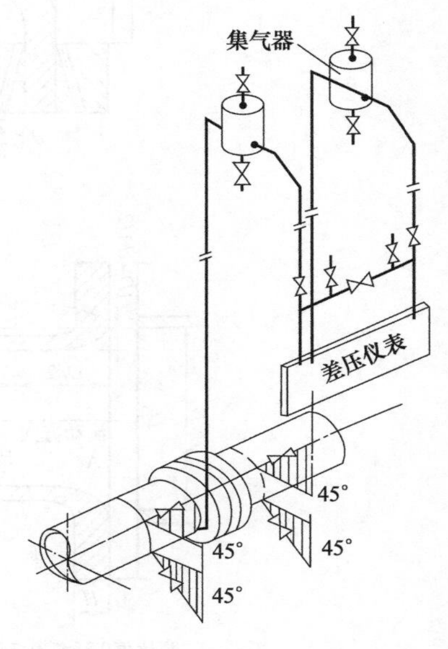

(b) 差压仪表在管道上方

图 1-36　测量清洁液体时安装示意图

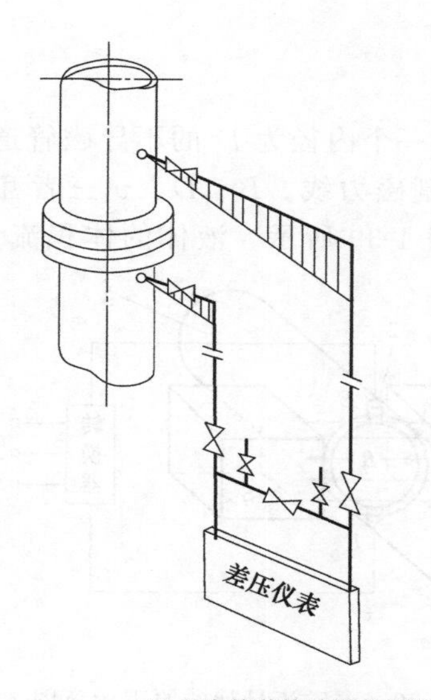

(a) 垂直管道差压仪表在管道下方

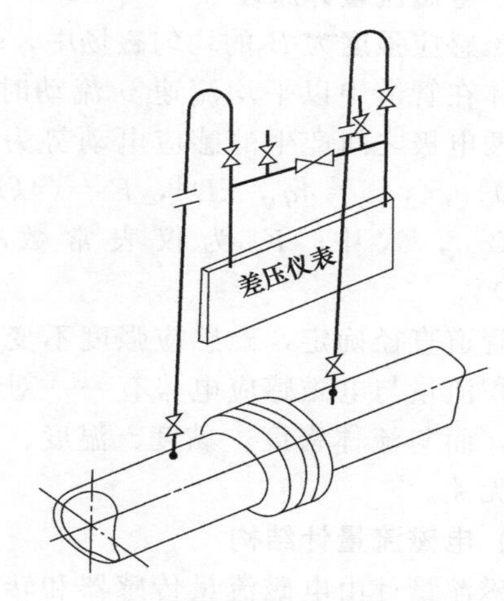

(b) 差压仪表在管道上方

图 1-37 测量清洁干燥气体时安装示意图

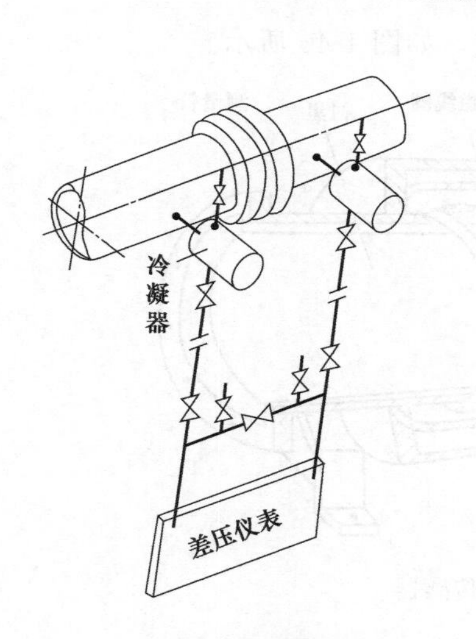

(a) 差压仪表在管道下方

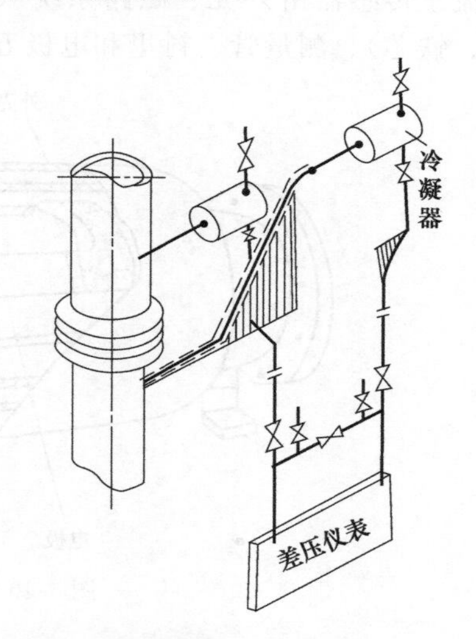

(b) 垂直管道差压仪表在取压口下方

图 1-38 测量蒸汽时安装示意图

⑧ 引压管沿水平方向敷设时，应有大于 1∶10 的倾斜度，以便排出气体（对液体介质）或凝液（对气体介质）。

⑨ 引压管应带有切断阀、排污阀、集气器、集液器、凝液器等必要附件，以备与被测管路隔离维修和冲洗排污用。

1.3.4 电磁流量计

电磁流量计是根据法拉第电磁感应定律制成，用来测量导电液体体积流量的仪表。目前已广泛应用于工业生产中各种导电液体的流量测量，如自来水；各种酸、碱、盐等腐蚀性介质的流量测量；各种易燃、易爆液体的流量测量；污水处理以及化工、食品、医药等工业中的各种浆液流量测量。但是要注意电磁流量计不能用于检测气体、蒸汽和非导电液体的流量。

(1) 电磁流量计原理

在磁感应强度为 B 的均匀磁场中，垂直于磁场方向放一个内径为 D 的不导磁管道，当导电液体在管道中以平均流速 v 流动时，导电流体就切割磁力线。B、D、v 三者互相垂直，在两电极之间产生的感应电动势为：$E=BDv$，如图 1-39 所示。液体的体积流量为：$q_V=\pi D^2 v/4$，$v=4q_V/\pi D^2$，$E=(4kB/\pi D)q_V=Kq_V$，式中，K 为仪表常数，$K=4kB/\pi D$。

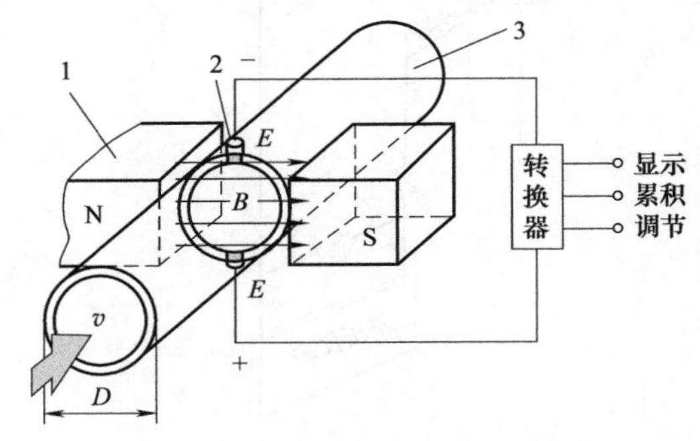

图 1-39 电磁流量计的原理示意图

1—磁极；2—检测电极；3—测量管

在管道直径确定，磁感应强度不变的条件下，体积流量与电磁感应电势有一一对应的线性关系，而与流体密度、黏度、温度、压力和电导率无关。

(2) 电磁流量计结构

电磁流量计由电磁流量传感器和转换器两大部分构成。

电磁流量传感器由外壳、磁路系统（包括励磁线圈、铁芯）、测量管、衬里和电极五部分构成，如图 1-40 所示。

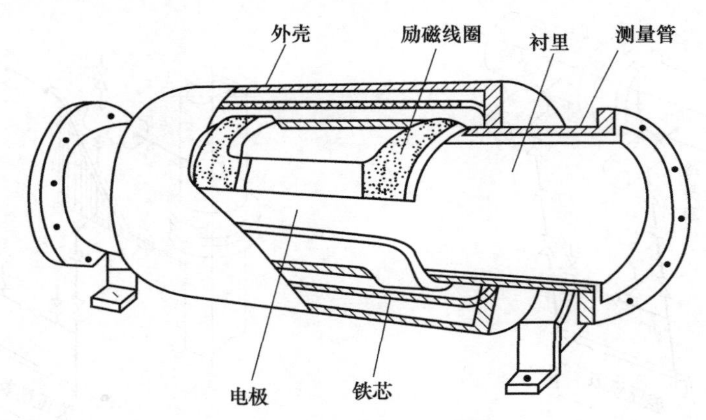

图 1-40 电磁流量传感器

传感器的外壳由铁磁材料制成，其功能是保护励磁线圈，隔离外磁场的干扰。磁路系统可产生均匀的直流或交流磁场，直流磁场可用永久磁铁来实现，结构简单；工业现场电磁流量计，一般都采用交变磁场。测量管采用不导磁、低电导率、低热导率并具有一定机械强度的材料制成，一般可选用不锈钢、玻璃钢、铝及其他高强度的材料。被测流体从测量管中流过，测量管两端设有法兰，用来和连接管道相连接。在测量管内壁一般衬有一层耐磨、耐腐蚀、耐高温的绝缘材料的衬里，衬里的主要功能是增加测量管的耐磨性与腐蚀性，防止感应电势被金属测量导管壁短路。电极（如图 1-41 所示）用不锈钢非导磁材料制成，安装时要求与衬里齐平，用来正确引出感应电势信号。

转换器的功能是放大感应电势，抑制主要的干扰信号，它将传感器送来的感应电势信号进行放大，并转换成标准电信号输出。如果使转换器远离恶劣的现场环境，将传感器和转换器分开安装，这样安装的为分体式电磁流量计；传感器和转换器安装在一起的为一体式电磁流量计，可就地显示、信号远传，无励磁电缆和信号电缆布线，接线简单、价格便宜。现场环境条件较好时可选用一体式电磁流量计。

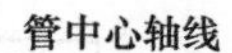
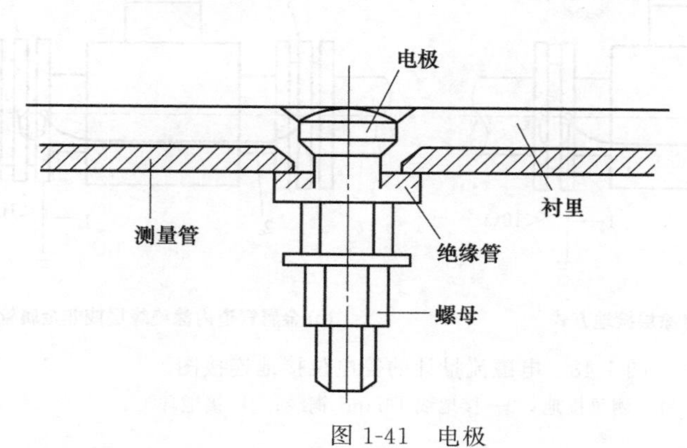

图 1-41 电极

(3) 电磁流量计的选用

电磁流量计特别适宜于化工生产使用。它能测各种酸、碱、盐等有腐蚀性介质的流量，也可测脉冲流量；它可测污水及大口径的水流量，也可测含有颗粒、悬浮物等物体的流量。它的密封性好，没有阻挡部件，是一种节能型流量计。它的转换简单方便，使用范围广，并能在易爆易燃的环境中广泛使用，是近年来发展较快的一种流量计。

电磁流量计的测量口径范围很大，可以从 1mm 到 3m 左右，测量精度一般优于 0.5 级。但是电磁流量计要求被测流体必须是导电的，且被测流体的电导率不能小于水的电导率。另外，由于衬里材料的限制，电磁流量计的使用温度一般为 0～200℃；因电极是嵌装在测量管道上的，这也使最高工作压力受到一定限制，使用范围限制在压力低于 1.6 MPa。

通常，大口径仪表较多应用于给排水工程；中小口径常用于固液双相流等难测流体或高要求场所，如测量造纸工业纸浆液和黑液、有色冶金业的矿浆、选煤厂的煤浆、化学工业的强腐蚀液以及钢铁工业高炉风口冷却水控制和监漏，长距离管道煤的水力输送的流量测量和控制；小口径、微小口径常用于医药工业、食品工业、生物工程等有卫生要求的场所。

(4) 电磁流量计的安装

电磁流量计在安装的时候需要注意以下几个问题：

① 它可以水平安装，也可以垂直安装，但要求被测液体充满管道。

② 电磁流量计的安装现场要远离外部磁场，特别要避免安装在强电磁场的场所，以减小外部干扰。

③ 电磁流量计的供货应根据工艺管道材质配置接地环，材质为耐腐蚀不锈钢，接地环为长约 30mm 的圆管。图 1-42 为接地环外形图。

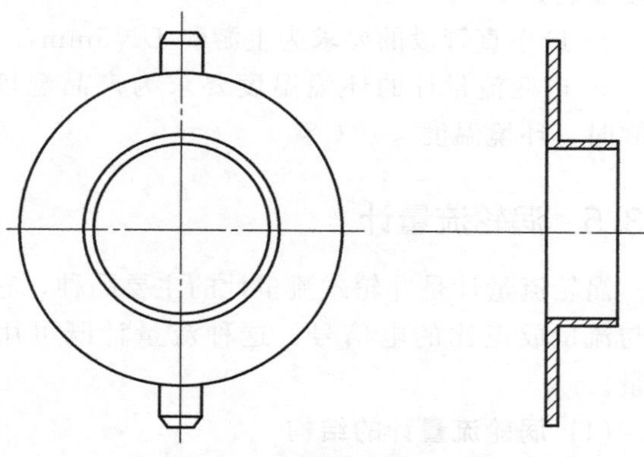

图 1-42 电磁流量计的接地环外形图

传感器对外界干扰比较敏感，应将其外壳、被测介质和工艺管道三者连成等电位，并要求独立接地，接地电阻小于 10Ω。图 1-43 为电磁流量计的等电位接地连接图。

对于绝缘材质管道或管道内涂绝缘层的管道，仅用接地线将法兰连接起来的办法是不可能实现等电位接地的，应采用特殊措施，在传感器两端法兰口处各装一只

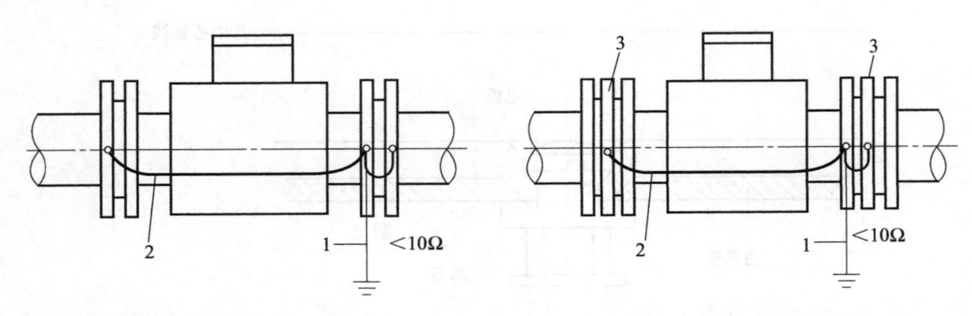

图 1-43 电磁流量计的等电位接地连接图

1—测量接地；2—接地线 $16mm^2$ 铜线；3—接地环

接地环，把接地环圆管颈插入法兰口内，使接地环与管内液体有良好的电气接触，再用接地线将法兰与接地环连接起来。接地线应选用 $16mm^2$ 多股铜芯线。

④ 安装时，要注意流量计的正负方向或箭头方向应与介质流向一致。对于分体式电磁流量计的分离型转换器应安装在传感器附近或仪表室，传感器和转换器之间要用随仪表所附的专用电缆，如图 1-44 所示。而且为了避免干扰信号，信号电缆必须穿在接地保护管内，不能把信号电缆和电源线安装在同一钢管内。

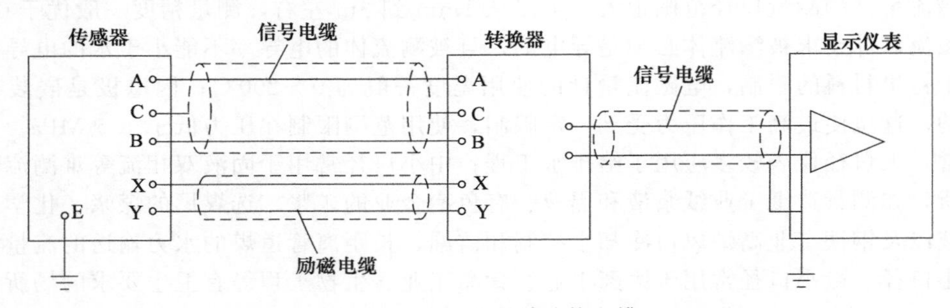

图 1-44 电磁流量计连接电缆

⑤ 小于 DN100mm（4″）的电磁流量计，在搬运时受力部位切不可在信号变送器的任何地方，应在流量计的本体。

⑥ 对于污染严重的流体的测量，电磁流量计应安装在旁路上。

⑦ DN>200mm（8″）的大型电磁流量计要使用转接管，以保证对接法兰的轴向偏移，方便安装。

⑧ 最小直管段的要求为上游侧 DN5mm，下游侧 DN2mm。

⑨ 电磁流量计的环境温度要求为产品温度<60℃时，环境温度<60℃；产品温度>60℃时，环境温度<40℃。

1.3.5 涡轮流量计

涡轮流量计是叶轮式流量计的主要品种，它先将流速转换为涡轮的转速，再将转速转换成与流量成正比的电信号。这种流量计既可用于瞬时流量的检测，也可用于流体总量的测量。

(1) 涡轮流量计的结构

涡轮流量计由图 1-45 所示的 5 个部分组成，其主要组成部分描述如下。

① 仪表壳体：采用不导磁不锈钢或硬铝合金制造，内装有导流器、涡轮和轴承，壳体外安装有磁电转换器，用来承受被测流体的压力、固定安装检测部件和连接管道。

② 导流器：通常选用不导磁不锈钢或硬铝材料制作，对流体起导向整流以及支撑叶轮的作用，避免流体因自旋而改变对涡轮叶片的作用角度，影响测量精度。

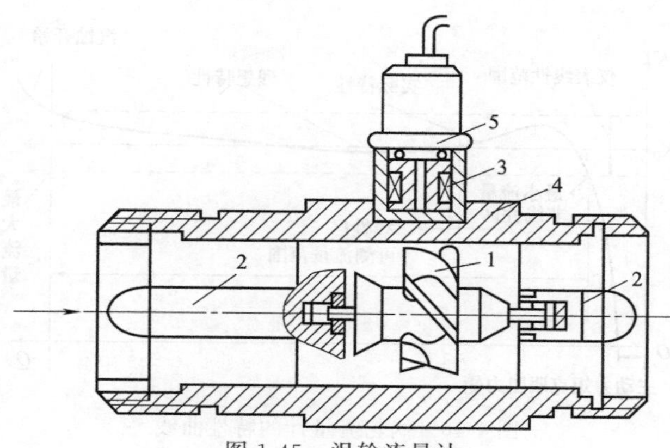

图 1-45　涡轮流量计

1—涡轮；2—导流器；3—磁电感应转换器；4—仪表壳体；5—前置放大器

③ 涡轮（叶轮）：由高导磁不锈钢材料制成，是流量计的检测元件，由前后导流器上的轴承支承。涡轮芯上装有螺旋形叶片，涡轮质量很小。叶轮有直板叶片、螺旋叶片和丁字形叶片等几种。叶轮的动平衡直接影响仪表性能和使用寿命。

④ 磁电感应转换器：由永久磁钢和感应线圈组成，用来产生一个频率与涡轮转速成正比的电信号。

(2) 涡轮流量计的工作原理

当被测流体通过涡轮流量传感器时，流体通过前导流器沿轴线方向冲击涡轮叶片。流体冲击力的切向分力对涡轮产生转动力矩，使涡轮克服机械摩擦阻力矩和流动阻力矩而转动。实践表明，在一定流量范围内及一定黏度、密度的流体条件下，涡轮转速与经过涡轮的流量成正比。所以，可以通过测量涡轮的转速来测量流量，涡轮的转速通过装在外壳上的检测线圈来检测。

磁电感应转换器原理：当涡轮转动时，高导磁的涡轮叶片依次扫过磁电感应转换器永久磁钢的磁场，从而周期性地改变磁回路的磁阻和感应线圈的磁通量。叶片在永久磁钢正下方时磁阻最小。线圈中的磁通量周期性变化，使线圈中产生同频率的感应电势，送入放大转换电路，经放大整形处理后，变成电脉冲信号。此电脉冲信号的频率与涡轮的转速成正比。

$$f=\xi q_{\mathrm{v}} \qquad q_{\mathrm{v}}=\frac{f}{\xi} \qquad V=\frac{N}{\xi}$$

式中　N——一段时间内传感器输出的脉冲总数；

V——被测流体的体积总量，m^3；

ξ——仪表系数（单位体积流量下输出的电脉冲数），$1/\mathrm{m}^3$。

ξ 与仪表的结构、被测介质的流动状态、黏度等因素有关，一定条件下 ξ 为常数。仪表出厂时，所给仪表系数 ξ 是在标准状态下用水、空气标定时的平均值。

当实际流量小于始动流量值时，涡轮不动，无信号输出。流量增加达到紊流状态后仪表系数 ξ 就基本保持不变。涡轮流量计的特性曲线如图 1-46 所示。

(3) 涡轮流量计的特点

① 涡轮惯性小，反应速度快，灵敏性好。测量精度较高，可达 0.2 级，可作为标准计量仪表。量程比宽，一般为 10∶1～40∶1，适用于流量大幅度变化的场合。

② 输出脉冲信号与流量成正比，仪表刻度线性。脉冲信号传输抗干扰，容易进行累积测量，便于远传和计算机数据处理。

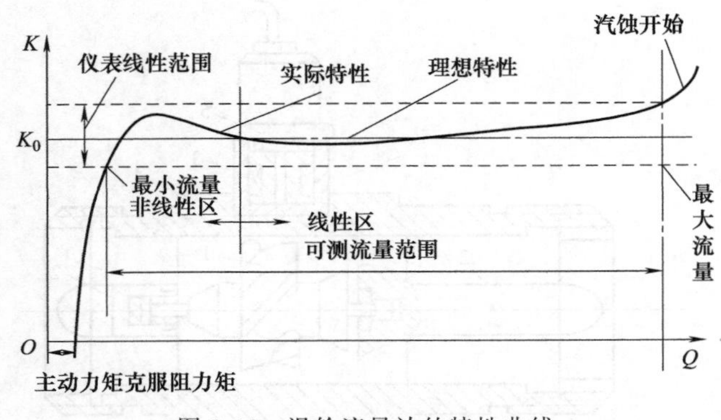

图 1-46　涡轮流量计的特性曲线

③ 耐高压，压力损失小，结构紧凑，安装维修方便。

④ 轴承易磨损，对流体清洁度要求较高。只能用于成品油、洁净水、液化气、天然气等洁净介质。

(4) 涡轮流量计的安装

由于涡轮流量计的涡轮容易磨损，被测介质中不应带机械杂质，因此，流量计前一般均应安装过滤器，以便滤除固体颗粒和机械杂质。否则会影响测量精度和损坏机件。安装时，必须保证前后有一定的直管段，以使流向比较稳定。一般入口直管段的长度取管道内径的10倍以上，出口取5倍以上，其安装示意图如图1-47所示。

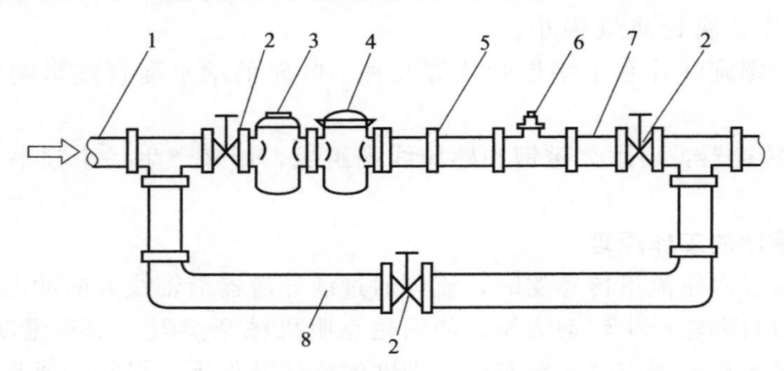

图 1-47　涡轮流量计安装示意图

1—入口；2—阀门；3—过滤器；4—消气器；5—前直管段；6—流量计；7—后直管段；8—旁路

1.3.6 流量仪表选型示例

以上介绍了工业上最常用的三种流量计的组成原理、应用特点及安装使用事项，下面以一台实际工程中的流量计选用为例，用仪表订货清单来说明选用电磁流量计应给仪表供应商提供哪些技术参数。

例如，需要对某生产上水总管道流量进行测量显示并累积计算，已知该管道的公称通径为100mm，操作温度为25℃，操作压力为0.4MPa，最大流量为$33m^3/h$，正常流量为$27.39m^3/h$，操作密度为$996.9\ kg/m^3$。根据以上条件选择的电磁流量计如表1-14所示，该表格中的信息可作为这台流量仪表的订货依据。

表 1-14　电磁流量计规格示例样表

变送器规格 TRANSMITTER SPECIFICATION	
型号 MODEL	
测量范围 MEAS. RANGE/(m^3/h)	0～35
公称通径 NOMINAL DIAMETER/mm	*DN*65
本体材质 BODY MATERIAL	制造厂标准
衬里材质 LINING MATERIAL	
电极材质 ELECTRODE MATERIAL	SUS316L

续表

法兰标准及等级 FLANGE STD. & RATING				HG20592-97 PN1.6			
法兰尺寸及密封面 FLANGE SIZE & FACING				*DN*65 RF			
接地环材质 GROUND RING MATERIAL				SUS316L			
转换器规格 CONVERTER SPECIFICATION							
型号 MODEL							
输出信号 OUTPUT SIGNAL				4～20mA DC			
精度 ACCURACY				0.5			
电源 POWER SUPPLY				24V DC			
电气接口尺寸 ELEC. CONN. SIZE				G1/2″(F)			
防爆等级 EXPLOSION-PROOF CLASS							
防护等级 ENCLOSURE PROOF				IP65			
安装形式 INSTALLATION TYPE				水平管道安装			
附件 ACCESSORIES							
制造厂 MANUFACTURER							
备注 REMARKS				变送器和转换器为一体式			
修改 REV.	说明 DISCRIPTION	设计 DESG.	日期 DATE	校核 CHKD.	日期 DATE	审核 APPD.	日期 DATE

注：也可在选型网站上下载选型订货清单样表。

在图 0-1 的对象装置中用到的流量仪表有测量反应釜进水流量的涡轮流量计、测锅炉进水流量和测 1# 冷水泵出水流量的电磁流量计、测 2# 冷水泵出水流量的孔板流量计，如表 1-15 所列 。

表 1-15 对象装置中所用到的流量仪表

序号	位号	设备名称	用途	信号类型	单位	量程
1	FT101	电磁流量计	测 1# 冷水泵出水流量	4～20mA	m^3/h	0.0～2.4
2	FT102	孔板流量计	测 2# 冷水泵出水流量	4～20mA	m^3/h	0.0～1.2
3	FT103	涡轮流量计	测锅炉出水至反应釜的管道流量	4～20mA	m^3/h	0.0～1.2
4	FT104	电磁流量计	测锅炉进水流量	PA 总线	m^3/h	0.0～0.96

表 1-15 所列流量计在本节中都有详细介绍，可根据每种流量计的原理特性，参照表 1-14示例和表 1-15 所列流量计的基本参数，在选型网站上下载选型订货清单样表自行填写。

1.4 物位仪表的选用

1.4.1 物位检测概述

物位是指存放在容器或工业设备中物质的高度或位置。如液体介质液面的高低称为液位，测量液位的仪表叫液位计；液体—液体或液体—固体的分界面称为界位，测量两种密度不同的介质界位的仪表叫界面计；固体粉末或颗粒状物质的堆积高度称为料位，测量料位的仪表叫料位计；液位计、界面计和料位计统称物位计。

还有一种物位仪表叫物位开关。在物位检测中，有时不需要对物位进行连续测量，只需要测量物位是否达到上限、下限或某个特定的位置，这种定点测量用的仪表被称为物位开关，一般用来监视、报警、输出控制信号。

物位测量在生产过程和计量方面占有极其重要的地位。物位测量可以确定容器中的贮料数量，以保证连续生产的需要或进行经济核算；能够监视或控制容器的物位，使它保持在规定的范围内；能够对物位的上下极限位置进行报警，以保证生产安全、正常进行。

1.4.2 物位仪表的分类

在工业生产过程中，不仅有常温、常压、一般性介质的物位测量，而且还常常会遇到高温、低温、高压、易燃、易爆、易结晶、黏性及多泡沫沸腾状介质的物位测量问题，要满足不同的物位测量要求，就要有不同种类的物位测量仪表。测量物位仪表的种类非常多，按其工作原理主要有下列几种类型。

(1) 直读式物位仪表

直读式物位仪表用与容器相连通的玻璃管或玻璃板来显示容器中的液位高度，主要有玻璃管液位计、玻璃板液位计等。这类仪表最简单也最常见，但只能就地指示，用于直接观察液位的高低，而且耐压有限。

(2) 静压式物位仪表

根据流体静力学原理，静止介质内某一点的静压力与介质上方自由空间压力之差与该点上方的介质高度成正比，因此可以利用差压来测量物位。静压式物位仪表又可分为压力式物位仪表和差压式物位仪表。对于敞口容器，可以采用压力变送器安装在容器底部进行测量，对于有压力的密闭容器可以采用差压式变送器来测量液位，对于有喷淋设备的有压容器可以加平衡罐以变送器迁移来测量液位。

(3) 浮力式物位仪表

这类物位仪表是利用浮子高度随液位变化而改变（恒浮力法），或液体对浸沉于液体中的浮子（或沉筒）的浮力随液位高度而变化（变浮力法）的原理工作的，这两种方法可以用于液位或界面的测量。浮力式物位仪表主要有浮筒式液位计、浮子式液位计等。

(4) 电气式物位仪表

根据物理学的原理，物位的变化可以转换为一些电量的变化，如电阻、电容、电磁场等的变化。电气式物位仪表就是通过测出这些电量的变化来测知物位的。这种方法既可适用于液位的测量，也可适用于料位的测量，如电容式物位计、电容式液位开关等。

(5) 辐射式物位仪表

这种物位仪表是依据放射线透射物料时，透射强度随物料厚度而减弱的原理工作的，目前应用较多的是 γ 射线。

(6) 雷达式物位仪表

利用雷达波的不同特点进行物位测量，主要有脉冲雷达、调频连续波和导波雷达三种物位测量方法，可以进行液位、料位和界面的测量，如雷达液位计等。

此外，还有利用超声波在不同相界面之间的反射原理来检测物位的声学式物位仪表，利用物位对光波的反射原理工作的光学式物位仪表等。以下主要介绍几种工业上常用的物位检测仪表。

1.4.3　差压式液位变送器

差压式液位变送器是基于流体静力学原理工作的。无论是敞口容器还是封闭式容器，容器内同一液层水平面上的压力处处相等，不同液层面上的压力与液体表层（即液面）的垂直距离成正比。离液面的距离越远，其压力就越大，反之，则越小。

如图1-48所示，设被测介质的密度为ρ，容器顶部为气相介质，气相压力为p_A，根据静力学原理可求得

$$p_2=p_A,\qquad p_1=p_A+\rho gh \tag{1-11}$$

因此，差压变送器正负压室的压力差为

$$\Delta p=p_1-p_2=\rho gh \tag{1-12}$$

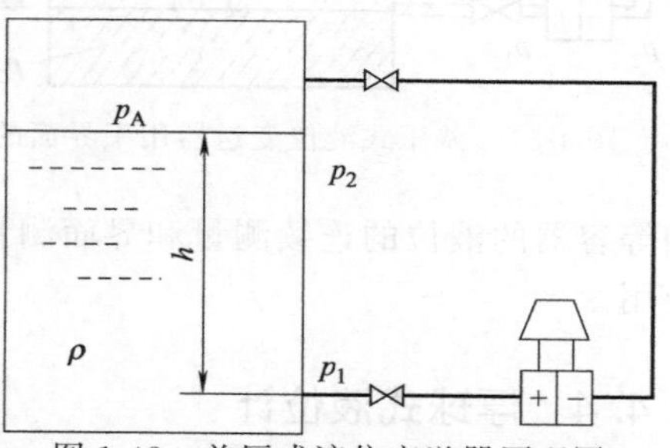

图1-48　差压式液位变送器原理图

可见，差压变送器测得的差压与液位高度成正比。当被测介质的密度已知时，就可以把液位测量问题转化为差压测量问题了。当$h=0$时，差压信号$\Delta p=0$，变送器输出为4mA；当$h=h_{max}$时，差压信号Δp最大，变送器输出为20mA。

但是，当出现下面两种情况的时候，在$h=0$时差压信号Δp将不为0。如图1-49所示，当差压变送器的取压口低于容器底部的时候，差压变送器上测得的差压为

$$\Delta p=p_1-p_2=\rho gh+\rho gh_1 \tag{1-13}$$

将式（1-12）与式（1-13）相比较，可以发现此时的差压信号多了ρgh_1项。在无迁移的情况下，当$h=0$时，差压变送器输出将大于4mA。为了使液位的满量程和测量起始值仍然能与差压变送器的输出上限和下限相对应，即当$h=0$时变送器输出为4mA，就必须克服固定差压ρgh_1的影响，采用零点迁移就可以达到以上目的。由于$\rho gh_1>0$，故称之正迁移。

如果被测介质具有腐蚀性，差压变送器的正、负压室与取压口之间往往需要分别安装隔离罐，防止腐蚀性介质直接与变送器相接触，如图1-50所示。如果隔离液的密度为$\rho_1(\rho_1>\rho)$，则

$$\Delta p=p_1-p_2=\rho gh+\rho g(h_1-h_2) \tag{1-14}$$

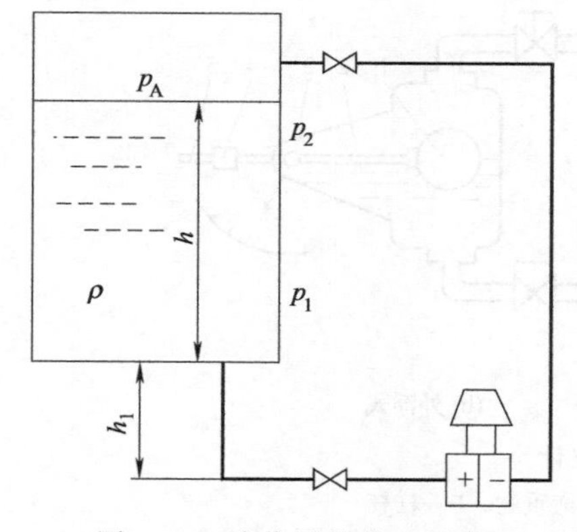

图1-49　液位测量的正迁移

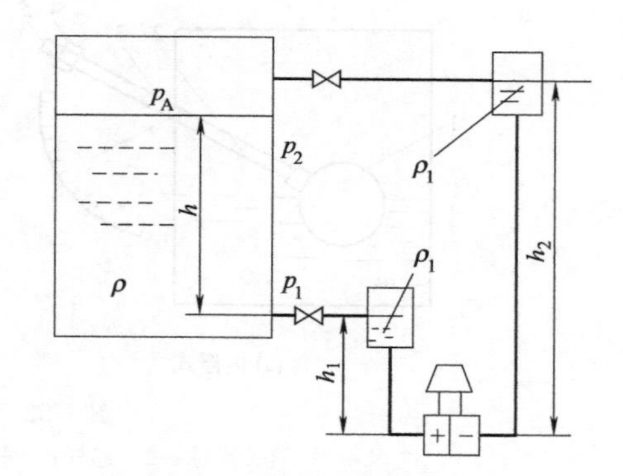

图1-50　液位测量的负迁移

此时的差压信号多了$\rho g(h_1-h_2)$一项。由于$\rho g(h_1-h_2)<0$，因此需要进行负迁移。变送器的零点迁移和零点调整在本质上是相同的，目的都是使变送器的输出起始值与被测量的起始值相对应，只是零点迁移的调整更大而已。

利用差压式液位变送器还可以测量液体的分界面，如图1-51所示。

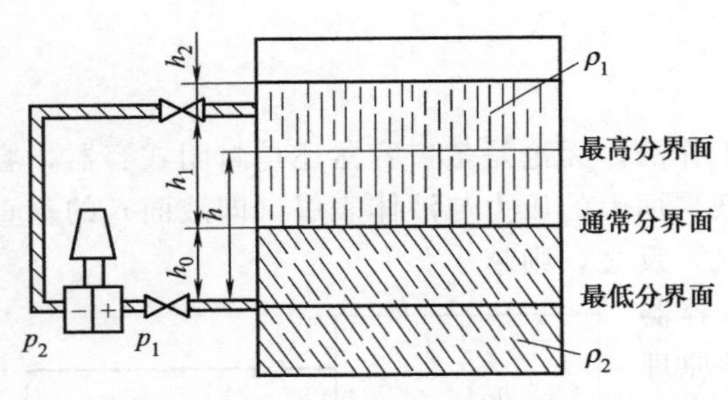

图 1-51 差压式液位变送器用于界面的测量

液位计正、负压室受力情况如下：

$$p_1 = h_0\rho_2 g + (h_1 + h_2)\rho_1 g \quad (1\text{-}15)$$

$$p_2 = (h_2 + h_1 + h_0)\rho_1 g \quad (1\text{-}16)$$

$$\Delta p = p_1 - p_2 = h_0 g(\rho_2 - \rho_1) \quad (1\text{-}17)$$

由于（$\rho_2-\rho_1$）是已知的，所以压差 Δp 与分界面高度 h_0 成一一对应关系。

差压式液位变送器的特点是结构简单、精确度高、便于安装与维护、易于组成控制系统，用于连续或间歇生产过程的塔、罐、槽等容器的液位的连续测量和界面测量，在石油、化工和石化生产过程中得到了十分广泛的应用。

1.4.4 浮球式液位计

如图 1-52 所示，浮球 1 是由金属（一般为不锈钢）制成的空心球，它通过连杆 2 与转动轴 3 相连，转动轴 3 的另一端与容器外侧的杠杆 5 相连，并在杠杆 5 上加上平衡重物 4，组成以转动轴 3 为支点的杠杆力矩平衡系统。一般要求浮球的一半浸没于液体之中时，系统满足力矩平衡。可调整平衡重物的位置或质量实现上述要求。当液体升高时，浮球被浸没的体积增加，所承受的浮力增加，破坏了原有的力矩平衡状态，使杠杆 5 做顺时针方向转动，浮球位置抬高，直到浮球的一半浸没在液体中时，重新恢复杠杆的力矩平衡，浮球停留在新的平衡位置上。平衡关系式为

$$(W-F)l_1 = Gl_2$$

式中 W——浮球的重力；

F——浮球所受的浮力；

G——平衡重物的重力；

l_1——转动轴到浮球的垂直距离；

l_2——转动轴到重物中心的垂直距离。

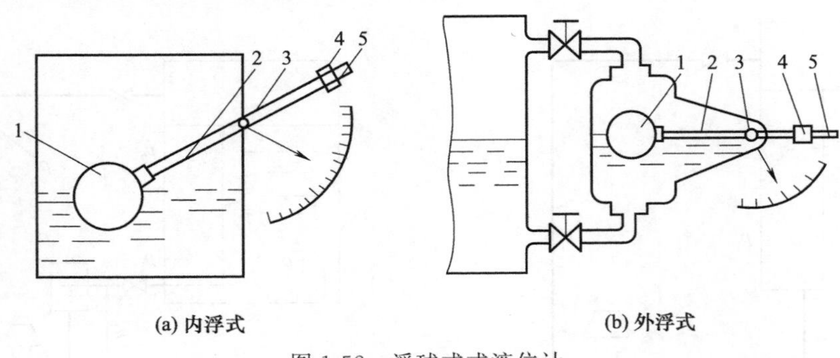

图 1-52 浮球式式液位计

1—浮球；2—连杆；3—转动轴；4—平衡重物；5—杠杆

如果转动轴的外侧安装一个指针，便可以由输出的角位移知道液位的高低。也可采用其他转换方式将此位移转换为标准信号进行远传。

浮球式液位计常用于温度、黏度较高而压力不太高的密闭容器的液位测量。它可以直接将浮球安装在容器内部（内浮式），如图 1-52（a）所示；对于直径较小的容器，也可以在容器外侧另做一个浮球室（外浮式），如图 1-52（b）所示。外浮式便于维修，但不适于黏稠

或易结晶、易凝固的液体。内浮式的特点则与此相反。浮球液位计采用轴、轴套、密封填料等结构，既要保持密封，又要将浮球的位移灵活地传送出来，因而它的耐压受到结构的限制而不会很高。它的测量范围受到其运行角的限制（最大 350°）而不能太大，故仅适用于窄范围液位的测量。

安装维修时，必须十分注意浮球、连杆与转动轴等部件之间的连接是否切实牢固，以免日久浮球脱落，造成严重事故。使用时，当液体中含有沉淀物或凝结的物质附着在浮球表面时，要重新调整平衡重物的位置，并调整好零位。但一经调整好后，就不能再随意移动平衡重物，否则会引起较大测量误差。

浮球式液位计有恒浮力式和变浮力式两大类，这里介绍的浮球式液位计为恒浮力式的一种。

1.4.5 电容式物位计

电容式物位计是电学类检测仪表，首先通过电容传感器把物位转换成电容量的变化，然后再通过测量电容量的方法求被测物位的数值。电容式物位计是基于圆筒电容器工作的。如图 1-53 (a) 所示，由两个同轴圆柱极板组成的电容器，设极板长度为 L，内、外电极的直径分别为 d 和 D，当两极板之间填充介电常数为 ε_1 的介质时，两极板间的电容量为

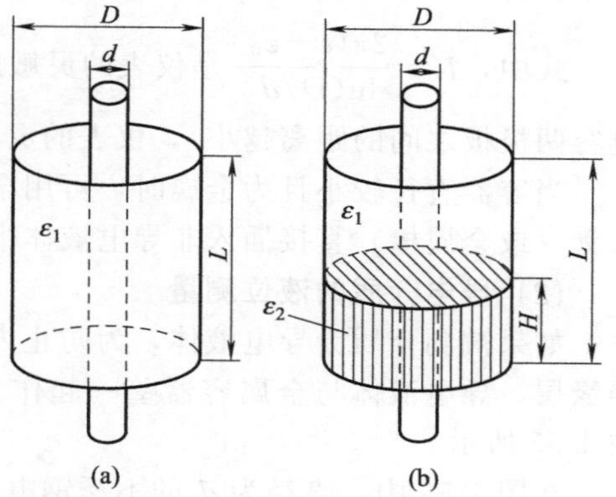

$$C=\frac{2\pi\varepsilon_1 L}{\ln(D/d)} \tag{1-18}$$

图 1-53 电容式物位计的测量原理

当极板之间一部分介质被介电常数为 ε_2 的另一种介质填充时，如图 1-53 (b) 所示，两种介质不同的介电常数将引起电容量发生变化。设被填充的物位高度为 H，可推导出电容变化量 ΔC 为

$$\Delta C=\frac{2\pi(\varepsilon_2-\varepsilon_1)H}{\ln(D/d)}=KH \tag{1-19}$$

当电容器的几何尺寸和介电常数 ε_1、ε_2 保持不变时，电容变化量 ΔC 就与物位高度 H 成正比。因此，只要测量出电容的变化量就可以测得物位的高度，这就是电容式物位计的基本测量原理。

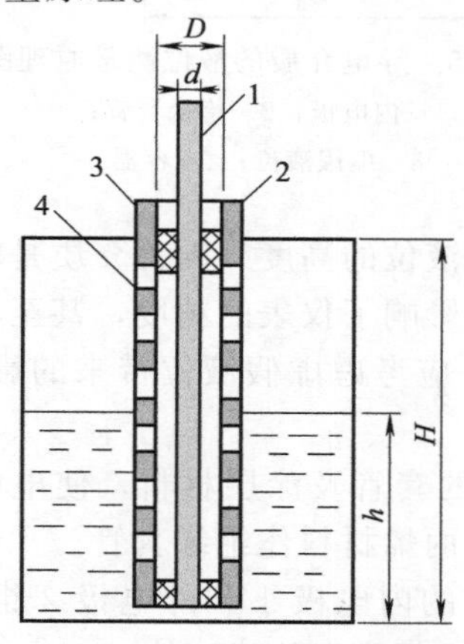

图 1-54 非导电介质的液位测量原理图
1—内电极；2—外电极；3—绝缘套；
4—流通孔或槽

在使用电容式物位计时，当所测介质的性质不同时，采用的测量方式也不一样，下面介绍测量不同性质介质的方法。

(1) 非导电介质的液位测量

当测量石油类制品、某些有机液体等非导电介质时，电容传感器原理如图 1-54 所示。它用一个光电极作为内电极 1，用与它绝缘的同轴金属圆筒作为外电极 2，外电极 2 上开了许多金属流通孔或槽 4，以便测液体能够自由地流进或流出。内、外电极由绝缘套 3 隔开，并进行绝缘固定。测量非导电液体的电容式液位计，利用被测液体作电极间的绝缘介质。被测液体的液位变化，改变了传感器之间的介电常数，从而引起了电容量的变化，实现液位测量。当液位为零时，其零点电容为

$$C_0=\frac{2\pi\varepsilon_0 H}{\ln(D/d)} \tag{1-20}$$

式中 ε_0——空气介电常数；

D，d——分别为外电极内径及内电极外径。

当液位上升时，电容器的电容量等于上部气体介质部分形成的电容与下部液体部分形成的电容并联后的总电容量，为

$$C=\frac{2\pi\varepsilon h}{\ln(D/d)}+\frac{2\pi\varepsilon_0(H-h)}{\ln(D/d)} \tag{1-21}$$

式中，ε 为被测介质的介电常数。则电容量的增量为

$$C_x=C-C_0=\frac{2\pi(\varepsilon-\varepsilon_0)h}{\ln(D/d)}=Kh \tag{1-22}$$

式中，$K=\frac{2\pi(\varepsilon-\varepsilon_0)}{\ln(D/d)}$是仪表的灵敏度系数。被测液体的介电系数越大，$D/d$ 越小（即电容两极板之间的距离越小），仪表的灵敏度越高。电容量的变化 C_x与液位高度 h 成正比。

当容器直径较小且为金属时，可用金属容器的壳体作为一个电极（外电极），再将裸金属管（或金属棒）直接插入非导电液体中，作为另一个电极（内电极）。

(2) 导电介质的液位测量

如果被测介质为导电液体，为防止内、外电极被导电的液体短路，内电极必须要加一层绝缘层，导电液体与金属容器壁一起作为外电极，如图 1-55 所示。

在图 1-55 中，直径为 d 的不锈钢电极，外套聚四氟乙烯套管，导电的被测液体作为外电极，因而外电极的内径就是塑料套管的外直径 D。如果容器是金属的，外电极可直接从金属容器壁上引出，但外电极直径仍为 D。由于容器直径 D_0与内电极外径的比 D_0/d 很大，上部气体介质部分形成的电容可以忽略不计。则该电容器的电容与液位的关系可表示为

$$C_x=\frac{2\pi\varepsilon}{\ln(D/d)}h \tag{1-23}$$

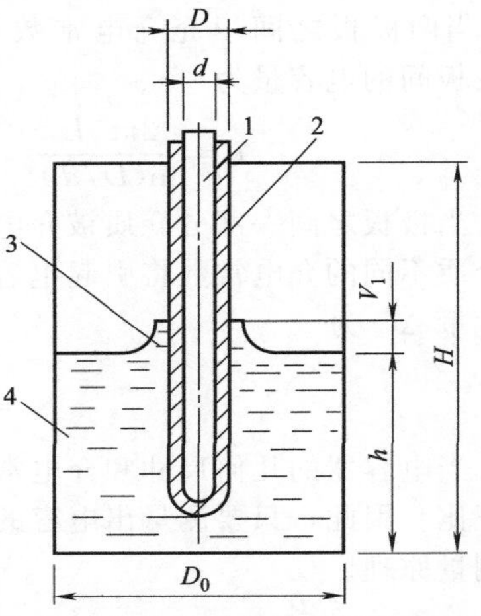

图 1-55 导电介质的液位测量原理图
1—内电极；2—绝缘套管；
3—虚假液位；4—容器

式中 D——绝缘套管的外直径；

d——内电极的外径；

ε——绝缘层介电常数；

h——电极被导电液体浸没的高度。

在测量黏性导电介质时，由于介质沾染电极相当于增加了液位的高度（因为介质是电容器的一个极板），就产生了所谓的“虚假液位”。虚假液位大大影响了仪表的精度，甚至使仪表不能正常工作。因此，用电容法测量黏性导电介质液位时，应考虑虚假液位带来的影响。克服虚假液位可以从以下两个方面着手。

① 减少虚假液位的形成：可选用和被测介质亲和力较小的套管及涂层材料，使电极套管表面尽量光滑。目前常用聚四氟乙烯，或聚四氟乙烯加六氟丙烯材料作绝缘套管。

② 采用隔离型电极：如图 1-56 所示，隔离型电极由同心的内电极 1 和外电极 2 组成，在外电极 2 的下端装有隔离波纹管 6，在波纹管和内、外电极之间充以绝缘液体。

当容器中被测黏性导电介质的液位升高时，作用于波纹管的压力增大，波纹管受压体积缩小，将绝缘液体压入内、外电极间，改变了内、外电极间的电容量，测出此电容量的变化

就可以知道容器中的液位高低。而容器中导电液体位于电容器之外，虚假液位对测量结果的影响可以忽略不计。

(3) 固体料位的测量

由于固体物料的流动性较差，故不宜采用双筒式电极。对于非导电固体物料的料位测量，通常采用一根不锈钢金属电极棒与金属容器壁构成电容器的两个电极，如图 1-57 所示。以金属棒作为内电极，以容器壁作为外电极，其电容变化量 ΔC 与被测料位 h 的关系式为

$$\Delta C=\frac{2\pi(\varepsilon-\varepsilon_0)}{\ln(D_0/d)}h \tag{1-24}$$

式中，ε、ε_0 分别为固体物料和空气的介电常数；D_0、d 分别为容器的内径和内电极的外径。

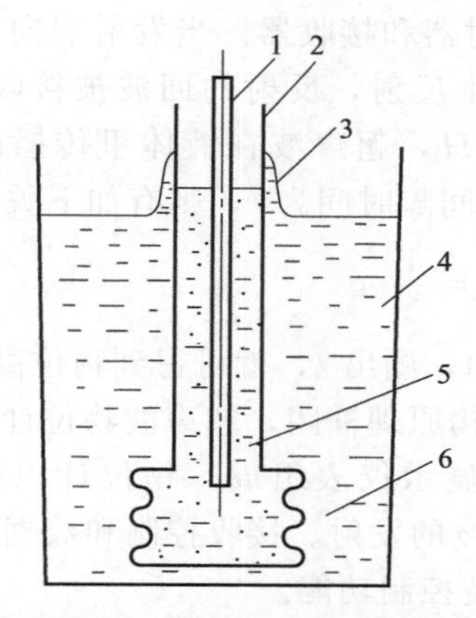

图 1-56 采用隔离型电极消除虚假液位影响的原理图
1—内电极；2—外电极；3—虚假液位；4—被测液体；5—波纹管内充介质；6—隔离波纹管

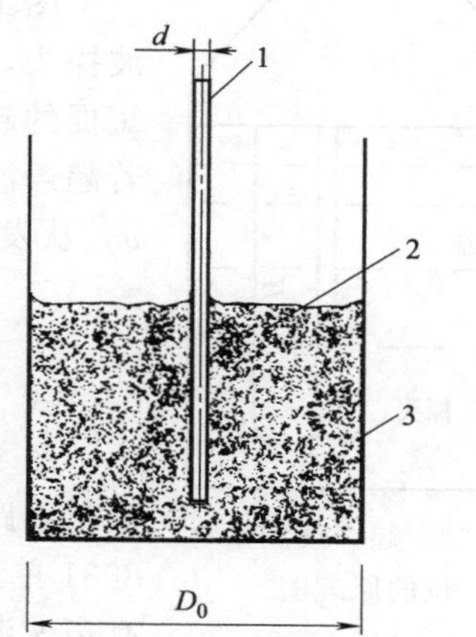

图 1-57 非导电固体颗粒的测量原理图
1—金属棒（内电极）；2—物料；3—容器壁（外电极）

电容物位计的传感元件结构简单，使用方便，可以用于液位的测量，也可以用于料位的测量。但电容式物位计电容的变化量很小（约为 pF 的数量级），一般难以准确地测量。因此，在实际使用过程中，当现场温度、被测液体的浓度、固体介质的湿度或成分等发生变化时，介质的介电常数也会发生变化，应及时对仪表进行调整才能达到预想的测量精度。

(4) 位式测量

电容式物位测量仪表可以用来进行位式测量，即用作物位开关。电容式物位开关将高频振荡器、传感器、继电开关集成一体，并采用屏蔽技术将传感部件与电子部件隔离，具有高分辨率和高重复性。

电容式物位传感器外部连接形式有螺纹式和法兰式两种连接方式，如图 1-58 所示。电气结构有普通型、隔爆型和本安型。

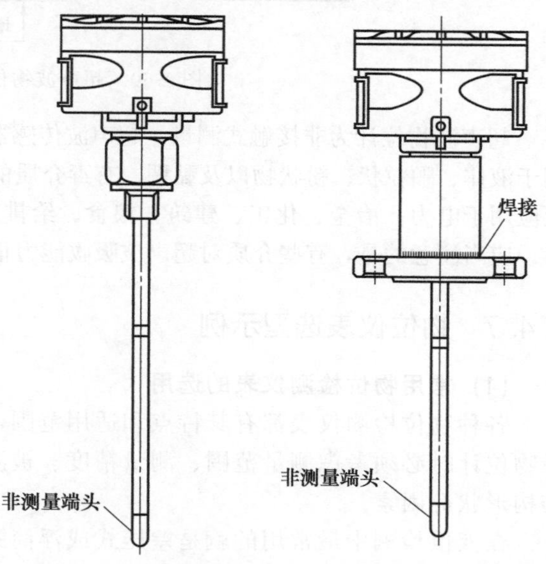

图 1-58 电容式物位传感器外部形式图

1.4.6 超声波物位计

超声波是一种机械波，人耳所能听闻

的声波频率在20～20000Hz之间，频率超过20000Hz的叫超声波，频率低于20Hz的叫次声波。超声波的频率可以高达10^{11}Hz，而次声波的频率可以低至10^{-8}Hz。

超声波可以在气体、液体和固体介质中传播，并且当超声波以一定速度在这些介质中传播时，会因被吸收而发生衰减。介质吸收超声波能量的程度与波的频率和介质有关，气体吸收最强，在气体中衰减最大，液体次之，而固体吸收最少，衰减最小。

当超声波穿越两种不同介质构成的分界面时会产生反射和折射，且当这两种介质的声阻差别较大时几乎为全反射。利用这些特性可以测量物位，如回波反射式超声波物位计通过测量从发射超声波至接收到被物位界面反射的回波的时间间隔来确定物位的高低。

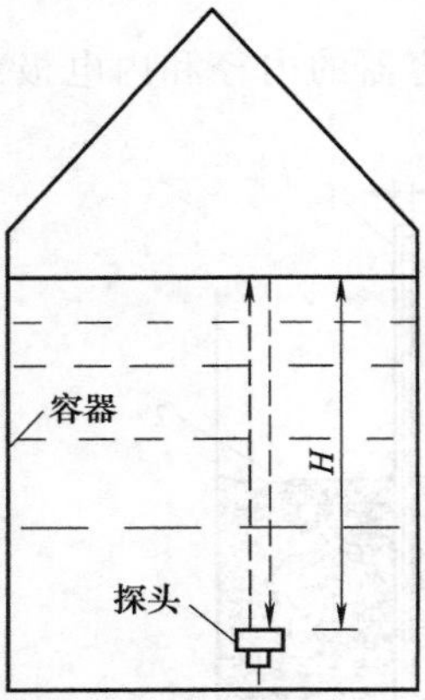

图1-59 超声波测量物位的原理图

图1-59是超声波测量物位的原理图。在容器底部放置一个超声波探头，探头上装有超声波发射器和接收器。当发射器向液面发射短促的超声波时，在液面处产生反射，反射的回波被接收器接收。若超声波探头至液面的高度为H，超声波在液体里传播的速度为v，从发射超声波至接收到回波间隔时间为t，则有如下关系

$$H=\frac{1}{2}vt \tag{1-25}$$

式（1-25）中，只要v已知，测出t，就可得到物位高度H。

图1-60为超声波物位计结构原理框图，超声波物位计由超声波发射电路、接收器（探头）及显示仪表组成。物位计以微处理机8031单片机为核心，进行超声波的发射、接收控制和数据处理，具有声速温度补偿功能及自动增益控制功能。

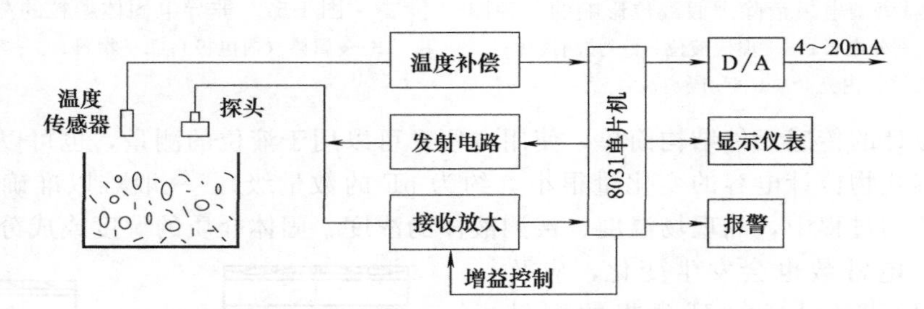

图1-60 超声波物位计结构原理框图

超声波物位计为非接触式测量，超声波传感器安装于料仓、液罐上方，不直接接触物料，适用于液体、颗粒状、粉状物以及黏稠、有毒介质的物位测量，能够实现防爆。超声波物位计，广泛应用于电力、冶金、化工、建筑、粮食、给排水等行业，既可测量液体物料也可测量固体物料。应当注意的是，有些介质对超声波吸收能力很强，无法采用超声波检测方法。

1.4.7 物位仪表选型示例

(1) 常用物位检测仪表的选用

各种物位检测仪表都有其特点和适用范围，有些可以检测液位，有些可以检测料位。选择物位计时必须考虑测量范围、测量精度、被测介质的物理化学性质、环境操作条件、容器结构形状等因素。

在液位检测中最常用的就是差压式或浮筒式测量方法，但必须在容器上开孔安装导压管或在介质中插入浮筒，因此介质为高黏度或者在易燃易爆场合不能使用这些方法。

在料位检测中可以采用电容式、超声波式、射线式等测量方法。各种物位测量方法的特点都是检测元件与被测介质的某一个特性参数有关，如差压式与浮筒式与介质的密度有关，电容式物位计与介质的介电常数有关，超声波物位计与超声波在介质中传播速度有关，核辐射物位计与介质对射线的吸收系数有关。这些特性参数有时会随着温度、组分等变化而发生变化，直接关系到测量精度，因此必须注意对它们进行补偿或修正。

(2) 物位仪表选型示例

例如，需要测量某加压溶气罐中盐水的液位，已知操作温度为57℃，操作压力为0.4MPa，操作密度为1180kg/m³，液位起始范围为0～2000mm。根据以上条件选择的液位变送器如表1-16所列，该表格中的信息可作为这台液位仪表的订货依据。

表1-16　液位变送器规格样表

液位变送器规格 TRANSMITTER SPECIFICATION		
仪表形式 INSTR. TYPE		电子 隔膜 密封型
型号 MODEL		—
测量范围 MEAS. RANGE		0～23.60kPa
精度 ACCURACY		0.5级
输出信号 OUTPUT SIGNAL		4～20mA DC
测量膜片材质 MEASURING ELEMENT MATERIAL		SS
本体材质 BODY MATERIAL		SCS14A
连接尺寸 PROCESS CONNECTION	尺寸 SIZE	—
	标准 RATING	—
	高/低 HIGH/LOW	高/低
电气接口尺寸 ELEC. CONN. SIZE		G1/2"(F)
防爆等级 EXPLOSION-PROOF CLASS		—
防护等级 ENCLOSURE PROOF		IP67
安装形式 INSTALLATION TYPE		2″管
安装图号 HOOK-UP NO.		—
铭牌 SST tag no plate		YES
输出指示表 OUTPUT INDICATOR		YES
毛细管长度 CAPILLARY LENGTH		5m
毛细管材料 CAPILLARY MATERIAL		PVC
毛细管填充液材料 CAP. FILL FLUID		硅油
远传密封膜材质 REMOTE DIAPHRAGM MATERIAL		钽
密封法兰标准及等级 FLANGE STD. & RATING		HG20592-97　*PN*1.0
密封法兰标准及等级 FLANGE STD. & RATING		液相高压端法兰　*DN*80 FF
密封法兰尺寸及密封面 FLANGE SIZE & FACING		气相低压端法兰　*DN*50 FF
密封法兰材质 FLANGE MATERIAL		SS
制造厂 MANUFACTURER		—
附件 ACCESSORIES		—
备注 REMARKS		带远传隔膜密封双法兰 (*DN*80/*DN*50各一个)环氧树脂烤漆

修改 REV.	说明 DISCRIPTION	设计 DESG.	日期 DATE	校核 CHKD.	日期 DATE	审核 APPD.	日期 DATE

注：也可在选型网站上下载选型订货清单样表。

在图 0-1 的对象装置中用到的液位仪表有测量反应釜液位的 HART 总线 EJA 差压变送器、液位水箱就地测量指示的压力表和锅炉液位就地测量指示的压力表。基本参数如表1-17所列。

表 1-17 对象装置中所用到的液位仪表

序号	位号	设备名称	用途	信号类型	单位	量程
1	LT101	差压变送器	测反应釜液位信号	HART 总线	cm	0～50
2	LT103	压力表	测水箱液位	4～20mA	cm	0～50
3	LT102	压力表	测锅炉液位信号	4～20mA	cm	0～50

表 1-17 所列液位仪表在本章中都有较详细的介绍，可根据每种仪表的原理特性，参照表 1-16 示例和表 1-17 所列流量计的基本参数，在选型网站上下载选型订货清单样表自行填写。

1.4.8 物位仪表的安装

不同的物位仪表有不同的安装方式，这里仅就离子膜烧碱装置中用到的物位仪表简单地介绍差压式液位变送器和超声波物位计的安装方式与注意事项。

(1) 差压式液位变送器的安装

差压式液位变送器是目前使用非常广泛的一种液位测量仪表。用普通差压变送器可以测量容器内的液位，也可用专用的液位差压变送器测量容器液位，如压力变送器，用来测量敞口容器的液位，双法兰差压变送器，用来测量密闭容器的液位。

① 单法兰差压变送器的安装

敞口容器预留上、下两个孔，是为测液位准备的。上孔可以不接任何加工件，也可以配一个法兰盘，中心开个小孔，通大气。下孔接差压变送器的正压室。差压变送器的负压室放空。

安装要注意的问题是下孔（一般是预留法兰）要配一个法兰，法兰接管装一个截止阀，阀后配管直接接差压变送器的正压室即可。如图 1-61 所示。

② 双法兰差压变送器的安装

若测密闭容器液位，只要把上孔与负压室相连即可，见图 1-62。这种安装也很简单，按照设计要求，配上两对法兰（包括垫片和螺栓），配上满足压力与介质测量要求的两个截止阀及配管，上孔接负压室，下孔接正压室即可。

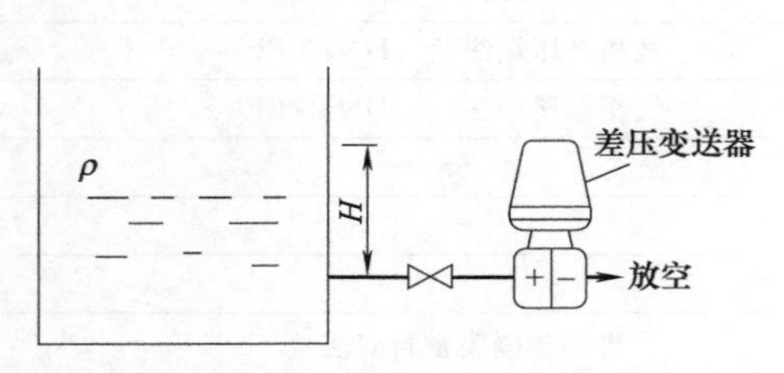

图 1-61 单法兰差压变送器的安装

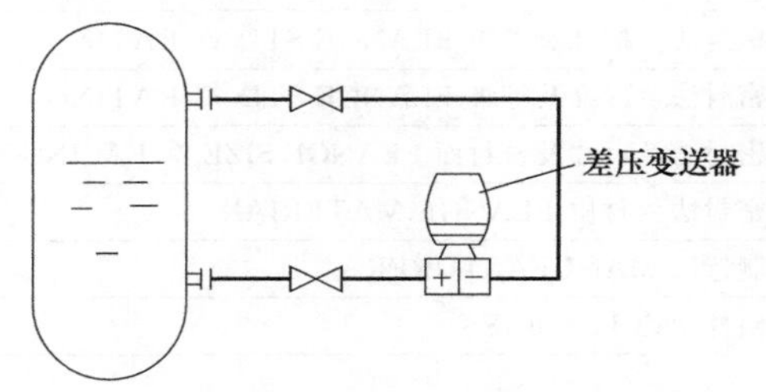

图 1-62 双法兰差压变送器的安装

利用压力（差压）原理测量液位，实质上是压力或差压的测量。因此，差压式液位计的安装规则基本上与压力表、差压计的要求相同。

(2) 超声波物位计的安装

超声波物位计外部结构与使用场合有关，接触式为潜水型，非接触式外壳结构形式有两种：一种为普通型；另一种为散热型。

超声波物位计的连接方式有螺纹式和法兰式。安装方式有悬吊式安装（如图1-63所示）和法兰连接式安装（如图1-64所示）。悬吊式安装适合敞口容器和池子，法兰连接式安装多用于密封容器。

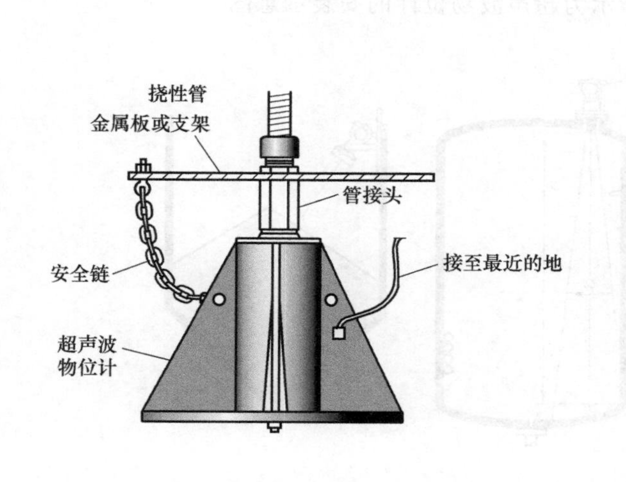

图1-63 超声波物位计的悬吊式安装示意图

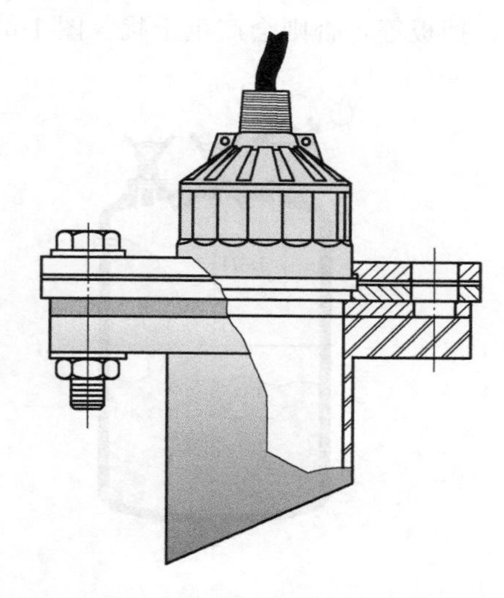

图1-64 超声波物位计的法兰连接式安装示意图

超声波物位计的检测元件不能承受高温，不宜在高温环境下使用。

法兰连接式安装比较方便，在容器顶部选择一处合适位置，按照传感器法兰连接尺寸制作一个带法兰的立管，焊接于顶部即可。悬吊式安装，若敞口容器和池子上部没有可固定位置，可根据周围环境条件制作延伸支架，如果敞口容器或池子的旁边地面或通道平台较宽，可在地面或平台上制作立式延长型槽式支架，如图1-65所示。

如果池体或容器较高，且是水泥结构，若池壁厚度条件允许，可在池壁或容器的上沿预埋螺栓固定件，制作一个水平式伸长型槽式支架，如图1-66所示。

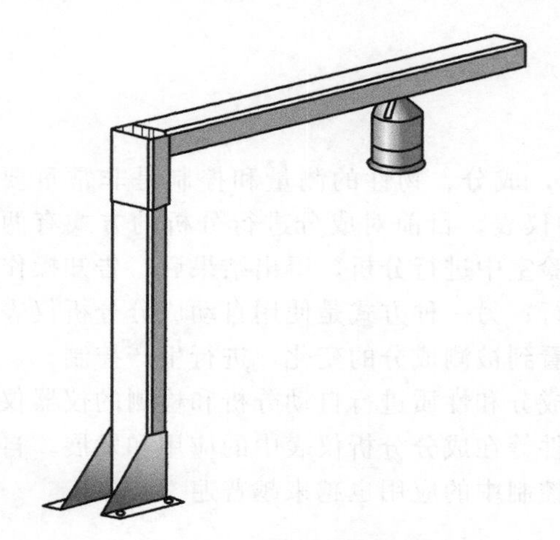
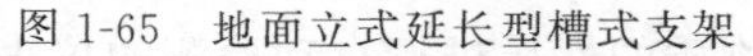

图1-65 地面立式延长型槽式支架

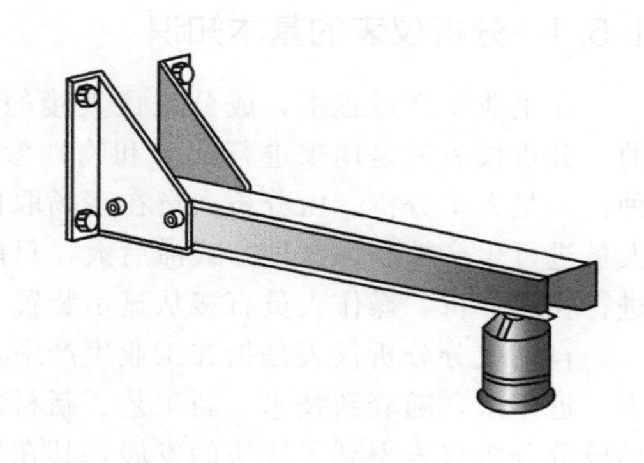

图1-66 池（墙）壁水平式延长型槽式支架

超声波物位计的安装应注意以下问题。

① 超声波物位计安装时，物位计中轴线应垂直于被测物的表面。物位计至被测物之间不允许有障碍物。

② 物位计安装应注意基本安装距离，与罐壁的距离为罐直径的 1/6 较好。物位计室外安装应加装防雨、防晒装置。

③ 不要装在罐顶的中心，因罐中心液面的波动比较大，会对测量产生干扰；更不要装在加料口的上方。在超声波波束角 α 内避免安装任何装置，如温度传感器、限位开关、加热管、挡板等，否则会产生干扰。图 1-67 所示为超声波物位计的安装示意图。

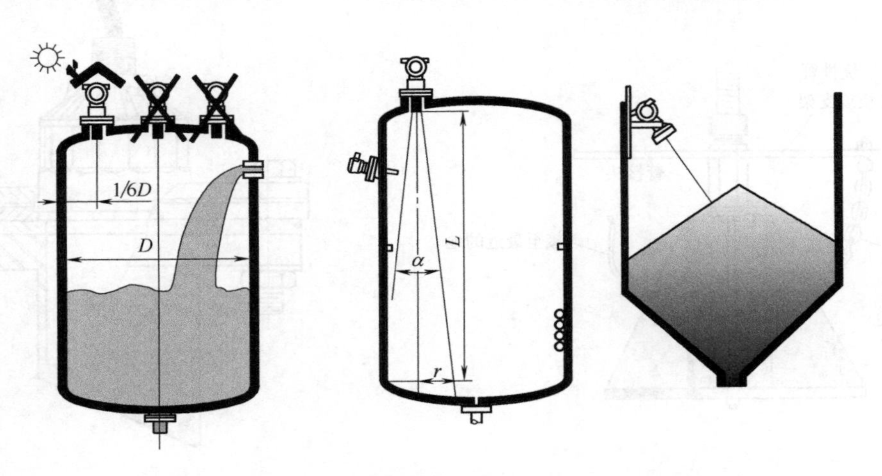

图 1-67 超声波物位计的安装示意图

仪表安装工程的施工周期很长。在土建施工期间就要主动配合，要明确预埋件、预留孔的位置、数量、标高、坐标、大小尺寸等。在设备安装、管道安装时，要随时关心工艺安装的进度，主要是确定仪表一次点的位置。仪表安装的高潮一般是在工艺管道施工量完成70%时，这时装置已初具规模，几乎全部工种都在现场，会出现深度的交叉作业，要时刻注意安全。

1.5 分析仪表的选用

1.5.1 分析仪表的基本知识

在工业生产过程中，成分是最直接的控制指标，成分、物性的测量和控制是非常重要的。分析仪表就是用来进行成分和物性参数检测的仪表，目前对成分进行分析的方式有两种：一是人工分析，由分析人员在现场取样，到实验室中进行分析，得出结果后，告知操作人员进行生产控制，这种方式滞后大，只能间歇进行；另一种方式是使用自动成分分析仪表进行在线分析，操作人员直接从显示装置上连续地看到被测成分的变化，进行生产控制。

自动成分分析仪表是指在工业生产中，对物质成分和性质进行自动分析和检测的仪器仪表。近年来，随着新技术、新工艺、新材料、新元件等在成分分析仪表中的应用和发展，自动成分分析仪表得到了较快的发展，其在生产过程控制中的应用也越来越普遍。

(1) 分析仪表的分类

成分分析仪表是对各种物质的成分、含量以及某些物质的性质进行自动检测的仪表，通常以如下两种方式对成分仪表进行分类。

① 按工作原理：分为热学式、磁学式、电化学式、光学式、色谱式和放射式等。

② 按使用场合：分为实验室分析仪表和生产过程在线自动分析仪等。

表 1-18 列出了常用自动成分分析仪表的基本原理和主要用途。

表 1-18 常用自动成分分析仪表的基本原理和主要用途

分析仪表名称	测量原理	主要用途
热导式气体分析仪	气体热导率不同	可测 H_2、CO、CO_2、NH_3、SO_2
磁氧分析仪	气体磁化率不同	可测 O_2
氧化锆氧分析仪	高温下氧离子导电性能	可测 O_2
电导式分析仪	溶液导电随浓度变化性质	酸碱盐浓度，水中含盐量、CO_2 等
工业酸度计	电极电势随 pH 值变化性质	酸、碱、盐水溶液 pH 值
红外线气体分析仪	气体对红外线吸收差异	分析气体中 CO、CO_2、CH_4、C_2H_2
工业气相色谱仪	各种气体分配系数的不同	混合气体中各组分
工业光电比色计	有色物质对可见光的吸收	有色物质的浓度、Cu^{2+} 浓度

(2) 分析仪表的组成

分析仪表一般由六部分组成，其如图 1-68 所示。

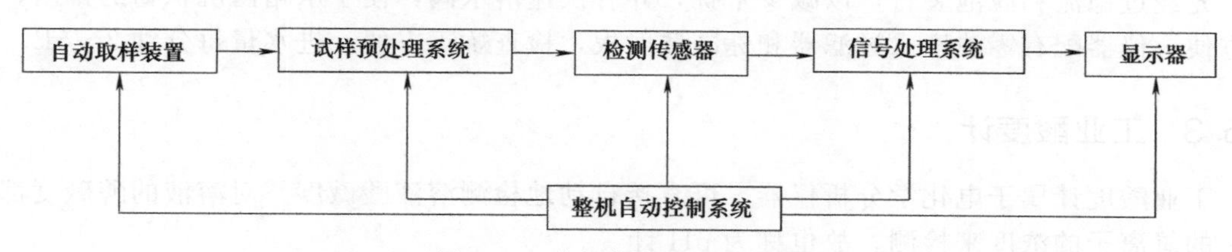

图 1-68 分析仪表的组成框图

① 自动取样装置：将被测介质（样品）快速地取出，并引入分析仪表的入口处。

② 试样预处理系统：对分析样品进行过滤、稳压、冷却、干燥、定容、稀释、分离等预处理操作，使待测样品符合检测条件，以保证分析仪器准确、可靠、长期地工作。

③ 检测传感器：根据物理或化学原理将被测组分转换成对应的电信号输出。

④ 信号处理系统：对检测器给出的微弱电信号进行放大、转换、线性补偿等信息处理工作。

⑤ 显示器：采用模拟、数字或屏幕显示器对信号进行显示和记录，输出成分分析结果。

⑥ 整机自动控制系统：对整个成分分析仪表的各部分的工作进行协调，并具有调零、校验、报警、故障显示或故障自动处理等功能。

以上六个部分是对大型分析仪表而言的，并非所有的过程分析仪表都包括这六个部分。如有的检测部分直接送入试样中，不需要自动取样和试样的预处理系统；有的则需要相当复杂的自动取样和试样预处理系统。

1.5.2 水质浊度计

液体的浊度是液体中许多反应、变化过程进行程度的指示，也是很多行业的中间和最终产品质量检测的主要指标。人们对液体浊度的测量已有很长的历史，从最初的目测比浊、目测透视深度发展到用光电方法进行检测。

在一定条件下，表面散射光的强度与单位体积内微粒的数量成正比，浊度计就是利用这一原理制成的，如图 1-69 所示。

自光源 1 发出的光经聚光镜 2 以后，以一定的角度射向水面。经水面反射和折射的两路

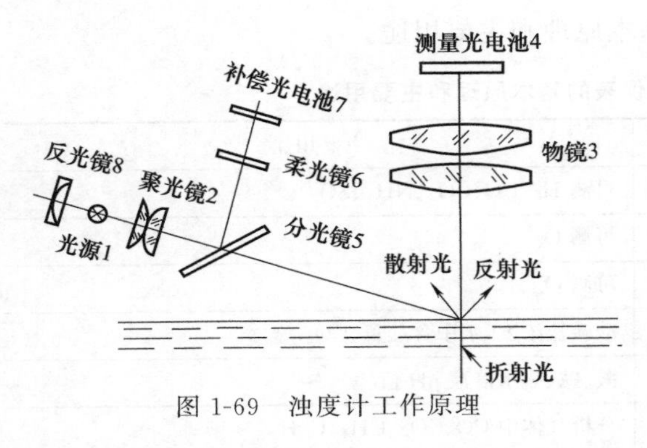

图 1-69 浊度计工作原理

光线均被水箱的黑色侧壁吸收，只有从水表面杂质微粒向上散射的光线才能进入物镜 3。物镜把这些散射光聚到测量光电池 4 上，经光电转换成电压后输出。当水中无微粒时，光电池的输出为零，随着水中微粒的增加，散射光增强，光电池的输出电压与水的浊度呈线性关系，因此由光电池的输出电压便可求得水的浊度。分光镜 5 使部分照明光在它表面反射，经柔光镜 6 后射到补偿光电池 7 上，其输出电压作为控制亮度补偿回路的信号。水质浊度计采取局部恒温措施来克服温度对光电池的影响。反光镜 8 用以提高光源的利用率。此外还可采用双光束比较法对深色液体进行色补偿以及采用逆散反射原理进行测量。

浊度计主要特点是：光学系统设计时充分利用表面散射光的能量，杂光干扰小；为提高仪器性能设有亮光补偿和恒温补偿装置；可直接指示浊度并输出标准信号；水样进测量系统前，先经过稳流和脱泡装置，以减少干扰，并有快速落水阀，便于水箱内沉积物的排出，清洗方便；仪器配有零浊度水过滤器和标准散射板，检查矫正方便；进水量每分钟 2～5L。

1.5.3 工业酸度计

工业酸度计属于电化学分析仪器，可直接自动地检测溶液酸碱度。对溶液的酸碱度都用统一的氢离子的浓度来检测，故也称为 pH 计。

测定溶液的 pH 值，通常采用氢离子浓度引起电极电位变化的 pH 计来实现，它是由电极组成的发送部分和电子部件组成的检测部分构成的，如图 1-70 所示。

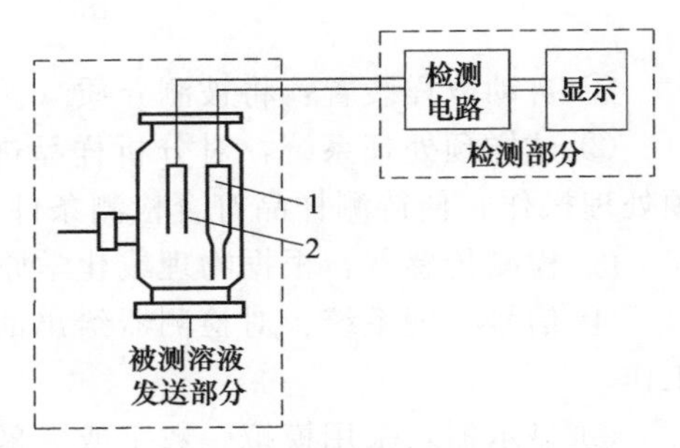

图 1-70 pH 计组成示意图
1— 工作电极；2—参比电极

发送部分是由参比电极和工作电极组成的。当被测溶液流经发送部分时，电极和被测溶液就形成一个化学原电池，两电极间产生了电势，电势的大小与被测溶液的 pH 值成对应函数关系。所以，发送部分是一个转换器，将被测溶液的 pH 值转换成电信号，送到指示记录仪表中，将被测溶液的 pH 值显示出来，进行记录和调节。

如果把参比电极与测量电极封装在一起就形成了复合电极，近年来，由于复合电极具有结构简单、维护量小、使用寿命长的特点，在各种工业领域中的应用十分广泛。pH 计广泛应用于染料、制药、肥皂、食品等行业，在废水处理过程中 pH 检测起着很重要的作用。

1.5.4 工业电导仪

工业电导仪通过检测溶液的电导来间接地测量溶液的浓度，如图 1-71 所示。一般情况下用来测量分析酸、碱、盐等溶液的浓度，称为浓度计；直接用来指示溶液的电导时称为电导仪；当用来检测蒸汽和水中盐的浓度时，称为盐量计。

溶液的电导率不仅取决于溶液的性质，还取决于溶液的浓度。对某一特定的溶液，当浓度不同时，其电导率也不同。

由两个电极所组成的用以对溶液电导进行测量的设备，称为电导池。因两极之间溶液的电导（或电阻 R）与溶液的浓度有关，所以这样就可将溶液浓度的检测转换成对溶液电导的测量。

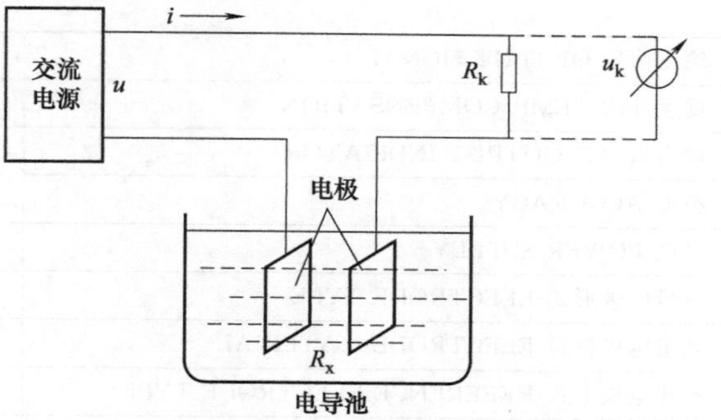

工业电导仪主要由导电检测器、转换器和显示仪表组成，可用来测量液体中含盐量、锅炉给水的电导率等。

图 1-71 电导仪测量示意图

1.5.5 分析仪表的选型

(1) 选型原则

分析仪表选择应遵循下面几个原则：

① 商业价格上要价廉物美或质优价廉，能满足流程分析检测需要，完成对参数的监控目的；

② 在质量上要求在线分析仪器仪表及高纯气体检测仪器仪表，在其量程、灵敏度、噪声、稳定性、可靠性、使用寿命等方面有质量要求和保证；

③ 易于操作及维护保养。

(2) 常用工业分析仪表的选用

工业分析仪表在生产及科学研究中具有广泛的用途，可以用来检定、测量物质的组成或特性，并可用来研究物质的结构，其选用一般可根据测量内容或范围来考虑。

① 分析各种气体混合物中各组分的含量或其中某一组分的含量，用气体成分分析仪表；

② 各种液体浓度、溶液中各种粒子浓度的测定，用液体成分分析仪表；

③ 测定溶液的酸碱度，用 pH 计；

④ 测量各种气体及其混合物、液体和固体的密度，用密度计；

⑤ 测定气体、液体以及固体中水分含量，用湿度计；

⑥ 测定各种气体及液体黏度，用黏度计；

⑦ 分析气体中各种液体及固体颗粒含量，用尘量计、烟量计及雾量计；

⑧ 测定石油产品的成分及特性，用闪点测定仪、干点测定仪、辛烷值测定仪等；

⑨ 测定金属中碳酸含量、分析金属中气体含量等，用金属分析仪。

1.5.6 分析仪表选型示例

例如，某加压泵出口 pH 值测量需要用一台工业酸度计。该加压泵出口管道中的工艺介质为盐水，管径为 $DN25$，操作压力为 0.15MPa，操作温度为 57℃，操作密度为 1180kg/m^3，操作黏度为 0.9～1.1mPa・s，最大 pH 值为 12，正常值为 11，最小值为 8，试选择一台合适的仪表来测量该加压泵出口盐水的 pH 值。

根据以上条件选择的 pH 变送器如表 1-19 所列，该表可作为这台 pH 变送器的订货清单。

表 1-19 pH 变送器规格样表

变送器规格 TRANSMITTER SPECIFICATION	
传感器型号 SENSOR MODEL	—
变送器型号 TRANSMITTER MODEL	—
变送器形式 TRANSMITTER TYPE	现场安装式
测量范围 MEAS. RANGE/pH	0～14

续表

输出信号 OUTPUT SIGNAL	4～20mA DC
温度补偿 TEMP. COMPENSATION	NON
输出指示表 OUTPUT INDICATOR	YES
精度 ACCURACY	±0.1pH
供电 POWER SUPPLY	24V DC
测量电极形式 ELECTRODE TYPE	流通式
测量电极材料 ELECTRODE MATERIAL	玻璃
参比电极形式 REFERENCE ELECTRODE TYPE	YES 制造厂标准
温度范围 TEMPERATURE RANGE	-10～130℃
电极护套形式 ELECTRODE CASING TYPE	制造厂标准
护套材料 CASING MATERIAL	PVDF
工艺连接方式 PROCESS CONN. TYPE	法兰 （材料 CPVC）
法兰标准及等级 FLANGE STD. &RATING	采样口法兰 HG20592-97 *PN*1.0
法兰尺寸及密封面 FLANGE SIZE & FACING	采样口法兰 *DN*25 FF
电气接口尺寸 ELEC. CONN. SIZE	G1/2"（带电缆压盖）
外壳保护等级 DEGREE OF PROTECT	IP65
防爆等级 EXPLOSION-PROOF CLASS	隔爆 dⅡBT4
附件 ACCESSORY	配测量流通池，空气过滤减压阀（用于 pH 计吹气）
备注 REMARKS	配用专用电缆 5m
制造厂 MANUFACTURER	电极插入长度制造厂定

修改 REV.	说明 DISCRIPTION	设计 DESG.	日期 DATE	校核 CHKD.	日期 DATE	审核 APPD.	日期 DATE

注：也可在选型网站上下载选型订货清单样表来填写。

1.6 执行器的选用

1.6.1 执行器基础知识

（1）执行器的作用

典型的自动化控制系统主要有三个环节——检测、控制、执行。执行器是构成自动控制系统不可缺少的重要部分，例如一个最简单的控制系统就是由被控对象、检测仪表、控制器及执行器组成的。执行器在系统中的作用是接收控制器的输出信号，直接控制能量或物料等，调节介质的输送量，达到控制温度、压力、流量、液位等工艺参数的目的。由于执行器代替了人的操作，人们形象地称之为实现生产过程自动化的“手脚”。执行器的主要产品为调节阀。

（2）调节阀的组成及分类

调节阀又称控制阀，它是过程控制系统中用动力操作流体流量的装置。调节阀由执行机构和阀组成。其中，执行机构起推动作用，它按照控制器所给信号的大小，产生推力或位移；而阀起调节作用，它接受执行机构的操纵，改变阀芯与阀座间的流通面积，调节工艺介质流量。

根据执行机构使用的能源种类，执行器可分为气动、电动、液动三种。以压缩空气为动力源的调节阀称为气动调节阀，以电为动力源的调节阀称为电动调节阀。这两种是用得最多的调节阀。此外，还有液动调节阀、智能阀等。

阀是由阀体、上阀盖组件、下阀盖和阀内件组成的。上阀盖组件包括上阀盖和填料函。阀内件是指与流体接触并可拆卸的，起到改变节流面积和节流件导向等作用的零件的总称，例如阀芯、阀座、阀杆、套筒、导向套等。

调节阀的产品类型很多，结构多种多样，而且还在不断地更新和变化。一般来说，阀是通用的，既可以和气动执行机构匹配，也可以与电动执行机构或其他执行机构匹配使用。

根据需要，调节阀可以配用各种各样的附件，使它的使用更方便、功能更完善、性能更好。这些附件有阀门定位器、手轮机构、电气转换器等。

调节阀的分类如图 1-72 所示。

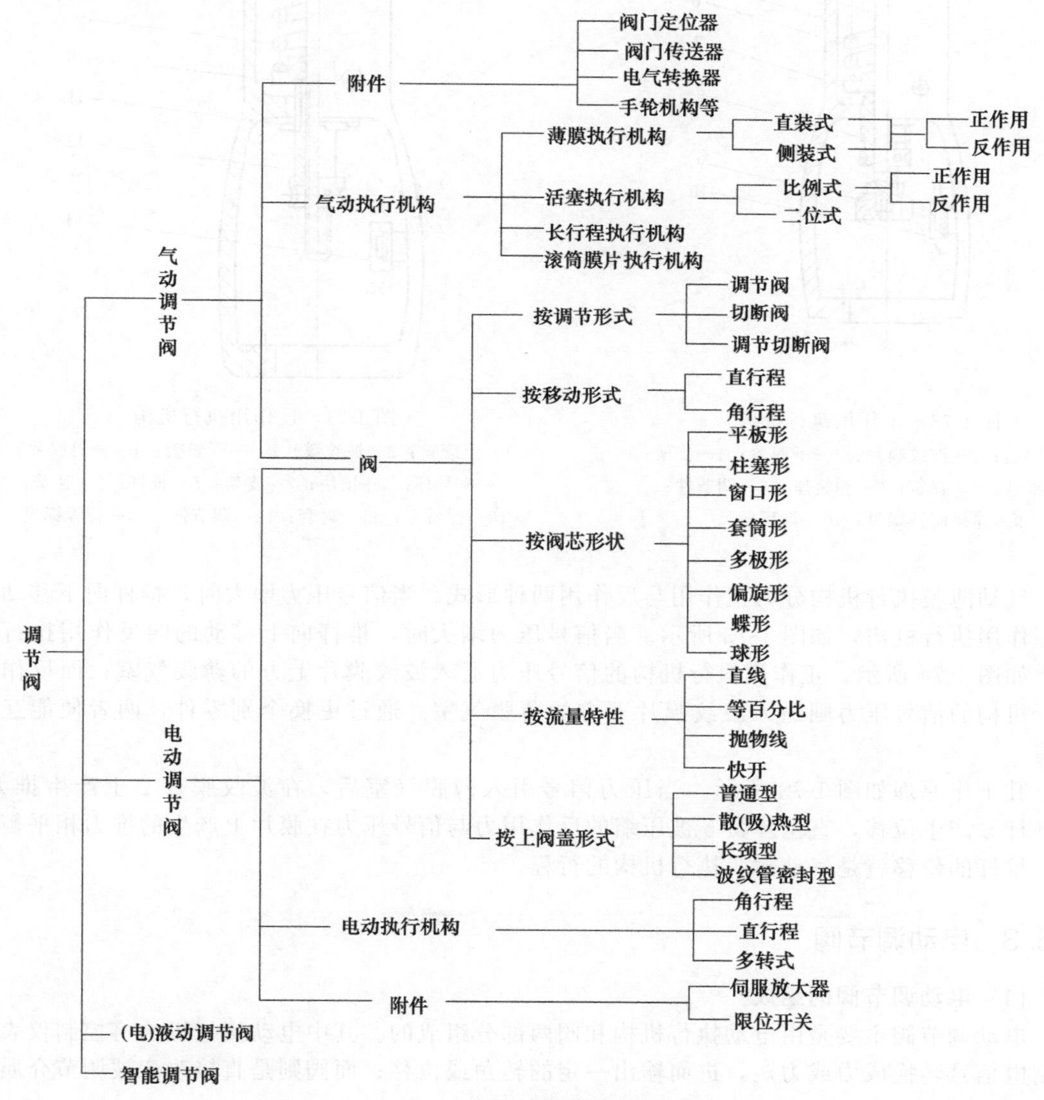

图 1-72 调节阀分类图

1.6.2 气动调节阀

气动调节阀由气动执行机构、阀以及附件构成，气动执行机构主要有薄膜式与活塞式两种。其次还有长行程执行机构与滚筒膜片执行机构等。薄膜式执行机构（如图 1-73 和图 1-74 所示）具有结构简单、动作可靠、维修方便、价格便宜等特点，通常接受 0.02～0.1MPa 的压力信号，是一种用得较多的气动执行机构。

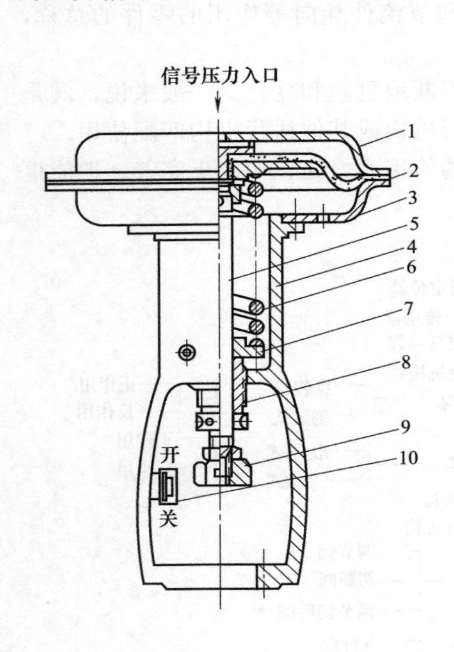

图 1-73 正作用执行机构

1—上膜盖；2—波纹膜片；3—下膜盖；4—支架；5—推杆；6—弹簧；7—弹簧座；8—调节件；9—连接阀杆螺母；10—行程标尺

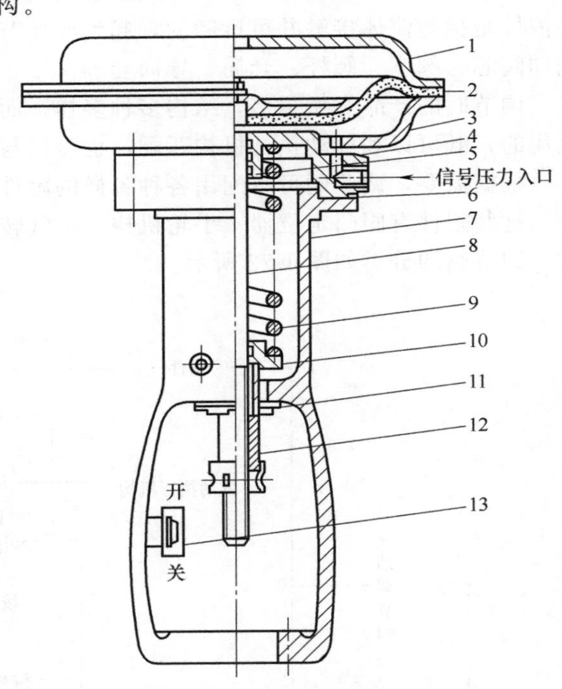

图 1-74 反作用执行机构

1—上膜盖；2—波纹膜片；3—下膜盖；4—密封膜片；5—密封环；6—填块；7—支架；8—推杆；9—弹簧；10—弹簧座；11—衬套；12—调节件；13—行程标尺

气动薄膜执行机构分为正作用与反作用两种形式。当信号压力增大时，推杆向下移动的叫正作用执行机构，如图 1-73 所示。当信号压力增大时，推杆向上移动的叫反作用执行机构，如图 1-74 所示。正作用执行机构的信号压力通入波纹膜片上方的薄膜气室；而反作用执行机构的信号压力则通入波纹膜片下方的薄膜气室。通过更换个别零件，两者便能互相改装。

其工作原理如图 1-73 所示。当压力信号引入薄膜气室后，在波纹膜片 2 上产生推力，使推杆 5 产生位移，直至弹簧 6 被压缩的反作用力与信号压力在膜片上产生的推力相平衡为止。推杆的位移就是气动薄膜执行机构的行程。

1.6.3 电动调节阀

(1) 电动调节阀的组成

电动调节阀主要是由电动执行机构和阀两部分组成的。其中电动执行机构将控制仪表的控制电信号转换成力或力矩，进而输出一定的转角或位移；而阀则是直接改变被调节介质流量的装置。

电动执行机构根据不同的使用要求，在结构上有简有繁。最简单的就是电磁阀上的电磁铁，其余都是用电动机带动阀。阀的种类很多，有蝶阀、闸阀、截止阀、感应调压器等。

电动执行机构与阀是分开的两个部分，这两部分的连接方法很多，两者可相对固定安装在一起，也可以用机械连杆把两者连接起来。电动控制阀就是将电动执行机构与控制阀固定连接在一起的成套电动执行器。

(2) 电动调节阀的特点

与气动调节阀相比较，电动调节阀有下列特点：

① 由于工频电源取用方便，不需增添专门装置，特别是调节阀应用数量不太多的单位，更为适宜；

② 动作灵敏、精度较高、信号传输速度快、传输距离可以很长，便于集中控制；

③ 在电源中断时，电动调节阀能保持原位不动，不影响主设备的安全；

④ 与电动控制仪表配合方便，安装接线简单；

⑤ 体积较大、成本较贵、结构复杂、维修麻烦，并只能应用于防爆要求不太高的场合。

(3) 电动执行机构的分类

电动执行机构根据其输出形式不同，主要有直行程电动执行机构、角行程电动执行机构和多转式电动执行机构。

直行程电动执行机构的输出轴输出各种大小不同的直线位移，通常用来推动单座、双座、三通、套筒等形式的控制阀。

角行程电动执行机构的输出轴输出角位移，转动角度范围小于360°，通常用来推动蝶阀、球阀、偏心旋转阀等转角式控制阀。

多转式电动执行机构的输出轴输出各种大小不等的有效圈数，通常用于推动闸阀或由执行电动机带动旋转式的执行机构，如各种泵等。

这三种类型的电动执行机构在电气原理方面基本上是相同的，都是由电动机带动减速装置，在电信号的作用下产生直线运动和角度旋转运动的。

电动执行机构不仅可与控制器配合实现自动控制，还可通过操作器实现控制系统的自动控制和手动控制的相互切换。当操作器的切换开关放到手动操作位置时，由正、反操作按钮直接控制电动机的电源，以实现执行机构输出轴的正转或反转，进行遥控手动操作。

1.6.4 调节阀的流量特性

调节阀的流量特性是指被调介质流过阀门的相对流量与阀门的相对开度（相对位移）之间的关系，即：

$$Q/Q_{\max}=f(l/L)$$

式中 $Q/Q_{\max}$——相对流量，即调节阀某一开度流量与全开时流量之比；

l/L——相对开度，即调节阀某一开度行程与全开时行程之比。

流量特性能直接影响到自动控制系统的控制质量和稳定性，因而要合理选用。

一般地说，流过控制阀的流量主要取决于执行机构的行程，或者说取决于阀芯、阀座之间的节流面积。但是实际上还要受多种因素的影响，如在节流面积改变的同时，还会引起阀前后压差变化，而压差的变化又会引起流量的变化。为了便于分析比较，先假定阀前后压差固定，然后再引申到真实情况，于是流量特性又有理想特性与工作特性之分。

在控制阀前后压差保持不变时得到的流量特性称为理想流量特性。

控制阀的理想流量特性取决于阀芯的形状，不同的阀芯曲面可得到不同的理想流量特

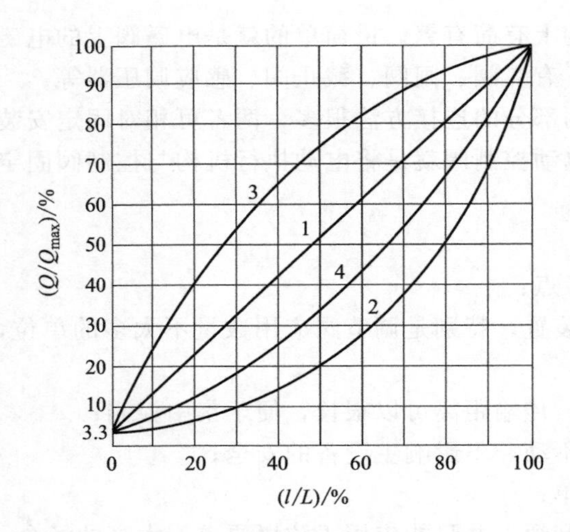

图 1-75 调节阀的理想流量特性

1—直线流量特性；2—等百分比流量特性；3—快开流量特性；4—抛物线流量特性

性。典型的理想流量特性有直线、等百分比（对数）、快开和抛物线型，其特性曲线如图1-75所示。

① 直线流量特性　直线流量特性是指控制阀的相对流量与相对开度成直线关系，即单位位移变化所引起的流量变化是常数。控制阀所能控制的最大流量 Q_{max} 与最小流量 Q_{min} 的比值，称为控制阀的可调范围或可调比，用 R 表示。

Q_{min} 并不是控制阀全关时的泄漏量，一般它是 Q_{max} 的 2%～4%。国产控制阀的理想可调范围 R 为 30（隔膜阀的可调范围 R 为 10）。用数学式表示：

$$d(Q/Q_{max})/d(l/L)=K \tag{1-26}$$

式中，K 为常数，即控制阀的放大系数。

将式（1-26）积分得

$$Q/Q_{max}=K(l/L)+C \tag{1-27}$$

式中，C 为积分常数。

已知边界条件为：$l=0$ 时，$Q=Q_{min}$；$l=L$ 时，$Q=Q_{max}$。代入式（1-27）整理得

$$Q/Q_{max}=1/R+(1-1/R)l/L \tag{1-28}$$

上式表明，Q/Q_{max} 与 l/L 之间呈线性关系，在直角坐标上是一条直线。要注意的是当可调比 R 不同时，特性曲线在纵坐标上的起点是不同的，当 $R=30$，$l/L=0$ 时，$Q/Q_{max}=0.033$。为便于分析和计算，我们假设 $R=\infty$，即特性曲线以坐标原点为起点，这时因位移变化 10%所引起的流量变化总是 10%。但流量变化的相对值是不同的，我们以行程的 10%、50%及 80%三点为例，若位移变化量都为 10%，则

在 10%时，流量变化的相对值为　　$100\%\times(20-10)/10=100\%$

在 50%时，流量变化的相对值为　　$100\%\times(60-50)/50=20\%$

在 80%时，流量变化的相对值为　　$100\%\times(90-80)/80=12.5\%$

可见，在流量小时，流量变化的相对值大，在流量大时，流量变化的相对值小。也就是说，当阀门在小开度时调节作用太强；而在大开度时调节作用太弱，这是不利于控制系统的正常运行的。从控制系统来讲，当系统处于小负荷（原始流量较小）时，要克服外界干扰的影响，希望控制阀动作所引起的流量变化量不要太大，以免调节作用太强产生超调，甚至发生振荡；当系统处于大负荷时，要克服外界干扰的影响，希望控制阀动作所引起的流量变化量要大一些，以免调节作用微弱而调节不够灵敏。直线流量特性不能满足这个要求。

② 等百分比流量特性　等百分比流量特性是指单位相对位移变化所引起的相对流量变化与此点的相对流量成正比关系。即控制阀的放大系数是变化的，它随相对流量的增大而增大。两者之间成对数关系，故也称对数流量特性。在直角坐标上是一条对数曲线，曲线斜率（即放大系数）是随行程的增大而增大的。在同样的行程变化值下，负荷小时，流量变化小，调节平稳缓和；负荷大时，流量变化大，调节灵敏有效。这样有利于控制系统工作。

③ 快开流量特性　这种流量特性在开度较小时就有较大的流量，随开度的增大，流量很快就达到最大，此后再增加开度，流量的变化甚小，故称为快开特性。快开特性控制阀适用于要求迅速启闭的切断阀或双位控制系统。

④ 抛物线流量特性　这种流量特性是指 Q/Q_{max} 与 l/L 之间成抛物线关系，在直角坐标上是一条抛物线，它介于直线流量特性与等百分比流量特性之间。

1.6.5 执行器的附件

(1) 电-气阀门定位器

由于气动执行器具有一系列的优点，绝大部分使用电动控制仪表的系统也使用气动执行器。为使气动执行器能够接受电动控制器的命令，必须把控制器输出的标准电流信号转换为20～100kPa 的标准气压信号。这个工作是由电-气转换器完成的。

在气动执行器中，阀杆的位移是由薄膜上的气压推力与弹簧反作用力平衡来确定的。为了防止阀杆引出处的泄漏，填料总要压得很紧，致使摩擦力可能很大；此外，被调节流体对阀芯的作用力由于种种原因，也可能相当大。所有这些都会影响执行机构与输入信号之间的定位关系，使执行机构产生回环特性，严重时可能造成系统振荡。因此，在执行机构工作条件差及要求控制质量高的场合，都在执行机构前加装阀门定位器。

在实际应用中，通常把电-气转换器和阀门定位器做成一体，就叫作电-气阀门定位器。

电-气阀门定位器是气动执行器最主要的附件，它既可以把控制装置输出的电信号转换为气信号去驱动气动执行器，又能够使阀门位置按控制器送来的信号准确定位（即输入信号与阀门位置呈一一对应关系），具有电-气转换器和气动阀门定位器两种作用，图 1-76 是与薄膜式执行机构配合使用的电-气阀门定位器原理图，它是根据力矩平衡原理工作的。

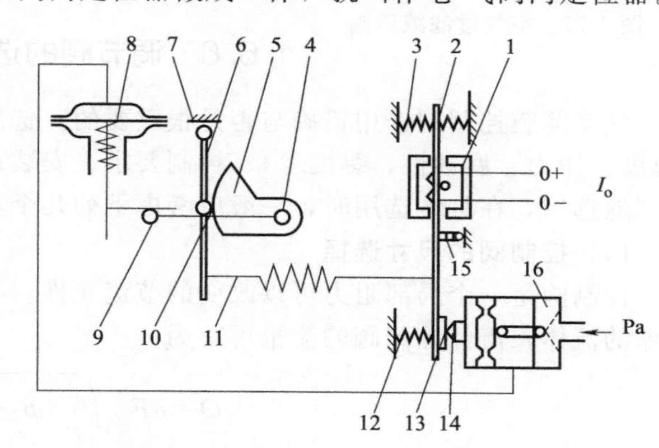

图 1-76　电-气阀门定位器的原理图

1—力矩马达；2—主杠杆；3—迁移弹簧；4—支点；5—反馈凸轮；6—副杠杆；7—副杠杆支点；8—气动执行机构；9—反馈杆；10—滚轮；11—反馈弹簧；12—调零弹簧；13—挡板；14—喷嘴；15—主杠杆支点；16—气动放大器

当输入信号 I_o 通过力矩马达电磁线圈时，它受永久磁钢作用后，对主杠杆 2 产生一个向左的力，使主杠杆绕支点 15 反时针方向偏转，当挡板 13 靠近喷嘴 14，挡板的位移经气动放大器 16 转换为压力信号 P_a，引入到气动执行机构 8 的薄膜气室，因 P_a 增加而使阀杆向下移动，并带动反馈杆 9 绕支点 4 偏转，反馈凸轮 5 也跟着逆时针方向偏转，通过滚轮 10 使副杠杆 6 绕支点 7 顺时针偏转，从而使反馈弹簧 11 拉伸，反馈弹簧对主杠杆 2 的拉力与信号电流 I_o 通过力矩马达 1 作用到主杠杆 2 的推力达到力矩平衡时，阀门定位器达到平衡状态，此时，一定的信号电流就对应一定的阀杆位移，即对应一定的阀门开度。

弹簧 12 是调零弹簧，调整其预紧力可以改变挡板的初始位置，即进行零点调整。弹簧 3 是迁移弹簧，在分程控制中用来补偿力矩马达对主杠杆的作用力，以使阀门定位器在接受不用范围（4～12mA 或 12～20mA DC）输入信号时，仍能产生相同范围（20～100kPa）的输出信号。

另外，反馈凸轮有“A 向”“B 向”安装位置，所谓“A 向”“B 向”是指反馈凸轮刻有“A”“B”字样的两面朝向。安装位置的确定主要根据与阀门定位器所配用的执行机构是正作用还是反作用。无论是正作用还是反作用阀门定位器与正作用执行机构相配时，反馈凸轮采用“A 向”安装位置。与反作用执行机构相配时采用“B 向”安装位置。这样可以保证执行机构位移通过反馈凸轮作用到主杠杆上始终为负反馈。

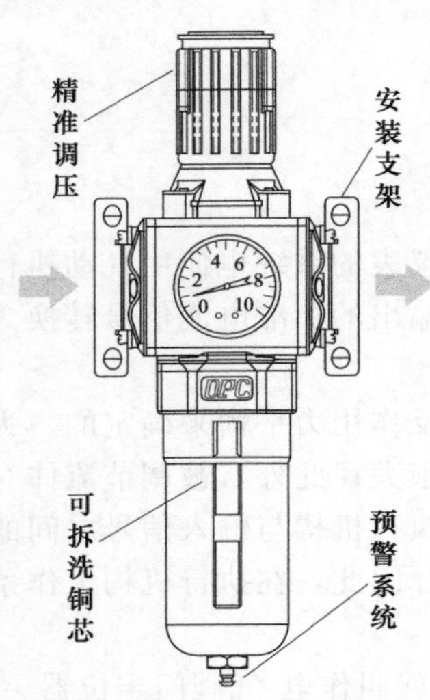

图 1-77 空气过滤减压阀

(2) 空气过滤减压阀

空气过滤减压阀（图 1-77）是空气过滤器与减压阀的组合元件，是一种经由过程本身能量来调节控制器及管道压力的智能阀门，常用作气动执行器的附件，辅助气动元件用来调节气动薄膜压力。

由于气体管道中的压力常随同进出压力和流量变更而变更。因此，空气过滤减压阀经由过程内部的压力设定将气体管道中的压力始终保持在平稳之内，从而达到调理气体预先设置的数值，完成稳压和减压的效果。

空气过滤减压阀是一种先导式减压阀，当减压阀产生的压力太高时，将经由弹簧来停止直接降压，由于弹簧的刚度比较大，容易导致输出的压力波动过大。所以就利用空气过滤减压阀内部的小型直压式减压阀，来补充空气过滤减压阀的不足。

1.6.6 调节阀的选择

气动薄膜控制阀选用正确与否是很重要的。选用控制阀时，一般要根据被调介质的特点（温度、压力、腐蚀性、黏度等）、控制要求、安装地点等因素，参考各种类型控制阀的特点合理地选用，在具体选用时，一般应考虑下列几个主要方面的问题。

(1) 控制阀的尺寸选择

控制阀是一个局部阻力可以改变的节流元件。在节流式测量原理中，我们知道，对不可压缩的流体，流经控制阀的流量可写为

$$Q=\alpha F_{\circ}\sqrt{\frac{2}{\rho}(p_1-p_2)} \tag{1-29}$$

式中 α——流量系数；

$F_{\circ}$——控制阀流通截面积；

ρ——流体密度；

$\Delta p=p_1-p_2$——控制阀前后压差；

Q——流体的体积流量。

令 $C=\sqrt{2}\alpha F_{\circ}$。

代入式（1-29）得

$$C=Q\sqrt{\frac{\rho}{\Delta p}} \tag{1-30}$$

C 称为控制阀的流量系数，它与阀芯与阀座的结构、阀前后的压差、流体性质等因素有关。因此，表达控制阀的流通能力，必须规定一定的条件。

控制阀制造厂提供的流通能力是指阀全开时的流量系数，称为额定流量系数。额定流量系数的定义是：在控制阀全开，阀两端压差为 0.1MPa，介质密度为 $1g/cm^3$ 时，流经控制阀的介质流量数（以 m^3/h 表示）。

根据上述定义，如有一个 C 值为 40 的控制阀，表示当此阀全开，阀前后压差为 0.1MPa 时，每小时能通过的水量为 $40m^3$。

由式（1-30）可知，当生产工艺中需要的流量 Q 和压差 Δp 决定后，就可确定阀门的流

量系数 C，再从流量系数 C 就可选择阀门的尺寸。

现在，一般用 K_v 代替 C 来表示控制阀流量系数。

当流通介质是气体或蒸汽时，由于密度受压力、温度的影响，计算比较复杂，可查阅有关手册。

(2) 控制阀结构与特性的选择

控制阀的结构形式主要根据工艺条件，如温度、压力及介质的物理、化学特性（如腐蚀性、黏度等）来选择。例如强腐蚀介质可采用隔膜阀、高温介质可选用带翅形散热片的结构形式。

控制阀的结构形式确定以后，还需确定控制阀的流量特性（即阀芯的形状）。一般是先按控制系统的特点来选择阀的希望流量特性，然后再考虑工艺配管情况来选择相应的理想流量特性，使控制阀安装在具体的管道系统中，畸变后的工作流量特性能满足控制系统对它的要求。目前使用比较多的是等百分比流量特性。

(3) 气开式与气关式的选择

气动执行器有气开式与气关式两种形式。气压信号增加时阀关小，气压信号减小时阀开大的为气关式。反之，为气开式。气动执行器的气开式或气关式由执行机构的正、反作用及控制阀的正反作用来确定。

对于一台直立安装的气动执行器，执行机构的正反作用是这样定义的：当气压信号增加时，阀杆下移的称为正作用，当气压信号增加时，阀杆上移的称为反作用。控制阀的正反作用是这样定义的：当阀杆下移时，使通过的介质流量减少的称为正作用；当阀杆下移时，使通过的介质流量增加的称为反作用。控制阀的正反作用是由阀芯阀座的相对位置来确定的。

表 1-20 和图 1-78 说明了如何由执行机构的正、反作用和控制阀的正、反作用来组合气动执行器的气关、气开形式。

表 1-20　组合方式表

序号	执行机构	控制阀	气动执行器
图 1-78(a)	正	正	气关
图 1-78(b)	正	反	气开
图 1-78(c)	反	正	气开
图 1-78(d)	反	反	气关

控制阀的气开、气关形式的选择主要从工艺生产上的安全要求出发，考虑原则是：万一输入到气动执行器的气压信号由于某种原因（例如气源故障、堵塞、泄漏等）而中断时，应保证设备和操作人员的安全。如果阀处于打开位置时危害性小，则应选用气关式，以使气源系统发生故障，气源中断时，阀门能自动打开，保证安全。反之阀处于关闭时危害性小，则应选用气开式。例如，加热炉的燃料气或燃料油一般应选用气开式控制阀，即当信号中断时切断进炉燃料，以免炉温过高造成事故。又如调节进入设备易

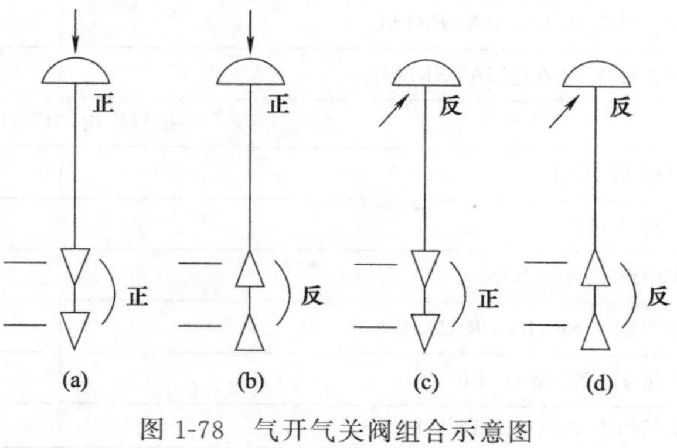

正　正　反　反
正　反　正　反
(a)　(b)　(c)　(d)

图 1-78　气开气关阀组合示意图

燃气体的控制阀，应选用气开式，以防设备爆炸；若介质为易结晶物料，则一般应选用气关式，以防堵塞。

1.6.7 调节阀选型示例

例如，某循环回水池需要液位调节，安装调节阀的管道规格为 $DN150$（ϕ159mm×4.5mm），操作温度为 40℃，阀前压力为 401.4kPa，阀后压力为 351.4kPa，最大压差为 50kPa，操作密度为 1000kg/m³，操作黏度为 0.9～1.1mPa·s，最大流量为 120m³/h（标准状态），正常流量为 60m³/h（标准状态），最小流量为 0m³/h（标准状态）。试选择一台合适的调节阀来控制该循环回水池的液位。根据以上条件选择的调节如表 1-21 所列，该表格中的信息可作为这台调节阀的订货依据。

表 1-21 气动薄膜调节阀规格样表

调节阀 CONTROL VALVE	
位号 TAG NO	—
计算 C_v 最大/正常 CAL. C_v MAX. /NOR.	194.39
选择 C_v RATED C_v	420
阀门开度 VALVE OPEN/%	最大 78%
计算噪声 CAL. NOISE LEVEL/dB	—
法兰标准及等级 FLANGE STD. & DEGREE	HG20592-97 $PN1.6$
法兰尺寸及密封面 FLAN. SIZE & SEAL.	$DN150$ RF
法兰材质 FLANGE MATERIAL	SS
阀体/阀内件规格 BODY/TRIM SPECIFICATION	
阀型号 VALVE MODEL	—
阀形式 VALVE TYPE	直通
公称通径 NOMINAL DIAMETER/mm	$DN150$
阀座尺寸 SEAT SIZE	$DN150$
阀芯形式 PLUG TYPE	单座 Globe
流量特性 FLOW CHARACTENSTIC	E_q%
上阀盖形式 BONNET TYPE	—
泄漏等级 LEAKAGE CLASS	—
阀体材质 BODY MATERIAL	SCS14
阀芯材质 PLUG MATERIAL	SUS316
阀座材质 SEAT MATERIAL	SUS316
执行机构 ACTUATOR	
型号 MODEL	N24 D
形式 TYPE	气动薄膜式
作用形式 ACTION	反作用(气开式)
弹簧范围 SPRING RANGE	20～100kPa(G)
手轮 HAND WHEEL	顶部√
供气压力 AIR SUPPLY PRESS.	600kPa

续表

定位器 POSITIONER	
位号 TAG NO	—
型号/制造厂 MODEL/MANUFACTURER	EA91A
输入信号 INPUT SIGNAL	4～20mA DC
输出信号 OUTPUT SIGNAL	20～100kPa(G)
气源压力 AIR SUPPLY PRESS.	600kPa(G)
电气接口尺寸 ELEC. CONN. SIZE	G1/2″(F)
气源接口尺寸 AIR SUPP. CONN. SIZE	RC1/4″(F)
防爆等级 EXPLOSION-PROOF CLASS	dⅡBT4
附件 ACCESSORY	
过滤器减压阀 REGULATOR	MR2000-NSS
阀位开关 POSITION SWITH	
电磁阀 SOLENOID	—
型号/制造厂 MODEL/MANUFACTURER	本山 MOTOYAMA
备注 REMARKS	MR2000-NSS

修改 REV.	说明 DISCRIPTION	设计 DESG.	日期 DATE	校核 CHKD.	日期 DATE	审核 APPD.	日期 DATE

注：也可在选型网站上下载选型订货清单样表来填写。

在图 0-1 的对象装置中有一台气动薄膜调节阀、两台电动调节阀，另外还有两个变频泵、四个电磁阀和一个可控硅移相调压装置。基本参数如表 1-22 所列。

表 1-22 对象装置中所用到的执行机构

序号	位号	设备名称	用途	信号类型	单位	量程
1	FV103	气动薄膜调节阀	＃2 热水泵出水流量调节	4～20mA	%	0～100
2	FV101	电动调节阀	＃1 冷水泵出水流量调节	4～20mA	%	0～100
3	FV102	电动调节阀	＃2 冷水泵出水流量调节	4～20mA	%	0～100
4	YV101	＃1 电磁阀	热水进反应釜内胆阀门	开关量	—	—
5	YV102	＃2 电磁阀	热水出反应釜内胆阀门	开关量	—	—
6	YV103	＃3 电磁阀	冷水出反应釜夹套阀门	开关量	—	—
7	YV104	＃4 电磁阀	冷水进反应釜夹套阀门	开关量	—	—
8	GZ-101	移相调压模块	锅炉加热器调节	4～20mA	%	0～100
9	P104(M104)	＃1 热水泵				
10	P105(M105)	空气泵				

气动薄膜调节阀的选型相对复杂，可参照上例进行，其他执行机构的选择都比较简单。

1.6.8 调节阀的安装和维护

执行器安装在生产现场，长年和生产介质直接接触，常常工作在高温、高压、深冷、强腐蚀、易堵、易漏等恶劣条件下，要保证它的安全运行往往是一件既重要但又不容易的事。

事实上，它常常是控制系统中最薄弱的一个环节。由于执行器的选择不当或维护不善，常使整个控制系统不能可靠工作，或严重影响控制品质。而且执行器的工作与生产工艺密切相关，它直接影响生产过程中的物料平衡与能量平衡。因此，在日常使用中，要对控制阀经常维护和定期检修。应注意填料的密封情况和阀杆上下移动的情况是否良好，气路接头及膜片有否漏气等。检修时重点检查部位有阀体内壁、阀座、阀芯、膜片及密封圈、密封填料等。

虽然目前已经有电动调节阀，但由于规格的限制、压力等级的限制和调节品质的限制，它尚不能代替气动调节阀，甚至出现了 PLC 和 DCS，用电脑、智能仪表来检测工业参数，但其执行单元在绝大多数地方还是电/气转换器后采用气动调节阀。因此，这里以最常用的气动薄膜调节阀的安装为例。

(1) 气动薄膜调节阀的安装

以前的仪表施工图上，气动薄膜调节阀是仪表工的安装任务之一。近几年来，随着引进设备的增多，国内的设计也逐渐向标准设计接轨，调节阀画在管道图上，并由管道施工人员安装，而不是由仪表工安装。但在技术上的要求，仪表工必须掌握，因为最后的调试和投产后的运行、维修都属于仪表工的工作范畴。调节阀的安装应注意以下几个问题：

① 调节阀的安装应有足够的直管段；

② 调节阀的安装与其他仪表的一次点，特别是孔板，要考虑它们的安装位置；

③ 调节阀的安装不妨碍和便于操作人操作；

④ 调节阀的安装应使人在维修或手动时人能够过去，并在正常的操作时能方便地看到阀杆的指示器的指示；

⑤ 调节阀在操作过程中要注意是否有伤及人员或损坏设备的可能；

⑥ 如调节阀需要保温需留出足够保温的空间；

⑦ 调节阀需要伴热时要配置伴热管线；

⑧ 如果调节阀不能垂直安装时要考虑选择合适的安装位置。

⑨ 调节阀是否需要支撑，应如何支撑。

这些问题设计者不一定考虑周到，但在安装的过程中，仪表工发现这类问题，应及时取得设计者的认可与同意。

安装调节阀必须给仪表维修工留有足够的维修空间，包括上方、下方和左、右、前、后侧面。例如有可能卸下带有阀杆和阀芯的顶部组件的阀门，应有足够的上部空隙；有可能卸下底部法兰、阀杆、阀芯部件的阀门，应有足够的下部空隙；对于有配件的，如电磁阀、阀门定位器，特别是手动操作器和电机执行器的调节阀，应有侧面的空间。

在压力波动严重的地方，为使调节阀平稳而有效地运转，应该采用一个缓冲器。

(2) 调节阀组组成形式

调节阀的安装通常有一个调节阀组，即上游阀、旁路阀调节阀、调节阀、下游阀。阀组的组成形式应设计考虑，但有时设计考虑不周。作为仪表工，要了解和掌握调节阀组组成的几种基本形式。

图 1-79 所示为调节阀组组成的六种形式。图 1-79（a）推荐选用，阀组排列紧凑，调节阀维修方便，系统容易放空；图 1-79（b）推荐选用，调节阀维修比较方便；图 1-79（c）经常用于角形调节阀，调节阀可以自动排放，用于高压降时，流向应沿阀芯底进侧出；图 1-79（d）推荐选用，调节阀比较容易维修，旁路能自动排放；图 1-79（e）阀组排列紧凑，但调节阀维修不便，用于高压降时，流向应沿阀芯底进侧出；图 1-79（f）推荐选用，旁路能自动排放，但占地空间大。

注：调节阀的任一侧的放空和排放管没有表示，调节阀的支撑也没有表示。

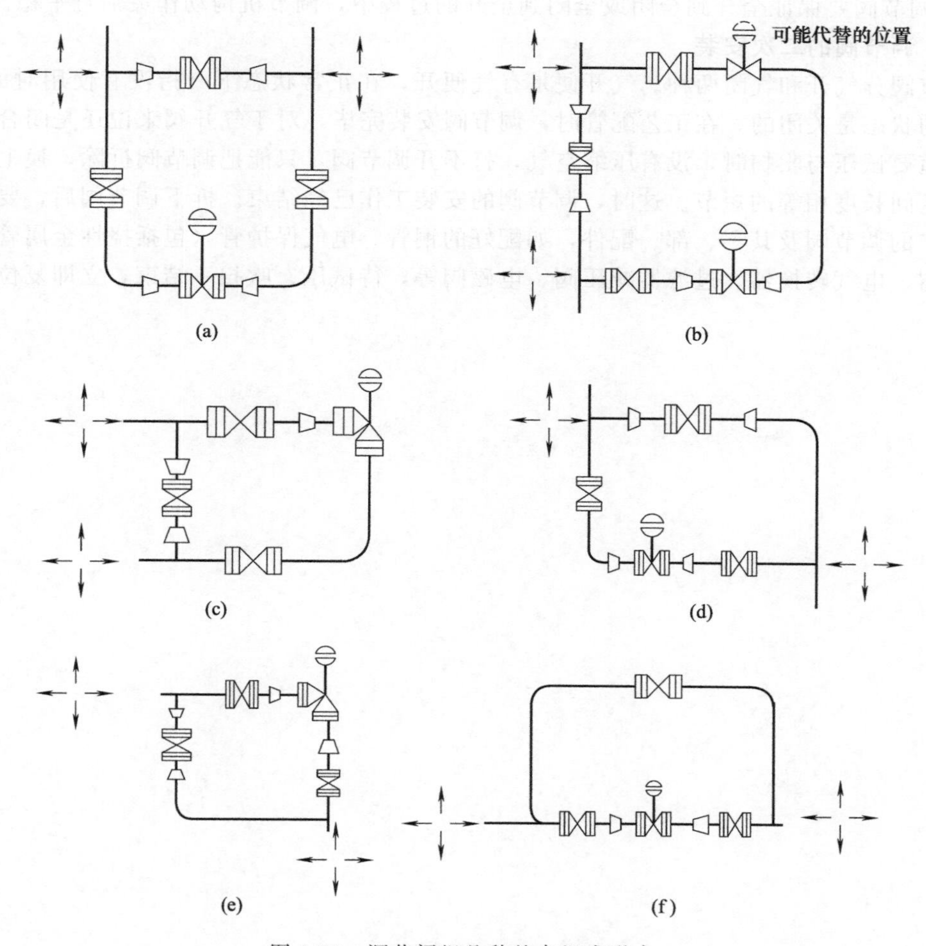

图 1-79 调节阀组几种基本组成形式

切断阀（上游阀，下游阀）和旁通阀的安装要靠近三通以减少死角。

(3) 调节阀安装方位的选择

通常调节阀要求垂直安装。在满足不了垂直安装时，对法兰用 4 个螺栓固定的调节阀可以有向上倾斜 45°、向下倾斜 45°、水平安装和垂直安装四个位置。对法兰用 8 个螺栓固定的调节阀则可以有九个安装位置（即垂直向上安装、向上倾斜 22.5°、向上倾斜 45°、向上倾斜 67.5°、水平安装、向下倾斜 22.5°、向下倾斜 45°、向下倾斜 67.5°和向下垂直安装）。

在这些安装位置中，最理想的是垂直向上安装，应该优先选择；向上倾斜的位置为其次，依次是 22.5°、45°、67.5°；向下垂直安装为再次位置；最差为水平安装，它与接近水平安装的向下倾斜 67.5°一般不被采纳。

(4) 调节阀安装的注意事项

① 调节阀的箭头必须与介质的流向一致。用于高压降的角压式调节阀，流向是沿着阀芯底进侧出。

② 安装螺纹连接的小口径调节阀时，必须要安装可以拆卸的活动连接件。

③ 调节阀应牢固地安装。大尺寸调节阀必须要有支撑。操作手轮要处于便于操作的位置。

④ 调节阀安装后，其机械传动应灵活，无松动和卡涩现象。

⑤ 调节阀要保证全开到全闭或全闭到全开的过程中，调节机构动作灵活且平稳。

(5) 调节阀的二次安装

调节阀分气开和气闭两种。气开便是有气便开，在正常状态下（指没有使用时的状态）调节阀的状态是关闭的。在工艺配管时，调节阀安装完毕，对于气开阀来说还是闭合的。当工艺管道要试压与吹扫时，没有压缩空气，打不开调节阀，只能把调节阀拆除，换上与调节阀两法兰间长度相等的短节。这时，调节阀的安装工作已经结束。拆下调节阀后，要注意保管拆下来的调节阀及其零、部、配件，如配好的铜管、电气保护管（包括挠性金属管）和阀门定位器、电气转换器、过滤器减压阀、电磁阀等，待试压、吹扫一结束，立即复位。

第2章

控制系统方案设计

本章的任务是根据控制对象特性及控制要求，设计控制系统方案。内容包括：

① 自控工程识图；
② 简单控制系统设计；
③ 串级控制系统设计；
④ 比值控制系统设计；
⑤ 前馈-反馈控制系统设计。

通过本章的学习与训练，能够让读者：

※ 了解自控专业绘图知识。
※ 熟悉自控工程设计中常用图形符号和字母代号。
※ 掌握常用控制系统结构及应用。
※ 能够根据控制对象特性及控制要求，设计控制系统方案。

2.1 自控工程识图

2.1.1 自控工程设计中常用图形符号

（1）测量点及连接线符号

控制工程中常用的图例符号通常包括字母代号、图形符号和数字编号等。将表示某种功能的字母及数字组合成的仪表位号置于图形符号之中，就表示出了一块仪表的位号、种类及功能。本节所述的图例符号适合于化工、石油、冶金、电力、轻工等工业过程检测和控制流程图之用。

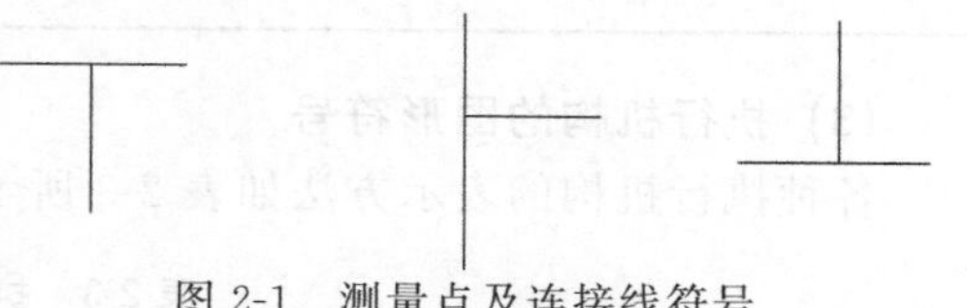

图 2-1　测量点及连接线符号

测量点（包括检测元件、取样点）的图形符号一般无特殊标记，如图 2-1 所示。必要时检测元件也可以用象形或图形符号表示。通用的仪表信号线均以细实线表示。在需要时，电信号可用虚线表示；气信号在实线上打双斜线表示。如表 2-1 所示。

（2）仪表的图形符号

常规仪表的图形符号是一个细实线圆圈；DCS 图形由细实线正方形与内切圆组成；控制计算机图形为细实线正六边形；可编程序逻辑控制器图形由细实线正方形与内切四边形组成。对于不同的仪表，其安装位置也有区别，图形符号如表 2-2 所示。

表 2-1 仪表与工艺设备、管道的连接线

序号	名称	图形符号
1	仪表与工艺设备、管道的连接线	
2	通用的仪表信号线	
3	连接线交叉	
4	连接线相接	
5	(1)电信号线	
	(2)气信号线	
	(3)导压毛细管	
	(4)液压信号线	
	(5)电磁、辐射、热、光、声波信号	

表 2-2 仪表安装位置的图形符号

项目	现场安装	控制室安装	现场盘装
单台常规仪表			
DCS			
计算机功能			
可编程序控制			

(3) 执行机构的图形符号

各种执行机构的表示方法如表 2-3 所示。

表 2-3 执行机构的图形符号

序号	名称	图形符号	序号	名称	图形符号
1	通用的执行机构		3	无弹簧的气动薄膜执行机构	
2	带弹簧的气动薄膜执行机构		4	带气动阀门定位器的气动薄膜执行机构	

续表

序号	名称	图形符号	序号	名称	图形符号
5	电动执行机构	M	7	电磁执行机构	S
6	数字执行机构	D	8	活塞执行机构	

上述三种是过程控制中最常用的图形符号。其他图形符号请参照有关标准，这里不再一一列举。

2.1.2 字母代号

(1) 同一字母在不同位置有不同的含义或作用

处于首位时表示被测变量或被控变量，处于次位时作为首位的修饰，一般用小写字母表示；处于后继位时代表仪表的功能或附加功能。例如

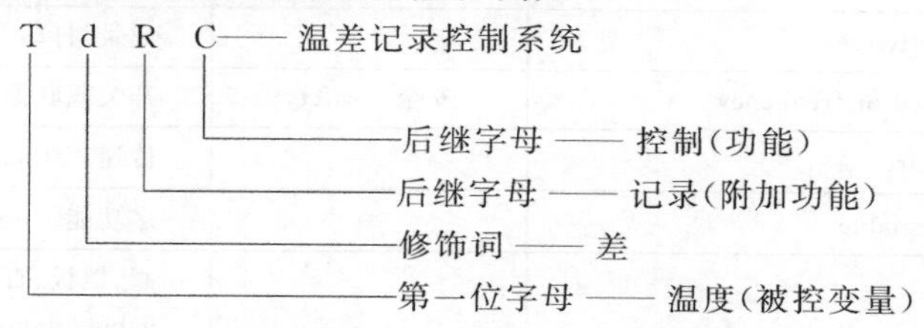

根据上述规定，可以看出 TdRC 实际上是一个“温差记录控制系统”的代号。

(2) 常用字母功能

① 首位变量字母：压力（P）、流量（F）、物位（L）、温度（T）、成分（A）。

② 后继功能字母：变送器（T）、控制器（C）、执行器（K）。

③ 附加功能：R—仪表有记录功能，I—仪表有指示功能。都放在第一位字母和后继字母之间。S—开关或联锁功能；A—报警功能，都放在最后一位。需要说明的是，如果仪表同时有指示和记录附加功能，只标注字母代号“R”；如果仪表同时具有开关和报警功能，只标注代号“A”；当“SA”同时出现时，表示仪表具有联锁和报警功能。常见字母变量的功能见表 2-4。

表 2-4 字母代号含义表

字母	第一位字母		后继字母
	被测变量或初始变量	修饰词	功能
A	分析(成分) analytical		报警 alarm
B	喷嘴火焰 burner flame		供选用 user's choice
C	电导率 conductivity		控制 control
D	密度 density	差 differential	
E	电压(电动势) voltage		检测元件 primary element
F	流量 flow	比(分数)ratio	
G	尺度(尺寸) gauging		玻璃 glass

续表

字母	第一位字母		后继字母
	被测变量或初始变量	修饰词	功能
H	手动(人工触发)　hand(manually initiated)		
I	电流　current		指示　indicating
J	功率　power	扫描　scan	
K	时间或时间程序　time or time sequence		自动-手动操作器 automatic-manual
L	物位　level		指示灯　light
M	水分或湿度　moisture or humidity		
N	供选用　user's choice		供选用　user's choice
O	供选用　user's choice		节流孔　orifice
P	压力或真空　pressure or vacuum		实验点(接头) testing point(connection)
Q	数量或件数　quantity or event	积分、积算 integrate. totalize	积分、积算　integrate. totalize
R	放射性　radioactivity		记录、打印　recorder or print
S	速度、频率　speed or frequency	安全　safety	开关或联锁　switch or interlock
T	温度　temperature		传递　transmit
U	多变量　multivariable		多功能　multifunction
V	黏度　viscosity		阀、挡板、百叶窗 valve, damper, louver
W	重量或力　weight or force		套管　well
X	未分类　undefined		未分类　undefined
Y	供选用　user's choice		继动器或计算机
Z	位置　position		驱动、执行或未分类的执行器　drive, actuate or actuate of undefined

2.1.3 仪表位号

在检测、控制系统中，构成一个回路的每台仪表（或元件）都应有自己的仪表位号。仪表位号由表示区域编号和回路编号的数字组成，通常区域编号可表示车间、工段、装置等；回路编号可按回路的自然数顺序来编，同一装置同类被测变量的仪表位号的顺序号应该是连续的，不同被测变量的仪表位号不能连续编号。如图 2-2 所示，在仪表符号的上半圆中填写字母代号，数字编号写在下半圆。

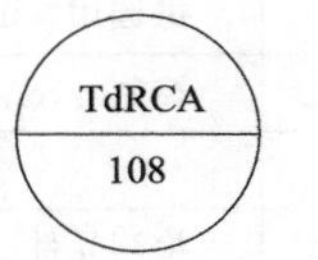

(a) 集中仪表盘上安装仪表

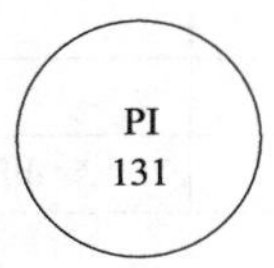

(b) 就地安装仪表

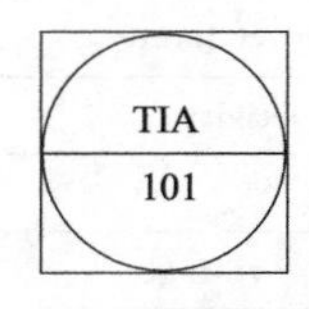

(c) DCS实现功能

图 2-2　仪表控制符号示意图

需要说明的是，在工程上执行器使用最多的是气动调节阀，所以控制符号图中，常用阀的符号代替执行器符号。

如果同一回路中有两个以上功能相同的仪表，可用仪表位号附加尾缀字母（尾缀字母应大写）的方法以示区别。如 FT-201A、FT-201B，表示同一回路中有两台流量变送器；FV-403A、FV-403B，表示同一回路中有两台控制阀。

2.1.4　控制符号图表示方法示例

温度变量控制符号示例见图 2-3。

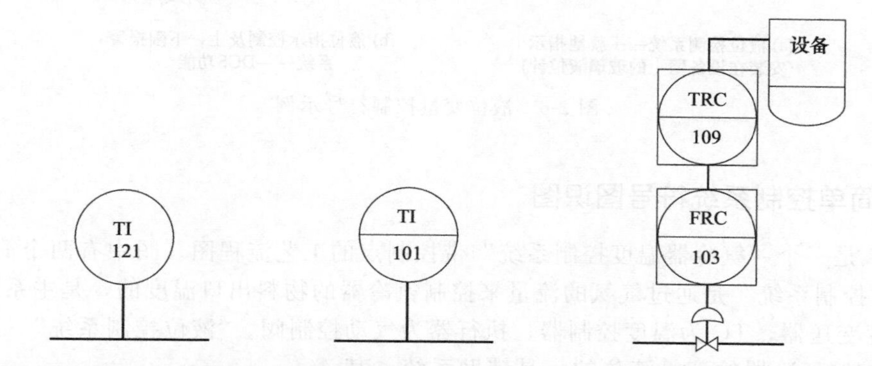

图 2-3　温度变量控制符号示例

(2) 压力变量

压力变量控制符号示例见图 2-4。

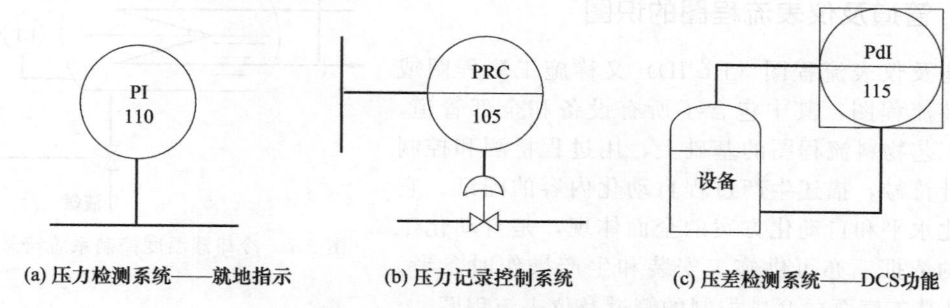

图 2-4　压力变量控制符号示例

(3) 流量变量

流量变量控制符号示例见图 2-5。

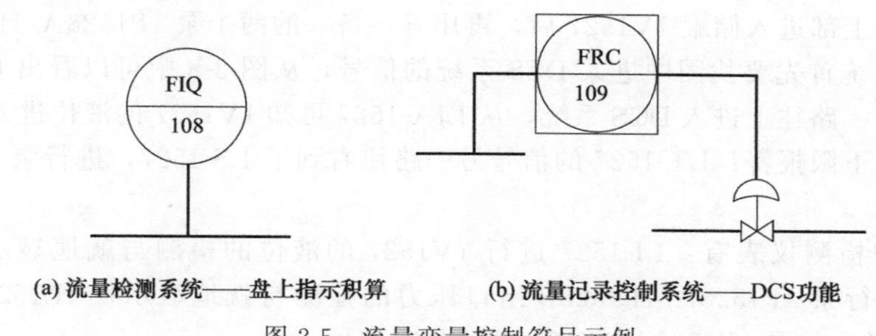

图 2-5　流量变量控制符号示例

(4) 液位变量

液位变量控制符号示例见图 2-6。

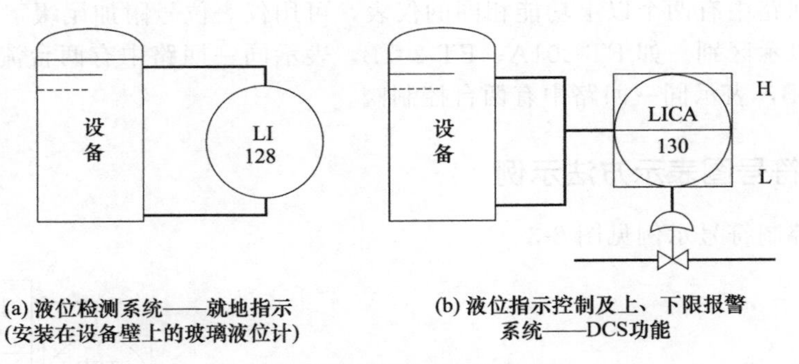

图 2-6 液位变量控制符号示例

2.1.5 简单控制系统符号图识图

图 2-7 是一个“氨冷器温度控制系统”带控制点的工艺流程图。图中有两个简单控制系统，“温度控制系统”是通过气氨的流量来控制氨冷器的物料出口温度的，是主系统。其中，TT 为温度变送器，TC 为温度控制器，执行器为气动控制阀。“液位控制系统”是通过液氨的流量来控制氨冷器的液氨液位的，是辅助系统。其中，LT 为液位变送器，LC 为液位控制器，执行器为气动控制阀。辅助系统“液位”是为了稳定主系统“温度”而引入的附加系统。

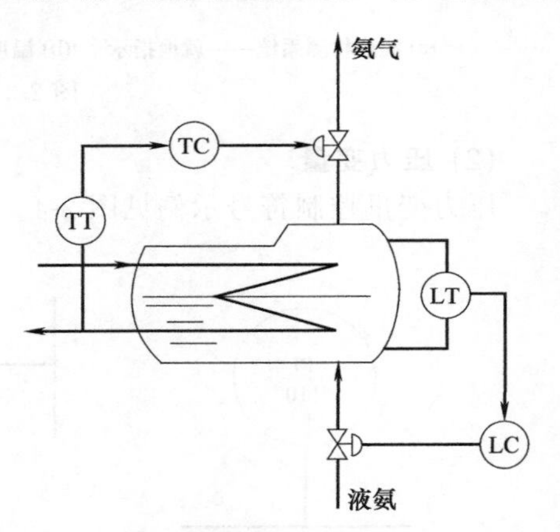

图 2-7 冷却器温度控制系统符号图

2.1.6 管道及仪表流程图的识图

管道及仪表流程图（P&ID）又称施工流程图或工艺安装流程图，其中包含了所有设备和全部管道。它是在工艺物料流程图的基础上，用过程检测和控制系统设计符号，描述生产过程自动化内容的图纸。它是自动化水平和自动化方案的全面体现，是自动化工程设计的依据，亦可供施工安装和生产操作时参考。图 2-8 是某工序泵的联锁控制的管道及仪表流程图。

下面将参照图 2-8 来说明如何识图。识图的基本步骤如下：首先要熟悉工艺流程，其次再分析控制系统，最后了解自动检测系统。

熟悉工艺流程主要是弄清楚工艺介质从哪儿来到哪儿去的问题。图 2-8 中的工艺流程很简单，某物料从上部进入储罐 1V1527 后，再用开一备一的两个泵 1P1528A/1P1528B 抽走。

分析控制系统首先要找图中进入 DCS 系统的信号，从图 2-8 中可以看出 LT-1527 的液位变送器的信号一路往上进入 DCS 系统，从 LIA-1527 可知 1V1527 的液位进入 DCS 系统以后进行显示和上下限报警；LT-1527 的信号另一路往右到了 LS-1527，进行泵的低低限联锁停泵控制。

图 2-8 中的检测仪表有：LI-1527 进行 1V1527 的液位的检测与就地显示；PI1528A/PI1528B 分别进行泵 1P1528A/1P1528B 出口压力的检测与就地显示；XL1528A/XL1528B 为送入 DCS 系统中的泵 1P1528A/1P1528B 的状态信号。

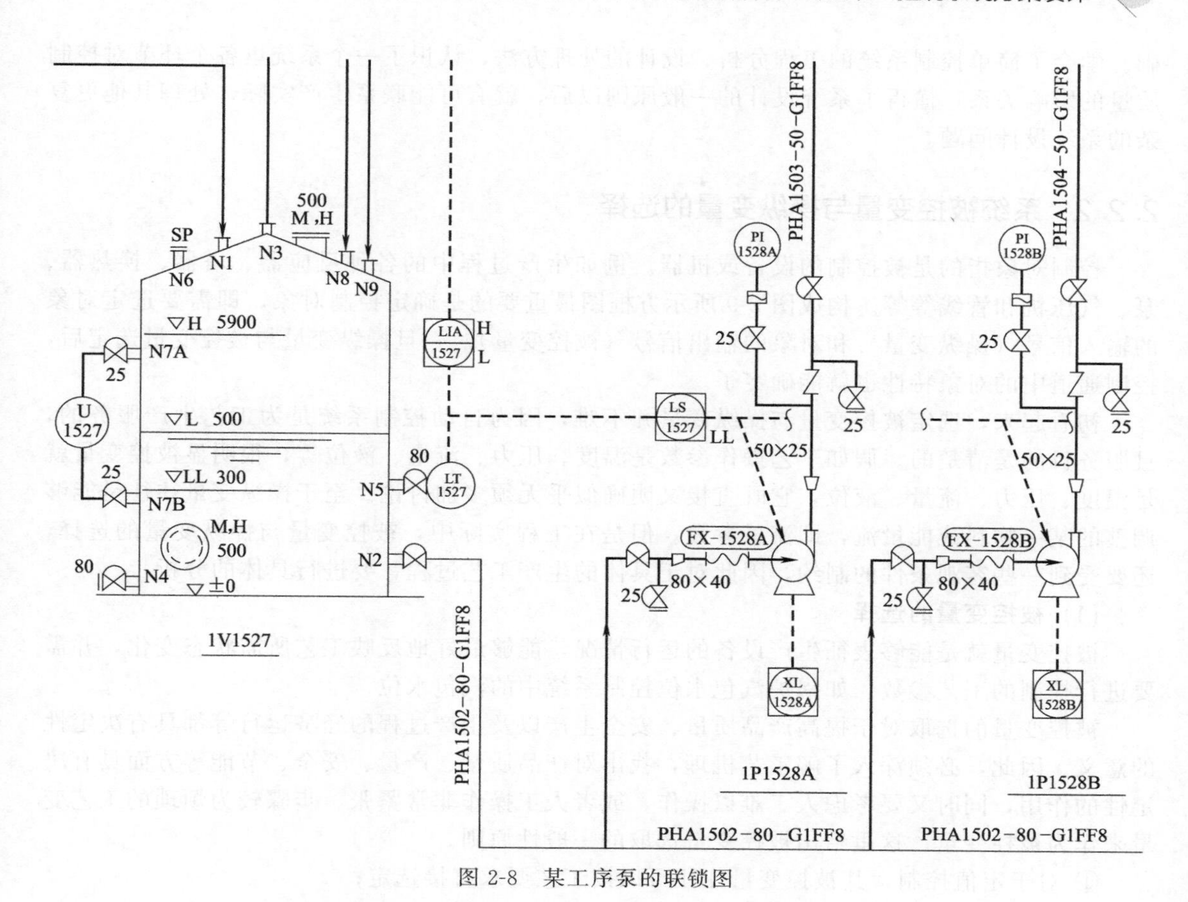

图 2-8　某工序泵的联锁图

2.2　简单控制系统设计

2.2.1　简单控制系统的组成

一个简单的过程控制系统，是指由一个测量变送器、一个控制器、一个执行器和一个控制对象所构成，只对一个被控变量进行控制的单回路闭环控制系统，图 2-9 即为这类系统的典型结构框图。

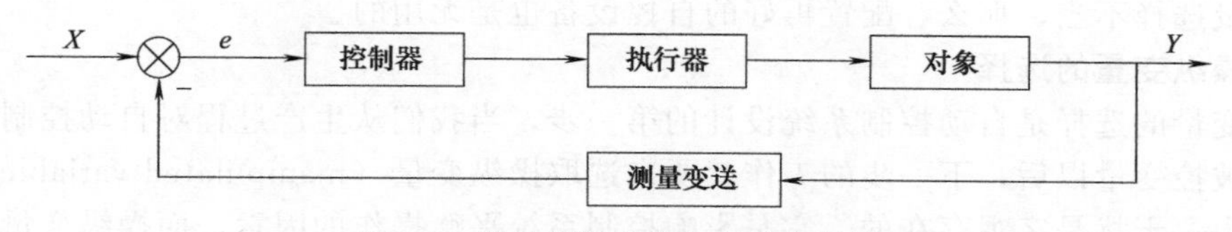

图 2-9　简单控制系统典型结构框图

作为分析设计简单控制系统的基本理论，已在控制原理等有关课程中作了讨论。这里所要讨论的是如何联系生产实际，合理选择被控变量与操纵变量、合理选择测量变送元件与执行器、合理选择控制器的控制规律，改进系统的控制质量；进行系统投运及控制器参数的整定等工程应用问题。

简单控制系统虽然结构简单，但却是最基本的过程控制系统，它是复杂控制系统的基础。学会了简单控制系统的工程分析、设计的处理方法，认识了一个系统里各个环节对控制质量的影响关系，懂得了系统设计的一般原则以后，就有可能联系生产实际，处理其他更复杂的系统设计问题。

2.2.2 系统被控变量与操纵变量的选择

控制对象指的是被控制的设备或机器。例如生产过程中的各种反应器、塔器、换热器、泵、气压机和管线等等。构成图 2-9 所示方框图最重要的是确定控制对象，即需要选定对象的输入信号（操纵变量）和对象的输出信号（被控变量）。一旦操纵变量与被控变量选定后，控制通道中的对象特性也就能确定了。

初看起来，选定被控变量与操纵变量并不难，因为自动控制系统是为工艺生产服务的，且服务目的是清楚的。假如工艺操作参数是温度、压力、流量、液位等，很明显被控变量就是温度、压力、流量、液位，它既直接又明确似乎无须多加讨论。至于操纵变量往往是能够调整的某一物料或能量流，即流量参数。但是在工程实际中，被控变量与操纵变量的选择，还要受到一些客观条件的制约，因此对于具体的生产工艺过程，要进行具体的分析。

(1) 被控变量的选择

被控变量就是能够表征生产设备的运行情况，能够最好地反映工艺所需状态变化，并需要进行控制的工艺参数。如锅炉汽包水位控制系统中的汽包水位。

被控变量的选取对于提高产品质量、安全生产以及生产过程的经济运行等都具有决定性的意义。因此，必须深入了解工艺机理，找出对产品质量、产量、安全、节能等方面具有决定性的作用，同时又要考虑人工难以操作，或者人工操作非常紧张、步骤较为烦琐的工艺变量来作为被控变量。这里给出被控变量选取的一般性原则。

① 对于定值控制，其被控变量往往可以按工艺要求直接选定；

② 选用质量指标作为被控变量，它最直接，也最有效；

③ 当不能用质量指标作为被控变量时，应选择一个与产品质量有单值对应关系的参数作为被控变量；

④ 当表征的质量指标变化时，被控变量必须具有足够的变化灵敏度或足够大小的信号。

例如氨合成塔反应温度是表征 N_2 和 H_2 在催化剂作用下反应情况的物理量，在无法直接知道 NH_3 合成率的情况下，反应温度是衡量反应情况的间接指标，而最能反映所需状态变化的却又是床层中的热点温度，因此可以选床层中的热点温度作为被控变量。

被控变量的选取是决定控制系统有无价值的关键。因为任何一个控制系统，总是希望能够在稳定生产操作、增加产品产量、提高产品质量以及在改善劳动条件等方面发挥作用，如果被控变量选择不当，那么，配置再好的自控设备也是无用的。

(2) 操纵变量的选择

被控变量的选择是自动控制系统设计的第一步，当我们从生产过程对自动控制的要求出发，确定被控变量以后，下一步的工作就要来选取操纵变量（manipulated variable）了。在生产过程中，干扰是客观存在的，它是影响控制系统平衡操作的因素，而操纵变量是克服干扰影响，使系统正常运行的积极因素。为此，在设计控制回路时，要认真分析各种干扰，深入研究对象的特性，正确地选择操纵变量。只要合理地确定操纵变量，组成一个可控性良好的控制系统，就能有效地克服干扰影响，使被控变量回复到设定值（工艺上要求被控变量所保持的数值）。选择操纵变量的原则如下。

① 首先要考虑工艺上的合理性，除物料平衡调节外，一般避免用主物料流量作为操纵变量。

② 操纵变量应有克服干扰影响的校正能力，即选择的操纵变量应使对象控制通道的放大倍数为最大。这就需要根据具体的生产过程、系统的技术指标要求和控制器参数的整定范围，运用控制理论的知识具体分析计算才能确定。

③ 应使控制通道的动态响应快于干扰通道的动态响应，即对象控制通道的时间常数要小，干扰通道的时间常数要大。

④ 注意工艺操作的合理性、经济性。

2.2.3 执行器的选择

执行器是控制系统中最终执行控制任务的一个重要器件，它选择得好坏，对系统能否很好地起控制作用关系甚大。实践证明，在过程控制系统设计中，若控制阀特性选用不当，阀门动作不灵活，口径大小不合适，都会严重影响控制质量。所以，在系统设计时，应根据生产过程的特点、被控介质的情况（如高温、高压、剧毒、易燃易爆、易结晶、强腐蚀、高黏度等）、安全运行和推力等，选用气动、电动或液动执行器。

在过程控制中，使用最多的是气动执行器，其次是电动执行器。选择执行器时应从结构形式、阀的口径、开闭形式、流量特性等方面加以考虑，可参见本书第 1 章 1.6 节执行器的选用。

2.2.4 控制规律的选取

以上分别讨论了确定被控变量和操纵变量的一些原则，选择测量变送和执行器时应该注意的有关问题。实际上，上述这些工作是确定闭环控制系统中的广义对象。这里主要讨论如何选取控制规律，确定用何种控制器，来组成一个单回路反馈控制系统，并最终完成控制系统的设计任务。

选用何种控制规律必须根据生产的要求，控制规律如选用得不当，不但不能起到控制作用，反而会造成生产事故，破坏生产。对于不同的工业对象，其控制规律的选用大致归纳如下：

① 对于对象控制通道时间常数较小，负荷变化不大，工艺要求不太高，被控变量可以有余差以及一些不太重要的控制系统，可以只用比例控制规律（P）。如中间储罐的压力、液位控制、精馏塔的塔釜液位等。

② 对于控制通道时间常数较小，负荷变化不大，而工艺变量不允许有余差的系统，如流量、压力和要求严格的液位控制，应当选用比例积分控制规律（PI）。

③ 由于微分作用对克服容量滞后有较好的效果，对于容量滞后较大的对象（如温度、成分、pH 值）一般引入微分，构成 PD 或 PID 控制规律。对于纯滞后，微分作用无效。对于容量滞后小的对象，可不必用微分规律。

总之，对于一个控制系统来说，比例作用是主要的、基本的。为了消除余差可引入积分作用；为了克服测量滞后可引入微分作用；如果工艺要求无余差，对于滞后较大的对象就应该采用 PID 三作用控制规律。当控制通道的时间常数或滞后时间很大时，并且负荷变化也很大的场合，简单控制系统很难满足工艺要求，就应当采用复杂系统来提高过程控制的质量。一般情况下，可按表 2-5 来选用控制规律。

对于简单控制系统来说，系统的被控变量、操纵变量、执行器和控制规律确定后，系统的控制方案也就确定了下来，下面我们以一个生产实例来加以说明。

表 2-5 控制规律选择参考

变量	流量	压力	液位	温度、pH 值
控制规律	PI	PI	P、PI	PID

例如图 2-10（a）中，工艺要求冷凝器的液位要控制在设定值的 50%左右，经分析发现，该冷凝器的液位是能反映冷凝器工作状态的一个重要变量，而且是工艺要求的直接指标，也就是需要经常控制、又独立可调且易于检测的变量，因此把液位选择为被控变量应该最为合适。然而，能影响冷凝器液位的因素较多，如进入冷凝器的液态丙烯流量的大小，气态丙烯排出流量的大小，冷凝器内的温度、压力等都可以导致液位发生变化。经分析，认为液态丙烯的流量对液位影响最大，也最直接，而且还不是主物料流量，因此可以作为操纵变量。

所有的单回路 PID 控制方案相似，图 2-10（b）所示为液位单回路 PID 控制系统原理框图。

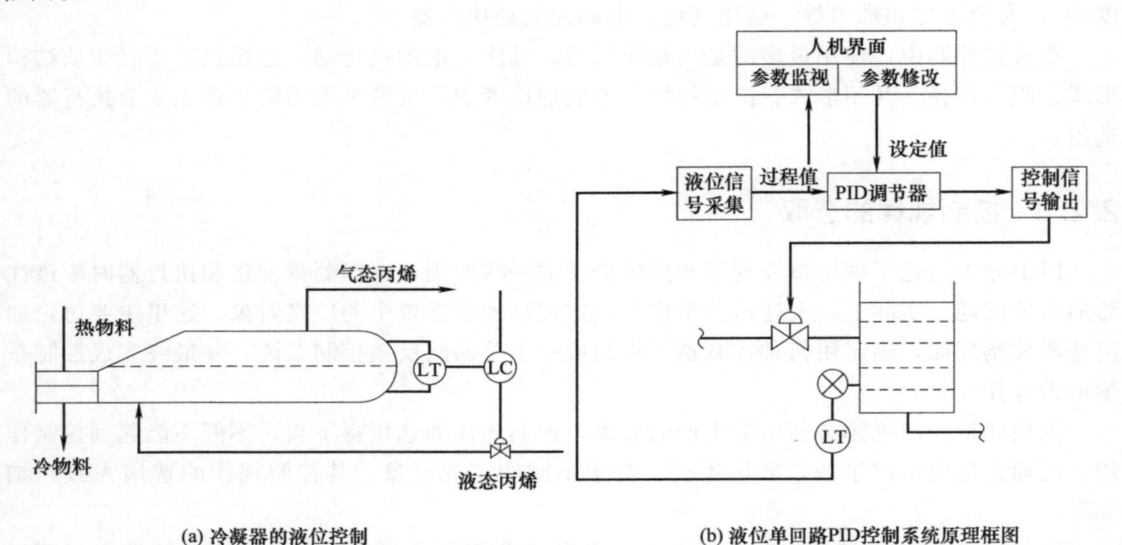

(a) 冷凝器的液位控制　　(b) 液位单回路PID控制系统原理框图

图 2-10　单回路控制系统

执行器应选用“气开阀”，这是因为在任何时候，冷凝器的液态丙烯液位都不能过高，否则将造成气态丙烯带液而出现事故，也就是说，一旦控制器 LC 送出信号为零（或气源中断），应使执行器（控制阀）关死，而恢复气源或控制器有控制信号来时，控制阀应能打开。由于上述举例为液位控制，因此可选择比例（P）或比例积分（PI）控制规律。

2.2.5　水箱液位控制系统设计

图 2-11 所示为水箱液位控制系统示意图。从图 0-1 可知，液位系统位于整个装置的左边，由有机玻璃水箱、储水箱 1、1# 冷水泵、电磁流量计、电动调节阀等组成。如果要设计水箱液位控制系统，那么被控变量就是要控制的液位了，操纵变量应该是对液位影响最大的进水流量或出水流量，若选进水流量为操纵变量，那么出水流量就是最大的扰动。LT103 为该控制系统的检测变送器，FV101 为执行器，LT103 输出的 4～20mA 信号进入 DCS 控制柜的 AI 模块，通过 K-CU01 进行 P 或 PI 运算后，经 AO 模块输出到 FV101 形成一个控制回路，该控制系统方框图如图 2-12 所示。

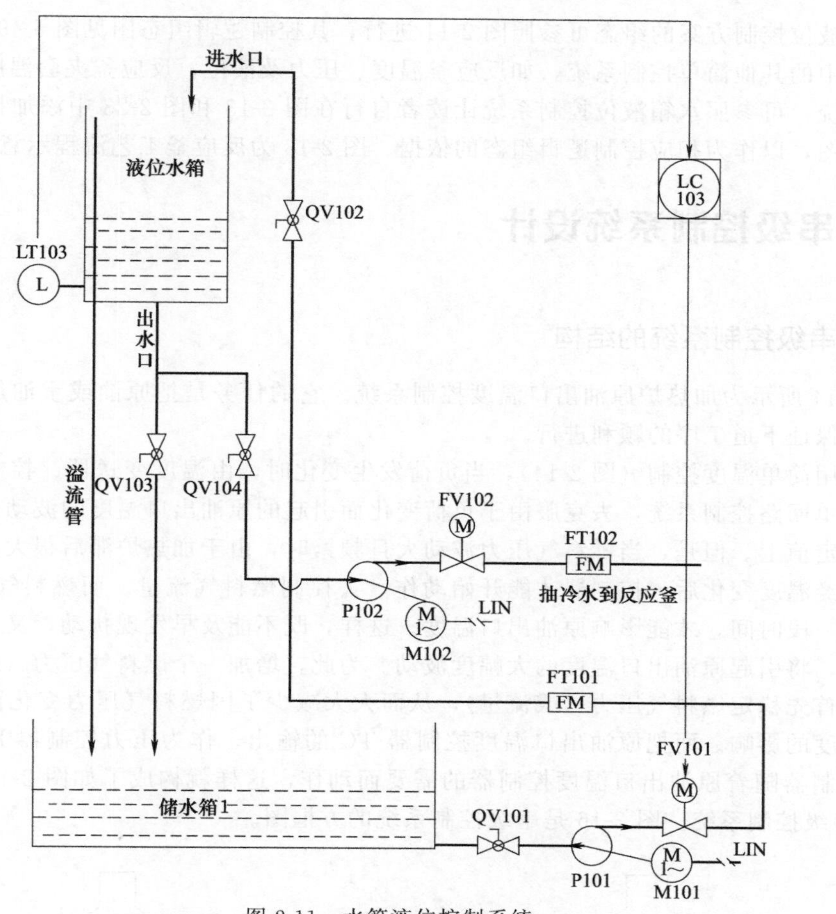

图 2-11　水箱液位控制系统

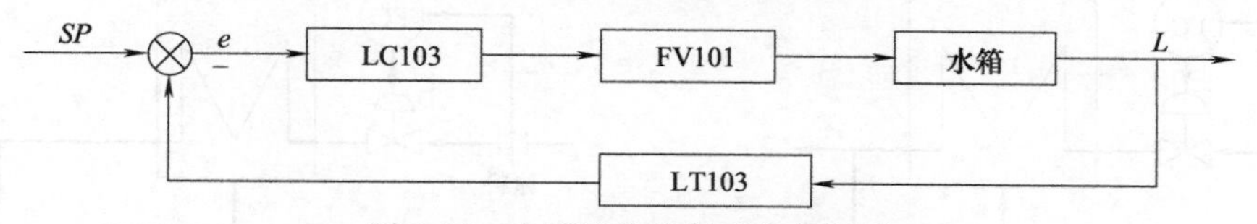

图 2-12　水箱液位控制系统方框图

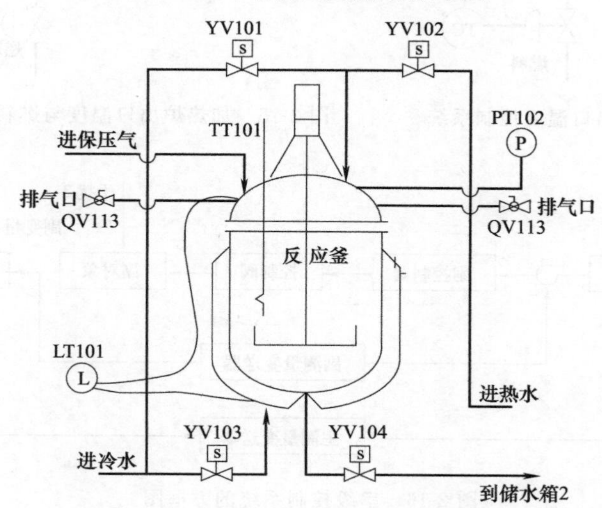

图 2-13　反应釜工艺流程示意图

水箱液位控制方案的组态可参照图 2-11 进行，其控制逻辑组态图见图 5-49。对于图 0-1 对象装置中的其他简单控制系统，如反应釜温度、压力及液位，反应釜夹套温度和锅炉温度等控制系统，可参照水箱液位控制系统让读者自行在图 2-13 和图 2-23 中添加控制系统，并画出方框图，以作为相应控制逻辑组态的依据。图 2-13 为反应釜工艺流程示意图。

2.3 串级控制系统设计

2.3.1 串级控制系统的结构

图 2-14 所示为加热炉原油出口温度控制系统。它的任务是把原油或重油加热到一定的温度，以保证下道工序的顺利进行。

若采用简单温度控制（图 2-14），当负荷发生变化时，由温度变送器、控制器和控制阀组成一个单回路控制系统，去克服由于负荷变化而引起的原油出口温度的波动，以保持出口温度在设定值上。但是，当燃料气压力波动大且频繁时，由于加热炉滞后很大，燃料气压力的变化要经温度变化后，控制器才能开始动作，去控制燃料气流量。而燃料气流量改变后，又要经过一段时间，才能影响原油出口温度。这样，既不能及早发现扰动，又不能及时反映控制效果，将引起原油出口温度的大幅度波动。为此，增加一个燃料气压力（或流量）的控制系统，首先稳定燃料气压力（或流量），从而大大减少了因燃料气压力变化而造成的对出口原油温度的影响。而把原油出口温度控制器 TC 的输出，作为压力控制器 PC 的设定值，使压力控制器随着原油出口温度控制器的需要而动作，这样就构成了如图 2-15 中所示的温度-压力串级控制系统。图 2-16 是串级控制系统的方框图。

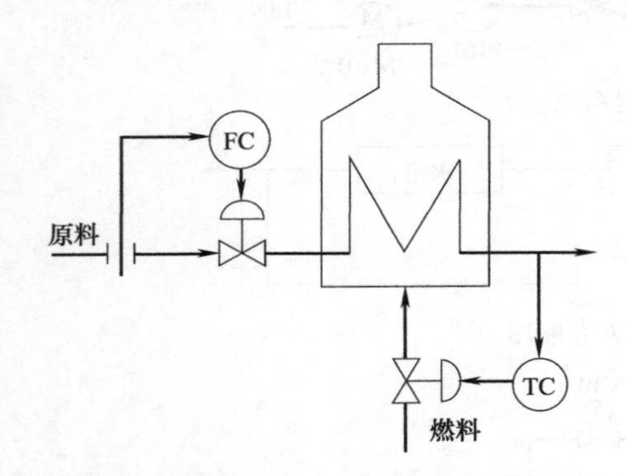

图 2-14 加热炉原油出口温度控制系统

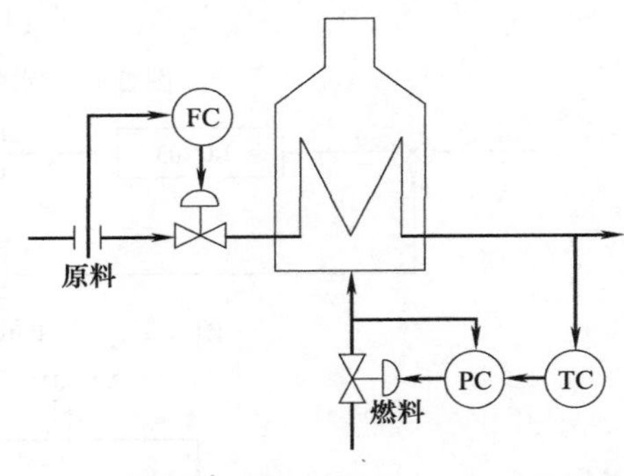

图 2-15 加热炉出口温度与燃料气压力串级控制系统

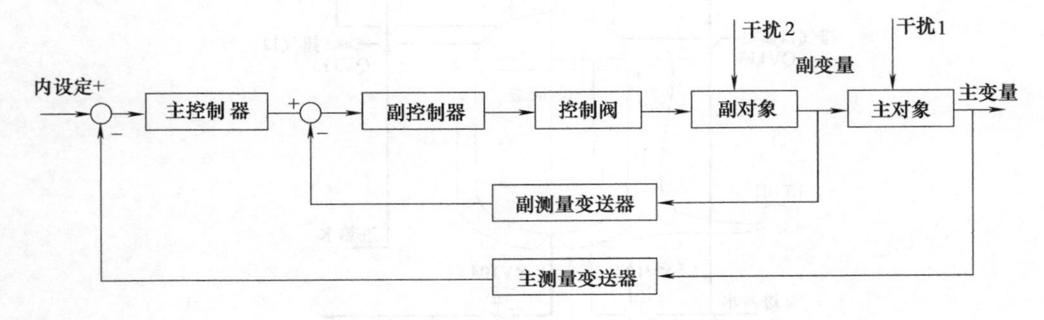

图 2-16 串级控制系统的方框图

由图 2-16 可知，串级控制系统就是一个自动控制系统由两个串联控制器通过两个测量元件构成两个控制回路，并且一个控制器的输出作为另一个控制器的给定。串级控制系统与简单控制系统的显著区别是，串级控制系统在结构上形成两个闭环，一个闭环在里面，称为副环（或副回路)，它的输出送往控制阀直接控制生产过程。由此可见，串级控制系统比单回路控制系统只多了一个测量变送器和一个控制器，增多的仪表并不多，而控制效果却得到了显著的改善。

为了便于理解，现将图 2-16 中有关名词和术语简介如下。

主变量：生产过程中所要控制的工艺指标，在串级控制系统中起主导作用的那个被控变量，例如图 2-15 中的加热炉出口温度。

副变量：影响主变量的主要变量，是为稳定主变量而引入的辅助被控变量，例如图2-15 中的燃料气压力。

主对象：生产过程中所要控制的，由主变量表征其主要特征的工艺生产设备（反应釜、搅拌器等)。

副对象：生产过程中影响主变量的，由副变量表征其主要特征的工艺生产设备（夹套、釜壁等)。

主控制器：在生产中起主导作用，按主变量与给定值的偏差而动作，其输出作为副变量给定值的控制器，例如图 2-15 中的 TC。

副控制器：其给定值由主控制器输出决定，并按副变量与主控制器输出的偏差而动作，且直接去控制控制阀的控制器，例如图 2-15 中的 PC。

主测量变送器：对主变量进行测量及信号转换的变送器。

副测量变送器：对副变量进行测量及信号转换的变送器。

主回路（主环或外环)：即整个串级控制系统，由主控制器、副回路等效环节、主对象及主变送器构成的闭合回路。

副回路（副环或内环)：处于串级控制系统内部，由副变送器、副控制器、控制阀、副对象等组成的内部回路。

2.3.2 串级控制系统的特点及应用范围

在串级控制系统中，主回路为定值控制系统，而副回路是随动控制系统，副回路的设定值随主控制器输出的变化而变化。但从总体角度来看，串级控制系统仍是定值控制系统，最终目的是保持主变量的恒定。因此主被控变量在干扰作用下的过渡过程和单回路定值控制系统的过渡过程具有相同的品质指标和类似的形式。但在结构上，串级控制系统与简单控制系统相比，增加了一个副回路，因此又有它的特点，主要表现在以下几个方面：

(1) 能迅速克服进入副回路的干扰，抗干扰能力强，控制质量高

为了便于分析，将图 2-16 所示串级控制系统各环节分别用传递函数代替，如图 2-17 所示。在图 2-17 中作用于副回路的干扰 F_2 称为二次干扰，在它的作用下，副回路的传递函数为

$$G_{o2}*(s)=\frac{Y_2(s)}{F_2(s)}=\frac{G_{o2}(s)}{1+G_{c2}(s)G_v(s)G_{o2}(s)G_{m2}(s)} \tag{2-1}$$

图 2-17 可等效为图 2-18 的形式。

由图 2-18 可见，在给定信号 $X_1(s)$ 作用下的传递函数为

$$\frac{Y_1(s)}{X_1(s)}=\frac{G_{c1}(s)G_{c2}(s)G_v(s)G_{o2}*(s)G_{o1}(s)}{1+G_{c1}(s)G_{c2}(s)G_v(s)G_{o2}*(s)G_{o1}(s)G_{m1}(s)} \tag{2-2}$$

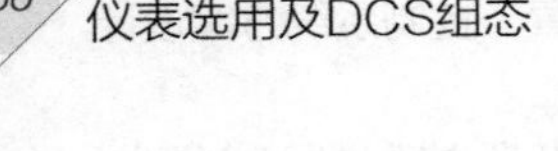

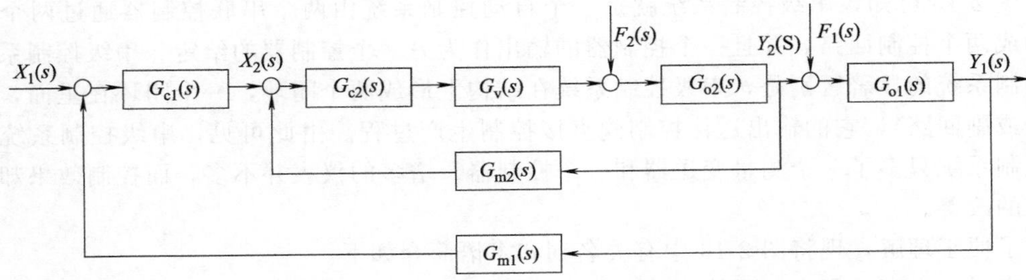

图 2-17　串级控制系统方框图

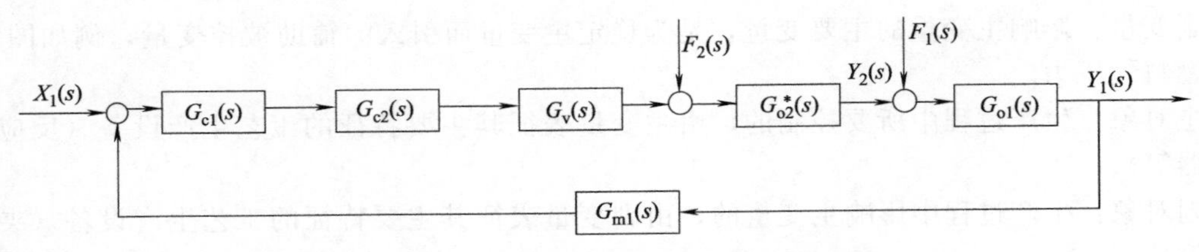

图 2-18　图 2-17 所示系统的等效方框图

在干扰 F_2 作用下的传递函数为

$$\frac{Y_1(s)}{F_2(s)}=\frac{G_{o2}*(s)G_{o1}(s)}{1+G_{c1}(s)G_{c2}(s)G_v(s)G_{o2}*(s)G_{o1}(s)G_{m1}(s)} \tag{2-3}$$

对一个控制系统而言，当在给定信号作用下，输出量越能复现输入量，即 $Y_1(s)/X_1(s)$越接近于“1”，则系统的控制性能越好；当在干扰作用下，控制作用能迅速克服干扰的影响，即 $Y_1(s)/F_2(s)$ 越接近于“零”，则系统的抗干扰能力就越强。通常将二者的比值作为衡量控制系统控制性能和抗干扰能力的综合指标。对于图 2-18 所示的系统则有

$$\frac{Y_1(s)/X_1(s)}{Y_1(s)/F_2(s)}=G_{c1}(s)G_{c2}(s)G_v(s) \tag{2-4}$$

假设 $G_{c1}(s)=K_{c1}$，$G_{c2}(s)=K_{c2}$，$G_v(s)=K_v$，式（2-4）可以写成

$$\frac{Y_1(s)/X_1(s)}{Y_1(s)/F_2(s)}=K_{c1}K_{c2}K_v \tag{2-5}$$

为了便于比较，将图 2-17 所示系统采用单回路控制，其系统方框图如图 2-19 所示。

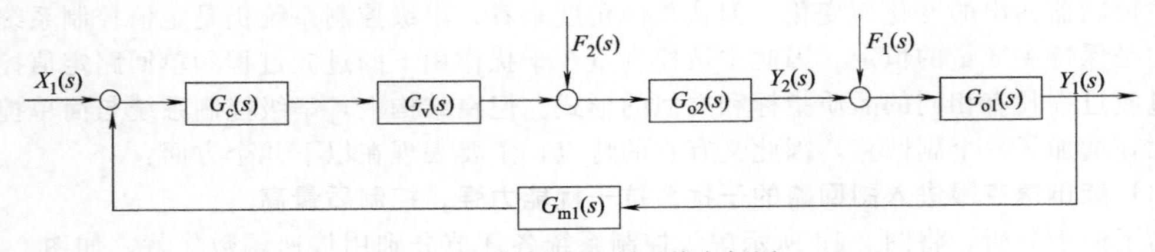

图 2-19　单回路控制系统方框图

由图 2-19 可知，在给定信号 $X_1(s)$ 作用下的传递函数为

$$\frac{Y_1(s)}{X_1(s)}=\frac{G_c(s)G_v(s)G_{o2}(s)G_{o1}(s)}{1+G_c(s)G_v(s)G_{o2}(s)G_{o1}(s)G_{m1}(s)} \tag{2-6}$$

在干扰 $F_2(s)$ 作用下的传递函数为

$$\frac{Y_1(s)}{F_2(s)}=\frac{G_{o2}(s)G_{o1}(s)}{1+G_c(s)G_v(s)G_{o2}(s)G_{o1}(s)G_{m1}(s)} \tag{2-7}$$

单回路系统的控制性能与抗干扰能力的综合指标为

$$\frac{Y_1(s)/X_1(s)}{Y_1(s)/F_2(s)}=G_c(s)G_v(s) \tag{2-8}$$

假设 $G_c(s)=K_c$，$G_v(s)=K_v$，式（2-8）可以写成

$$\frac{Y_1(s)/X_1(s)}{Y_1(s)/F_2(s)}=K_cK_v \tag{2-9}$$

比较式（2-5）与式（2-9），在一般情况下，有：

$$K_{c1}K_{c2}>K_c \tag{2-10}$$

由上述分析可知，由于串级控制系统副回路的存在，能迅速克服进入副回路的二次干扰，从而大大减小了二次干扰对主参数的影响；此外，由于副回路的存在，控制作用的总放大系数提高了，因而抗干扰能力和控制性能都比单回路控制系统有了明显提高。

(2) 改善了过程的动态特性，提高了系统的工作频率

分析比较图 2-17 和图 2-19，可以发现，串级控制系统中的副回路代替了单回路系统中的一部分过程，亦即可以把整个副回路看作是主回路中的一个环节，或把副回路称为等效对象 $G_{o2}'(s)$，那么它的传递函数为

$$G_{o2}'(s)=\frac{Y_2(s)}{X_2(s)}=\frac{G_{c2}(s)G_v(s)G_{o2}(s)}{1+G_{c2}(s)G_v(s)G_{o2}(s)G_{m2}(s)} \tag{2-11}$$

设副回路中各环节的传递函数为 $G_{o2}(s)=K_{o2}/(T_{o2}s+1)$，$G_{c2}(s)=K_{c2}$，$G_v(s)=K_v$，$G_{m2}(s)=K_{m2}$，将上述各公式代入式（2-11），可得

$$G_{o2}'(s)=\frac{K_{c2}K_vK_{o2}/(T_{o2}s+1)}{1+K_{c2}K_vK_{o2}/(T_{o2}s+1)K_{m2}}=\frac{K_{c2}K_vK_{o2}}{T_{o2}s+1+K_{c2}K_vK_{o2}K_{m2}}$$

$$=\frac{\dfrac{K_{c2}K_vK_{o2}}{1+K_{c2}K_vK_{o2}K_{m2}}}{\dfrac{T_{o2}}{1+K_{c2}K_vK_{o2}K_{m2}}s+1}=\frac{K_{o2}'}{T_{o2}'s+1} \tag{2-12}$$

式中，$K_{o2}'=\dfrac{K_{c2}K_vK_{o2}}{1+K_{c2}K_vK_{o2}K_{m2}}$为等效过程的放大系数；$T_{o2}'=\dfrac{T_{o2}}{1+K_{c2}K_vK_{o2}K_{m2}}$为等效过程的时间常数。

比较 $G_{o2}(s)$和 $G_{o2}'(s)$，由于 $1+K_{c2}K_vK_{o2}K_{m2}\gg1$，因此有 $T_{o2}'\ll T_{o2}$。这就说明，串级控制系统由于副回路的存在，改善了对象的动态特性，等效对象的时间常数比副对象的时间常数缩小了（$1+K_{c2}K_vK_{o2}K_{m2}$）倍，并且随着副控制器放大倍数的增加，时间常数将缩得更小。如果参数匹配得当，在主控制器投入工作时，这个副回路能很好随动，近似于一个 1∶1 的比例环节，主回路的等效对象将仅仅只有 $G_{o1}(s)$，因此对象容量滞后减小，使控制过程加快，工作频率提高，所以串级控制对于克服对象容量滞后是非常有效的。

(3) 对负荷和操作条件的变化适应性强

众所周知，生产过程往往包含一些非线性因素。在一定的负荷下，即在确定的工作点，按一定控制质量指标整定的控制器参数只适应于工作点附近的一个小范围。如果负荷变化过大，超出了这个范围，控制质量就会下降。在单回路控制系统中，若不采取其他措施，该问题便难以解决。但在串级控制系统中，由于等效副被控过程的等效放大系数为 $K_{o2}'=K_{c2}K_vK_{o2}/(1+K_{c2}K_vK_{o2}K_{m2})$，一般情况下，（$1+K_{c2}K_vK_{o2}K_{m2}$）都比 1 大得多，因此当副被控过程或控制阀的放大系数 K_{o2}和 K_v随负荷变化时，对 K_{o2}'的影响不大；此外，由于副回路通常是一个随动系统，当负荷或操作条件改变时，主控制器将改变其输出，副回路又能迅速跟踪以实现及时而又精确的控制，从而保证了系统的控制品质。从上述两个方面看，串级控制系统对负荷和操作条件的变化具有较强的适应能力。

综上所述，串级控制系统由于副回路的存在，对进入其中的干扰具有较强的克服能力。由于副回路的存在，改善了对象动态特性，提高了主回路的控制质量，并且由于副回路的快速、随动特性，使串级控制系统具有一定的自适应能力。因此对品质要求高、干扰大、滞后时间长、干扰变化激烈而且幅度大的过程，采用串级控制可获得显著效果。

串级控制系统的优点使其在工业控制中得到了较为广泛的应用，但在使用时，必须要根据工业生产的具体情况，使它的优点得到充分发挥，才能收到预期的效果。

2.3.3 串级控制系统主、副变量的选择

如果要设计一个串级控制系统，关键在于对主、副变量的选择，主、副控制器正反作用的选择及主、副控制器控制规律的选择。

对于主变量的选择与单回路控制时的被控变量选择原则是一样的，尤其是串级控制系统可用于滞后较大的对象，因而直接以质量指标（如成分、密度等）为主要被控变量的控制方案的实现提供了有利条件。当主变量确定后，副变量的选择是设计串级控制系统的关键所在，有如下一些原则可供参考：

(1) 副变量的选择必须使副回路包括主要干扰，且应尽可能包含较多的干扰

已经知道，串级控制系统的副回路对进入其中的干扰具有较强的克服能力。因此，在设计时一定要把主要干扰包含在副回路中，并力求把更多的干扰包含在副回路中，将影响主变量最严重、最激烈、最频繁的干扰因素抑制到最低程度，确保主变量的控制质量。当然，不是说副回路包含的干扰越多越好，因为副回路包含的干扰越多，副对象的时间滞后必然越大，从而会削弱副回路的快速、有力的控制特点。

图 2-20 是炼油厂管式加热炉原油出口温度的两种串级控制方案。图 2-20（a）是原油出口温度与燃料油阀后压力串级控制方案。该方案只适用于燃料油压力为主要干扰的场合。图 2-20（b）是原油出口温度与炉膛温度串级控制方案。该方案适用于燃料油压力比较稳定，而原料油的黏度、成分、处理量和燃料油热值经常波动的场合。

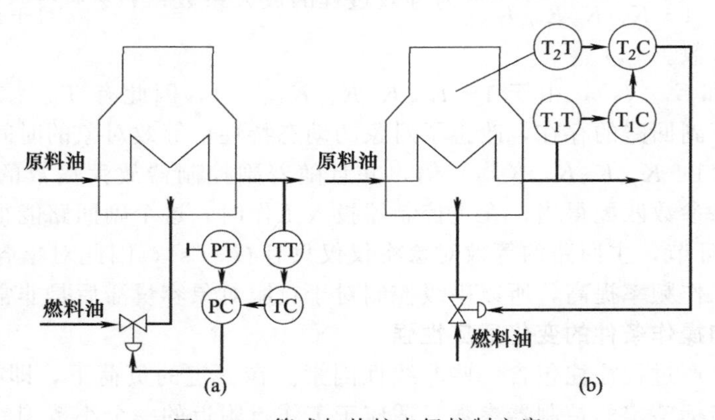

图 2-20　管式加热炉串级控制方案

(2) 副变量的选择必须使主、副对象的时间常数适应匹配

通常，副对象的时间常数 T_{o2} 小于主对象的时间常数 T_{o1}。这是因为如果 T_{o2} 小，副对象的控制通道就短，就能充分发挥副回路的快速、超前、有力的控制功能。但是，T_{o2} 也不能太小，如果 T_{o2} 太小，就说明副被控变量的位置很靠近主被控变量。两个变量几乎同时变化，失去设置副环的意义。

同时，主、副对象的时间常数不能太接近，如果 T_{o1} 与 T_{o2} 基本相等，由于主、副回路

是密切相关的，系统可能出现“共振”，使系统控制质量下降，甚至出现不稳定的问题。

所以说，主、副回路的时间常数应匹配适当。究竟如何匹配才算适当呢？在控制关系中，主、副回路的振荡频率$\omega_{主}$和$\omega_{副}$接近时容易引起共振。为防止共振现象发生，最好的措施是将主、副回路的振荡频率$\omega_{主}$和$\omega_{副}$错开。实践证明，如果使$\omega_{主}/\omega_{副}>3$，相应地，T_{o1}/T_{o2}也大于3，一般使主、副对象时间常数之比$T_{o1}/T_{o2}=3\sim10$较为合适。

(3) 副变量的选择应该把控制通道非线性部分包括在副回路内

由串级控制系统特点知道，当副对象为非线性时，副回路闭环作为整体这个对象的特性大大改善了，近似为线性。因此当控制对象为非线性对象时，可以将非线性部分包含在副回路之中，则总的对象特性可改善为近似线性。这就可以使系统的控制质量在整个操作范围内不受负荷变化的影响。

(4) 副变量的选择应考虑工艺的合理性、可能性和生产上的经济性

在选择副变量时，常会出现不止一个可供选择的方案，在这种情况下可根据对主变量控制质量的要求及经济性原则来决定。图 2-21 是两个同样的冷却器，均以被冷却气体的出口温度作为主被控变量，但两个控制系统的副变量的选择却不相同。图 2-21 (a) 是将冷剂液位作为副变量，该方案投资少，适用于对温度控制质量要求不太高的场合；图 2-21 (b) 是以冷剂蒸发压力作为副变量，另外设置单回路控制系统来稳定冷剂液位，该方案投资多，但副回路相当灵敏，温度控制质量比较高。

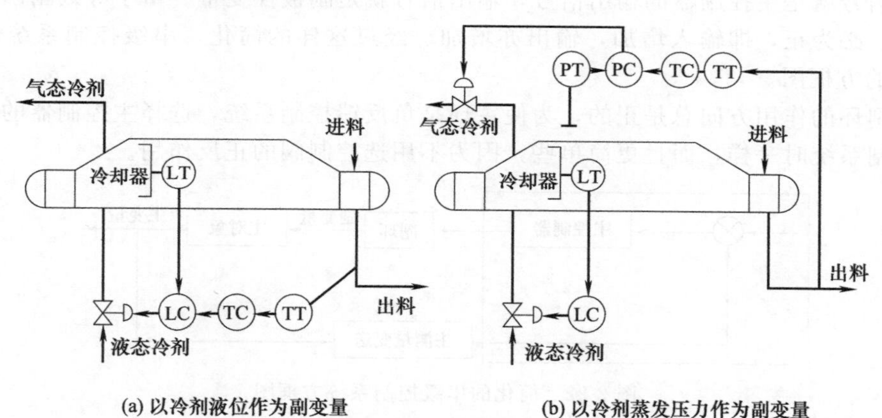

图 2-21 冷却器温度串级控制的两种方案

2.3.4 主、副控制器控制规律的选择

(1) 主控制器控制规律选取

主环是一个定值控制系统，主控制器控制规律的选取与简单控制系统类似，是根据控制质量的要求和工艺情况而定的。但是采用串级控制系统的主被控变量往往是比较重要的参数，工艺要求较严格，一般不允许有余差。因此，通常都采用比例积分（PI）控制规律。当对象滞后较大时，采用比例积分微分（PID）控制规律。

(2) 副控制器控制规律选取

副环是一个随动控制系统，副被控变量的控制可以有余差。因此，副控制器一般不引入积分（I）作用，也不加微分（D），采用比例（P）控制规律即可。而且比例度δ通常取得比较小，这样，比例增益大，控制作用强，余差也不大。如果引入积分作用，会使控制作用趋缓，并可能带来积分饱和现象。但在特殊的场合，例如当流量为副被控变量时，由于对象的时间常数和滞后时间都很小，为使副环在需要时可以单独使用，需要引入积分作用，使得在单独作用时，系统也能稳定工作。这时副控制器采用比例积分（PI）控制规律，而且要求比例度δ必须取得比较大。

2.3.5 主、副控制器正反作用的确定

为了满足生产工艺指标的要求，为了确保串级控制系统的正常运行，主、副控制器正、反作用方式必须正确选择。

如在单回路控制系统设计中所述，要使过程控制系统能正常工作，系统必须采用负反馈。对于串级控制系统来说，主、副控制器正、反作用方式的选择原则是使整个系统构成负反馈系统，即其主通道各环节放大系数正、负极性乘积必须为“负”值。

副控制器处于副环中，副控制器作用方向的选择与简单控制系统的情况一样，使副环为一个负反馈控制系统即可。在具体选择时，是在控制阀气开、气关形式已经选定的基础上进行的。首先根据工艺生产安全等原则选择控制阀的气开、气关形式；然后根据生产工艺条件和控制阀形式确定副控制器的正、反作用方式。

主控制器的正、反作用方式，是在副控制器的作用方向确定后，根据主、副变量的关系而确定的。在具体选择主控制器的作用方向时，可以把整个副环简化为一个方块，该副环方块的输入信号就是主控制器的输出信号，输出信号就是副被控变量。由于等效副回路是一个随动系统，必为正，即输入增加，输出亦增加。经过这样的简化，串级控制系统就成为图 2-22 所示的方框图。

由于副环的作用方向总是正的，为使主环是负反馈控制系统，选择主控制器的作用方向与简单控制系统时一样，而且更简单些，因为不用选控制阀的正反作用。

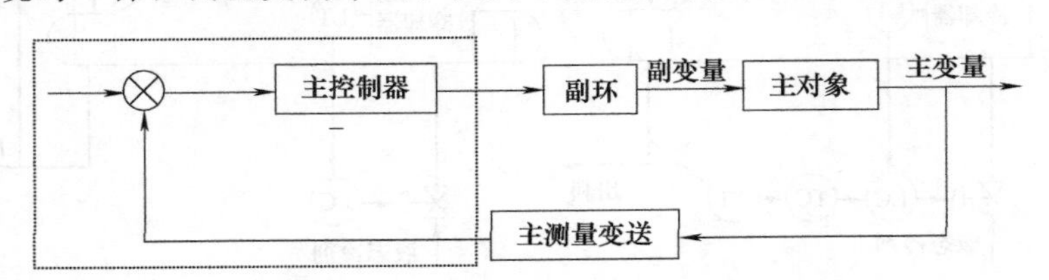

图 2-22 简化的串级控制系统方框图

现以图 2-20（b）所示加热炉出口温度与炉膛温度串级控制系统为例，来说明主、副控制器正、反作用方式的确定。从加热炉安全角度考虑，燃料油控制阀选气开阀，即如果控制阀上的控制信号（气信号）中断，则阀门处于关闭状态，以切断燃料油进入管式加热炉，确保其设备安全，故控制阀放大系数K_v为“正”；当控制阀开度增大，燃料油增加，炉膛温度升高，故副过程K_{o2}为“正”；为了保证副回路为负反馈，则副控制器的放大系数K_{c2}应取“负”，即副控制器为反作用方式。由于炉膛温度升高，则炉出口温度也升高，故主过程K_{o1}为“正”；副环等效回路为“正”；为保证整个回路为负反馈，则主控制器的放大系数K_{c1}应为“负”，即主控制器亦为反作用方式。

串级控制系统主、副控制器正、反作用方式确定是否正确，可作如下校验：当炉出口温度升高时，主控制器输出减小，即副控制器的给定值减小，因此，副控制器输出减小，使控制阀开度减小。这样，进入管式加热炉的燃料油减小，从而使炉膛温度和炉出口温度降低。由此可见，主、副控制器正、反作用方式是正确的。

在实际生产过程中，当要求控制系统既可以进行串级控制，又可以由主控制器直接控制阀门进行单独控制（称为主控）时，其相互切换应注意以下情况：若副控制器为反作用，则

主控制器在串级和主控时的作用方向不需改变；若副控制器为正作用，则主控制器在串级和主控时的作用方向需要改变，以保证系统为负反馈。表 2-6 为控制器正、反作用选择的各种情况，可供设计系统时参考。

表 2-6 主副控制器作用方向

序号	主过程 K_{o1}	副过程 K_{o2}	控制阀 K_v	串级控制		主控
				副控制器 K_{c2}	主控制器 K_{c1}	主控制器 K_{c1}
1	正	正	气开(正)	负	负	负
2	正	正	气关(负)	正	负	正
3	负	负	气开(正)	正	正	负
4	负	负	气关(负)	负	正	正
5	负	正	气开(正)	负	正	正
6	负	正	气关(负)	正	正	负
7	正	负	气开(正)	正	负	正
8	正	负	气关(负)	负	负	负

对于串级控制，应先确定副控制器的类型、执行器的类型、副变送器的型号以及主变送器的型号，最后确定主控制器的类型。

2.3.6 锅炉液位与流量串级控制系统设计

图 2-23 为锅炉液位与流量串级控制系统示意图。如图 0-1 所示，该系统位于整个装置

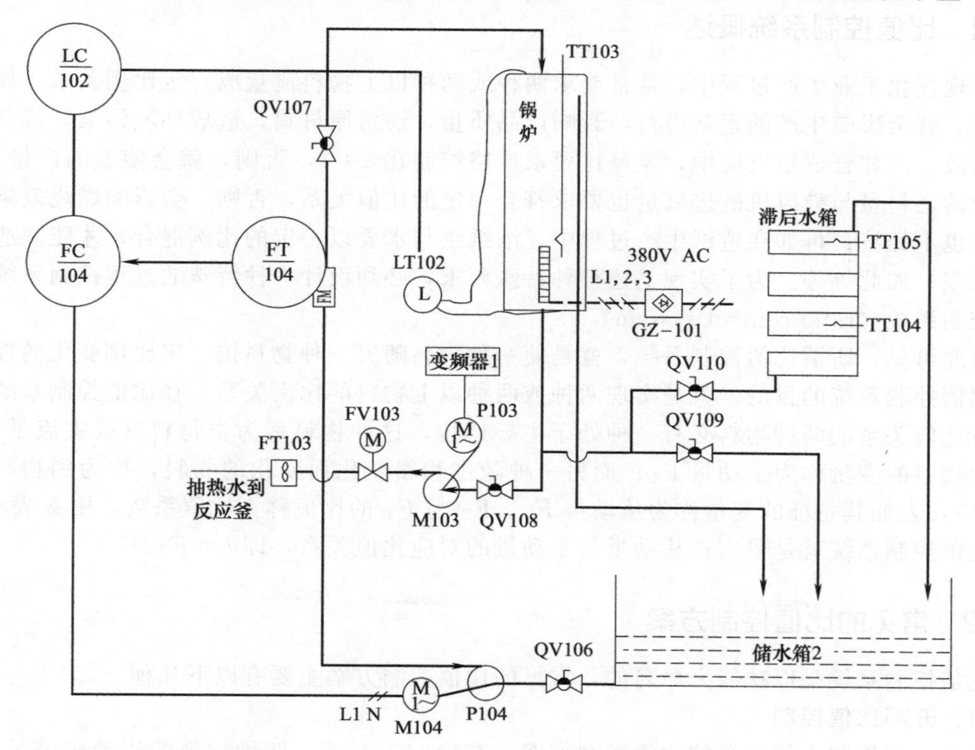

图 2-23 锅炉液位与流量串级控制系统示意图

的右边，由锅炉、滞后水箱、1# 热水泵、2# 热水泵、变频器、移相加热模块、液位及温度传感器等组成。锅炉把冷水加热成一定温度的热水后，锅炉出水口的热水泵可以将其抽至反应釜，以预热反应釜内胆或模拟反应釜进料。再则，锅炉中的热水可直接通过阀门 QV110 流到滞后水箱。

在该串级控制系统中锅炉的液位为主被控变量，锅炉进水流量为副被控变量，1# 热水泵 P104（M104）是变频泵，通过调节泵的频率控制锅炉进水流量，控制锅炉液位。该系统的方框图如图 2-24 所示。在第 4 章 DCS 系统组态中，锅炉液位与流量串级控制方案的组态可参照图 2-24 进行。

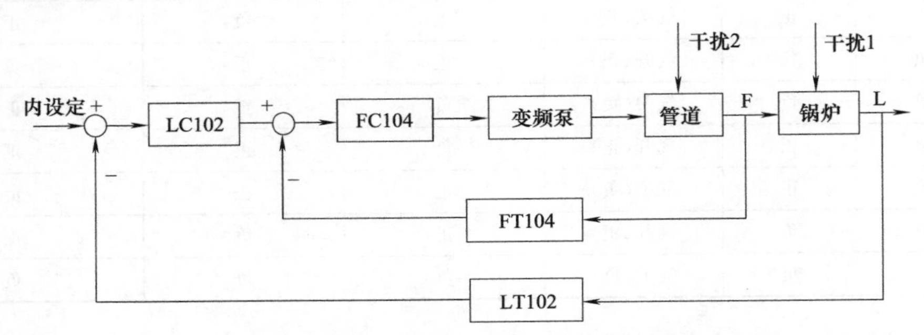

图 2-24　锅炉液位与流量串级控制系统方框图

2.4 比值控制系统设计

2.4.1 比值控制系统概述

在现代化工业生产过程中，常常要求两种或两种以上物料流量成一定比例关系。如果比例失调，就会影响生产的正常进行，影响产品质量，浪费原材料，造成环境污染，甚至产生生产事故。例如合成氨反应中，氢氮比要求严格控制在 3∶1，否则，就会使氨的产量下降；加热炉的燃料量与鼓风机的进氧量也要求符合一定的比值关系，否则，会影响燃烧效果，既不环保也不经济；再如在造纸生产过程中，浓纸浆与水要以一定的比例混合，才能制造出合格的纸浆；如此等等。为了实现上述种种特殊要求，必须设计一种特殊的过程控制系统，即比值控制系统（ratio control system）。

由此可见，所谓比值控制系统，就是使一种物料随另一种物料按一定比例变化的控制系统。比值控制系统的目的，就是实现两种或两种以上物料的比例关系。在比值控制系统中需要保持比值关系的两种物料必有一种处于主导地位，这种物料称为主物料（或主流量），表征这种物料的变量称为主动量 F_1；而另一种随主物料变化而变化的物料，称为副物料（或副流量），表征其特征的变量称为从动量 F_2。F_2 与 F_1 的比值称为比值系数，用 k 表示。

比值控制系统就是要实现从动量与主动量的对应比值关系，即 $k=F_2/F_1$。

2.4.2 常见的比值控制方案

比值控制系统是以功能来命名的，常见的比值控制方案主要有以下几种。

(1) 开环比值控制

开环比值控制为最简单的比值控制方案，在稳定工况下，两种物料的流量应满足 $F_2=kF_1$，见图 2-25。F_1 为不可控的主动量，F_2 为从动量。当 F_1 变化时，要求 F_2 跟踪 F_1 变化，以保持 $F_2=kF_1$。由于 F_2 的调整不会影响 F_1，故为开环系统。

开环控制方案构成简单，使用仪表少，只需要一台纯比例控制器或一台乘法器即可。而实质上，开环比值控制系统只能保持阀门开度与 F_1 之间成一定的比例关系。而当 F_2 因阀前后压力差变化而波动时，系统不起控制作用，实质上很难保证 F_2 与 F_1 之间的比值关系。该方案对 F_2 无抗干扰能力，只适用于 F_2 很稳定的场合，故在实际生产中很少使用。

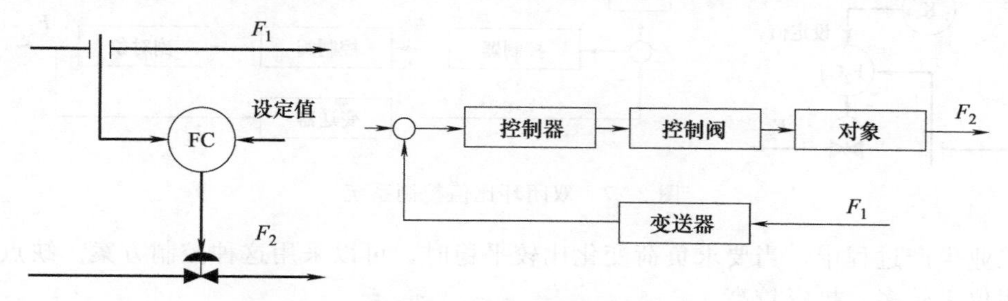

图 2-25　开环比值控制系统

(2) 单闭环比值控制

为了克服开环比值控制对副流量无抗干扰能力的缺点，在开环比值控制的基础上，增加了一个副流量的闭环控制，这就构成了单闭环比值控制系统，如图 2-26 所示。

该方案中，副流量的闭环控制系统有能力克服影响到副流量的各种扰动，使副流量稳定。而主动量控制器 F_1C 的输出作为副动量控制器 F_2C 的外设定值，当 F_1 变化时，F_1C 的输出改变，使 F_2C 的设定值跟着改变，导致副流量也按比例改变，最终保证 $F_2/F_1=k$。

单闭环比值控制系统构成较简单，仪表使用较少，实施也较方便，特别是比值较为精确，因此其应用十分广泛。尤其适用于主物料在工艺上不允许控制的场合。但由于主动量不可控，虽然两者的比值可以得到保证，总流量却不能保证恒定，这对于直接去化学反应器反应的场合是不太合适的，因为总流量的改变会对化学反应过程带来一定的影响。

单闭环比值控制系统从结构上与串级控制系统比较相似，但由于单闭环比值控制系统主动量 F_1 仍为开环状态，而串级控制系统主、副变量形成的是两个闭环，所以二者还是有区别的。

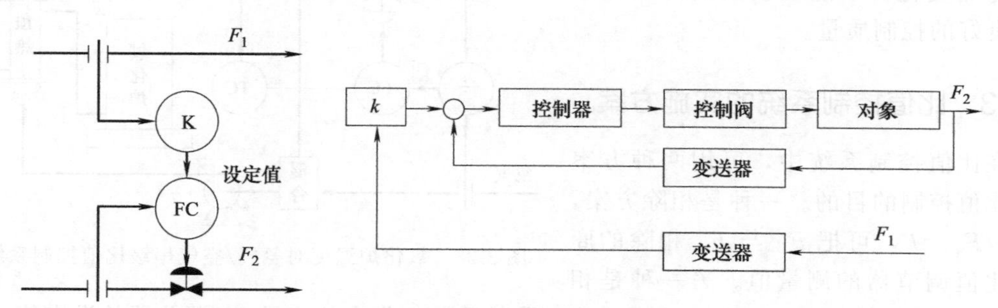

图 2-26　单闭环比值控制系统

(3) 双闭环比值控制

为了弥补单闭环比值控制系统对主流量不能控制的缺陷，在单闭环控制的基础上，又增加了一个主流量的闭环控制，组成如图 2-27 所示的双闭环比值控制系统。

双闭环比值控制系统是由一个定值控制的主流量控制回路和一个跟随主流量变化的副流量控制回路组成的。主流量控制回路能克服主流量扰动，实现其定值控制；副流量控制回路能抑制作用于副回路的干扰，从而使主、副流量均比较稳定，使总物料量也比较平稳。因

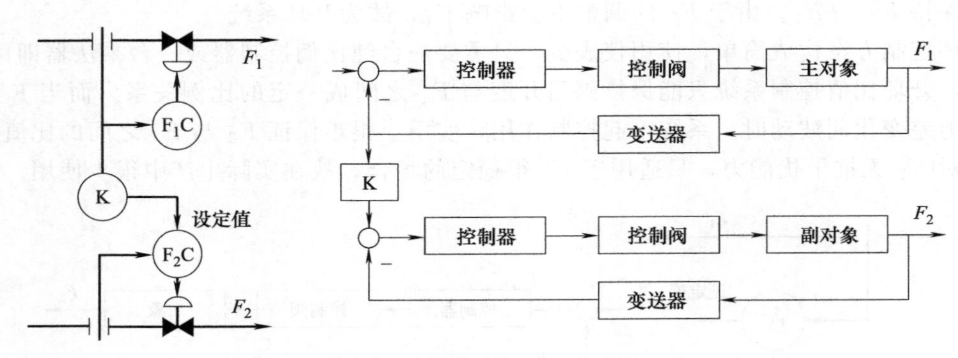

图 2-27 双闭环比值控制系统

此，在工业生产过程中，当要求负荷变化比较平稳时，可以采用这种控制方案。缺点是，该方案所用仪表较多，投资较高。

双闭环比值控制系统从结构上与串级控制系统十分相似，其主、副流量构成两个闭合回路，而且副流量控制系统与串级控制系统中副环一样，对主流量来说是随动系统。可是这两个控制器不直接相串，而且副流量控制回路丝毫不影响主流量控制回路，即副回路控制阀动作后不会影响主变量的大小，所以双闭环比值控制系统又不同于串级控制。

(4) 变比值控制

在有些生产过程中，要求两种物料流量的比值随第三个工艺参数的需要而变化。为满足这种工艺的要求，开发并设计了变比值控制系统。这种按照一定的工艺指标自行修正比值系数的变比值控制系统，也称串级比值控制系统。在变比值控制系统中，第三参数必须可连续地测量变送，否则系统将无法实施。

图 2-28 是氧化炉温度对氨气/空气串级比值控制系统示意图。在生产过程中，半水氨气与空气的量需保持一定的比值，但其比值系数要能随氧化炉的温度变化而变化，才能在较大负荷变化下保持良好的控制质量。

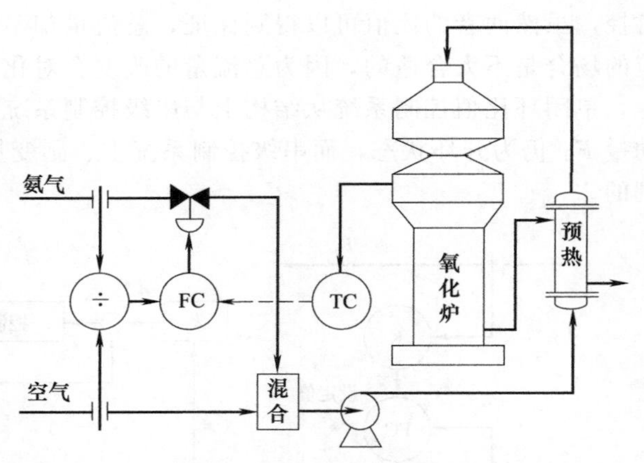

图 2-28 氧化炉温度对氨气/空气串级比值控制系统

2.4.3 比值控制系统的实施方案

在比值控制系统中，可用两种方案达到比值控制的目的。一种是相除方案，即 $F_2/F_1=k$，可把 F_2 与 F_1 相除的商作为比值调节器的测量值。另一种是相乘方案，由于 $F_2=kF_1$，可将主流量 F_1，乘以系数 k 作为从流量 F_2 调节器的设定值。

(1) 相除的实施方案

相除方案如图 2-29 所示。图中“÷”号表示除法器。相除方案可用在定比值或变比值控制系统中。从图 2-29 中可以看出，它仍然是一个简单的定值控制系统，不过其调节器的测量值和设定值都是流量信号的比值，而不是流量信号本身。

这种方案的优点是直观，能直接读出比值。它的缺点是由于除法器包括在控制回路内，对象在不同负荷下变化较大，负荷小时，系统稳定性差，因而目前已逐渐被相乘方案取代。

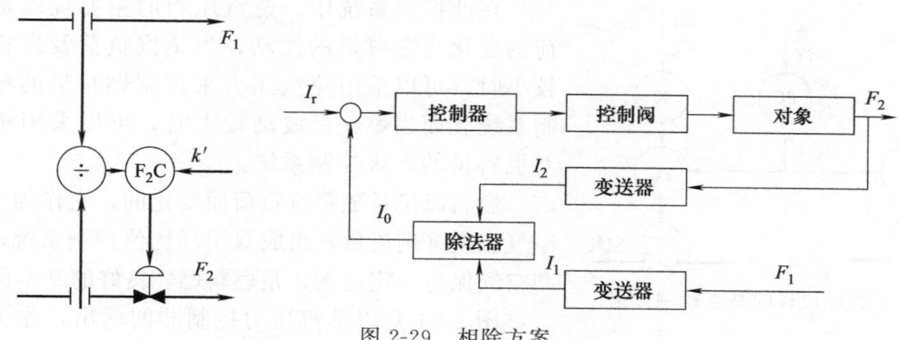

图 2-29 相除方案

(2) 相乘的实施方案

相乘方案如图 2-30 所示。图中“×”号表示乘法器或分流器或比值器。

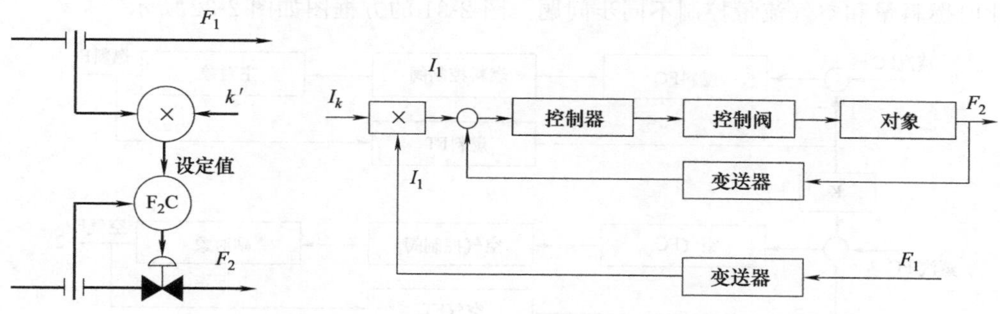

图 2-30 相乘方案

从图 2-30 可见，相乘方案仍是一个简单控制系统，不过流量调节器 F_2C 的设定值不是定值，而是随 F_1 的变化而变化的，是一个随动控制系统。并且比值器是在流量调节回路之外，其特性与系统无关，避免了相除方案中出现的问题，有利于控制系统的稳定。

以上各种方案的讨论中，如果比值系统中流量测量变送采用如椭圆齿轮等线性流量计时，在实施方案中不用加开方器。但若采用了差压式流量计，在实施方案中就要加开方器，目的是使指示标尺为线性刻度。有关比值控制系统的比值系数的计算问题读者可参阅其他参考书。

2.4.4 燃料与空气比值控制系统设计

在比值控制系统的学习中，应注意单闭环比值控制系统与开环比值控制的不同。单闭环比值控制系统不仅能实现主、从动量的精确流量比值，还能克服进入从动量控制回路的干扰的影响。

另外，还应注意双闭环比值控制系统与两个单回路控制系统的区别。两个独立的单回路控制系统，在主动量供应不足或由于较大扰动使主动量偏离设定值时，不能使两者的流量保持在所需比值。而双闭环比值控制系统在此情况下，可通过比值函数环节及时改变从动量设定值，使从动量与主动量保持所需比值。

例如，在某锅炉燃烧过程中，首先要使锅炉出口蒸汽压力稳定。因此，当负荷扰动使蒸汽压力变化时，需要控制燃料量（或送风量）使其稳定。其次是保证燃料燃烧的经济性。在保证蒸汽压力稳定的条件下，要使燃料消耗量最少，燃烧尽量完全，效率最高。为此燃料量与空气量（送风量）应保持一个合适的比例。为此可设计一个如图 2-31 所示的蒸汽压力控制和燃料与空气比值控制系统。

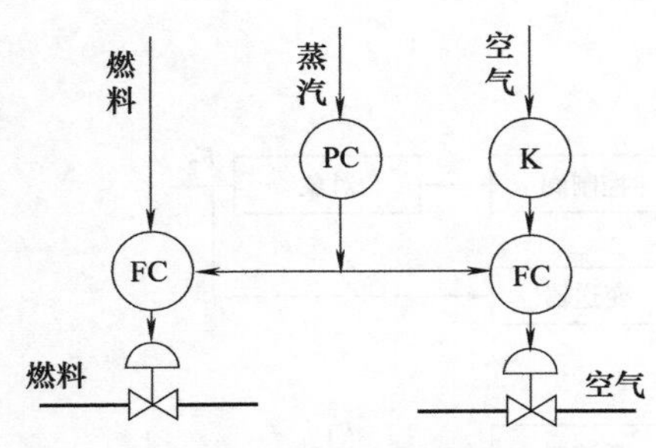

图 2-31 燃烧过程的基本控制方案

在此控制系统中，蒸汽压力的主要扰动是蒸汽负荷的变化与燃料量的波动，当蒸汽负荷及燃料量波动较小时，可以采用蒸汽压力来控制燃料量的单回路控制系统。而当燃料量波动较大时，可以采用蒸汽压力对燃料量的串级控制系统。

燃料流量是随蒸汽负荷而变化的，它作为主流量与空气流量（副流量）组成双闭环比值控制系统，使燃料与空气保持一定比例，是燃料燃烧良好的基本保证。

图 2-31 是以蒸汽压力控制器的输出，作为燃料量单闭环控制回路和空气流量单闭环控制回路共同的设定值，燃料量的输出跟随蒸汽压力按比例变化。由于燃料量控制器的给定值是蒸汽压力，蒸汽压力又是空气流量控制器的给定值，不难理解通过控制器的设定可以保证燃料量和空气流量的合适比例关系，且可以克服蒸汽压力变化时燃料量和空气流量控制不同步问题。图 2-31 的方框图如图 2-32 所示。

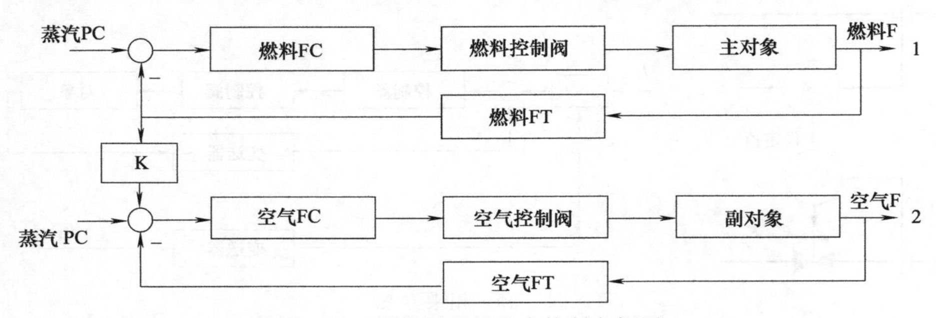

图 2-32 燃烧过程的基本控制方框图

2.5 前馈控制系统设计

2.5.1 前馈控制的基本概念

理想的过程控制要求被控变量在过程特性呈现大滞后（包括容量滞后和纯滞后）和多干扰的情况下，持续保持在工艺所要求的数值上。可是，反馈控制永远不能实现这种理想控制。这是因为，在反馈系统中，总是要在干扰已经形成影响，被控变量偏离设定值以后才能产生控制作用，控制作用总是不及时的。特别是在干扰频繁，对象有较大滞后时，使控制质量的提高受到很大的限制。

与反馈控制不同，前馈控制系统（feedforward control system）是一种开环控制系统，直接按干扰大小进行控制，以补偿干扰作用对被控变量的影响。前馈控制系统运用得当，可以使被控变量的干扰消灭于萌芽之中，使被控变量不会因干扰作用或设定值变化而产生偏差，或者降低由于干扰而引起的控制偏差和产品质量的变化，所以它比反馈控制及时，且不受系统滞后的影响。

图 2-33 是换热器的前馈控制示意图。如图 2-33 所示，加热蒸汽通过换热器中排管的外面，把热量传给排管内流过的被加热液体。热物料的出口温度用蒸汽管路上的控制阀来控制。引起出口温度变化的干扰有冷物料的流量与初温、蒸汽压力等，其中最主要的干扰是冷物料的流量 Q。

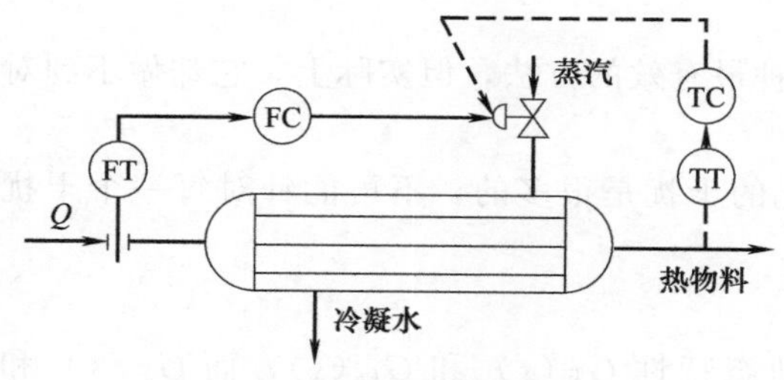

图 2-33　换热器前馈控制示意图

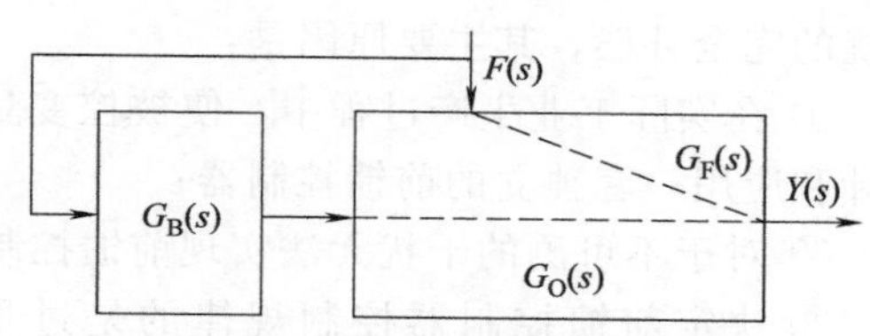

图 2-34　前馈控制系统方框图

当流量 Q 发生变化时，出口温度 T 就会产生偏差。若采用反馈控制（如图 2-33 中虚线所示），控制器只能待 T 变化后才开始动作，通过控制阀改变加热蒸汽流量，而后，还要经过热交换过程的惯性，才使出口温度变化而反映出控制效果，这就导致出口温度产生较大的动态偏差。如果直接根据冷物料流量的变化，通过一个前馈控制器 FC 立即控制阀门（如图 2-33 中实线所示），这样，即可在出口温度尚未变化时，及时对流量 Q 这个主要干扰进行补偿，即构成所谓前馈控制。前馈控制系统的方框图如图 2-34 所示。

如图 2-34 所示，干扰作用到输出被控量之间存在两个传递通道：一个从 $F(s)$ 通过过程干扰通道传递函数 $G_F(s)$ 去影响输出量 $Y(s)$；另一个从 $F(s)$ 出发经过测量装置和前馈控制器 $G_B(s)$ 产生控制作用，再经过过程的控制通道 $G_O(s)$ 去影响输出量 $Y(s)$，控制作用和干扰作用对输出量的影响是相反的。这样，就有可能使控制作用抵消了干扰对输出的影响，使得被控变量 $Y(s)$ 不随干扰而变化。

由图 2-34 可以得出：

$$\frac{Y(s)}{F(s)}=G_F(s)+G_B(s)G_O(s) \tag{2-13}$$

若适当选择前馈控制器的传递函数 $G_B(s)$，可以做到 $F(s)$ 对 $Y(s)$ 不产生任何影响，即实现完全的不变性。由式（2-13）可以得出实现完全不变性的条件为

$$G_F(s)+G_B(s)G_O(s)=0$$

即

$$G_B(s)=-\frac{G_F(s)}{G_O(s)} \tag{2-14}$$

2.5.2　前馈控制的特点和局限性

(1) 前馈控制的特点

① 前馈控制是一种开环控制。在图 2-33 所示前馈控制系统中，当测量到冷物料流量变化的信号后，通过前馈控制器，其输出信号直接控制阀门的开度，从而改变了加热蒸汽的流量。但加热器出口温度并不反馈回来，它是否被控制在原来的数值上是得不到检验的，所以，前馈控制是一种开环控制。

② 前馈控制是一种按干扰大小进行补偿的控制。它可以通过前馈控制器和控制通道的作用，及时有效地抑制干扰对被控变量的影响，而不是像反馈控制那样，要待被控变量产生偏差后再进行控制。

③ 前馈控制器的控制规律是由式（2-14），即由过程特性决定的，与常规 PID 控制规律不同。所以，它是一个专用控制器。不同的过程特性，其控制规律是不同的。

④ 前馈控制只能抑制可测不可控的干扰对被控变量的影响。如果干扰是不可测的，那就不能进行前馈控制；如果干扰是可测且可控的，则只要设计一个定值系统就行了，而无须采用前馈控制。

(2) 前馈控制的局限性

前馈控制虽然是减少被控变量动态偏差的一种最有效的方法，但实际上，它却做不到对干扰的完全补偿，其主要原因是：

① 在实际工业生产过程中，使被控变量变化的干扰是很多的，不可能针对每一个干扰设计和应用一套独立的前馈控制器；

② 对于不可测的干扰无法实现前馈控制；

③ 决定前馈控制器控制规律的是过程的动态特性 $G_F(s)$ 和 $G_O(s)$，而 $G_F(s)$ 和 $G_O(s)$ 的精确值是很难得到的，即使能够得到，有时也很难实现。

鉴于以上原因，为了获得满意的控制效果，合理的控制方案是把前馈控制和反馈控制结合起来，组成前馈-反馈复合控制系统。这样，一方面利用前馈控制有效地减少干扰对被控变量的动态影响；另一方面则利用反馈控制使被控变量稳定在设定值上，从而保证了系统较高的控制质量。

2.5.3 前馈控制系统的几种结构形式

(1) 静态前馈控制系统

所谓静态前馈控制，是指前馈控制器的控制规律为比例特性，即 $G_B(0)=-G_F(0)/G_O(0)=-K_B$，其大小是根据过程干扰通道的静态放大系数和过程控制通道的静态放大系数决定的。例如在图 2-33 所示的换热器前馈控制方案中，其前馈控制器的静态特性为 $K_B=-K_f/K_O$。静态前馈的控制目标是，使被控变量最终的静态偏差接近或等于零，而不考虑由于两通道时间常数的不同而引起的动态偏差。

静态前馈是当前应用最多的前馈控制，因为这种前馈控制不需要专用控制器，用比值器或比例控制器均可满足使用要求。在实际生产过程中，当过程干扰通道与控制通道的时间常数相差不大时，应用静态前馈控制，可获得较高的控制精度。

(2) 动态前馈控制系统

如前所述，静态前馈控制是为了保证被控变量的静态偏差接近或等于零，而不保证被控变量的动态偏差接近或等于零。当需要严格控制动态偏差时，则要采用动态前馈控制。

动态前馈控制系统力求在任何时刻均实现对干扰影响的补偿，以使被控变量完全或基本上保持不变，实现起来比较困难。在实际应用中，一般是在静态前馈控制的基础上，加上延迟环节或微分环节，以达到对干扰作用的近似补偿。按此原理设计的一种前馈控制器，有三个可以调整的参数 K、T_1、T_2。K 为放大倍数，T_1、T_2是时间常数，都有可调范围，分别表示延迟作用和微分作用的强弱。相对于干扰通道而言，控制通道反应快的给它加强延迟作用，反应慢的给它加强微分作用。根据两通道的特性适当调整 T_1、T_2的数值，使两通道反应合拍，便可以实现动态补偿，消除动态偏差。

(3) 前馈-反馈复合控制系统

若将前馈控制与反馈控制结合起来，利用前馈控制作用及时的优点，以及反馈控制能克服所有干扰及前馈控制规律不精确带来的偏差的优点。两者取长补短，可以得到较高的控制质量。

图 2-35 (a) 为换热器前馈-反馈复合控制系统示意图；图 2-35 (b) 为前馈-反馈复合控制系统方框图。

由图可见，当冷物料（生产负荷）发生变化时，前馈控制器及时发出控制指令，补偿冷物料流量变化对换热器出口温度的影响；同时，对于未引入前馈的冷物料的温度、蒸汽压力

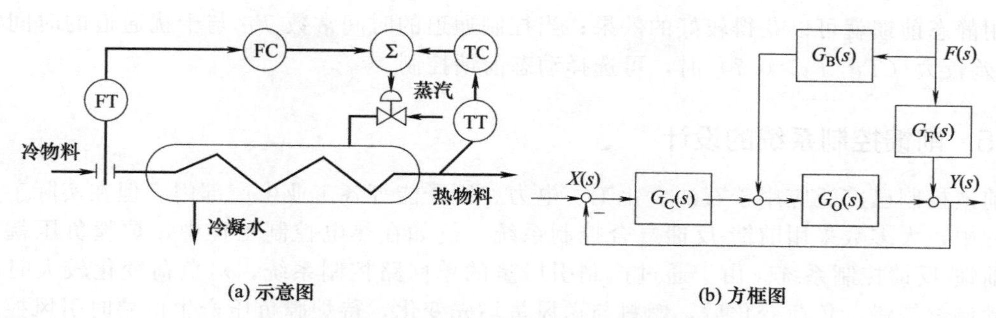

图 2-35 换热器前馈-反馈复合控制系统

等扰动对出口温度的影响，则由 PID 反馈控制器来克服。前馈作用加反馈作用，使得换热器的出口温度稳定在设定值上，获得了比较理想的控制效果。

在前馈-反馈复合控制系统中，输入 $X(s)$、$F(s)$ 对输出的共同影响为

$$Y(s)=\frac{G_C(s)G_O(s)}{1+G_C(s)G_O(s)}X(s)+\frac{G_F(s)+G_B(s)G_O(s)}{1+G_C(s)G_O(s)}F(s) \tag{2-15}$$

如果要实现对干扰 $F(s)$ 的完全补偿，则上式的第二项应为零，即

$$G_F(s)+G_B(s)G_O(s)=0 \text{ 或 } G_B(s)=-G_F(s)/G_O(s)$$

可见，前馈-反馈复合控制系统对干扰 $F(s)$ 实现完全补偿的条件与开环前馈控制相同。所不同的是干扰 $F(s)$ 对输出的影响要比开环前馈控制的情况下小 $1+G_C(s)G_O(s)$ 倍。这是反馈控制起作用的结果。这就表明，本来经过开环补偿以后输出的变化已经不太大了，再经过反馈控制进一步减小了 $1+G_C(s)G_O(s)$倍，从而充分体现了前馈-反馈复合控制的优越性。

此外，由式 (2-15) 可知，复合控制系统的特征方程式为

$$1+G_C(s)G_O(s)=0 \tag{2-16}$$

这一特征方程式只和 $G_C(s)$、$G_O(s)$ 有关，而与 $G_B(s)$ 无关，即与前馈控制器无关。这就说明加不加前馈控制器并不影响系统的稳定性，稳定性完全由闭环控制回路来确定，这就给设计工作带来很大的方便。在设计复合控制系统时，可以先根据闭环控制系统的设计方法进行，可暂不考虑前馈控制器的作用，使系统满足一定的稳定储备要求和一定的过渡过程品质要求。当闭环系统确定以后，再根据不变性原理设计前馈控制器，进一步消除干扰对输出的影响。

2.5.4 前馈控制系统的选用

① 当系统中存在变化频率高、幅值大、可测而不可控的干扰时，反馈控制难以克服此类干扰对被控变量的显著影响，而工艺生产对被控变量的要求又十分严格，为了改善和提高系统的控制品质，可以引入前馈控制。例如，在锅炉汽包水位控制中，蒸汽用量就是一个可测不可控的干扰，为了使汽包水位的变化控制在工艺规定的范围内，通常以蒸汽量为前馈信号，与水位和给水量构成前馈-反馈复合控制系统。

② 当过程控制通道滞后大，其时间常数又比干扰通道的时间常数大，反馈控制又不及时，控制质量差时，可以选用前馈控制，以提高控制质量。

③ 当主要干扰无法用串级控制方案使其包含在副回路内，或者副回路滞后过大时，串级控制系统克服干扰的能力就比较差，此时选用前馈控制能获得很好的控制效果。

④ 在静态前馈还是动态前馈的选择上，当控制通道与扰动通道的动态特性相近时，一

般采用静态前馈就可以获得较好的效果；当控制通道的时间常数 T_C 与干扰通道的时间常数 T_f 相差较大（$T_C/T_f>0.7$）时，可选择动态前馈控制。

2.5.5 前馈控制系统的设计

前馈控制已广泛应用于石油、化工、电力、原子能等各工业生产部门。但在实际工业生产过程中，大多数采用前馈-反馈复合控制系统。例如在热电控制工程中，炉膛负压就采用的是前馈-反馈控制系统。由于通过控制引风量的单回路控制系统，对负荷变化较大时的负压波动调整缓慢，负荷变化后，燃料与送风量均先变化，待炉膛负压产生偏差时引风控制器才能去控制，使引风量调整滞后送风量调整，造成较大负压波动。为此将反映负荷变化的蒸汽压力作为前馈信号，构成前馈-反馈控制系统，保证负压调整及时，负压波动较小。

在热电控制工程中，汽包水位的控制比较复杂。锅炉运行时，汽包水位过高，影响汽水分离效果，蒸汽带液会使用汽设备结垢造成效率降低和设备损坏；汽包水位过低，在负荷较大调整不及时的情况下，可能导致锅炉烧坏和爆炸。因此汽包水位是锅炉运行的主要指标。

锅炉汽包水位控制系统的任务是：使给水量和锅炉蒸发量相平衡，使锅炉汽包水位维持在工艺规定的范围之内。

影响汽包水位的因素主要有：蒸汽负荷变化干扰、给水量的调节。

当蒸汽用量突然增加，必然在瞬时间导致汽包压力的下降，引起汽包内水的沸腾加剧，水中气泡迅速增加，将整个水位抬高，出现“假液位”现象。随着汽水混合物中气泡容积与负荷相适应达到稳定之后，水位才反映出物料的不平衡而开始下降。对 100～230t/h 的中、高压锅炉，蒸汽负荷变化10%，“假液位”的变化可达 30～40mm。设计或应用都必须认真对待。

当突然加大给水量，给水量立即大于蒸发量，水位并不立即上升，而是出现一段起始惯性段。原因是大量低温水进入系统，吸收一部分热量，使蒸发强度减弱，进水现要填补气泡减少让出的空间，直至水位下的气泡容积变化平稳之后，水位才随着进水量的增加而上升。起始惯性段的纯滞后时间约为 15～100s，水温越低纯滞后时间越长。

由于以上原因，实际锅炉汽包水位的控制系统就需要设计一个比较复杂的控制系统，工程上通常用一个前馈-串级复合控制系统来控制汽包水位。如图 2-36 所示，锅炉汽包水位、蒸汽流量和给水流量组成了三冲量控制系统。在这个系统中，汽包水位是主被控变量，是主冲量信号；蒸汽流量和给水流量是辅助冲量信号，其中给水流量是串级系统的副被控变量，蒸汽流量是前馈量。主控制器 LC 可采用 PID 控制规律，副控制器 FC 可采用 PI 控制规律。

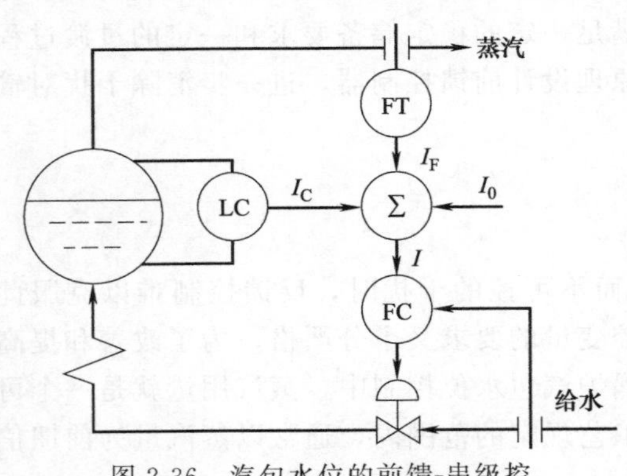

图 2-36　汽包水位的前馈-串级控制系统（三冲量控制系统）

该前馈-串级控制系统的主要目的是克服“虚假水位”的不良影响，缩短控制系统过渡时间，改善控制系统特性，保证锅炉汽包运行稳定。图 2-37 所示为汽包水位的前馈-串级控制系统方框图。

在前馈控制系统的学习中应注意，前馈控制与反馈控制有以下区别。

① 前馈控制比反馈控制及时有效；

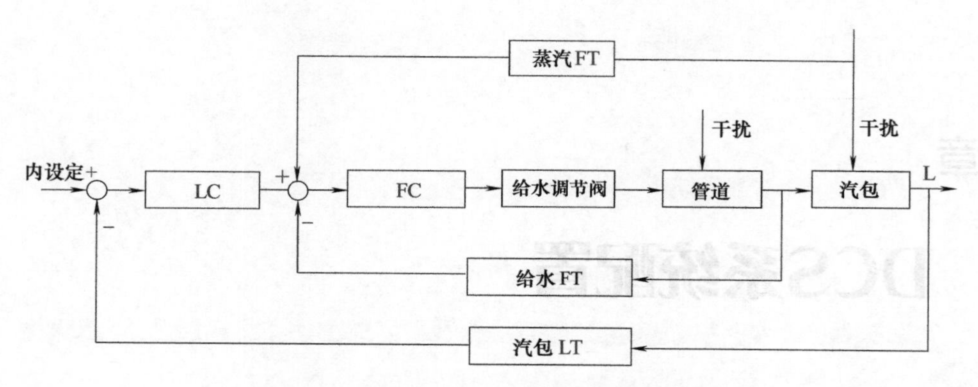

图 2-37 汽包水位的前馈-串级控制系统方框图

② 前馈控制是开环控制系统，反馈控制是闭环控制系统；

③ 前馈控制使用的是根据实施对象特性而定的专用控制器，反馈控制采用通用 PID 控制器；

④ 一种前馈作用只能克服一种干扰，反馈控制只用一个控制器就可克服多个干扰。

另外，对于前馈-反馈复合控制系统和串级控制系统来说，虽然它们都有两个检测变送器、两个控制器，但在结构上是有差别的。前馈-反馈复合控制系统并没有形成两个回路，更没有两个回路的串联结构。

第3章 DCS系统配置

DCS 系统配置即根据项目需求，对 DCS 各部分软硬件和配套附件设备进行选型配置，保证系统完整性、可靠性，既达到满足工程设计要求的功能、性能及技术指标，又具有最优性价比。

本章主要包括：

① DCS 系统概述；

② MACS-K 系统介绍；

③ DCS 系统硬件配置；

④ DCS 系统软件配置。

通过本章学习与训练，能够让读者：

※ 了解 DCS 系统构成与功能。

※ 熟悉 HOLLiAS MACS-K 系统网络构架及各部分功能。

※ 根据项目需求进行 DCS 系统软硬件选型及配置。

3.1 DCS 系统概述

3.1.1 DCS 系统定义

DCS 是 distributed control system 的缩写，称之为分布式或集散式控制系统，它是以微处理器为基础的对生产进行集中监视、操作、管理和分散控制的综合性控制系统，综合了计算机、控制、通信和显示技术。DCS 采用分散控制、集中操作、分级管理、分而自治和综合协调的设计原则，自下而上可以分为若干级，如 DCS 过程控制级、控制管理级以及智能工厂的生产管理级和经营管理级和智能决策级。

具体可以从以下几个方面定义：

① 以回路控制为主要功能的系统；

② 除变送和执行单元外，各种控制功能及通信、人机界面均采用数字技术；

③ 以计算机的显示器、键盘、鼠标等代替仪表盘形成系统的人机界面；

④ 回路控制功能由现场控制站完成，系统可有多台现场控制站，每台控制一部分回路；

⑤ 人机界面由操作站实现，系统可有多台操作站；

⑥ 系统中所有的现场控制站、操作站均通过数字通信网络实现连接。

目前，DCS 系统已经在电力、石油、化工、制药、冶金、建材等众多行业得到了广泛的应用。

3.1.2 DCS系统结构与功能

（1）DCS系统结构

典型的DCS一般由四部分组成：I/O设备、主控制器、通信网络和操作站，如图3-1所示。

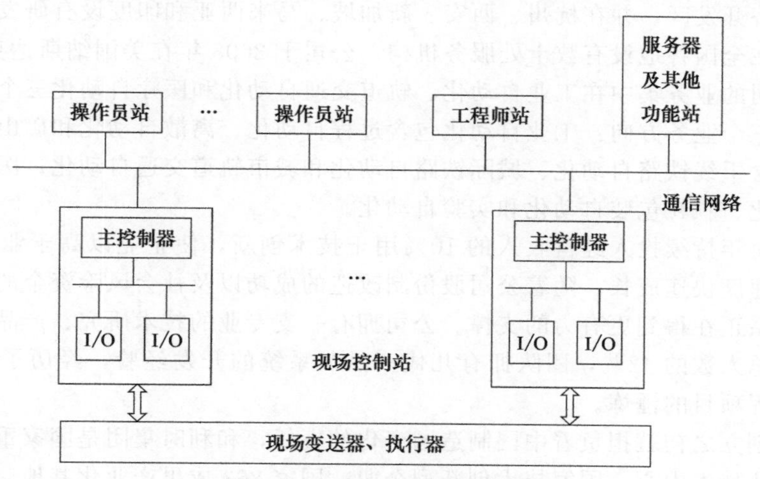

图3-1 典型DCS系统结构图

现场控制站主要由I/O设备和主控制器组成，I/O设备主要完成模拟量和数字量的相互转换（A/D和D/A转换），控制器是DCS的核心部件，任务是完成以PID为主要功能的过程控制；操作站包括操作员站、工程师站、服务器及其他功能站，操作站将生产过程与人相连，使人员达到监控、管理生产过程的目的；而通信网络则是控制器与操作站之间的纽带。

（2）DCS系统功能

如今DCS的控制技术已经比较成熟和完善，很多系统公司开发商都有自己一整套的解决方案。利用现有的技术在系统集成容易、可靠性高、操作性好等方面均有各自的优势。DCS系统的功能大致如下：

① 适用于大规模的连续过程控制；

② 高精度的PID算法处理；

③ 现场信号的实时监控；

④ 实现工厂的全面信息化管理和先进控制；

⑤ 在线修改工艺参数；

⑥ 现场和过程信息的共享等。

3.1.3 国内常见DCS现状

中国工控网（www.gongkong.com）2016年中国DCS市场研究报告显示，从厂商表现来看，受益于电力行业的稳定发展，Hollysys（HOLLiAS MACS系统）、Emerson（Ovation®系统）、国电智深（EDPF-CP）等以电力为主要应用市场的DCS厂商市场份额明显提高；受化工、石化行业需求大幅萎缩的影响，Honeywell、Supcon、Emerson（DeltaV系统）、Yokogawa等以化工、石化为主要应用市场的DCS厂商市场份额明显萎缩；受造纸行业经济萎靡影响，以美卓为主的DCS厂商下滑严重，建材、冶金行业需求持续下滑，导致Siemens、ABB等厂商DCS业绩持续下滑。

3.1.4 和利时一体化过程解决方案

(1) 和利时公司简介

和利时始创于1993年，是中国领先的自动化与信息技术解决方案供应商。公司总部位于北京亦庄经济开发区，并在杭州、西安、新加坡、马来西亚和印度设有研发、生产或服务办公基地，并在全国各地设有数十处服务机构，公司于2008年在美国纳斯达克上市。

和利时公司的业务集中在工业自动化、轨道交通自动化和医疗自动化三个领域。每个业务领域又包含三个业务方向：工业自动化包含过程自动化、离散自动化和矿山自动化；轨道交通自动化包含干线铁路自动化、城际铁路自动化和城市轨道交通自动化；医疗自动化包含中药调剂自动化、颗粒包装自动化和实验自动化。

公司平均每年持续投入经营收入的10%用于技术创新，使企业以高于业界平均水平甚至连年翻番的速度快速成长。随着公司股份制改造的成功以及社会风险资金的引入，和利时公司的研发体系正在得到更有力的支撑。公司拥有一支专业的技术研究、产品及应用开发团队，约占公司总人数的42%，团队拥有几代产品与系统的开发经验，经历了多年和各种行业的自动化工程项目的锤炼。

和利时自创立之初就担负着中国制造国产化的责任，和利时集团是国家重点高新技术企业、国家级企业技术中心、国家技术创新型企业、国家863成果产业化基地、国家重大技术装备研制项目的承担单位、国家科委选定的“中国自动化试验中心”和国家发改委选定的“国家自动化产业示范基地”。

(2) HollySys一体化过程解决方案

和利时过程解决方案如图3-2所示，其中包括Level 1/2过程控制层的和利时DCS系统HOLLiAS MACS-K、Level 3的和利时过程先进应用层、Level 4的企业管理层应用及工业云端应用平台。

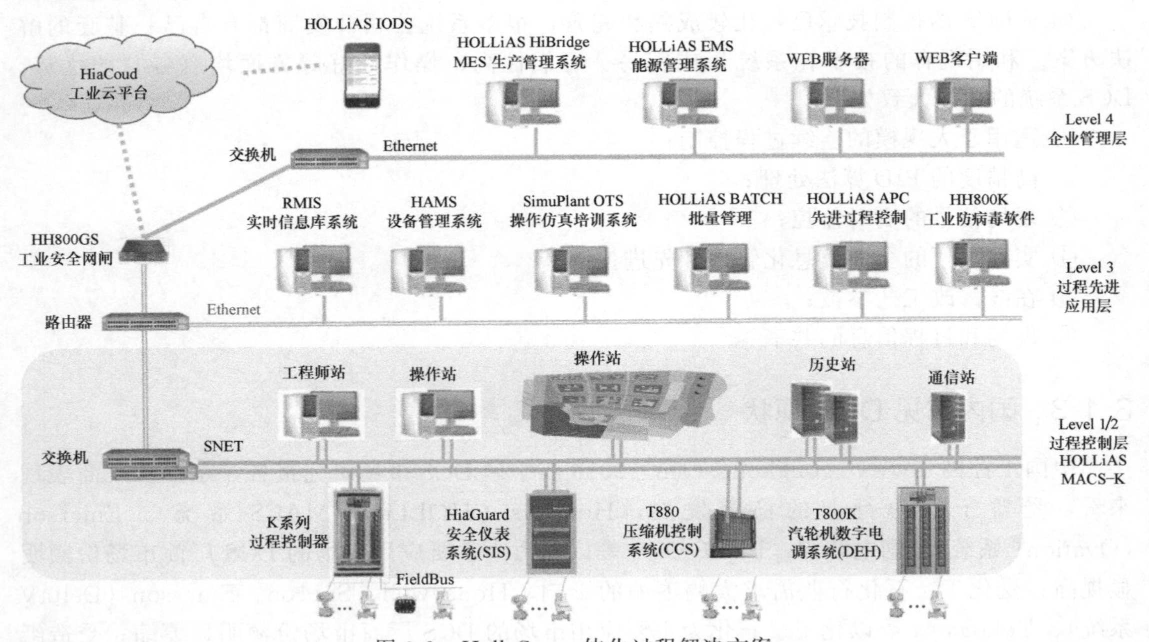

图3-2 HollySys一体化过程解决方案

实际工程案例的网络结构图如图3-3所示。

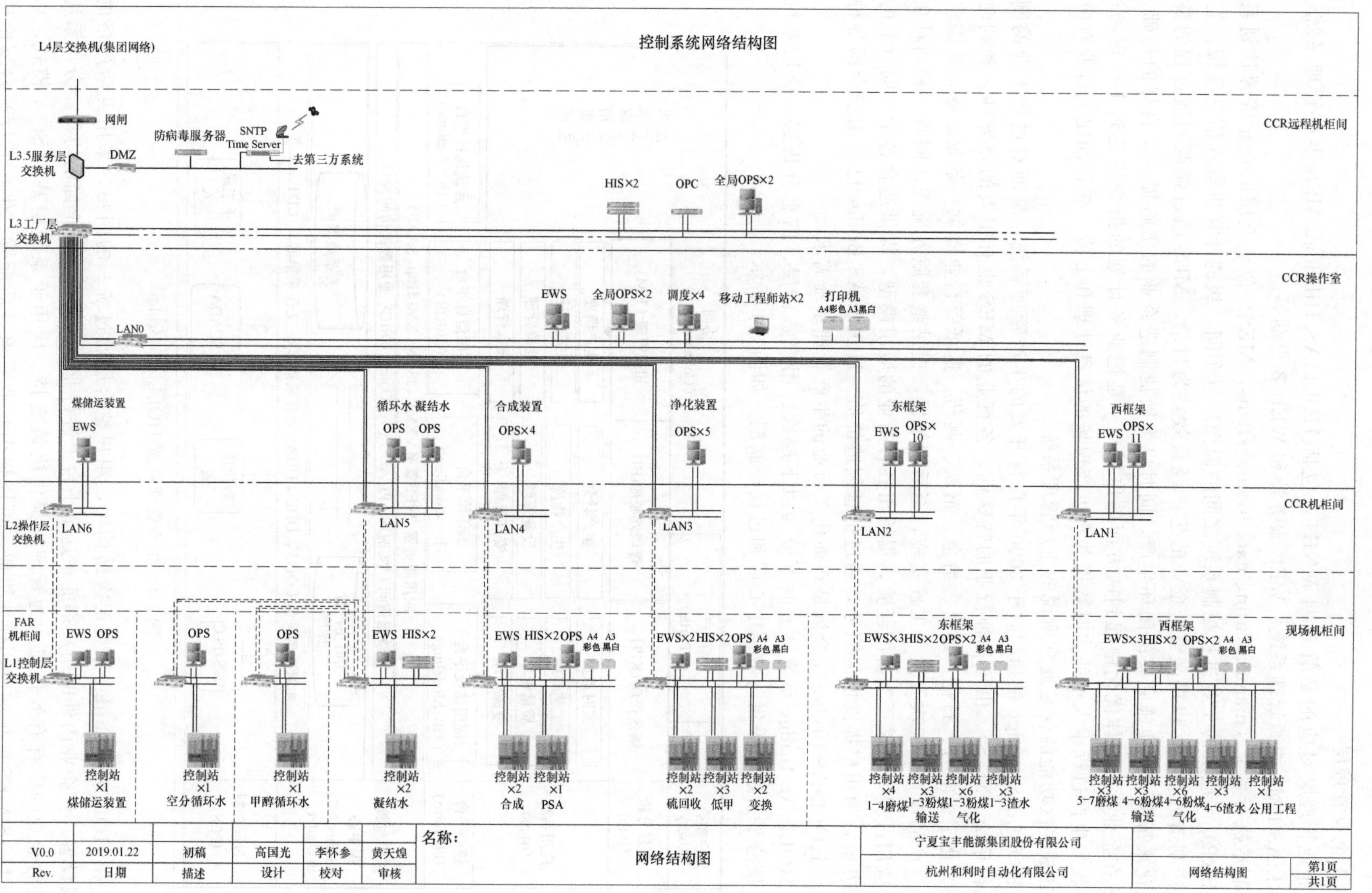

控制系统网络结构图
L4层交换机(集团网络)
网闸
CCR远程机柜间
防病毒服务器
SNTP
Time Server
去第三方系统
L3.5服务层交换机
DMZ
HIS×2
OPC
全局OPS×2
L3工厂层交换机
CCR操作室
EWS
全局OPS×2
调度×4
移动工程师站×2
打印机
A4彩色 A3黑白
LAN0
煤储运装置
EWS
循环水 凝结水
OPS OPS
合成装置
OPS×4
净化装置
OPS×5
东框架
EWS OPS×10
西框架
EWS OPS×11
CCR机柜间
L2操作层交换机
LAN6
LAN5
LAN4
LAN3
LAN2
LAN1
FAR机柜间
L1控制层交换机
现场机柜间
EWS OPS
OPS
OPS
EWS HIS×2
EWS HIS×2 OPS A4彩色 A3黑白
EWS×2 HIS×2 OPS A4彩色 A3黑白
东框架
EWS×3 HIS×2 OPS×2 A4彩色 A3黑白
西框架
EWS×3 HIS×2 OPS×2 A4彩色 A3黑白
控制站×1 煤储运装置
控制站×1 空分循环水
控制站×1 甲醇循环水
控制站×2 凝结水
控制站×2 合成
控制站×1 PSA
控制站×2 硫回收
控制站×3 低甲
控制站×2 变换
控制站×4 1-4磨煤
控制站×3 1-3粉煤输送
控制站×6 1-3粉煤气化
控制站×3 1-3渣水
控制站×3 5-7磨煤
控制站×3 4-6粉煤输送
控制站×6 4-6粉煤气化
控制站×3 4-6渣水
控制站×1 公用工程
名称：
网络结构图
V0.0 | 2019.01.22 | 初稿 | 高国光 | 李怀参 | 黄天煌
Rev. | 日期 | 描述 | 设计 | 校对 | 审核
宁夏宝丰能源集团股份有限公司
杭州和利时自动化有限公司
网络结构图
第1页
共1页

图 3-3 系统网络结构图

① 企业管理层

企业管理层对应的是管理网 MNET，包括 HOLLiAS HiBridge MES 生产管理系统、HOLLiAS EMS 能源管理系统、WEB 服务器和 WEB 客户端等。

制造执行系统（manufacturing execution systems，MES）位于上层的企业资源计划系统（ERP）与底层的工业过程控制系统之间的面向厂（车间）级的计算机管理信息系统。它以生产制造为核心，以提高整个企业的生产经营效益为目的。MES 通过强调制造过程的整体优化来帮助企业实施完整的闭环生产，同时也为敏捷制造企业的实施提供了良好的基础。MES 在企业生产整体优化中起到两方面的作用：一是把业务计划的指令传达到生产现场；二是收集生产过程中大量的实时数据并将生产现场的信息处理和上传。在石油化工行业对应于 MES 层次功能的就是通常所说的生产管理系统。

HOLLiAS Bridge 是和利时于 2000 年自行开发的生产管理系统，是面对过程工业的制造执行系统（MES）。由于各种行业的特殊性，各行业的 MES 也有很大的差异性，和利时可以为化工、电力、石化、建材、冶金、钢铁、制药、造纸等行业提供一条龙服务，从需求调研、产品设计、二次开发、工程实施，至后期维保，提供整套服务流程。同时，和利时在行业应用过程中积累了丰富的经验，提炼出各种行业的应用模型，提供适合各个不同行业的解决方案，为用户提供增值服务，通过信息创造价值。HOLLiAS Bridge 已适用于全国各种行业。HOLLiAS Bridge 完全满足石油化工行业的生产管理系统需求。

HOLLiAS Bridge 系统自上向下分为以下层次：用户整合层、信息分析层、应用系统层、核心平台层、采集与数据中心层和过程控制层。如图 3-4 所示。

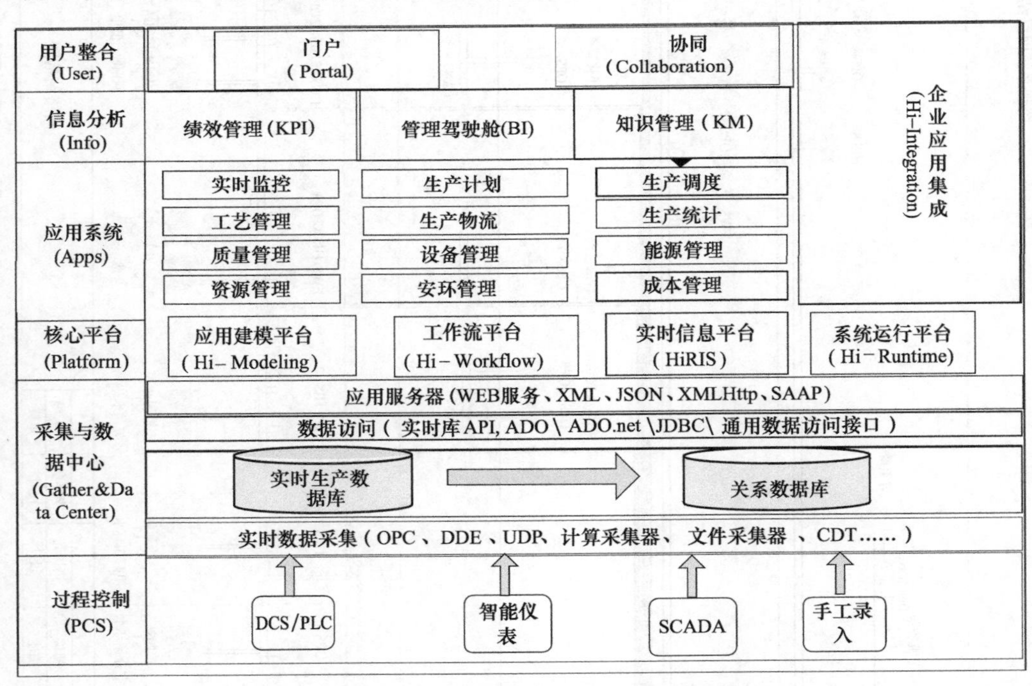

图 3-4 生产管理系统 HOLLiAS Bridge

在 HOLLiAS Bridge 系统层次结构中，用户整合层通过统一的门户，采用灵活严格的权限设置，使企业内外的用户都能在这个平台上进行业务操作，实现全面的协作。分析系统层整合企业的所有有效信息，为管理层提供决策支持。应用子系统层基于 SOA 模式，由 HOLLiAS MES 的标准应用模块组成，可以根据企业需求灵活配置。生产管控平台层由应用建模平台、工作流平台和系统运行平台组成，是整个系统的核心组成部分和运行基础。该平台具有开放性和可扩展性，能满足企业不断扩展的业务需求。生产数据中心层使用和利时的RMIS系统，由实时数据库、关系数据库、数据访问服务组成。

能源管理系统（HOLLiAS EMS）是MES系统的一个应用模块，企业有时也作为一个单独的系统来实施。能源管理系统简单地说就是一个可以对生产企业的能源消耗，如水、气（汽）、风和电的使用过程数据进行检测、记录、分析和指导的信息管理系统。这个系统可以实时监控企业各种能源的详细使用情况，能为节能降耗提供直观科学的依据，能帮助企业查找能耗弱点，促进企业管理水平的进一步提高及运营成本的进一步降低。使企业能够合理使用能源，控制浪费，达到节能减排、节能降耗、再创效益的目的。

国内外先进企业的成功实践说明，利用先进的能源管理系统（energy management system，EMS）进行能源管理，对能源生产和输配的统一调度、优化能源介质平衡、减少跑冒滴漏、提高能源利用率以及加强能源设备事故应急处理等都是十分有效的。通过建立网状能源计量体系，全面监控企业能源消耗及管网运行情况，实现能源监测和计量自动化，达到信息共享、自动数据处理和分析的目标。通过能源的管理和考核，挖掘节能潜力，提高能源利用率，促进企业节能降耗增效。

能源管理中心建设是个持续改进的过程，典型的过程是进行能源计划、能源使用，发现能源在生产与消耗过程中的问题，进行节能改进（包括节能管理与节能改造）。这个过程有时称为PDCA（Plan-Do-Check-Act）过程，是一个周而复始，不断提高能源的转换效率和使用效率的过程。每个过程都是通过实时监控能源使用情况，进行有效的能源调度，对能源的生产与消耗进行统计分析，为能源下一步计划提供依据的。

② 过程先进应用层

每个DCS域都连到冗余的L3层交换机，建立DCS公共网。通过L3层交换机进行跨域的少量数据交换。L3层交换机上的节点主要有防病毒服务器、全局工程师站、全局历史站、全局操作员站、调度站、AMS管理站、APC及Batch服务器、时间服务器等。

系统网采用实时工业以太网与工程师站/操作员站连接，构建星形高速冗余的安全网络，符合IEEE802.3及IEEE802.3u标准，通信速率100/1000Mb/s自适应，传输介质为带屏蔽RJ45连接器的5类双绞线或光纤。

系统网络采用和利时自己的可靠的基于以太网的DRTE（Determinictic Real-Time Ethernet）工业以太网协议。该协议成功地解决了标准以太网的CSMA/CD总线访问机制无法解决的因网络碰撞所引起的非确定实时问题和病毒防御问题，既充分利用了以太网的通用、高宽带等特性，又具有天然的安全性。

该网络可分成若干个域，每个域对应一套或者几套装置。每个域使用两层交换机连接，与控制相关的工程师站、操作员站、AMS服务器、OPC服务器、历史站等均连接在这个域，主要用于DCS控制通信以及OPC等数据采集。

对智能交换机端口进行优先级配置，与控制器连接端口配置为高优先级，与操作站和服务器连接端口配置为次优先级。同时在交换机设置禁止广播通信、抵御多波通信和单波通信风暴等能力。保证在任何情况下操作站均可与控制器保持通信。

③ 过程控制层

过程控制层即MACS-K系统，该系统采用冗余Profibus-DP现场总线实现主控与智能IO卡和其他智能设备之间的连接和信息传送，采用主、从站间轮询的通信方式。适用多种通信介质（双绞线、光纤以及混合方式），双绞线最大通信距离1.2km，单模光纤最大通信距离10km，具有完善的诊断功能。

如今，智能化设备在工业现场应用普遍，智能化设备也是未来智能工厂建设的基础，所以过程先进应用层中的设备管理系统（HAMS）也将应用越来越广泛，下面对 HAMS 系统的结构、功能及使用加以介绍。

3.1.5 设备管理系统（HAMS）

设备管理系统（HAMS）以 HART、FF 和 Profibus 等总线协议为基础，以国外先进设备集成技术 EDDL（electronic device description language，电子设备描述语言）和 FDT/DTM（field device tool/device type manager，现场设备工具/设备类型管理器）技术为手段，集数据采集和数据分析于一体，提供在线组态、远程诊断、标定管理和预测性维护等一体方案，全面提升工厂的有效性。HOLLiAS 设备管理系统网络结构示意如图 3-5 所示。

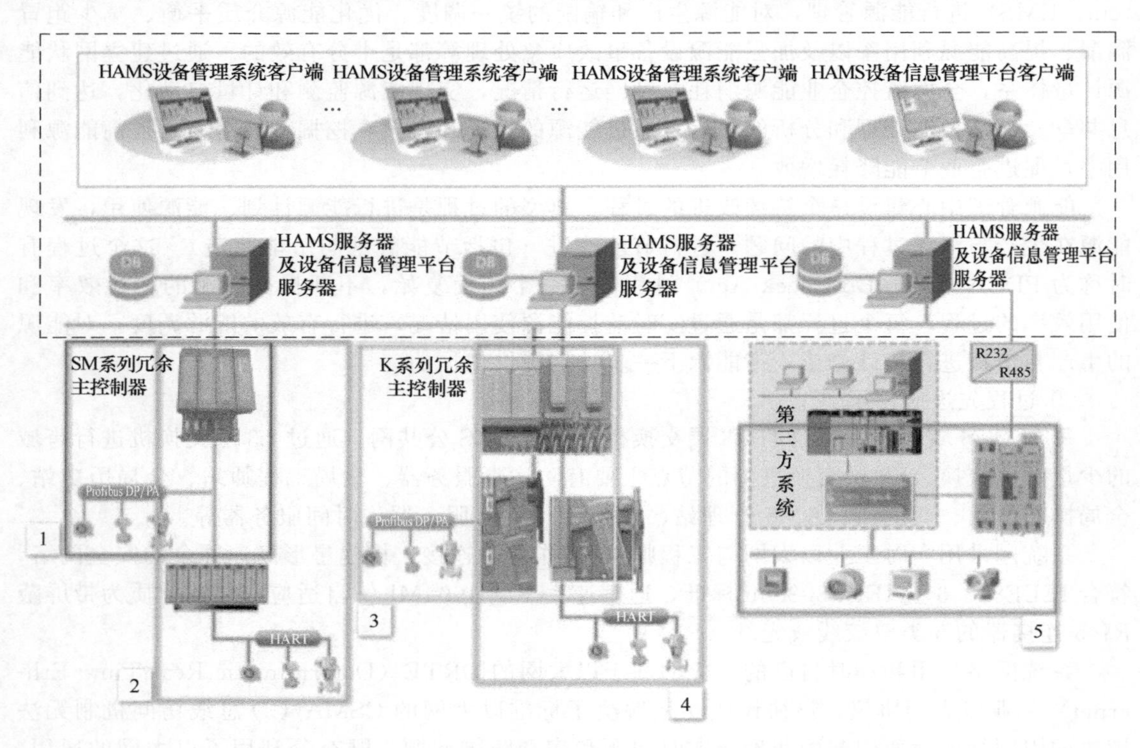

图 3-5　设备管理系统（HAMS）网络结构示意图

HAMS 系统十个主要功能描述如下。

（1）数据通信功能

连接到 DCS 系统的 HART、DP、PA 仪表，通过和利时 HART 协议的 I/O 卡件以及 DP、PA 协议的 link 模块建立连接，并采集信号数据进入 HAMS 系统，可不配备其他任何额外的数据采集配件。

HAMS 设备维护预测管理系统能自动识别总线上的所有智能设备，建立与现场智能仪表的连接，可采集设备中的实时数据（包括生产厂商、设备型号、量程上下限、名称、系列号、软件版本、地址、仪表位号、仪表规格等），提供参数的上传和下载功能，实现设备信息的读取和修改。而且提供对离线设备的配置和修改，并能够将离线组态结果保存到数据库中，一旦设备上线通过下载参数便可将离线保存的组态结果下载到仪表中。

(2) 仪表设备操作日志记录

HAMS系统支持存取所有设备组态和校验操作信息，通过HAMS设备维护预测管理系统可对现场设备的所有参数进行更新和修改，并自动记录所有的维护、校验、组态变化和诊断过程，同时记录每次操作或事件产生的时间、操作用户、操作原因和操作对象等，并能提供快速查询定位功能，便于历史事件和操作的追溯。

(3) 动态台账管理

可对系统连接的智能仪表自动建立台账并填写可读取的设备信息，同时支持手动输入的方式对台账信息进行补充和完善，确保台账信息的完整性。设备台账除了提供基本的设备信息外，如设备编号、生产厂商、型号、安装位置、投运时间、检修周期和设备状态等，还可以提供维护检修信息、操作日志、链接的文档图片以及设备维护记录的统计分析结果等，而且支持各种信息字段的扩展和预留。

(4) 维护计划的自动编制

HAMS设备维护预测管理系统根据设备的诊断故障等级和重要程度，自动编制周、月、年维护计划，维护人员根据自动编制的维护计划及时地对故障诊断异常设备进行维护和检修，避免故障设备在线运行对生产带来的影响和损失。

(5) 设备完好率计算与评价

对故障设备实施的维护信息均可在HAMS设备维护预测管理系统进行记录保存，并且可针对故障设备对维修的次数、频率及常见故障进行统计分析，帮助维修人员及策略者全面了解仪表的运行总体状况以及老化趋势分析，从而为工厂制订维修策略提供依据。

(6) 故障诊断与监测

智能仪表提供自诊断功能，HAMS设备维护预测管理系统采用轮询方式自动读取HART仪表的诊断状态结果。HAMS在运行的设备状态监视图形中，能够实时显示当前设备的状态，包括当前设备的运行情况，当设备运行异常时，显示异常标志。

设置对关键设备进行状态监视，一旦设备诊断出现状态异常，HAMS设备维护预测管理系统的报警监视模块会接收该报警事件并利用声音、颜色等进行提醒，且数据库自动记录该报警事件。对于提供DTM格式的仪表，可通过厂家提供的DTM获取详细的设备运行健康状况用于指导维护人员对仪表故障的排查。

支持设计校验方案，仅需输入校验点数、校验范围、校验精度等，就能自动生成校验方案。支持建立校验计划，同时提供校验前/校验后图形，记录校验前后的校验误差结果，自动记录历史校验结果，并根据校验数据形成标准格式的标定报告，同时提供校验历史报告和历史趋势曲线供操作员判断设备的老化程度。

(7) 模板方式

设备管理系统应能采用模板方式建立或传送仪表组态显示数据，可自动对应不同类型智能设备，完整地显示仪表数据和诊断状态。

(8) 用户管理

设备管理系统应具有用户管理功能，可以设置不同权限的用户和密码，保证操作管理的安全。HART设备中的有效数据可以在DCS系统上引用。对现场出现故障的HART设备，能在操作画面上显示，并且可生成对应的故障报表。

(9) 非智能设备管理

对非智能设备，可采用人工输入的方式建立仪表管理档案。

(10) 与第三方系统进行连接

用于过程控制的OLE（OLE for process control，OPC）是连接数据源（OPC服务器）

和数据使用者（OPC 应用程序）的软件接口标准。HAMS 中 OPC 提供的数据为物理网络中所有仪表设备的参数信息。

OPC 接口部分实现 OPC2.0 规范定义的所有接口，OPC 提供的数据为物理网络中所有设备的参数信息。OPC 通信支持本地和远程 OPCClient 访问，OPCClient 只能读取 OPC-Server 端的数据，不能写入数据。HAMS 与第三方设备连接方案如图 3-6 所示。

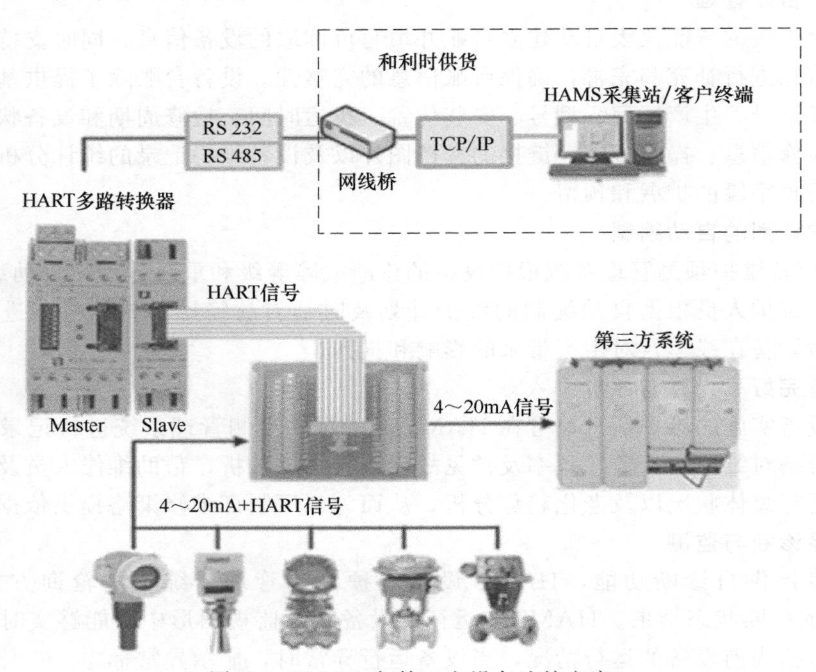

图 3-6 HAMS 与第三方设备连接方案

在图 3-6 中，智能仪表通过 MTL 或者 P＋F 多路转换器剥离出 HART 信号，经过 RS485/RS232 到 HAMS 设备服务器。如果智能仪表和 HAMS 服务器距离远，则需要通过网桥连接到 HAMS 服务器。

本章以一个小型的实际项目为例，主要介绍 Level 1/2 过程控制层的 DCS 系统 HOLLiAS MACS-K 系统配置。

3.2 MACS-K 系统介绍

3.2.1 系统网络结构组成

系统的网络架构由三部分组成，从上到下依次为管理网（MNET）、系统网（SNET）、控制网（CNET）。其中系统网和控制网都是冗余配置，管理网为可选网络。系统网络架构如图 3-7 所示。

(1) 管理网（MNET）

由 100/1000M 以太网络构成，用于控制系统服务器与厂级信息管理系统（RealMIS 或者 ERP)、INTERNET、第三方管理软件等进行通信，实现数据的高级管理和共享。管理网络层为可选网络层。

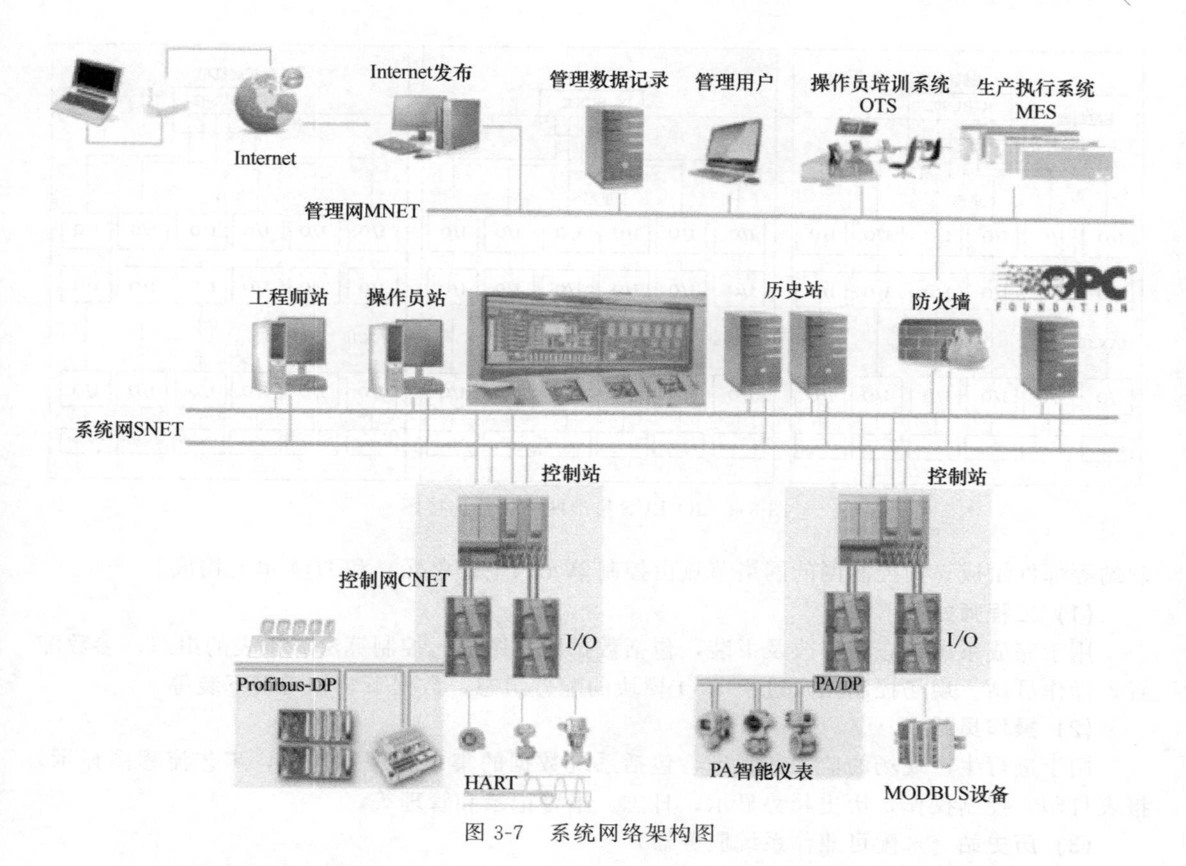

图 3-7 系统网络架构图

(2) 系统网（SNET）

由 100/1000M 高速冗余工业以太网络构成，用于工程师站、操作站、现场控制站、通信控制站的连接，完成现场控制站的数据下装。可快速构建星形、环形或总线型拓扑结构的高速冗余的安全网络，符合 IEEE802.3 及 IEEE802.3u 标准，基于 TCP/IP 通信协议，通信速率 100/1000Mb/s 自适应，传输介质为带有 RJ45 连接器的 5 类非屏蔽双绞线。

(3) 控制网（CNET）

采用冗余现场总线与各个 I/O 模块及智能设备连接，首次同时支持星形网络和总线型网络。实时、快速、高效地完成与现场通信任务，符合 IEC61158 国际标准（国标 JB/T 10308.3—2001/欧标 EN50170，即 Profibus-DP 通信协议），传输介质为屏蔽双绞线或者光缆。

在 MACS-K 系统中，控制器通过冗余的 IO-BUS 总线与 I/O 设备进行通信，I/O 设备将采集的温度、压力、流量、液位等数据传输给控制器，控制器按照预先组态好的控制策略处理数据，并将结果通过 I/O 模块转换为输出控制信号送给执行机构，进行过程量的调节，将过程变量控制在一定的范围内。同时所有必要的数据将传递给上层（HMI）进行显示和存储，并将用户的操作指令传递到下层控制器。

IO-BUS 模块可以实现网络的星形拓扑连接。K 系列 IO-BUS 模块最多支持三级级联，其扩展方式如图 3-8 所示。

3.2.2 系统网、控制网节点功能说明

系统网的网络节点主要由工程师站、操作员站、历史站（选配可兼作系统服务器）、控

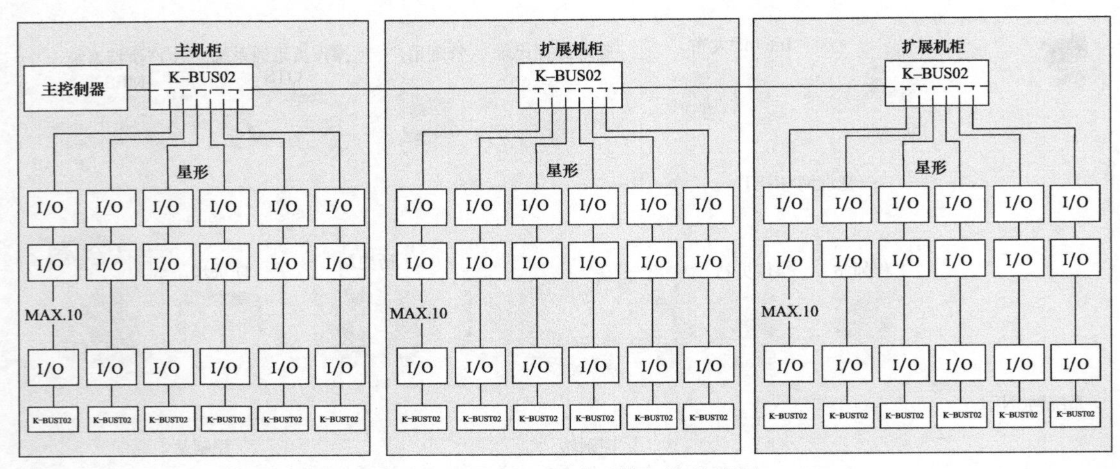

图 3-8 IO-BUS 星形网络拓扑连接图

制站等部件组成；而控制网的网络节点由控制单元（主控单元）和 I/O 单元构成。

(1) 工程师站

用于完成系统组态、修改及下装，包括数据库、图形、控制算法、报表的组态，参数配置，操作员站、现场控制站及过程 I/O 模块的配置组态，数据下装和增量下装等。

(2) 操作员站

用于进行生产现场的监视和管理，包括系统数据的集中管理和监视，工艺流程图显示，报表打印，控制操作，历史趋势显示，日志、报警记录和管理等。

(3) 历史站（选配可兼作系统服务器）

用于完成系统历史数据服务和与工厂管理网络交换信息等。

(4) 控制单元

控制单元是控制网的中央处理单元，主要承担本站的部分信号处理、控制运算、与上位机及其他单元的通信等任务。

(5) I/O 单元

I/O 单元用于信号采集与转换、工程单位变换、模块和通道级故障诊断，通过冗余的 I/O总线送给主控制器单元。

(6) 其他

交换机、路由器、以太网卡和网线等网络设备。

3.2.3 项目与域

和利时 DCS 系统架构是基于“多域管理（MDM）”概念的。整个系统根据位置、功能和受控过程的特点被分为相对独立的子系统，每一个都称为一个“域”，各个域的数据也相对独立。这种结构不仅有利于系统组态，也便于系统的扩展和重建。每一个域（即子系统）都可被单独实施和调试，而不影响其他域。需要扩展新的域时将所需节点直接连到交换机上即可。

对于一个大型的系统，可以通过项目和域，将其分为若干部分，以便于管理、维护和运行。其中，项目是比域大一个级别的范畴，一个项目中可以包含多个工程，每个工程的域号都不相同，项目与项目之间不进行数据交换。一个域对应数据库总控中的一个工程，它归属于某一个项目，由独立的服务器、系统网络和多个现场控制站组成，完成相对独立的采集和控制功能。同一个项目内的域与域之间可以互相访问数据，可以在同一操作员站对各个域进行监控，对一个域的组态、编译和下装不会影响其他域的在线运行。

一个域对应一个工程，必须给工程分配所属项目和域号，否则无法进行编译。系统最多可以创建 32 个项目，每个项目最多可以添加 15 个工程，域号范围为 0～14。域号可以修改，但同一个项目内域号不能重复，系统默认保留 15 号域作为离线查询使用。MACS 架构是基于“多域管理（MDM）”概念的，域的相关介绍如下。

（1）域的定义

域是一组站点的集合，一个项目可以包含一个或多个域，每个域有一个唯一的编号，一个域对应一个独立的工程。一个域内最多可包含 64 个控制站，每个控制站有一个唯一的编号，但不同域内允许有相同编号的站号。通过域号和站号可以定位一个控制站。一台物理计算机可以加入多个域，它仍然只有一个编号，但具有多个域号，这台计算机必须是操作站，控制器不允许加入多域。

操作站可以接受它加入的域的数据，可以向这个域内发送指令。对于未加入的域，它没有这个权限。控制器可以直接向另一个域的控制器请求数据，但仅限于请求数据，不能发送指令。

（2）域结构的优势

域可以实现大型联合装置之间的独立性和信息共享；域间相对独立，每个域自成系统，危险分散。域间可相互监视，联网后构成一个整体，信息共享，通信快速、稳定。不同的域可以分批投入使用，后加入的域可以在不停车情况下以搭积木的方式无缝并入。域内全由工业系统构成，无外来系统，安全可靠。域外通过网关同外部联系，防止黑客病毒影响。

（3）域的划分

实际生产系统中，域是指整个系统根据位置、功能和受控过程的特点被分为相对独立的子系统，通常每个相对独立的子系统划分为一个域，域结构如图 3-9 所示。

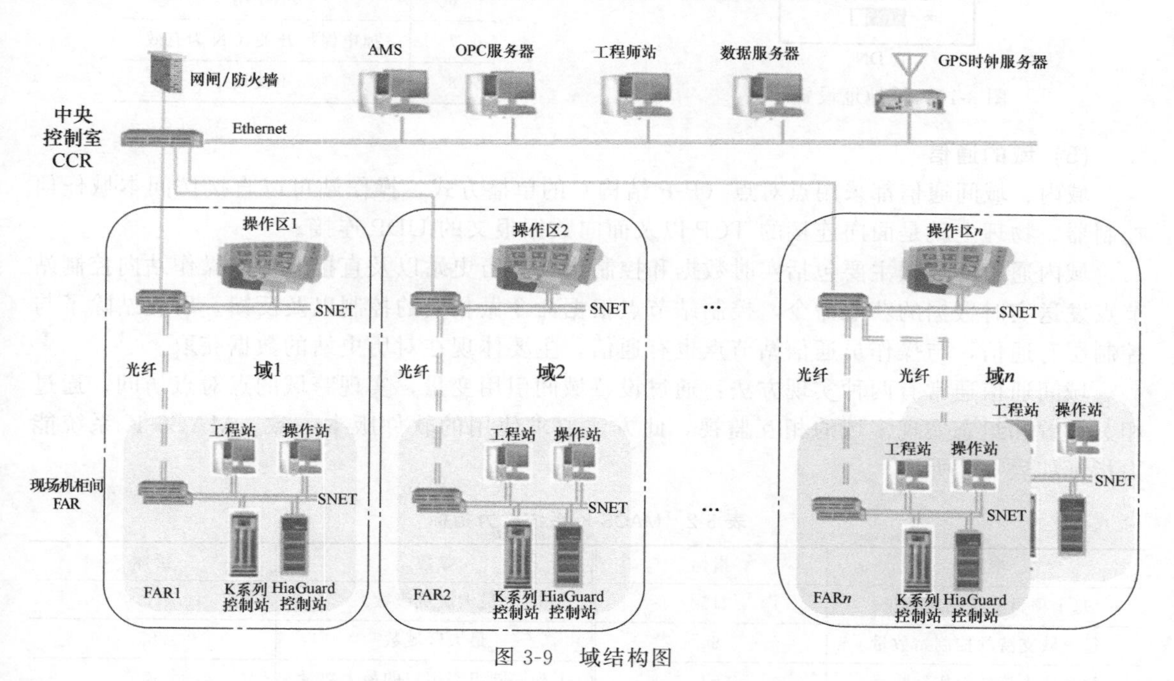

图 3-9 域结构图

域的一个重要功能是隔离网络流量，网络上最占带宽的实时数据仅限于每个域内传播，不同域之间没有大量实时数据包的传送。域的划分还涉及安全、网络、操作权限等因素。

L2 层装置按 LAN 划分，所以每个 LAN 的监控层（过程控制网）是相对独立的，互不影响，不同 LAN 网络在这一层次互不相连。

数据的统一收集和管理以及数据的共享在 L3 层交换机上完成。

监控层设备有操作站、工程师站等，主要分布在中央控制室（CCR），部分分布在现场机柜间（FAR）。

(4) 域地址设置

域地址的范围为 0～14，通过拨码开关 DN 的前 5 位进行设置；其中第 1 位为最低位，第 5 位为最高位。5 位拨码开关的数值从高位到低位排列，组合成一个二进制数，对应的十进制数就是域地址。

十进制域地址$=K5\times2^4+K4\times2^3+K3\times2^2+K2\times2^1+K1\times2^0$

其中，Ki=0 表示第 i 位拨码开关拨到 ON 位置，Ki=1 表示第 i 位拨码开关拨到 OFF 位置（i=0～5）。

例如，域地址=13，13=8+4+1，转换成二进制为 1101，如图 3-10 所示，域地址拨码开关定义如表 3-1 所示。

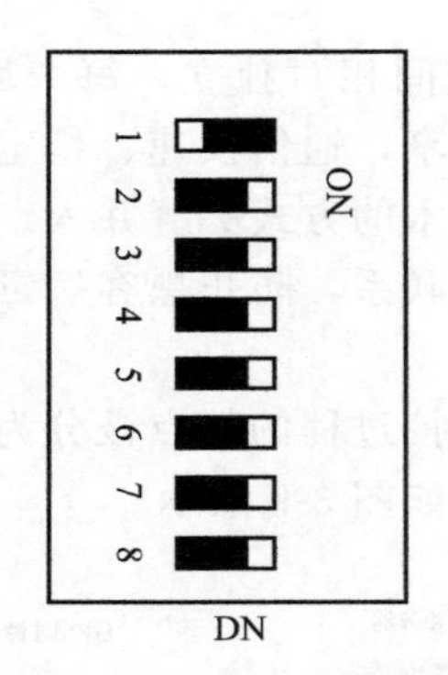

图 3-10 域地址设置示例

表 3-1 域地址拨码开关定义

序号	说明(ON=0,OFF=1)
1	域地址第 1 位
2	域地址第 2 位
3	域地址第 3 位
4	域地址第 4 位
5	域地址第 5 位
6	不使用
7	掉电保持开关,ON 为有效
8	不使用

(5) 域的通信

域内、域间通信都采用点对点（P-P 结构）的单播方式，操作站可以直接访问本域任何控制器。物理上就是面向连接的 TCP 以及面向数据报文的 UDP 连接。

域内通信的数据主要包括实时数据和控制指令。历史站以及直接通信的操作站向控制站节点发送实时数据的获取命令，控制站节点根据命令做相应的控制以及反馈。历史站除了与控制层有通信，与操作员通信站节点也有通信，主要体现在对历史站的数据获取。

域间通信通常有两种实现方法：通过设置域间引用变量，实现跨域的点对点访问；通过相关设置和组态实现多域的相互监视，此方法要求使用的软件版本一致。MACS-K 系统能力指标如表 3-2 所示。

表 3-2 MACS-K 系统能力指标

参数	指标	参数	指标
每个项目支持的域数量	15	最大区域级数	10
每个域支持的控制站数量	64	最大区域数	255
每个域支持的操作站数量	64	工程协同组态用户的最大数量	8
域间通信支持的引用变量数	3000		

3.2.4 信息安全

随着“中国制造 2025”战略的提出，两化深度融合已经成为产业结构调整和转型升级的重要手段，工业控制系统信息安全也成为两化融合的重要组成部分。工业控制系统所面临的信息安全问题已不仅是信息泄露、信息系统无法使用等“小”问题，而是可能会对社会安全稳定、经济健康发展等造成不可估量影响的大问题。下面对石化行业 DCS 典型网络的信息安全设备部署做简单介绍，石化行业 DCS 典型网络的信息安全设备部署见图 3-11。

根据信息安全等级保护三级相关要求将 DCS 系统网络划分为多个分区，并在分区边界处进行隔离防护。纵向将 DCS 网络按照控制区、非控制区以及安全管理中心独立分区的原则划分为三个层次；控制层内部采用独立交换机划分为 *N* 个安全区。

控制层与非控制层各安全区采用交换机实施访问控制列表（ACL）的方式进行安全区边界隔离，控制粒度为 IP＋端口级。DCS 系统网络路由采用静态路由方式实现。

在中心网络单独建立安全管理中心，用于部署入侵检测系统，集中审计系统等设备，对全网进行安全监控；对各网段及各类设备进行 IP 地址分配时，应连续分配，便于管理，并留有足够的冗余地址便于扩展。系统整体设计方案如图 3-11 所示。

在生产管理层（MES 系统）部署 1 台信息安全专网交换机，用于信息安全管理平台与各信息安全设备的联网通信；在 MES 系统核心交换机旁路部署工业入侵检测系统，对网络数据流量进行入侵检测和告警；在 MES 系统核心交换机接入工业日志审计系统，用于各网络中日志的采集和汇总分析；在 MES 系统网络柜部署工业安全管理平台，实现工业安全信息的集中采集、存储、展示、分析、预警及安全设备的管理功能；在集中监控中心网络和 MES 网络边界部署工业安全网闸，实现 DCS 系统与 MES 系统的隔离，保护 DCS 系统网络边界安全；在各 DCS 系统的主交换机旁路部署工业网络审计系统，实现网络的全流量审计、告警和分析功能；在集中监控中心的三层交换机接入工业日志采集器，用于 DCS 网络中日志的采集，并通过信息安全专网交换机将日志上传到工业日志审计系统进行汇总分析；以上各信息安全设备通过防火墙接入信息安全专网交换机。

各内部区域间采用具有 ACL 访问控制列表功能的交换机配置端口及 IP 的通信过滤策略。主机终端进行主机加固并加装基于白名单的防病毒软件实现主机终端防护。

对以上部署的主要信息安全设备及系统做如下简要介绍。

(1) 工业安全网闸

工业安全网闸是面向工业网络的网络隔离类安全防护产品。通过切断由外部发起的连接保护内部网络，适用于仅单向传输的网络环境。

HH800GS 工业安全网闸是一款适用于工业控制系统的信息安全产品，基于双 CPU 架构设计，内部双 CPU 之间使用自定义的私有协议，阻断依赖 TCP/IP 协议的病毒传播，同时阻断基于 IP 网络协议的黑客攻击通道，保护数据通信。通信白名单的设计，可以使数据通信安全等级和控制颗粒度高于目前通用的网闸设备。

HH800GS 可部署在 OPC 通信设备之间、工厂信息化系统与生产系统之间、工控子系统之间等场合。

图 3-11 中在集中监控中心网络与 MES 网络边界部署 1 台工业安全网闸（HH800GS）。

(2) 工业防火墙

工业防火墙是面向工业网络的逻辑隔离类安全防护产品，它主要应用于工业控制环境，能够对工业控制系统边界以及工业控制系统内部不同控制域之间进行边界保护，实现对 OPC、modbus 等工业协议进行过滤，还是满足特定工业环境和功能要求的防火墙。

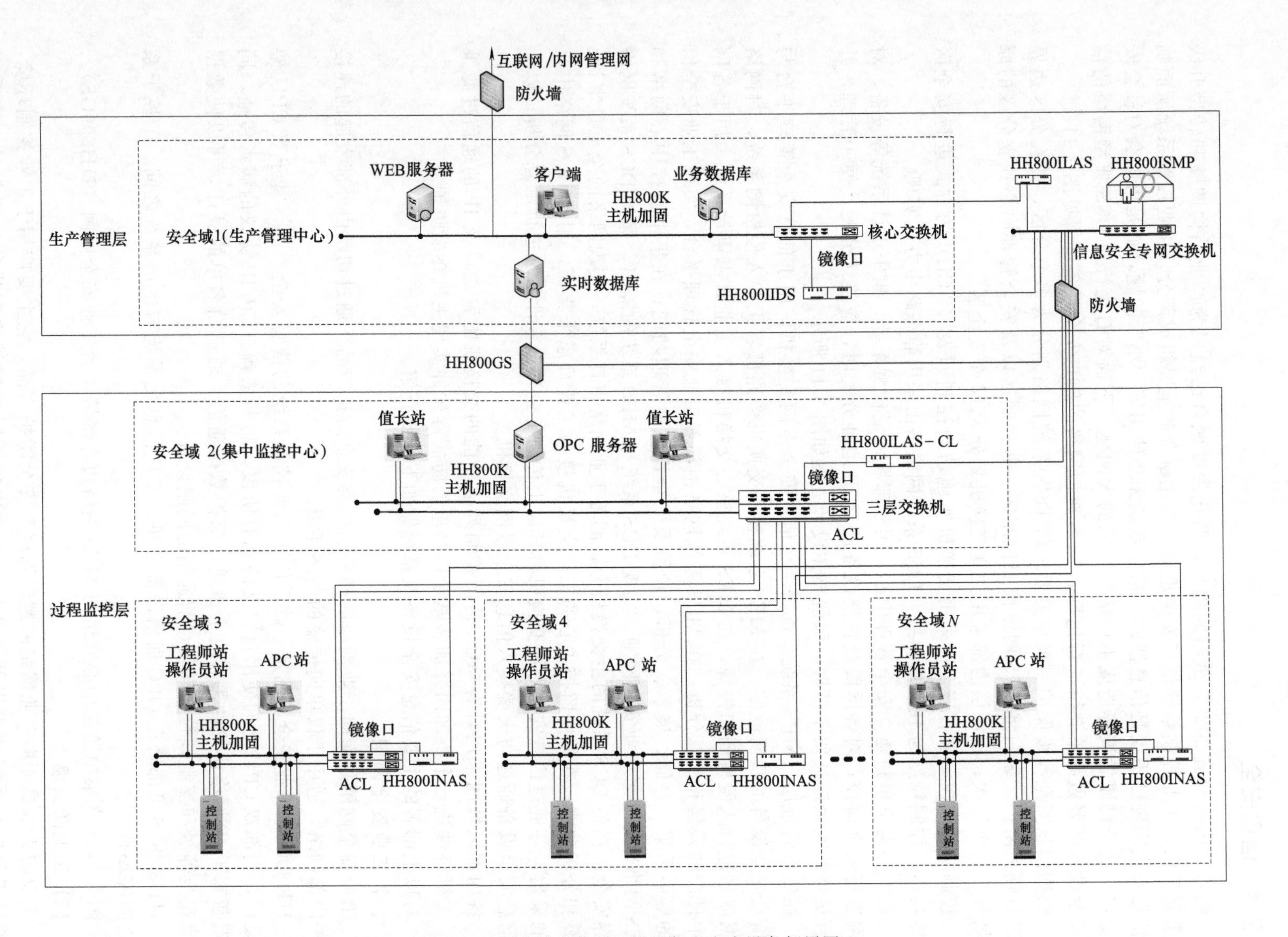

图 3-11　石化行业典型网络的信息安全设备部署图

HH800IFW 工业防火墙是一款专门为工业控制系统开发的信息安全产品，具有基础防火墙、工业 DPI、流量学习、白名单、工业 IPS、工业 VPN 等功能。

HH800IFW 可部署在工业网络每层的边界位置，如部署在监控层的边界对数据采集进行安全过滤，或部署在设备层的边界对不同的工厂进行逻辑隔离，或部署到关键的工程师站前面或者 PLC 前面进行逻辑隔离防护。

(3) 工业入侵检测系统

工业入侵检测系统是一种对工业网络传输数据进行即时监视，在发现可疑流量时发出警报或者采取主动反应措施的网络安全设备。

HH800IIDS 工业入侵检测系统是一款专门为工业控制系统开发的信息安全产品，可以对工业控制系统可能面临的攻击行为进行有效检测，并通过事前告警、事中防护、事后取证三个角度，为工业企业用户提供一套可视化的适用于工业企业业务特性的解决方案，提升工业企业生产运营的安全性。

HH800IIDS 可部署在生产控制区域与信息系统区域的边界处，实现从信息系统到控制系统流量的安全性检测，发现潜在的攻击和异常行为；或部署在生产区域内部，旁路部署于 DCS、PLC 系统内部网络柜网络交换机上，对可能针对 DPU、PLC 等控制装置发动的攻击行为进行有效检测和预防。如图 3-11 中在 MES 系统核心交换机旁路部署 1 套工业入侵检测系统（HH800IIDS)。

(4) 工业网络审计系统

HH800INAS 工业网络审计系统是一款专门为工业控制系统开发的信息安全产品。不仅包括网络安全层面的异常监测，还融入了不同行业的业务安全告警，如智能变电站场景下的遥控操作、定值切区操作、定值修改操作等关键业务行为告警。工控安全审计系统采用旁路部署模式，使工业生产过程“零风险”，基于对工业控制协议（如 ModbusTCP、OPC、SiemensS7、DNP3、IEC60870-5-104、IEC61850-MMS、IEC61850-GOOSE、IEC61850-SV 等）的通信报文进行深度解析，能够实时检测针对工业协议的网络攻击、用户误操作、用户违规操作、非法设备接入以及蠕虫、病毒等恶意软件的传播并实时报警，同时翔实记录一切网络通信行为，包括指令级的工业控制协议通信记录，为工业控制系统的安全事故调查提供坚实的基础。

(5) 工业日志审计系统

工业日志审计系统是一套能对安全设备、网络设备、主机系统、数据库等进行日志数据采集、存储、审计、分析、告警并出具报表报告的信息安全产品。系统提供了强大的日志综合审计功能，为不同层级的用户提供了多视角、多层次的审计视图，支持通过多种协议方式采集日志。

HH800ILAS 工业日志审计系统审计中心自带日志采集功能，同时也支持在用户网络中分布式部署多个日志采集器，就近采集审计数据源的日志信息，并进行日志的范式化、过滤和归并，然后汇聚到审计中心，从而实现对分散审计数据源的日志采集，并有效降低网络中日志流的带宽占用。

(6) 工业安全管理平台

工业安全管理平台监控范围包括控制域和非控制域操作员站、工程师站、实时数据库、历史数据库、网络设备、安全设备等。系统通过集中采集各被防护设备及安全设备的事件及告警信息，进行集中的安全信息处理和分析，并提供统一的安全运维支撑。例如如果哪台设备出现安全告警或故障问题，将实时在拓扑图标上告警，提醒监控运维人员尽快处理。

HH800ISMP 工业安全管理平台从工业控制系统安全的角度，对工控系统的各类 IT 和

OT 设备数据进行采集，包括业务设备日志采集、安全设备事件收集、网络流量数据采集、安全设备配置采集等功能。平台对采集得到的结果进行统一分析与展示，发现工控网络内部的异常行为，如组态变更、负载变更、异常访问等行为，实现对工控现场安全事件的预警与响应。

HH800ISMP 可以对工业网络中各类上位机服务器、PLC 工控设备、网络交换设备、工控安全设备集中进行性能状态监控、安全事件展示、安全风险评估，以及依赖于工控知识库进行安全响应与处置。

工控知识库包括工控事件库、处置预案库、工控漏洞库、工控协议库。平台主要依据工控事件库和处置预案库将多种设备收集的日志进行整合关联分析，产生告警并给出处置建议。工控漏洞库包含了 IT 信息系统漏洞及 OT 工控环境漏洞，方便运维人员进行风险分析和管控。工控协议库囊括了 OPC DA/A&E、ModbusTCP、S7Comm、Profinet、DNP3、IEC60870-5-104、IEC61850-MMS 等主流工控厂商使用的工控通信协议。图 3-11 中在 MES 系统网络柜部署 1 套工业安全管理平台。

(7) 工业主机加固

工业主机终端进行安全防护时应从配置管理、网络管理、接入管理、日志与审计、恶意代码防范等方面，对 Windows 操作系统进行配置，从而积极防范因 Windows 系统漏洞而诱发的网络安全事件。

具体部署如下：

① MES 系统的主机终端（包含实时数据库服务器、业务数据库服务器、WEB 服务器、客户端等）进行主机加固并加装基于白名单的防病毒软件。

② 各 DCS 系统的主机终端（包含服务器、操作站、工程师站、通信站等）进行主机加固并加装基于白名单的防病毒软件。

3.2.5 MACS-K 系统的时钟同步

整个 MACS-K 系统采用向同一个 GPS 系统（或北斗）对齐的方法实现时钟同步，时钟服务器接收 GPS 校时时钟信号，并采用广播校时包经现场控制站的所有网络设备进行校时，将服务器的时钟对齐。为防止出现时钟越走越慢的情况，校时时需要补偿校时包在网络上的传输延时。

若 GPS 出现故障（或没有 GPS 系统），则系统按照主服务器的时钟进行任务的调度和工作。由时钟服务器根据自己的时钟周期性地在 SNET 广播发送校时包，各操作员站收到校时包后修改本地时钟，各现场控制站的主、从两个主控单元分别独立接收校时包，然后对本地的时钟进行修改。各 I/O 模块上各有一个时间计数器用于记录每分钟内的毫秒数（该计数器每毫秒加 1）。作为现场控制站主控制器的主控单元在每个整分钟的时刻点向控制网络（CNET）上广播对时帧。各 I/O 模块收到对时帧后将各自的时间计数器清零。从而实现一个现场控制站内各 I/O 模块间的时钟同步。

时钟同步系统支持多种输出信号，例如可以使用以太网网络信号（NTP）。NTP 网络时间服务与串行报文对时相比，具有服务范围广、对时精度高、授时对象多和协议支持性好等特点；无需第三方软件，直接利用计算机的各种操作系统的内核自动进行时间服务；在一个网络中，只需一台网络时间服务器便可实现网络中的计算机的自动校时任务。

MACS-K 系统本身具有内部时钟同步，能够实现整个系统的时钟同步向内部时间服务器对准。MACS-K 系统单域时钟同步示意图如图 3-12 所示，多域时钟同步系统采取自动选择“最小号域”的校时服务器给其他域的历史站校时。

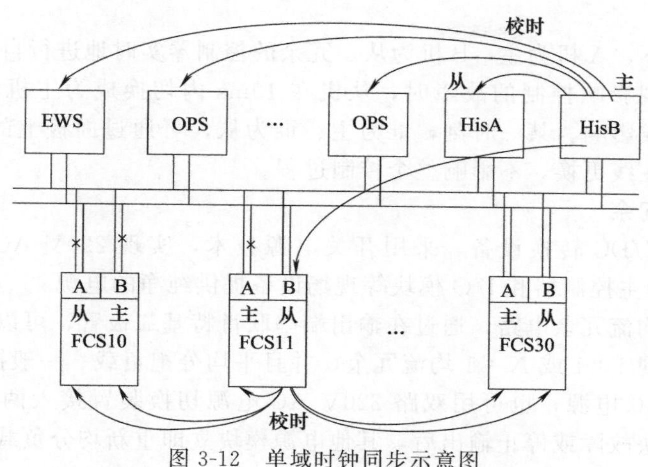

图 3-12 单域时钟同步示意图

3.3 DCS系统硬件配置

通常将工程师站、操作员站和历史站统称为操作站，将控制单元和 I/O 单元统称为现场控制站。DCS 系统硬件配置主要就是对操作站和现场控制站进行配置。

3.3.1 硬件配置的冗余技术与原则

在进行硬件配置时，原则上要求系统应具有完备的冗余技术，不但要求设备冗余，而且要求工作性能也冗余。例如，各级网络通信设备及相关独立部件必须 1∶1 冗余；控制站的处理器等功能卡必须 1∶1 冗余；所有电源设备及相关独立部件必须 1∶1 冗余；多通道控制回路的 I/O 卡必须 1∶1 冗余。每个操作站都应带有独立的计算机主机，操作站之间应具备工作冗余的功能。对冗余的设备，要求能在线故障诊断、报警、自动切换及维修提示。

(1) 主控制器冗余

主控制器采用 1∶1 冗余配置保证可靠性。图 3-13 所示为主控制器冗余工作原理图，互为冗余的一对控制器安装在 4 槽控制器底座上。

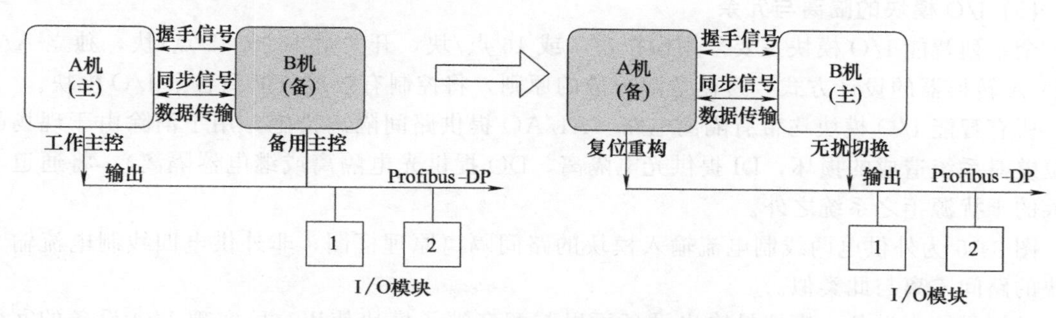

图 3-13 主控制器冗余工作原理框图

控制模块通过内部冗余控制电路保证两个冗余控制器间的组态、数据和运行周期保持一致。两个主控制器同时接收网络数据，同时做控制运算，但只有一个输出运算结果。

主机与从机每周期交互同步数据，从机使用同步数据跟随主机运行，同步过程不影响整个控制过程。

默认初始状态下，A 机为主，B 机为从。冗余的控制器实时地进行自身状态诊断，并相互诊断，当主机出现影响控制的故障时，从机在 10ms 内切换成为主机。该切换为无扰切换，不会对系统造成影响。某一时刻，谁为主、谁为从，可通过面板上的状态指示灯判别。故障的控制器可以在线更换，不影响整个控制过程。

(2) 系统电源冗余

电源模块是 AC/DC 转换设备，采用开关电源技术，实现 220V AC 到 24V DC 和/或 48V DC 的转换，为主控制器和 I/O 模块等现场设备提供纯净的电源。

电源模块内置均流冗余电路，通过在输出端串联肖特基二极管，可以两台或多台冗余配置、并联运行，实现 1∶1 或 N∶1 均流冗余，并且平均分担负载。一般按 1∶1 冗余，可以直接接双路 220V AC 电源，也可用双路 220V AC 电源切换装置接入两路 220V AC 电源。当其中任何电源模块故障或停止输出后，其他电源模块立即重新均分负载，实现电源供电的无扰切换及在线更换。电源模块冗余工作原理如图 3-14 所示。

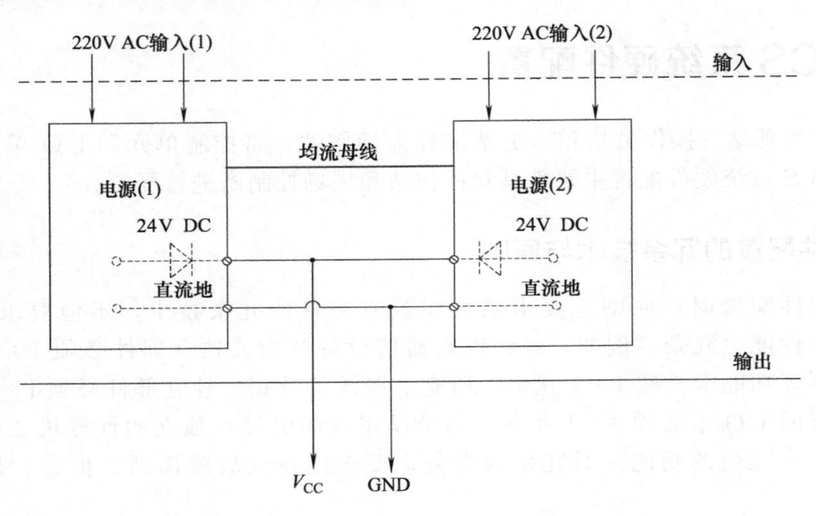

图 3-14 电源模块冗余工作原理框图

(3) I/O 模块的隔离与冗余

全系列智能 I/O 模块主要采用模拟量 8 或 16 点/块，开关量 16 或 32 点/块，独立 A/D 或 D/A 转换器的设计方式，遵循危险分散的原则，将控制有效地分散到各个 I/O 模块。

所有智能 I/O 模块均带有隔离电路（AI/AO 提供路间隔离措施，用于消除由于现场的电位差对系统造成的损坏，DI 提供光电隔离，DO 提供光电隔离或继电器隔离），将通道上窜入的干扰源拒之系统之外。

图 3-15 为外供电两线制电流输入模块的路间隔离原理框图，非外供电四线制电流输入模块的路间隔离与此类似。

模拟量输入设备、模拟量输出设备可以与配套端子模块使用，可实现 I/O 设备的冗余配置。模拟量冗余输入模块冗余配置时，采用双通道采集输入，将结果进行比较，同时判断输入通道的正确性。

模拟量冗余输出模块采用双模块热备份，自动分配主从，并设有冗余切换机制。硬件自动比较输出结果的一致性，进行自检。图 3-16 为 AO 模块冗余工作原理框图。

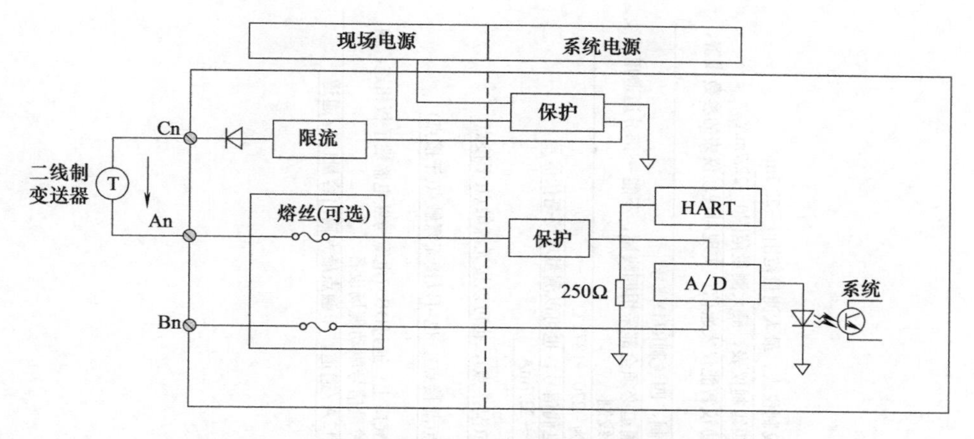

图 3-15 外供电两线制电流输入模块路间隔离原理框图

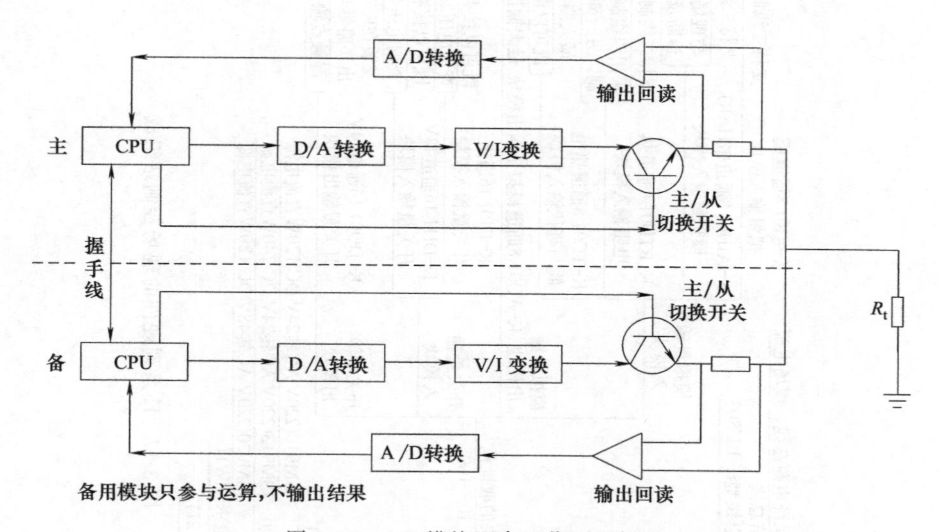

图 3-16 AO 模块冗余工作原理框图

3.3.2 现场控制站组成

现场控制站由控制单元和 I/O 单元组成，K 系列硬件的现场控制站组成如图 3-17 所示。

(1) 控制单元

控制单元是现场控制站的核心。两块控制器模块 K-CU01 和两块 IO-BUS 模块安装在 4 槽主控背板 K-CUT01 上，就构成了一个基本的控制单元，如图 3-17 所示。控制单元设备如表 3-3 所列。

K-BUS02：星形 IO-BUS 模块，可连接 60 个 I/O 模块，外加 1 路扩展。

K-BUS03：总线型 IO-BUS 模块，最多连接 30 个 I/O 模块。

(2) I/O 单元

I/O 单元由 I/O 模块、配套底座以及端子板、安全栅等组成。它采集来自现场的模拟量或数字量信号，将这些信号进行转换以供主控制器处理，或者将主控制器处理过的信号输出到现场。I/O 设备通过 IO-BUS 总线与主控制器进行通信。K 系列的 I/O 单元具有优化的结构设计，底座竖直排列，方便端子接线；模块倾斜设计形成对流通道，热量可以迅速散发。

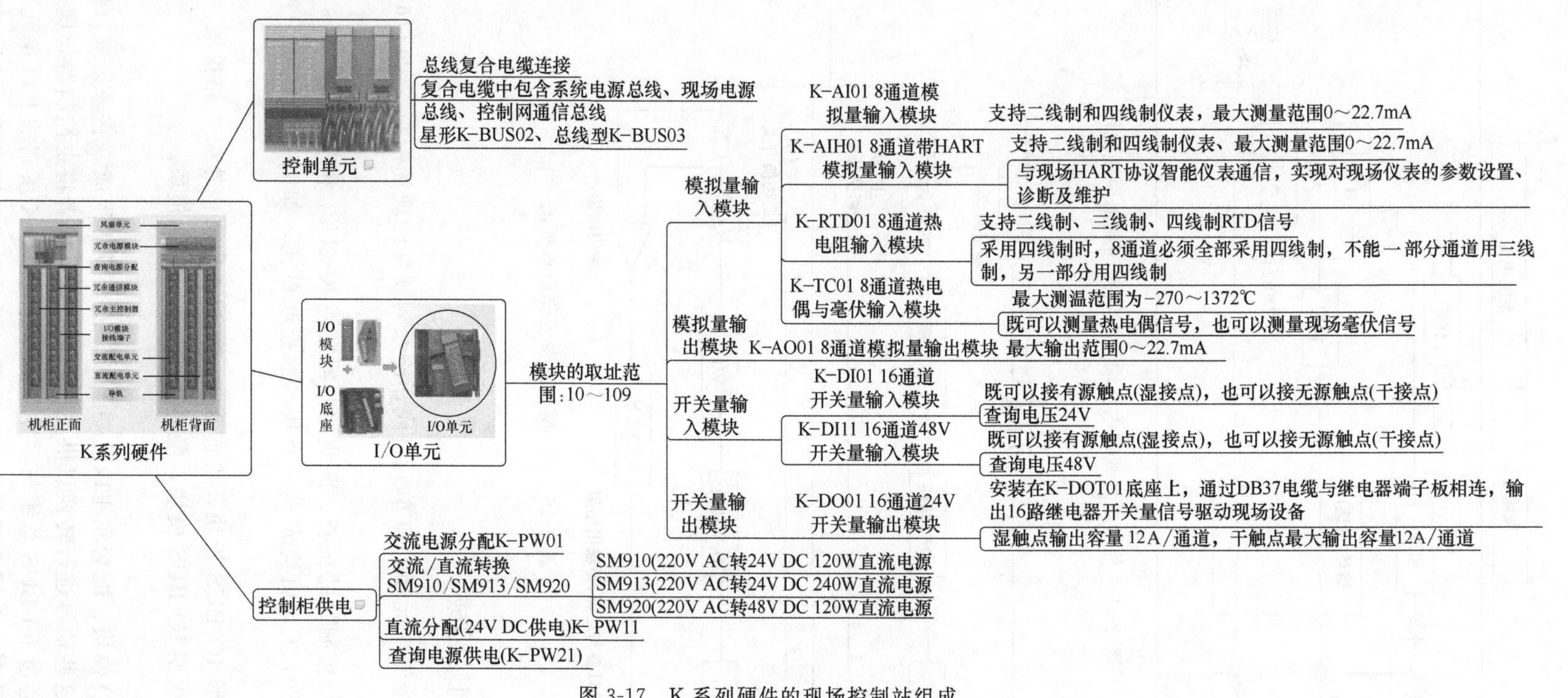

图 3-17　K 系列硬件的现场控制站组成

表 3-3 控制单元一览表

名称	型号		
主控制器	K-CU01	K-CU02	K-CU03
主频/MHz	333	400	800
扫描周期/ms	100、200、500、1000	50、100、200、500、1000	10、20、40、100、200、400、500、1000
带载能力	100个IO模块		400个IO模块
IO点数量	1280		4800
背板	K-CUT01		K-CUT03
IO-BUS模块	K-BUS02、K-BUS03		K-BUS02、K-BUS03、K-BUS04
系统网	冗余,10/100Mb/s,自适应		冗余,10/100/1000Mb/s,自适应
控制网	冗余,1.5 Mb/s		

I/O模块主要实现信号转换功能，可以分为模拟量I/O模块、数字量I/O模块、通信模块三类。I/O底座主要实现现场信号的接入与安全防护等功能。表3-4为I/O模块、底座、端子板匹配列表。

表 3-4 I/O模块、底座、端子板匹配列表

I/O模块	底座	端子板	说明
K-AI01/K-AIH01	K-AT01	—	支持二线制、四线制仪表
	K-AT02	K-AIR02	支持三线制仪表(1个K-AIR02对应2个K-AI01/K-AIH01)
		K-UR01	支持二线制、四线制仪表
	K-AT11	—	支持二线制、四线制仪表
	K-AT21	—	支持二线制、四线制仪表
		K-AIR02	支持三线制仪表(1个K-AIR02对应2个K-AI01/K-AIH01)
		K-UR01	支持二线制、四线制仪表
	K-DOT01	K-AIR02	支持三线制仪表(1个K-AIR02对应2个K-AI01/K-AIH01)
		K-UR01	支持四线制仪表
K-AI02/K-AIH02	K-AT12	—	电流信号:支持二线制、四线制仪表 电压信号:支持0～10V
	K-AT13	—	电流信号:支持二线制、四线制仪表 电压信号:支持0～10V
	K-AT22	—	电流信号:支持二线制、四线制仪表 电压信号:支持0～10V
K-AI03/K-AIH03	K-AT03	—	前12通道仅支持二线制仪表,后4通道支持二/四线制仪表
	K-AT23	—	前12通道仅支持二线制仪表,后4通道支持二/四线制仪表
		K-AIR01	16个通道都支持二/四线制仪表
		K-AIR02	16个通道都支持三线制仪表
	K-DOT01	K-AIR01	16个通道都支持二/四线制仪表
		K-AIR02	16个通道都支持三线制仪表

续表

I/O模块	底座	端子板	说　明
K-AI04	K-AT01	—	支持二线制、四线制仪表
	K-AT11	—	支持二线制、四线制仪表
	K-DOT01	K-AIR02	支持三线制仪表
		K-UR01	支持四线制仪表
K-AO01/K-AOH01	K-AT01	—	支持电流型负载
	K-AT02	K-UR01	支持电流型负载
	K-AT11	—	支持电流型负载
	K-AT21	—	支持电流型负载
		K-UR01	支持电流型负载
	K-DOT01	K-UR01	支持电流型负载
K-RTD01	K-TT01	—	支持二/三/四线制 RTD 信号
	K-TT21	—	支持二/三/四线制 RTD 信号
		K-UR01	支持二/三/四线制 RTD 信号
	K-DOT01	K-UR01	支持二/三/四线制 RTD 信号
K-TC01	K-TT01	—	支持 TC 信号、毫伏信号
	K-TT21	—	支持 TC 信号、毫伏信号
		K-UR01	支持 TC 信号、毫伏信号
	K-DOT01	K-UR01	支持毫伏信号
K-DI01/K-DI11/K-DI04/K-DI12	K-DIT01	—	支持干接点、二线制接近开关、湿接点、PNP 型接近开关
	K-DIT02	K-DIR01	支持干接点信号、NPN 型接近开关信号
		K-DIR03	支持 110/220V AC、110/220V DC 开关量信号
		K-UR01	支持干接点信号、湿接点信号、二线制接近开关信号、PNP 型接近开关信号
	K-DIT11	—	支持干接点、二线制接近开关、湿接点、PNP 型接近开关
	K-DIT21	—	支持干接点、二线制接近开关、湿接点、PNP 型接近开关
		K-DIR01	支持干接点信号、NPN 型接近开关信号
		K-DIR03	支持 110/220V AC、110/220V DC 开关量信号
		K-UR01	支持干接点信号、湿接点信号、二线制接近开关信号、PNP 型接近开关信号
	K-DOT01	K-DIR01	支持干接点信号、NPN 型接近开关信号
		K-DIR03	支持 110/220V AC、110/220V DC 开关量信号
		K-UR01	支持湿接点信号、PNP 型接近开关信号
K-DI03/K-DI13	K-DIT23	—	支持干接点
		K-DIR04	支持干接点
	K-DOT01	K-DIR04	支持干接点
K-DO01	K-DOT01	K-DOR01	支持常开或常闭型的干接点/湿接点信号(冗余或非冗余模式),继电器:和泉 RTIS-C-D24

续表

I/O 模块	底座	端子板	说　明
K-DO01	K-DOT01	K-DOR02	支持常开或常闭型的干接点/湿接点信号（冗余或非冗余模式），继电器：松下 JW1FSN-DC24V
		K-DOR03	支持常开或常闭型的干接点/湿接点信号（冗余或非冗余模式），继电器：魏德米勒 RSS113024
		FM138-SSRR	支持直流/交流固态继电器
		K-UR01	支持通过单独继电器输出常开或常闭型的干接点信号（冗余或非冗余模式）
K-SOE01/ K-SOE11	K-DIT01	—	支持干接点、二线制接近开关、湿接点、PNP 型接近开关
	K-DIT02	K-UR01	支持干接点信号、湿接点信号、二线制接近开关信号、PNP 型接近开关信号
	K-DIT11	—	支持干接点、二线制接近开关、湿接点、PNP 型接近开关
	K-DOT01	K-UR01	支持湿接点信号、PNP 型接近开关信号
K-PI01	K-PIT01	—	支持干接点信号、二线制接近开关、PNP 型接近开关、NPN 型接近开关、三/四线制电压脉冲信号、三线制电流脉冲信号
	K-DOT01	K-UR01	支持干接点信号、二线制接近开关、四线制电压脉冲信号
K-DP03/K-PA02/ K-MOD01	K-PAT01	—	—
	K-PAT21	—	—
K-MOD03	K-MODT01	—	—
	K-MODT21	—	—

I/O 模块的底座接线方式有两种，一种是现场信号线缆直接连接底座上的接线端子，另一种是通过 DB37 接口接到安全栅柜或端子柜。接线端子用于机柜内接线，DB37 接口可进行跨机柜接线。当现场电缆需要经过端子柜、继电器柜、安全栅/隔离器柜转接到系统柜时需要带 DB37 接口的底座。如果是冗余底座，其上既有接线端子，也有 DB37 接口。

K-DOT01 是 16 通道 DO 底座，但 AI/AO 模块需要 DB37 口时也可配置 K-DOT01 底座，底座功能说明如表 3-5 所示。

表 3-5　I/O 底座的功能

分类	型号	说明	接线端子	DB37	冗余	通道抗 220V AC
模拟量	K-AT01	8 通道 AI 与 AO 底座	√			
	K-AT02	8 通道 AI 与 AO 增强型底座(DB37)		√		√
	K-AT11	8 通道 AI 与 AO 增强型底座	√			√
	K-AT21	8 通道 AI 与 AO 增强型冗余底座	√	√	√	√
	K-AT12	8 通道高性能 AI 底座	√			
	K-AT13	8 通道高性能 AI 底座(DB37)		√		
	K-AT22	8 通道高性能 AI 冗余底座	√	√	√	
	K-AT03	16 通道 AI 底座	√			
	K-AT23	16 通道 AI 冗余底座	√	√	√	

续表

分类	型号	说明	接线端子	DB37	冗余	通道抗220V AC
模拟量	K-TT01	8 通道 TC 与 RTD 底座	√			
	K-TT21	8 通道 TC 与 RTD 冗余底座	√	√	√	
数字量	K-DIT01	16 通道 DI 底座	√			
	K-DIT02	16 通道 DI 增强型底座(DB37)		√		√
	K-DIT11	16 通道 DI 增强型底座	√			√
	K-DIT21	16 通道 DI 增强型冗余底座	√	√	√	√
	K-DIT23	32 通道 DI 冗余底座	√	√	√	
	K-DOT01	16 通道 DO 底座		√		
	K-PIT01	6 通道脉冲量输入底座	√			

DCS 系统通过网桥/网关设备，可以与第三方设备进行通信。MACS-K 系列网桥/网关设备如表 3-6 所列。

表 3-6 网桥/网关设备列表

分类	型号	说明
网桥/网关模块	K-DP02	DPY-link 网桥通信模块
	K-DP03	DPlink 网桥通信模块
	K-PA01	DP/PAlink 网桥通信模块
	K-PA02	Profibus-PA 网桥通信模块
	K-MOD01	2 通道 Profibus-DP/Modbus 网关模块
	K-MOD03	4 通道 Profibus-DP/Modbus 网关模块
网桥/网关底座	K-PAT01	DP/PA 底座
	K-PAT21	DP/PA 冗余底座
	K-MODT01	K-MOD03 普通底座
	K-MODT21	K-MOD03 冗余底座
中继器	K-DPR01	Profibus-DPRS485 中继器模块
集线器	K-HUB01	Profibus-DP 集线器模块
终端器	K-DPT01	Profibus-DPRS485 终端电阻器模块
转接板	K-JNCT01	总线端子转接板模块

(3) 控制柜供电

在 MACS-K 系统中，现场控制机柜（I/O 柜、继电器柜、安全栅柜等）接入 2 路独立的 220V AC 电源，为 UPS 电源和厂用保安段电源。控制器、非外供电的 AI 模块（四线制 AI 及 TC、RTD 模块）、给 CPU 和 I/OBUS 供电；模数转换器 ADC 侧由现场电源供电；外供电 AI/AO 模块包括两线制 AI 模块、AO 模块，它们的外供电部分由经过板内热插拔后的现场电源供电，其他部分的供电与非外供电 AI 模块相同。非外供电通道隔离 AI 模块（四线制隔离 AI 模块），每个通道的电源由现场电源经过隔离 DC/DC 转换供电。外供电通道隔离 AI 模块（两线制隔离 AI 模块），每个通道外供电由现场电源经过隔离 DC/DC 转换供电。DI 模块的查询电源可以由外部独立查询电源供电，也可以由现场电源供电。DO 模块的接点侧电源由现场电源提供。

3.3.3 现场控制站硬件配置

为便于学习，本节以小型工程——某石化公司烷基化项目为例介绍系统配置方案。要进行 DCS 系统配置，首先要明白招标规格书的主要要求，然后根据招标书要求做配置方案。

烷基化项目招标规格书对 20 万吨/年烷基化装置 DCS 的配置规模、系统功能、技术性能等方面提出需要的技术规格，对供货商的供货范围、技术服务、工程项目实施等提出要求，也对系统的组态、软件集成方式等提出要求。

本装置设置现场机柜间，在现场机柜间除了安装 DCS 的控制器外，还安装 1 台 DCS 显示站供外操使用，1 台工程师站用于开车前的调试和系统维护。操作站等人/机界面放置在工厂现有的中心控制室。

(1) I/O 测点统计

烷基化装置（单元号：0220）控制回路、检测点统计（DCS I/O 清单）（含 15%备用）如表 3-7 所列。

表 3-7 烷基化装置 I/O 清单统计表

信号类型		控制(冗余)	检测	备注
AI(4～20mA二线制)	HART 智能型	215	398	本安
	普通型	6	6	本安
AI(4～20mA非二线制)	可燃气体、有毒气体检测器			
	HART 智能型	63	18	隔爆
	普通型			
AO(4～20mA＋HART)		238		本安
AO(4～20mA＋HART)		4		至电气变频调节，加隔离器
TC(IEC 标准)		6		转换成 4～20mA＋HART 进入系统，本安
RTD(Pt100 型)		16	304	转换成 4～20mA＋HART 进入系统，本安
PI				
DI				需加继电器，例如自电气来
DI			126	不加继电器，例如自现场来
DO(≥2A，24V AC)		54		加继电器后有源输出，例如去现场电磁阀
DO(≥3A，220V AC)		6		加继电器后干接点输出，例如去电气、其他系统
DO(≥3A，220VDC)		3		加继电器后干接点输出，例如去电气
远程 AI				
远程 AO				
远程 DI				
远程 DO				
RS485		5	5	与 SIS、CCS、电气、电信专业通信
RS232C				
总计		616	857	

废酸再生单元（单元号：0220-2）控制回路、检测点统计（DCS I/O 清单）如表 3-8 所列。

表 3-8 废酸再生单元 I/O 清单统计表

信号类型		控制(冗余)	检测	备注
AI(4～20mA二线制)	HART 智能型	36	123	本安
	普通型	3	6	本安
AI(4～20mA非二线制)	可燃气体、有毒气体检测器			
	HART 智能型	5	17	隔爆
	普通型	6	8	隔爆
AO(4～20mA＋HART)		84		本安
AO(4～20mA＋HART)		5		至电气变频调节，加隔离器
TC(IEC 标准)		30	107	转换成 4～20mA＋HART 进入系统，本安
RTD(Pt100 型)		16	304	转换成 4～20mA＋HART 进入系统，本安
PI				
DI				需加继电器，例如自电气来
DI			30	不加继电器，例如自现场来
DO(≥2A，24V AC)		10		加继电器后有源输出，例如去现场电磁阀
DO(≥3A，220V AC)		3		加继电器后干接点输出，例如去电气、其他系统
DO(≥3A，220V DC)				加继电器后干接点输出，例如去电气
远程 AI				
远程 AO				
远程 DI				
远程 DO				
RS485		5	5	
RS232C				
总计		203	600	

(2) I/O 单元的配置

招标规格书中对 I/O 卡配置的具体要求如下：

① AI、AO、DO 卡的通道数不应多于每卡 16 通道。

② DI 卡的通道数不应多于每卡 32 通道。

③ 远程 I/O 卡的通道数不应多于每卡 16 通道。

④ DCS 应为现场 24V 用电仪表供电，I/O 卡不能供电的，应配置供电电源和配电端子。

⑤ 冗余的 I/O 卡的各通道应有独立的 A/D、D/A 转换器。

⑥ 与电气信号关联的 DI 卡应配备中间继电器（5A，220V AC)。

⑦ 不同的 DO 信号（220V DC，2.5A；220V AC，2.5A 或 2A，24V DC）应布置在不同的 DO 卡，DO 卡的每个通道应配备中间继电器。

根据以上配置要求以及 I/O 清单统计表 3-7 和表 3-8 中的信号类型及冗余要求，配置并整理出表 3-9 和表 3-10 中 I/O 单元配置清单。

表 3-9 烷基化装置 I/O 测点统计及 I/O 单元配置清单

I/O 类型	测点数量(设计已含 15%)	实配测点	卡件类型	通道数	卡数量	冗余	底座型号	底座数量	端子型号	端子数量	安全栅	安全栅数量
AI(冗余)+(本安)	221	224	K-AIH03	16	28	2	K-AT23	14	K-AIR01	14	AI 安全栅	224
AI(冗余)+(有源)	63	64	K-AIH03	16	8	2	K-AT23	4	K-AIR01	4	AI 隔离器	64
AI(冗余)+(Pt100)	16	16	K-AIH03	16	2	2	K-AT23	1	K-AIR01	1	RTD 安全栅	16
AI(冗余)+(TC/K)	6	16	K-AIH03	16	2	2	K-AT23	1	K-AIR01	1	TC 安全栅	16
AI(非冗余)+(本安)	404	416	K-AIH03	16	26	1	K-DOT01	26	K-AIR01	26	AI 安全栅	416
AI(非冗余)+(有源)	18	32	K-AIH03	16	2	1	K-DOT01	2	K-AIR01	2	AI 隔离器	32
AI(非冗余)+(Pt100)	304	304	K-AIH03	16	19	1	K-DOT01	19	K-AIR01	19	RTD 安全栅	304
AO(冗余)+(本安)	238	240	K-AOH01	8	60	2	K-AT21	30	K-UR01	30	AO 安全栅	240
AO(冗余)+(非本安)	4	8	K-AOH01	8	2	2	K-AT21	1	K-UR01	1	AO 隔离器	8
DI(非冗余)	126	128	K-DI03	32	4	1	K-DOT01	4	K-DIR04	4		
DO(冗余)≥2A,24V AC	54	64	K-DO01	16	8	2	K-DOT01	8	K-DOR01	4		
DO(冗余)≥3A,220V AC	6	16	K-DO01	16	2	2	K-DOT01	2	K-DOR01	1		
DO(冗余)≥3A,220V DC	4	16	K-DO01	16	2	2	K-DOT01	2	K-DOR01	1		
RS485	5	8	K-MOD03	4	4	2	K-MODT21	2	K-DPT01	2		
RS485	5	8	K-MOD03	4	2	1	K-MODT01	2	K-DPT01	2		
合计	1474	1560	余量	6%	171							1320

注：表中第二列“设计已含 15%”是指这一列的数量在设计测点时已包含 15%的余量，若没有这句话，就要按照招标规格书要求的余量来计算。

表 3-10　废酸再生单元 I/O 测点统计及及 I/O 单元配置清单

I/O 类型	测点数量(设计已含 15%)	实配测点	卡件类型	通道数	卡数量	冗余	底座型号	底座数量	端子型号	端子数量	安全栅	安全栅数量
AI(冗余)+(本安)	39	48	K-AIH03	16	6	2	K-AT23	3	K-AIR01	3	AI 安全栅	48
AI(冗余)+(有源)	11	16	K-AIH03	16	2	2	K-AT23	1	K-AIR01	1	AI 隔离器	16
AI(冗余)+(TC/K)	30	32	K-AIH03	16	4	2	K-AT23	2	K-AIR01	2	TC 安全栅	32
AI(非冗余)+(本安)	129	144	K-AIH03	16	9	1	K-DOT01	9	K-AIR01	9	AI 安全栅	144
AI(非冗余)+(有源)	25	32	K-AIH03	16	2	1	K-DOT01	2	K-AIR01	2	AI 隔离器	32
AI(非冗余)+(TC/K)	107	112	K-AIH03	16	7	1	K-DOT01	7	K-AIR01	7	RTD 安全栅	112
AO(冗余)+(本安)	84	88	K-AOH01	8	22	2	K-AT21	11	K-UR01	11	AO 安全栅	88
AO(冗余)+(非本安)	5	8	K-AOH01	8	2	2	K-AT21	1	K-UR01	1	AO 隔离器	8
DI(非冗余)	30	32	K-DI03	32	1	1	K-DOT01	1	K-DIR04	1	DI 安全栅	0
DO(冗余)≥2A,24V AC	10	16	K-DO01	16	2	2	K-DOT01	2	K-DOR01	1		
DO(冗余)≥3A,220V AC	3	16	K-DO01	16	2	2	K-DOT01	2	K-DOR01	1		
DO(冗余)≥3A,220V DC		0	K-DO01	16	0	2	K-DOT01	0	K-DOR01	0		
RS485	5	8	K-MOD03	4	4	2	K-MODT21	2	K-DPT01	2		
RS485	5	8	K-MOD03	4	2	1	K-MODT01	2	K-DPT01	2		
合 计	483	560	模块		65							480

表 3-9 和表 3-10 中：

卡数量＝ROUNDUP（测点数量×余量/通道数，0）×冗余。

实配测点＝卡数量×通道数/冗余。

底座数量＝卡数量/冗余；对于 DO 信号，底座数量＝卡数量。

端子数量＝卡数量/冗余。

安全栅数量＝端子数量×通道数（要求满配时）。

(3) 现场控制站的配置

行业规范要求各个工艺主装置控制器数量根据 I/O 点数及负荷技术要求进行独立配置，按照操作区分配相关控制器，同一操作区的装置尽量在同一控制器内，不同操作区的装置要在不同控制器内，调试完后的控制器负荷不应超过 40%。

本项目控制站的配置主要是根据招标规格书提供的 I/O 清单统计表，依据 K 系列产品的功能和指标配置出主控单元、I/O 单元、电源、机柜及附件的型号、规格、数量等，用于系统的采购、设计集成及组态。本项目有烷基化和废酸再生两个操作区，控制站暂按 2 台配置，配置清单如表 3-11 所列，配置方法在备注中加以说明。

表 3-11　烷基化装置控制站配置表

序号	名称	规格	型号	数量	备注
1	K 系列系统柜(主控柜及扩展柜)	2200 × 800 × 800；RAL7035；九折型材	KP104-A2	4	＝ROUNDUP(模块总数/50，0)一个机柜满配 60 个模块，20%的空间余量最多只能配 50 个
2	主控制器	K 系列主控制器模块/K-CU03	K-CU03	4	＝K-CUT01 数量×2
3	主控制器背板	4 槽主控制器背板模块/K-CUT01-B	K-CUT01	2	＝ROUNDUP(模块总数/80，0)一对控制器物理带载能力 100 个模块，20%的余量，一个站配置 80 个模块
4	IO-BUS 背板	单槽 IO-BUS 背板/K-BUST01-B	K-BUST01	4	＝系统扩展柜数量×2
5	系统电源	220V AC 转 24V DC 120W 直流输出电源	HPW2405G	16	＝系统柜数量×4
6	现场电源	220V AC 转 24V DC 系统专用直流输出电源	HPW2420G	8	＝系统柜数量×2
7	交流电源配电板模块	交流电源配电板模块/K-PW01-B	K-PW01	4	＝系统柜数量
8	直流电源配电板模块	直流电源配电板模块/K-PW11-C	K-PW11	4	＝系统柜数量
9	查询电源分配板模块	查询电源分配板模块/K-PW21-B	K-PW21	4	＝系统柜数量
10	8 通道星形 IO-BUS 模块	8 通道星形 IO-BUS 模块/K-BUS02-B. 1. 3	K-BUS02	8	＝ K-CUT01 数量 × 2 ＋ K-BUST01 数量
11	IO-BUS 终端匹配器模块	星形 IO-BUS 终端匹配器模块/K-BUST02-B	K-BUST02		＝ROUNDUP(模块总数/10，0)一列 10 个模块
12	IO 模块	16 通道隔离 AI 输入模块，支持 HART	K-AIH03	87	
13	IO 模块	8 通道带 HART 模拟量输出模块	K-AOH01	62	
14	IO 模块	16 通道 24V DC 数字量输入模块	K-DI01	0	
15	IO 模块	32 通道 24V DC 数字量输入模块	K-DI03	4	
16	IO 模块	16 通道 24V DC 数字量输出模块	K-DO01	12	
17	IO 通信模块	DP/Modbus 网桥通信模块	K-MOD03	6	

续表

序号	名称	规格	型号	数量	备注
18	IO底座模块	16通道模拟量冗余底座	K-AT23	20	
19	IO底座模块	8通道模拟量冗余底座	K-AT21	31	
20	IO底座模块	16通道DI增强冗余底座	K-DIT21	0	
21	DP/Modbus底座	通信底座	K-MODT01	2	
22	DP/Modbus冗余底座	通信底座	K-MODT21	2	
23	IO底座模块	16通道DO底座	K-DOT01	63	
24	端子模块	16通道二/四线制电流输入端子板	K-AIR01	67	
25	端子模块	16通道三线制电流输入端子板	K-AIR02	0	
26	端子模块	K系列通用端子板	K-UR01	31	
27	端子模块	16通道直流24V继电器输入端子板	K-DIR01	0	
28	端子模块	32通道数字量输入端子板	K-DIR04	4	
29	端子模块	16通道交直流继电器输出端子板	K-DOR01	6	
30	终端匹配器	通信终端	K-DPT01	4	
31	ELCO线缆	5m/根		108	

3.3.4 操作站及网络设备的配置

操作站及网络设备的配置即系统网相关节点及网络设备的配置，也叫操作监控层的配置。DCS操作站以工业PC机为基础，包括数据处理器、显示器、操作员键盘、鼠标及网络通信接口，采用Windows 7操作系统，能与DCS系统局域网和信息管理网进行通信连接。操作员键盘采用防溅隔膜型，操作站具有键锁或设置密码功能，用于设置不同的操作或管理级别。操作站的存储器有足够的空间来保存和调取所负责区域的流程图画面。并按需要配置打印机用于打印报警、报表文件。操作员站也可以兼做历史记录工作站。

(1) 操作员站的配置

每个操作员站应具有管理所在工作区内所有点（软点和硬点）的能力，能管理工艺装置的各个操作分区，并可在权限的管理下进行切换。操作员站的配置要求如下。

① CPU：32位；

② 主频：≥2GHz；

③ 硬盘：>600GB，SCSI硬盘；

④ 内存：≥4GB。

行业规范对操作员站数量配置要求是：50个控制回路以下2台，50～100个控制回路2～3台，100～150个控制回路3～4台，150～250个控制回路4～7台，250个控制回路以上可根据操作需要配置。该项目三百多个控制回路，规格书中要求配置5台操作员站，其中在中心控制室配置3台，现场机柜间配置2台，用于操作人员监视、控制生产过程，维护设备和处理事故的人机接口。操作员站配置22in（英寸，1in=25.4mm）液晶显示器、带有图形加速器的显示驱动卡（不低于128MB显存）。操作员站配置详见表3-12。

(2) 工程师站的配置

工程师站接在局域通信网上，具有组网能力或多终端能力，用于系统管理和组态维护及修改，同时具有操作员站所有功能。本项目配置工程师站 2 台，其中现场机柜间 1 台，中心控制室 1 台。工程师站要配备相应的操作台（包括显示器、光驱、键盘、鼠标等外设）。工程师站硬盘应按 1∶1 冗余配置，并构成镜像硬盘。工程师站配备一台可读写光盘驱动器（CD-RW）。工程师站的配置要求如下。

① CPU：32 位；

② 主频：≥2GHz；

③ 硬盘：>500GB，SCSI 硬盘；

④ 内存：≥4GB；

⑤ 显示器：22in 液晶（LCD）；

⑥ 显示卡：不低于 128MB 显存的图形加速卡；

⑦ 操作系统：Windows 7 系统。

工程师站配置详见表 3-12。

（3）OPC 站、HAMS 站、时间同步服务器及其他配置

① OPC 站配置：在中央控制室配置 1 台 OPC 站，用于和工厂管理网通信，配备防火墙，所接网络服务器能取用 DCS 中的过程数据，网络接口速率为 100Mb/s。配备的 OPC 服务软件应能取用 DCS 中的过程数据（OPC DA）和报警事件（OPC A&E），并可以将数据传输到工厂管理网的数据库。

② HAMS 站包括智能仪表设备组态、状态监测及诊断、校验管理和自动文档记录管理等功能，能自动读取系统连接的所有智能设备中的有效数据，能自动完成系统的数据存储和管理，能自动显示系统及设备的连接状态和诊断信息。HAMS 站配置：工程师站兼作 HAMS 站，配置软件为 HOLLiAS HAMS，智能设备数量授权点数为 1600 点。

③ 时间同步服务器配置：规格书要求配置一台时钟源（3 个 RJ45 口），可向第三方应用计算机或网络发布时钟同步信号。时钟源的授时精度不应低于 1ms，守时精度不应低于 2μs/min，并且在卫星信号中断时仍可通过其内部时钟完成授时。根据规格书的要求，本项目配置硬件时钟同步服务器 GPS 校时器/ATS3100B（3 口），作为系统的主时钟服务器，对整个 DCS 系统进行时钟同步；而第三方系统可以灵活地根据其特点采用该时钟同步服务器进行时钟同步。

④ 打印机配置：本项目在中心控制室共设置 2 台 A3 黑白网络激光打印机，在现场机柜间设置 1 台 A3 彩色网络激光打印机，用于报警和报表打印等。

⑤ 操作台配置：配置 5 个双屏操作台，中控室 3 个、现场机柜间 2 个。配置工程师台 2 个，中控室 1 个、现场机柜间 1 个。配置 OPC 操作台 1 个。配置第三方操作台 11 个，CCR 操作台 3 个（SIS 台 1 个、CCS 台 2 个）；CCR 辅操台 2 个（SIS 台 1 个、CCS 台 1 个）；工程师站 4 个（SIS 系统 FAR/CCR 各 1 个、CCS 系统 FAR/CCR 各 1 个）；打印台 2 个（SIS 系统 CCR 1 个、CCS 系统 FAR 1 个）。

详见表 3-12 硬件设备配置总表。

（4）网络设备配置

系统控制网采用 100M/1G 冗余工业以太网，双网并发，无扰切换，网络采用对等网络，稳定可靠，响应快。中控室设置网络柜 1 面。在中心控制室和现场机柜间各设置过程控制网交换机共 2 对，配置光纤模块及光纤接续盒等光纤连接设备。

交换机功能要求：交换机应实现基于 IP 或 MAC 地址的数据帧过滤功能；支持网络风暴抑制功能，包括广播风暴、组播风暴和未知单播风暴抑制；网络交换机支持静态 MAC 地址的配置组播功能以及动态 IP 映射（IGMP-SNOOPING）组播功能。以太网交换机应支持

表 3-12 操作监控层硬件设备配置总表

序号	设备名称	型号	规格参数	单位	总数	品牌	数量	
							烷基化	废酸再生
			系统硬件供货清单					
中控 CCR			操作员站					
1	操作站主机	T5820	CPU:至强 W-2102(2.9GHz) 内存:DDR4 8GB ECC 硬盘:1TB 显卡:≥1GB,1680×1050×256 图形加速卡 DVD-RW 标准 PC 键盘,光电鼠标(均 USB 接口) 操作系统:Windows 7	台	3	Dell	3	
2	网卡	INTEL PRO	100/1000 独立网卡	块	3	INTEL	3	
3	显示器	22in 宽屏	TFT-LCD,黑色,22in,显示分辨率 1680×1050	台	6	Dell	6	
4	操作台	FP913-A1(带键盘槽)	800×800×1100,专用电源插座(防浪涌,带漏电保护,带独立开关和电源指示的 PDU 插座)	台	3	和利时	3	
5	操作员专用键盘	KP001-USB-A01	MACSV6 专用键盘/通用版/不锈钢	台	3	和利时	3	
6	双屏支架	600D	双屏上下安装	个	3	和利时	3	
CCR			工程师站					
1	工程师站主机	T5820	CPU:至强 W-2102(2.9GHz) 内存:DDR4 8GB ECC 硬盘:1TB,镜像硬盘 显卡:≥1GB,1680×1050×256 图形加速卡 DVD-RW 标准 PC 键盘,光电鼠标(均 USB 接口) 操作系统:Windows 7	台	1	Dell	1	

续表

序号	设备名称	型号	规格参数	单位	总数	品牌	数量	
							烷基化	废酸再生
2	网卡	INTEL PRO	100/1000 独立网卡	块	1	INTEL	1	
3	显示器	22in	TFT-LCD,黑色,22in	台	1	Dell	1	
4	操作台(无专用键盘槽)	FP914-A1	800×800×1100,专用电源插座(防浪涌,带漏电保护,带独立开关和电源指示的PDU插座)	台	1	和利时	1	
			OPC服务器					
1	WEB服务器(兼OPC)	T5820	CPU:至强 W-2102(2.9GHz) 内存:DDR4 8GB ECC 硬盘:1TB 显卡:≥1GB,1680×1050×256 图形加速卡 DVD-RW 标准PC键盘,光电鼠标(均USB接口) 操作系统:Windows 7	台	1	Dell	1	
2	网卡	INTEL PRO	100/1000 独立网卡	块	1	INTEL	1	
3	显示器	22in	TFT-LCD,黑色,22in	台	1	Dell	1	
4	操作台	FP914-A1	800×800×1100,专用电源插座(防浪涌,带漏电保护,带独立开关和电源指示的PDU插座)	台	1	和利时	1	
			打印机					
1	黑白激光网络打印机A3(中控室)	M701n	黑白激光网络打印机A3/A4	台	2	HP	2	
2	彩色激光网络打印机A3(工程师室)	HP5225N	彩色激光网络打印机A3/A4	台	1	HP	1	
3	打印台	FP914-A1	800×800×1100,专用电源插座(防浪涌,带漏电保护,带独立开关和电源指示的PDU插座)	个	3	和利时	3	

续表

<table>
<tr><th rowspan="2">序号</th><th rowspan="2">设备名称</th><th rowspan="2">型 号</th><th rowspan="2">规格参数</th><th rowspan="2">单位</th><th rowspan="2">总数</th><th rowspan="2">品牌</th><th colspan="2">数量</th></tr>
<tr><th>烷基化</th><th>废酸再生</th></tr>
<tr><td>第三方</td><td colspan="8">操作台 CCR</td></tr>
<tr><td>1</td><td>操作台(CCR)</td><td>FP914-A1</td><td>800×800×1100,专用电源插座(SIS 台 1 个、CCS 台 2 个)</td><td>台</td><td>3</td><td>和利时</td><td colspan="2">3</td></tr>
<tr><td>2</td><td>辅操台(CCR)</td><td>FP914-A1</td><td>800×800×1100,专用电源插座,暂按 10 个灯、20 个按钮开关(SIS 台 2 个、CCS 台 1 个)</td><td>台</td><td>3</td><td>和利时</td><td colspan="2">3</td></tr>
<tr><td>3</td><td>双屏支架</td><td>600D</td><td>双屏上下安装</td><td>个</td><td>6</td><td>和利时</td><td colspan="2">6</td></tr>
<tr><td colspan="9">工程师台(CCR/FAR)</td></tr>
<tr><td>1</td><td>操作台</td><td>FP914-A1</td><td>800×800×1100,专用电源插座,SIS 系统 FAR/CCR 各 1 台,CCS 系统 FAR/CCR 各 1 台</td><td>台</td><td>4</td><td>和利时</td><td colspan="2">4</td></tr>
<tr><td colspan="9">打印台 CCR</td></tr>
<tr><td>1</td><td>打印台</td><td>FP914-A1</td><td>800×800×1100,专用电源插座,SIS 系统 CCR 1 台,CCS 系统 FAR 1 台</td><td>台</td><td>2</td><td>和利时</td><td colspan="2">2</td></tr>
<tr><td colspan="9">网络设备</td></tr>
<tr><td>1</td><td>网络柜</td><td>TS8808</td><td>RAL7035,800 × 800 × 2100mm,前后右轴方式单开门,门锁型号 SZ2450,风扇型号 3140500(防护等级 IP55,带转速监控)</td><td>面</td><td>1</td><td>和利时</td><td colspan="2">1</td></tr>
<tr><td>2</td><td>交换机</td><td></td><td>24 电口/2 光口</td><td>个</td><td>4</td><td>和利时</td><td colspan="2">4</td></tr>
<tr><td>3</td><td>预制网线</td><td>非级联五类双绞线</td><td>30m</td><td>对</td><td>14</td><td>和利时</td><td colspan="2">14</td></tr>
<tr><td>4</td><td>光缆</td><td>GTAT53-8B1</td><td>单模铠装防鼠阻燃 8 芯(DCS 用)</td><td>米</td><td>4000</td><td>和利时</td><td colspan="2">4000</td></tr>
<tr><td>5</td><td>光缆</td><td>GTAT53-8B1</td><td>单模铠装防鼠阻燃 8 芯(CCS 用)</td><td>米</td><td>4000</td><td>和利时</td><td colspan="2">4000</td></tr>
<tr><td>6</td><td>光端接续盒</td><td></td><td>每个接续盒配 8 个 ST 凹光纤接口</td><td>个</td><td>4</td><td>MOXA</td><td colspan="2">4</td></tr>
<tr><td>7</td><td>ST 接头尾纤</td><td></td><td>每根 3m</td><td>根</td><td>32</td><td>MOXA</td><td colspan="2">32</td></tr>
<tr><td>8</td><td>时钟同步</td><td>ATS3100B</td><td>时间精度:100μs,标准的 10/100BaseT 以太网 RJ45 接口,PTP 板 2 电口。含北斗天线 50m</td><td>套</td><td>1</td><td>上海宽域</td><td colspan="2">1</td></tr>
</table>

续表

序号	设备名称	型号	规格参数	单位	总数	品牌	数量	
							烷基化	废酸再生
9	硬件防火墙	USG5000 系列	硬件防火墙，含防火墙插件，电源备数据包过滤，设置访问控制列表、入侵检测和流量控制等功能	块	1	华为	1	
FAR			操作员站					
1	操作站主机	T5820	CPU：至强 W-2102(2.9GHz) 内存：DDR4 8GB ECC 硬盘：1TB 显卡：≥1GB，1680×1050×256 图形加速卡 DVD-RW 标准 PC 键盘，光电鼠标（均 USB 接口） 操作系统：Windows 7	台	2	Dell	2	
2	网卡	INTEL PRO	100/1000 独立网卡	块	2	INTEL	2	
3	显示器	22in	TFT-LCD，黑色，22in	台	4	Dell	4	
4	操作台（工业型）	FP913-A1（带键盘槽）	800×800×1100，专用电源插座（防浪涌，带漏电保护，带独立开关和电源指示的 PDU 插座）	台	2	和利时	2	
5	操作员专用键盘	KP001-USB-A01	MACSV6 专用键盘/通用版/不锈钢	台	2	和利时	2	
6	双屏支架	600D	双屏上下安装	个	2	和利时	2	
FAR			工程师站					
1	工程师站主机	T5820	CPU：至强 W-2102(2.9GHz) 内存：DDR4 8GB ECC 硬盘：1TB，镜像硬盘 显卡：≥1GB，1680×1050×256 图形加速卡 DVD-RW 标准 PC 键盘，光电鼠标（均 USB 接口） 操作系统：Windows 7	台	1	Dell	1	

续表

序号	设备名称	型号	规格参数	单位	总数	品牌	数量	
							烷基化	废酸再生
2	网卡	INTEL PRO	100/1000 独立网卡	块	1	INTEL	1	
3	显示器	22in	TFT-LCD,黑色,22in	台	1	Dell	1	
4	操作台(无专用键盘槽)	FP914-A1(无专用键盘槽)	800×800×1100,专用电源插座(防浪涌,带漏电保护,带独立开关和电源指示的PDU 插座)	台	1	和利时	1	
			系统机柜					
1	系统主机柜	TS8808	RAL7035,800×800×2100mm,前后右轴方式单开门,门锁型号 SZ2450,风扇型号3140500,(防护等级 IP55,带转速监控)	面	6	和利时	4	2
2	主控制器	K-CU01	K 系列主控制器模块/K-CU01	个	6	和利时	4	2
3	主控制器背板	K-CUT01	4 槽主控制器背板模块/K-CUT01	个	3	和利时	2	1
4	IO-BUS 背板	K-BUST01	IO-BUS 背板/K-BUST01	个	6	和利时	4	2
5	系统电源	HPW2405G	220V AC 转 24V DC120W 直流输出电源	个	24	和利时	16	8
6	现场电源	HPW2420G	220V AC 转 24V DC 系统专用直流输出电源	个	12	和利时	8	4
7	交流电源配电板模块	K-PW01	交流电源配电板模块/K-PW01-B	个	6	和利时	4	2
8	直流电源配电板模块	K-PW11	直流电源配电板模块/K-PW11-C	个	6	和利时	4	2
9	查询电源分配板模块	K-PW21	查询电源分配板模块/K-PW21-B	个	6	和利时	4	2
10	8 通道星形 IO-BUS 模块	K-BUS02	8 通道星形 IO-BUS 模块/K-BUS02-B. 1. 3	个	12	和利时	8	4
11	IO-BUS 终端匹配器模块	K-BUST02	星形 IO-BUS 终端匹配器模块/K-BUST02-B	个	24	和利时	17	7
12	AI 模块	K-AIH03	16 通道隔离 AI 输入模块,支持 HART	个	117	和利时	87	30
13	AO 模块	K-AOH01	8 通道带 HART 模拟量输出模块	个	86	和利时	62	24

续表

序号	设备名称	型号	规格参数	单位	总数	品牌	数量	
							烷基化	废酸再生
14	DI 模块	K-DI01	16 通道 24V DC 数字量输入模块	个	0	和利时	0	0
15	DI 模块	K-DI03	32 通道 24V DC 数字量输入模块	个	5	和利时	4	1
16	DO 模块	K-DO01	16 通道 24V DC 数字量输出模块	个	16	和利时	12	4
17	网桥模块	K-MOD03	DP/Modbus 网桥通信模块	个	12	和利时	6	6
18	IO 底座模块	K-AT23	16 通道模拟量冗余底座	个	26	和利时	20	6
19	IO 底座模块	K-AT21	8 通道模拟量冗余底座	个	43	和利时	31	12
20	IO 底座模块	K-DIT21	16 通道 DI 增强冗余底座	个	0	和利时	0	0
21	DP/Modbus 底座	通讯底座	K-MODT01	个	4	和利时	2	2
22	DP/Modbus 冗余底座	通讯底座	K-MODT21	个	4	和利时	2	2
23	IO 底座模块	K-DOT01	16 通道 DO 底座	个	86	和利时	63	23
24	端子模块	K-AIR01	16 通道二/四线制电流输入端子板	个	91	和利时	67	24
25	端子模块	K-AIR02	16 通道三线制电流输入端子板	个	0	和利时	0	0
26	端子模块	K-UR01	K 系列通用端子板	个	43	和利时	31	12
27	端子模块	K-DIR01	16 通道直流 24V 继电器输入端子板	个	0	和利时	0	0
28	端子模块	K-DIR04	32 通道数字量输入端子板	个	5	和利时	4	1
29	端子模块	K-DOR01	16 通道交直流继电器输出端子板	个	8	和利时	6	2
30	终端匹配器	K-DPT01	通信终端	个	8	和利时	4	4
31	ELCO 线缆		15m/根	个	147	和利时	108	39
32	辅助机柜及附件							
33	配电柜(含电源电缆)	TS8808	RAL7035，800×800×2100mm，前后右轴方式单开门，门锁型号 SZ2450，风扇型号 3140500(防护等级 IP55，带转速监控)	个	1	威图	1	
34	直流电源		220V AC 转 24V DC 20A	个	2	西门子	2	
35	电源冗余模块			个	1	西门子	1	

续表

序号	设备名称	型号	规格参数	单位	总数	品牌	数量	
							烷基化	废酸再生
36	继电器柜	TS8808	RAL7035，800×800×2100mm，前后右轴方式单开门，门锁型号 SZ2450，风扇型号 3140500(防护等级 IP55，带转速监控)	个	0	威图	0	0
37	继电器柜电源		220V AC 转 24V DC 20A	个	0	西门子	0	0
38	电源冗余模块			个	0	西门子	0	0
39	安全栅柜	TS8808	RAL7035，800×800×2100mm，前后右轴方式单开门，门锁型号 SZ2450，风扇型号 3140500(防护等级 IP55，带转速监控)	个	7	威图	5	2
40	安全栅柜电源		220V AC 转 24V DC 20A	个	14	西门子	10	4
41	电源冗余模块			个	7	西门子	5	2
42	AI 安全栅	AI 安全栅	4～20mA DC+HART 输入安全栅	个	832	P+F/MTL	640	192
43	RTD 安全栅	RTD 安全栅		个	432	P+F/MTL	320	112
44	TC 安全栅	TC 安全栅		个	48	P+F/MTL	16	32
45	AO 安全栅	AO 安全栅	4～20m ADC+HART 输入安全栅	个	328	P+F/MTL	240	88
46	AI 隔离器	AI 隔离器		个	144	P+F/MTL	96	48
47	AO 隔离器	AO 隔离器		个	16	P+F/MTL	8	8
48	DI 安全栅	DI 安全栅		个	0	P+F/MTL	0	0
49	供电导轨	UPR-03		套	23	P+F/MTL	17	6
50	导轨电源模块			个	69	P+F/MTL	51	18
51	编程器、软件、编程电缆			套	2	P+F/MTL	1	1
52	端子柜	TS8808	RAL7035，800mm×800mm×2100mm，前后右轴方式单开门，门锁型号 SZ2450，风扇型号 3140500(防护等级 IP55，带转速监控)含端子，品牌为魏德米勒	个	4	威图	3	1
53	端子柜电源		220V AC 转 24V DC 20A	个	8	西门子	6	2
54	电源冗余模块			个	4	西门子	3	1

镜像功能，包括一对一端口镜像、多对一端口镜像，使用该功能可以将交换机的流量拷贝以进行详细的分析利用，在保证镜像端口吞吐量的情况下，镜像端口不应当丢失数据；支持端口断线报警和端口状态实时监测；提供异常告警提示；交换机支持用户密码保护、加密认证和访问安全、基于 MAC 地址的端口安全等。

网络设备配置详见表 3-12 操作监控层硬件设备配置总表。

如表 3-12 所列，本项目配备的机柜包括系统机柜、安全栅/继电器柜、电源柜、网络柜和端子柜等。机柜采用 Rittal 工业级机柜。尺寸为 2100mm（高）×800mm（宽）×800mm（深），RAL7035；九折型材；机柜框架为冷轧钢板 2.5mm，门板厚度 2.0mm，侧板厚度 1.5mm。配冷却风扇、工作接地汇流条、安全接地汇流条、电源接线板等附件。前后单开门，右轴方式。机柜门内带 A3 横向聚苯乙烯电路图。机柜前后门外均带机柜编号，编号方法按照工程设计要求执行。

3.3.5　系统配置总图

根据规格书中的要求，结合和利时公司 MACS-K 控制系统的特性，本装置的系统设计配置总图如图 3-18 所示。

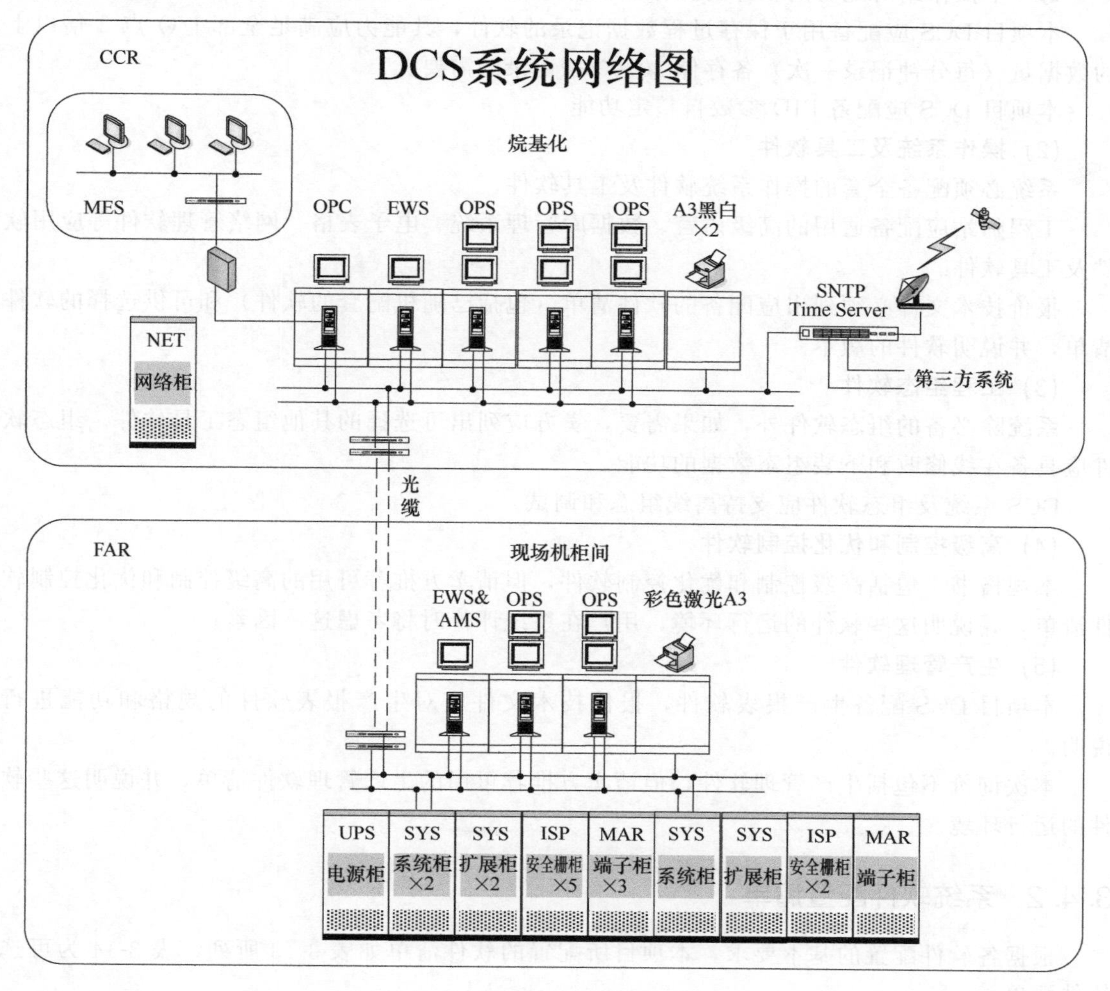

图 3-18　系统设计配置示意图

本项目包括一个中控室 CCR 和一个现场辅助机柜间 FAR。

中控室配置网络柜 1 面，防火墙 1 套，时钟同步 1 套；双屏操作站 3 套，工程师站 1 套，OPC 站 1 套；黑白 A3 打印机台 2 套。通过本网络设置的 OPC 服务器与工厂管理信息网连接。

现场机柜间配置控制站 3 套，双屏操作站 2 套，工程师站兼 HAMS 1 套，彩色 A3 打印机台 1 套，配电柜 1 套。详见表 3-12 中相关配置。

3.4 DCS 系统软件配置

3.4.1 软件配置的基本要求

(1) 过程控制和检测软件

卖方所提供的 DCS 必须配备全套的过程控制软件、过程检测软件和操作软件，软件的容量应按设备的最大配置配备。

每一个操作站所配备的软件的操作点数容量应与对应的控制器的 I/O 卡相匹配。

本项目 DCS 应配备用于保存过程数据记录的软件，其能力应满足全部 I/O 点 2 倍以上的数据量（每分钟记录一次）各存储 20000 条记录的需要。

本项目 DCS 应配备 PID 参数自整定功能。

(2) 操作系统及工具软件

系统必须配备全套的操作系统软件及工具软件。

工程师站应配备通用的高级语言、数据库管理系统、电子表格、网络管理软件等应用软件及工具软件。

报价技术文件必须列出应配备的软件清单（包括已随机配套的软件）和可供选择的软件清单，并说明软件的版本。

(3) 工程组态软件

系统除必备的组态软件外，如果需要，卖方应列出可选择的其他组态工具软件。组态软件应具备在线修改和下装组态数据的功能。

DCS 系统及组态软件应支持离线组态和调试。

(4) 高级控制和优化控制软件

本规格书不包括高级控制和优化控制软件，但请卖方推荐可用的高级控制和优化控制软件清单，并说明这些软件的运行环境，用户在系统评价时将考虑这一因素。

(5) 生产管理软件

本项目 DCS 配备生产报表软件，报价技术文件应对生产报表软件的规格和功能进行说明。

本次询价不包括生产管理软件，但请卖方推荐可用的生产管理软件清单，并说明这些软件的运行环境。

3.4.2 系统软件配置清单

根据各软件配置的基本要求，本项目所配置的软件清单如表 3-13 所列，表 3-14 为可选软件清单。

表 3-13　系统软件配置表

序号	设备名称	型　号	规格参数	单位	数量	品牌
1	操作系统	Windows 7(预装)		套	8	微软
2	工程师站软件	HOLLiAS MACS V6-ENG	系统组态、编程软件包	套	2	和利时
3	操作员站软件	HOLLiAS MACS V6-OPS	系统监控软件包	套	5	和利时
4	设备管理 HAMS	HOLLiAS HAMS(每 100 点为单位)	1600 点授权	套	1	和利时
5	OPC 通信软件	HOLLiAS Comm	HOLLiAS Comm V2.0.0	套	1	和利时
6	授权证书(通信软件)	授权证书(通信软件)	系统 OPC 通信软件包	套	1	和利时
7	防病毒软件	HH800K 工业白名单防病毒软件		套	1	和利时
8	防病毒软件	HH800K 主卡		个	1	和利时
9	防病毒软件	HH800K 副卡		个	7	和利时

表 3-14　可选软件配置表

序号	设备名称	型　号	规格参数	数量	单位	品牌
1	PID 性能评估与整定软件	HOLLiAS-PID		1	套	和利时
2	仿真系统平台软件	SimuPiant	仿真系统平台软件	1	套	和利时
3	能源管理系统软件	HOLLiAS EMS	含基础功能模块的能源管理软件(5000 点以内)	1	套	和利时
4	批量管理软件	HOLLiAS Batch 批量管理软件(标准版)	SSB200-B01-S00	1	套	和利时
5	优化控制软件	HOLLiAS APC 多变量优化控制软件(标准版)	S1A201-B01	1	套	和利时
6	调度系统软件	HOLLiAS-Bridge MES 基础数据库平台软件	SSM201-B01	1	套	和利时

本书绪论中图 0-1 对象装置的 DCS 系统软硬件配置可参照本章的烷基化项目配置进行，也可参照本书的第 4 章相关部分进行配置。

第4章

DCS系统组态

本章以和利时公司 HOLLiAS MACS V6.5 软件为例介绍 DCS 系统组态相关内容。DCS 系统组态主要任务是根据现场工艺及系统硬件配置要求，运用 DCS 组态软件进行工业控制工程基本组态、控制方案组态、图形组态等。

本章主要包括：

① DCS 系统组态概述；

② 新建工程；

③ 控制站 I/O 组态；

④ 控制逻辑组态；

⑤ 图形组态；

⑥ 报警组态；

⑦ 报表组态。

通过本章学习与训练，能够让读者：

※ 了解 DCS 系统软件体系及 HOLLiAS MACS V6.5 软件的安装方法。

※ 熟悉 HOLLiAS MACS V6.5 系统组态步骤。

※ 掌握 HOLLiAS MACS V6.5 软件系统组态的基本方法。

※ 能够根据用户要求和工艺流程图、控制方案及硬件配置情况等，进行 DCS 系统组态。

4.1 DCS 系统组态概述

4.1.1 DCS 系统组态的含义

将一个工艺过程的自动监控过程落实到一套完整的 DCS 应用系统中，不仅需要配备必要的 DCS 软硬件设备，还需要将硬件设备与 DCS 相应软件关联起来，这一纽带就是工程组态工作。

通过图形组态，将现场的实际物理信号反映在操作员站的运行画面上，实现对现场工艺运行参数的直接监控；通过报表组态，把重点监测的工艺数据按照用户定义的格式定时打印为可以分析查阅的纸质文件；通过算法组态，将控制方案变成控制器可执行的标准语言，通过控制站完成工艺监控策略。操作员站上的动态控制面板可以帮助用户完成对详细信息的监控需求。

4.1.2 MACS系统软件组成及安装

(1) 系统软件组成

MACS V6.5系统软件配置详见表3-13，软件安装包包括软件基础平台安装文件、非电通用版安装文件、火电版安装文件、海外电力行业包安装文件、平台版安装文件、autorun和帮助手册等，如图4-1所示。

(2) autorun界面

在安装盘目录下找到 autorun.exe文件，双击该文件，打开autorun界面，如图4-2所示。

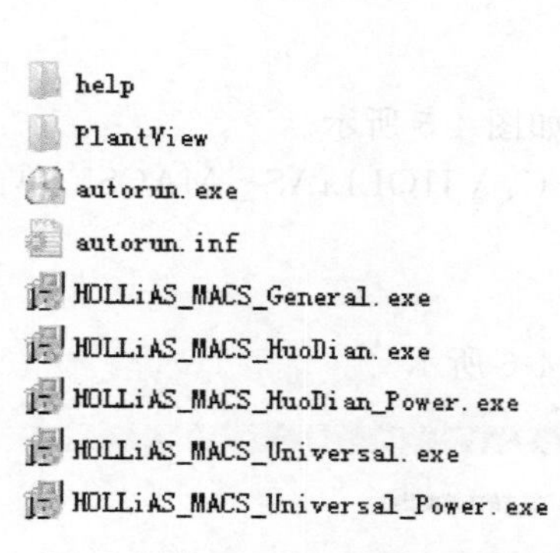

图4-1 系统软件安装包

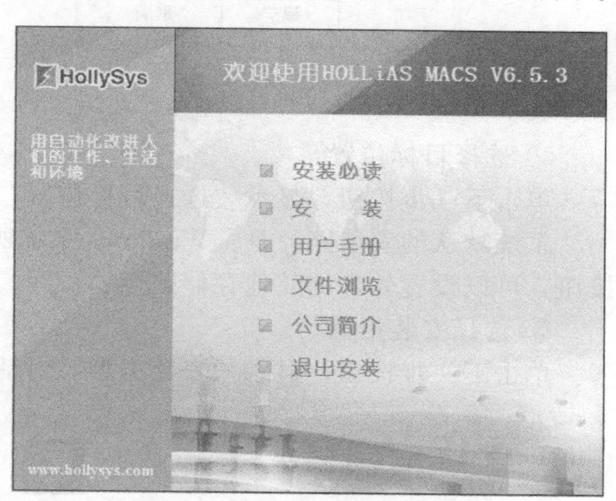

图4-2 autorun界面

安装必读：打开Readme.pdf文件，查看MACS V6.5软件安装简介。

安装：安装HOLLiAS MACS V6.5基础平台和非电通用版软件。

用户手册：打开软件帮助手册目录。

文件浏览：打开安装包文件所在路径。

公司简介：打开和利时公司网站主页。

退出安装：退出autorun界面。

(3) 基础平台软件安装

在实际工程中，每台计算机担当的角色各不相同，一般分为工程师站、历史站和操作员站，它们在整个系统中的功能也各不相同。简单说：

工程师站：主要负责离线组态、在线下装和调试。

历史站：负责处理、存储数据，响应客户请求。

操作员站：负责监视和查看实时数据，操作设备。

因此在每台计算机上安装HOLLiAS MACS软件时，也需要区分角色来安装不同的组件。

下面首先介绍MACS V6.5基础平台软件安装，包括安装工程师站、操作员站、历史站、报表打印服务和通讯站。这些组件可以安装在相同的机器上，也可以安装在不同的机器上。安装步骤如下：

① 启动安装向导

双击autorun界面的安装，弹出“选择安装语言”对话框，如图4-3所示。

默认选择中文（简体），单击确定按钮，显示“安装向导”对话框，如图4-4所示。

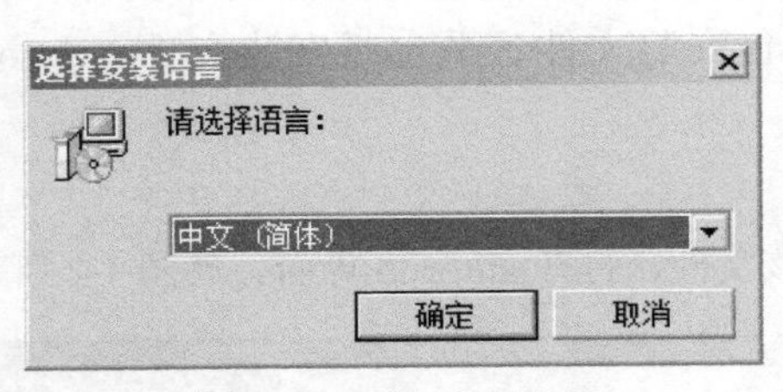

图 4-3 选择安装语言

图 4-4 “安装向导”对话框

② 选择目标位置

单击下一步按钮，显示“选择目标位置”对话框，如图 4-5 所示。

系统默认的安装路径是：Windows 系统所在驱动器 C：\ HOLLiAS _ MACS。单击浏览按钮，可以设置软件的其他存储路径。

③ 选择安装类型

单击下一步按钮，显示“安装类型”对话框，如图 4-6 所示。

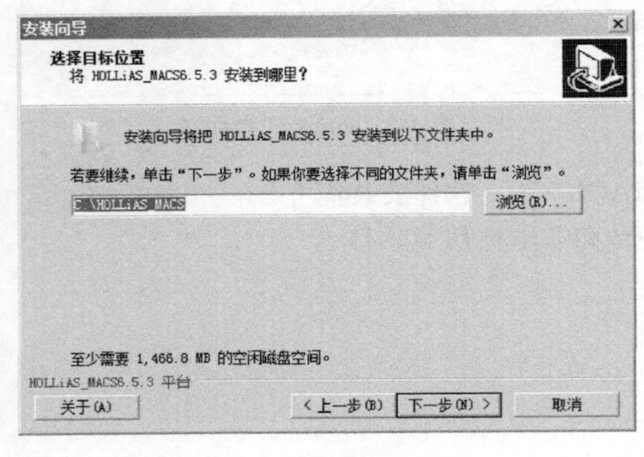

图 4-5 选择目标位置

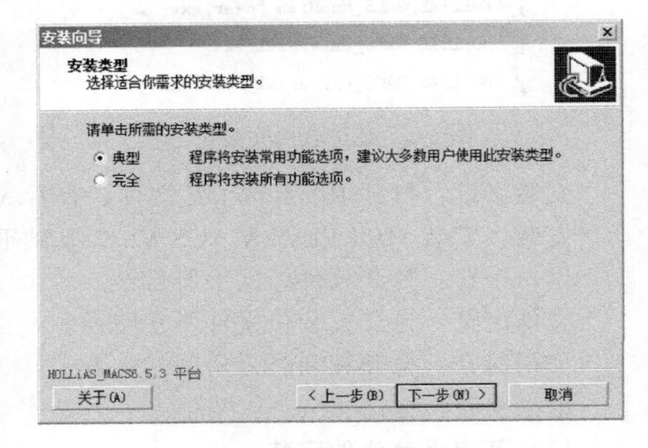

图 4-6 安装类型选择

安装程序提供典型和完全两种安装类型，根据用户不同需求选择不同的安装类型。（典型：可对组件进行选择性安装；完全：安装所有组件。）

安装工程师站时，选择典型安装，点击下一步按钮。

④ 选择安装组件

显示“安装组件”对话框，如图 4-7 所示。按照计算机角色不同分为 5 类典型安装：工程师站、操作员站、历史站、报表打印服务、通讯站。

⑤ 工程师站配置

单击下一步按钮，显示“工程师站配置”对话框，如图 4-8 所示。

设置本机工程师站为主工程师站，选中后本机由系统自动设置 ENG 共享，用于协同组态的服务端。缺省为选中状态，取消选择，本机将作为从工程师站使用。

⑥ 准备安装

单击下一步按钮，显示“准备安装”对话框，如图 4-9 所示。

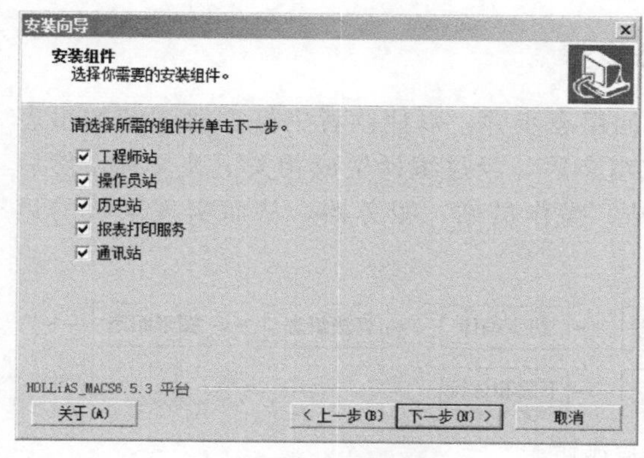

图 4-7　安装组件

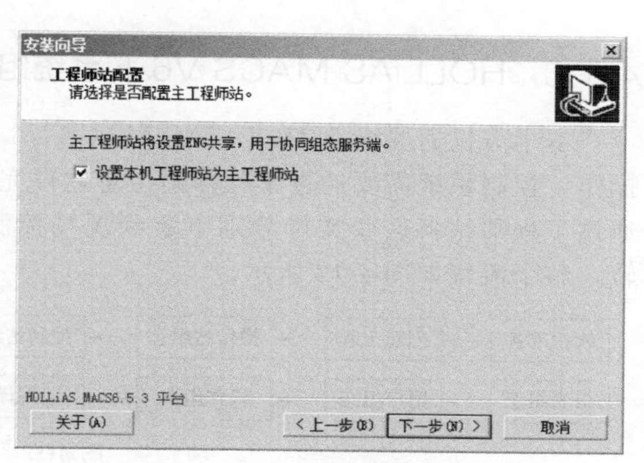

图 4-8　工程师站配置

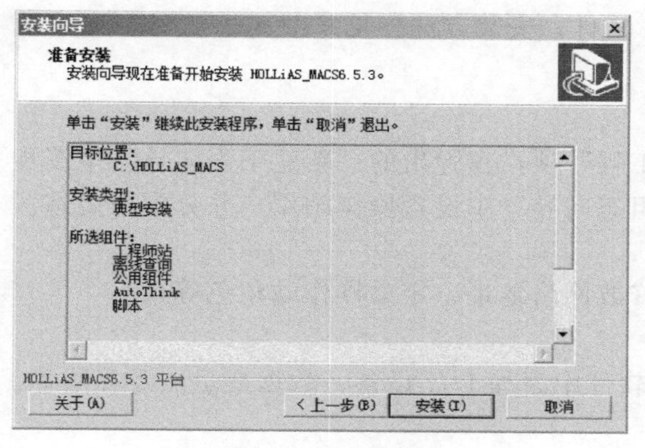

图 4-9　准备安装

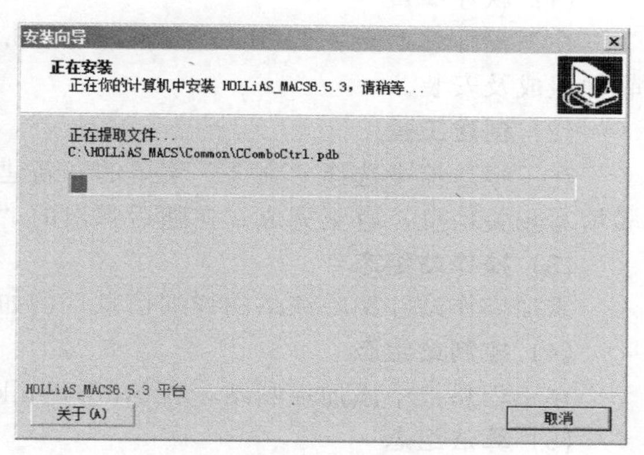

图 4-10　正在安装

⑦ 正在安装

确认安装信息无误后，单击安装按钮，显示“正在安装”对话框，显示软件的安装进度，如图 4-10 所示。

⑧ 完成安装

安装完成后，显示安装完成对话框，如图 4-11 所示。选择“是，立即重启电脑（Y）”，单击完成按钮，计算机重新启动，软件安装完成。

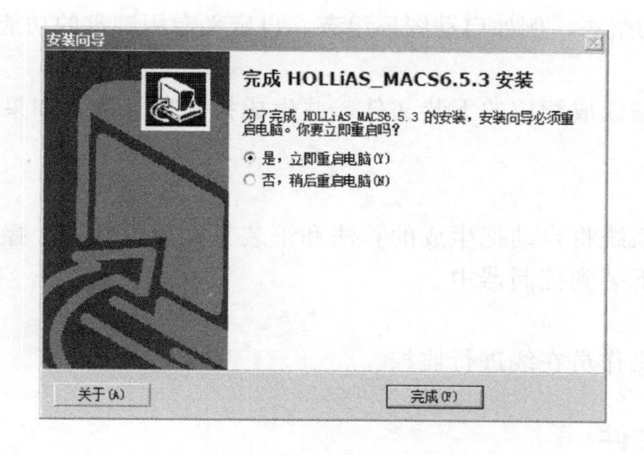

图 4-11　完成安装

4.1.3 HOLLiAS MACS V6.5系统组态步骤

本小节仅简要介绍 HOLLiAS MACS V6.5 的组态步骤，以便读者更好理解详细的组态操作。控制系统需要通过工程师站组态软件完成组态后，经过编译生成相关下装文件，然后通过工程师站将这些文件分别下装到现场控制站、操作员站、服务器，从而实现系统的运转，整个流程如图 4-12 所示。

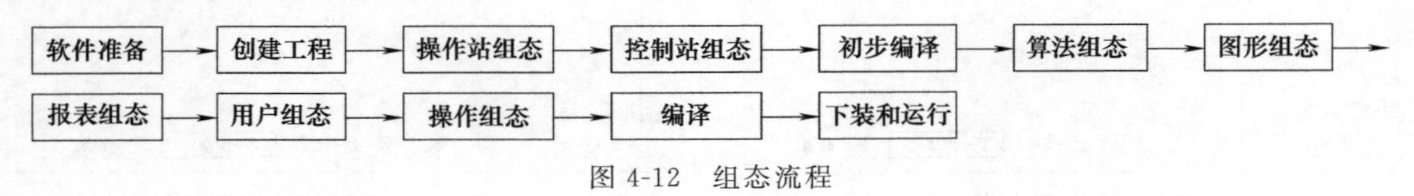

图 4-12　组态流程

(1) 软件准备

在工程师站上安装 HOLLiAS MACS V6.5 软件，安装方法详见章节 4.1.2 MACS 系统软件组成及安装。

(2) 创建工程

在工程总控中选择“文件”菜单的“新建工程”项，在弹出的“新建工程向导”中按步骤填写相关信息，直至完成。在随后弹出的“组态向导”中设置操作站用户并分配历史站。

(3) 操作站组态

添加操作站并编辑该站的详细信息（例如修改网络地址、定义操作站角色等）。

(4) 控制站组态

在工程总控中添加控制站，在 AutoThink 软件中添加 I/O 设备、数据变量点及算法等。

(5) 算法组态

用 AutoThink 软件进行算法组态并编译。

(6) 图形组态

使用图形软件创建流程图和参数列表。

(7) 报表组态

创建报表和打印计划。

(8) 用户组态

用来添加用户，定义其级别和对应的权限。

(9) 操作组态

进行与操作相关的组态，例如启动图形组态、自定义专用键盘的功能键和设置用户权限。

(10) 编译

把组态好的工程编译成相应的下装文件，并生成控制器算法。如果组态有错误，系统会提示用户。

(11) 下装

执行此命令后，系统将自动把生成的算法和下装文件拷贝到各个操作站上，并将相应的算法程序和工程文件下装到控制器中。

(12) 运行

退出工程总控，操作员在线进行监控。

4.1.4 组态输入文件

本章的组态以图 0-1 实训装置的 DCS 系统组态为例，按照组态的基本步序逐步描述如何建立一个简单完整的工程，并在各个步序中详细介绍组态步骤，配以插图和说明事项以便实施人员更好地理解和掌握。在组态之前首先要准备好组态所用的资料，资料是指工程组态的基础资料，即数据库、现场工艺控制方案、工艺流程图等相关的组态输入文件。

(1) 数据库

工程的数据库是指工程需要提供给 DCS 系统控制或监视的现场数据和设备信号点的集合。例如工艺环境中的温度、压力、流量、转速、电流、电压等信号，根据组态软件提供的分类标准，导出数据库模板，整理数据库。填写各类型信号的详细信息，包括点名、点说明、测点类型、量纲、量程限值、报警限、采集周期、是否补偿（热电偶信号）等。

数据库是工程组态和系统配置的基础，详尽的信息对于工程实现很有帮助。表 4-1 为图 0-1 实训装置 10 号站的 I/O 清单。

表 4-1　10 号站 I/O 清单

点名	点说明	量程上限	量程下限	通道号	单位	模块名称
1LT102	锅炉液位	50	0	2	cm	K-AIH01
1LT103	液位水箱液位	50	0	3	cm	
1FT101	＃1 冷水泵出水流量	2.4	0	4	m^3/h	
1FT102	＃2 冷水泵出水流量	10	0	5	m^3/h	
1FT103	＃2 热水泵出水流量	1.2	0	6	m^3/h	
1TT106	反应釜内胆温度	400	0	7	℃	
1PT102	反应釜压力	300	0	8	kPa	
1TT101	反应釜内胆温度	400	0	1	℃	K-TT01
1TT102	反应釜夹套温度	100	0	2	℃	
1TT103	锅炉温度	100	0	3	℃	
1TT104	滞后水箱长滞后温度	100	0	4	℃	
1TT105	滞后水箱短滞后温度	100	0	5	℃	
1AI100306	备用	100	0	6		
1AI100307	备用	100	0	7		
1AI100308	备用	100	0	8		
1TV101	锅炉加热温度调节给定	100	0	1	%	K-AOH01
1PV101	压力罐气压调节给定	100	0	2	%	
1FV101	＃1 冷水泵出水流量调节给定	100	0	3	%	
1FV102	＃2 冷水泵出水流量调节给定	100	0	4	%	
1FV103	＃2 热水泵出水流量调节给定	100	0	5	%	
1FV104	＃1 热水泵出水流量调节给定	100	0	6	%	
1PN1	备用	100	0	7		
1PN2	备用	100	0	8		
1DI101	锅炉防干烧保护			1		K-DI01
1DI102	反应釜防干烧保护			2		
1DI103	磁力循环泵状态反馈			3		
1DI104	磁力循环泵状态反馈			4		
1DI105	磁力循环泵状态反馈			5		

续表

点名	点说明	量程上限	量程下限	通道号	单位	模块名称
1DI106	磁力循环泵状态反馈			6		K-DI01
1DI107	空气泵状态反馈			7		
1DI108	#1 电磁阀状态反馈			8		
1DI109	#2 电磁阀状态反馈			9		
1DI110	#3 电磁阀状态反馈			10		
1DI111	#4 电磁阀状态反馈			11		
1DI112	#5 电磁阀状态反馈			12		
1DI113	#6 电磁阀状态反馈			13		
1DI10414	备用			14		
1DI10415	备用			15		
1DI10416	备用			16		
1DO101	#1 冷水泵启停			1		K-DO01
1DO102	#1 热水泵启停			2		
1DO103	#2 冷水泵启停			3		
1DO104	#2 热水泵启停			4		
1DO105	反应釜搅拌电动机启停			5		
1DO106	#1 启停电磁阀启停			6		
1DO107	#2 启停电磁阀启停			7		
1DO108	#3 启停电磁阀启停			8		
1DO109	#4 启停电磁阀启停			9		
1DO110	#5 启停电磁阀启停			10		
1DO111	#6 启停电磁阀启停			11		
1DO112	空气泵启停			12		
1DO100513	备用			13		
1DO100514	备用			14		
1DO100515	备用			15		
1DO100516	备用			16		
1FT104	#1 热水泵出水流量	0.96	0	智能电磁流量计	m^3/h	K-PA01
1LT101	反应釜液位	50	0	智能液位计	cm	K-PA01

(2) 现场工艺控制方案

在工业现场中，每一个需要控制的工艺过程（或现场设备）均要求有具体的控制方案与之相对应，控制系统方案的设计可参看本书的第 2 章，这里仅简单介绍图 0-1 所示实训装置的部分控制策略，为控制算法组态做准备。下面简要介绍实训装置三类典型的控制方案。

1）顺控设备控制方案

#1 热水泵启停控制方案如图 4-13 所示。

2）反应釜内胆温度 PID 单回路控制方案

反应釜内胆温度自动控制是通过改变调节阀开度来调整反应釜夹套冷却水流量的，从而维持反应釜内胆温度恒定在设定值，保持化学反应的稳定性、经济性。回路引入反应釜内胆的温度测量信号作为该控制器的测量值，反应釜内胆温度控制系统是一个单回路的控制系统，如图 4-14 所示。

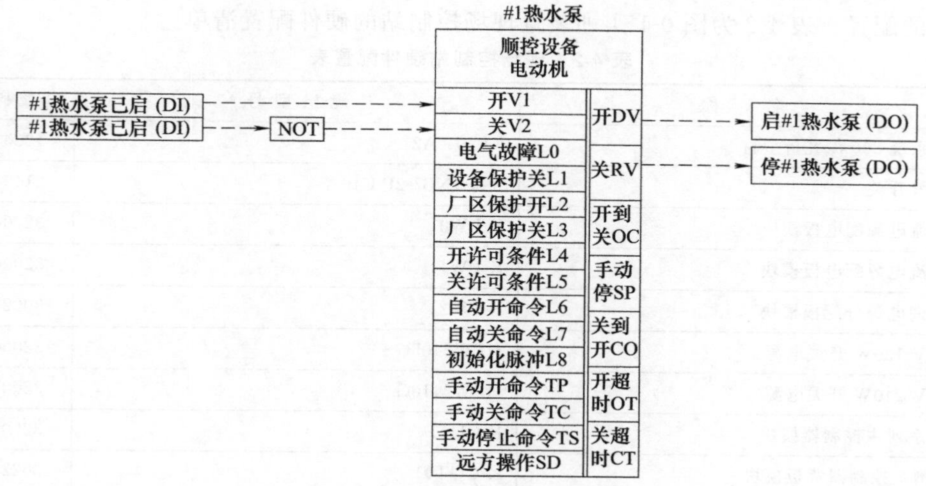

图 4-13 顺控设备控制方案

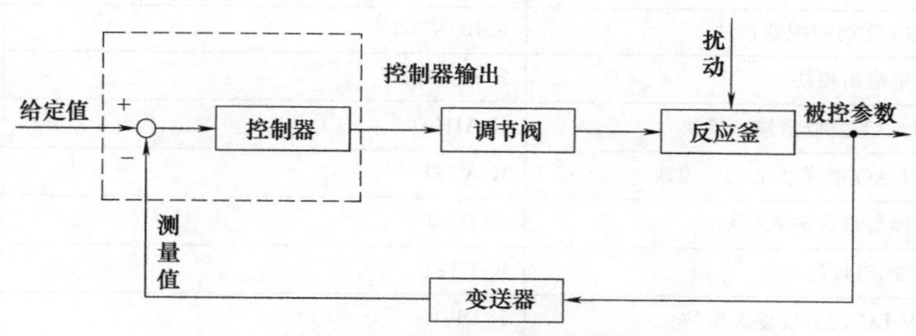

图 4-14 PID 单回路控制方案

3）锅炉液位 PID 串级控制方案

在锅炉液位控制系统里，根据锅炉液位、上水流量信号通过串级 PID，调节＃2 冷水泵变频器转速，保证锅炉液位的稳定性和可靠性，如图 4-15 所示（可对照图 2-23 和图 2-14 来理解）。

(3) 其他

工艺流程图（纸质图纸或 CAD 图）、报表等。

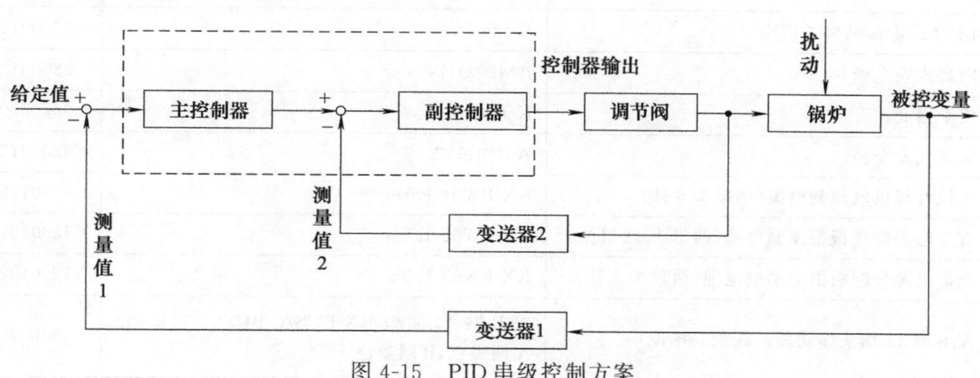

图 4-15 PID 串级控制方案

4.1.5 系统的硬件配置

系统的硬件配置主要包括系统规模配置（历史站/工程师站/操作员站）、I/O机柜、I/O模块的配置。表4-2为图0-1实训装置现场控制站的硬件配置清单。

表4-2 现场控制站硬件配置表

序号	名　称	规格型号	物料编码
1	K系统800深九折型材	KP104-A2	1200059236
2	空气开关	正泰，NB7-2P-C10A	2140400778
3	交流电源配电板模块	K-PW01	3200022481
4	直流电源配电板模块	K-PW11	3200016608
5	查询电源分配板模块	K-PW21	3022700044
6	24V 120W 开关电源	HPW2405G	3200040755
7	24V 240W 开关电源	HPW2410G	3200040751
8	K系列主控制器模块	K-CU01	3200006884
9	4槽主控制器背板模块	K-CUT01	3022700076
10	8通道星形IO-BUS模块	K-BUS02	3200007039
11	星形IO-BUS终端匹配器模块	K-BUST02	3022700074
12	8通道模拟量输出模块	K-AOH01	3022700160
13	8通道带HART模拟量输入模块	K-AIH01	3200022040
14	8通道AI与AO增强冗余底座模块	K-AT21	3022700055
15	8通道热电偶与毫伏输入模块	K-TC01	3022700112
16	8通道TC与RTD底座	K-TT21	3200013736
17	16通道24V DC数字量输入模块	K-DI01	3022700115
18	16通道DI增强底座	K-DIT21	3022700046
19	16通道24V DC数字量输出模块	K-DO01	3200015350
20	16通道DO底座	K-DOT01	3200019698
21	16通道DO交直流继电器输出端子板	K-DOR01	3200018777
22	DPPA LINK网桥通信模块K-PA01-A.1.2	K-PA01	3022700097
23	DP/PA LINK底座模块	K-PAT01	3022700048
24	DP Y LINK网桥通信模块	K-DP02	3022700098
25	DP/Modbus网桥通信模块	K-MOD01	3200012695
26	隔离式安全栅	AM2031EX	3200012962
27	安全栅底座	K-AM201	3022700009
28	隔离式安全栅	AM1011EX	3200012957
29	主控背板供电预制电缆（两母头6针）	KX-PW01-1.1m	1200102562
30	直流电源监测报警预制电缆（两母头12针）	KX-PW02-1.0m	1200102563
31	查询电源分配板供电预制电缆（两母头3针）	KX-PW03-1.2m	1200102564
32	A、B网12插头多功能总线预制电缆	A、B网 12插头 KX-BUSA(BUSB)-12-2.0m A网黑色，B网蓝色	1200080357

续表

序号	名　称	规 格 型 号	物料编码
33	预制电缆	3m,36 芯 37 孔 D 形头预制电缆	1080300012
34	机柜照明灯	LED-T5-0.44m-7W	1200109478
35	行程开关	SD7310/0.75 * 2/1MR/TH	1200064572
36	机柜标牌	机柜外标牌,设计见图纸	1050105105
37	绑线支架	KC167	1200053867
38	保险端子	魏德米勒,ASK1EN(保险管)	

4.2 新建工程

新建工程是整个组态中的第一个步骤。在正式进行应用工程的组态之前，必须针对该应用工程定义一个工程名，该目标工程新建后便建立了该工程的数据目录。

4.2.1 设置工程基本信息

双击快捷方式，启动工程总控。启动后的工程总控界面如图 4-16 所示。

打开“工程”→“新建”，“新建工程向导”界面如图 4-17 所示。

“新建工程向导”首先引导组态人员设置工程的基本信息：项目名称、工程名称、工程描述、基础工程和模板比例。如图 4-17 所示，项目名称为“Demo”，工程名称为“Demopro”，工程描述为“示例工程”，基础工程为火电专用版，模板比例为“16∶9”。设置完成后单击下一步，进入“添加操作站”步骤。

图 4-16　工程总控界面

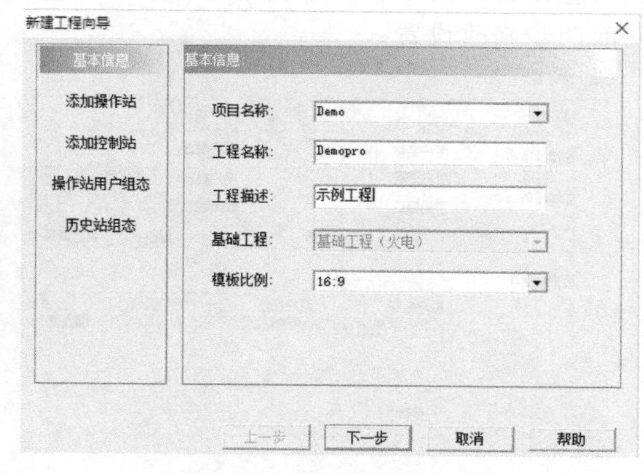

图 4-17　新建工程向导

在进行基本信息设置时应该注意：

① 最多可创建 32 个项目，工程是包含在项目中的，一个项目内最多可包含 15 个工程，一个工程为一个域，工程在项目内需划分域号（0～14），同项目内域号不能重复，同项目内的工程可以相互交换数据。

② 项目名称可以是任意字符的组合，可以包含中文，但是首尾不能是空格，长度不超过 64 个字节。

③ 工程名只能是英文字母、数字、下划线“_”的组合，英文字母不区分大小写；长度不能超过 32 个字符，长度超过限制部分无法输入；工程名不得与已存在的工程名重复。

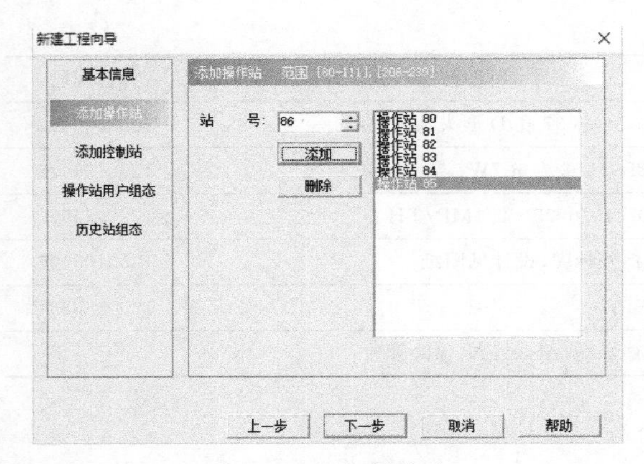

图 4-18 添加操作站

4.2.2 添加操作站

进入添加操作站步骤，显示向导窗口如图 4-18 所示。

缺省情况下，新建的工程中均包含了 80 号操作站和 81 号操作站。单击加减按钮，或者直接输入数字，修改操作站站号。然后单击添加，在右侧的操作站列表中加入该操作站。如图 4-18 所示，添加了 80～85 共 6 个操作站。设置完成后单击下一步，进入添加控制站步骤。

4.2.3 添加控制站

进入添加控制站步骤，显示向导窗口如图 4-19 所示。

单击加减按钮，或者直接输入数字，修改控制站站号。单击向下箭头，选择控制站类型和控制器型号，然后单击添加，在右侧的控制站列表中加入该控制站。如图 4-19 所示，添加了 10～13 号 DCS 控制站。设置完成后单击创建工程，则按照上述设置的组态信息创建新的工程；单击上一步，可以返回前两步修改设置。

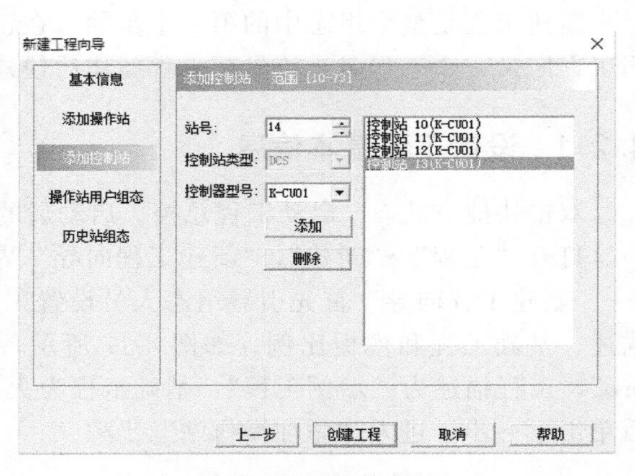

图 4-19 添加控制站

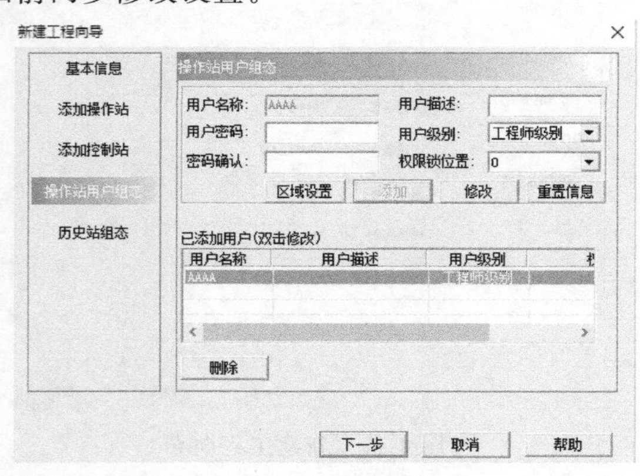

图 4-20 操作站用户组态

4.2.4 操作站用户组态

工程创建完成后，进入操作站用户组态步骤，显示向导窗口如图 4-20 所示。

输入用户名称、用户密码、用户描述，修改用户级别、区域设置后，单击添加按钮，将该用户加入到已添加用户列表中。如图 4-20 所示，用户名为 AAAA，密码为 AAAA，设置为工程师级别。设置完成后单击下一步，进入“历史站组态”步骤。

4.2.5 历史站组态

进入历史站组态步骤，显示向导窗口如图 4-21 所示。

分别为历史站 A 和历史站 B 分配相应的操作站。缺省为 80 号操作站（Node_80）和 81 号操作站（Node_81），单击向下箭头可选择其他操作站。单击完成按钮，新建工程向导结束。

创建好工程以后，还应该掌握以下两小节所讲的工程的相关操作。

4.2.6　工程备份与恢复

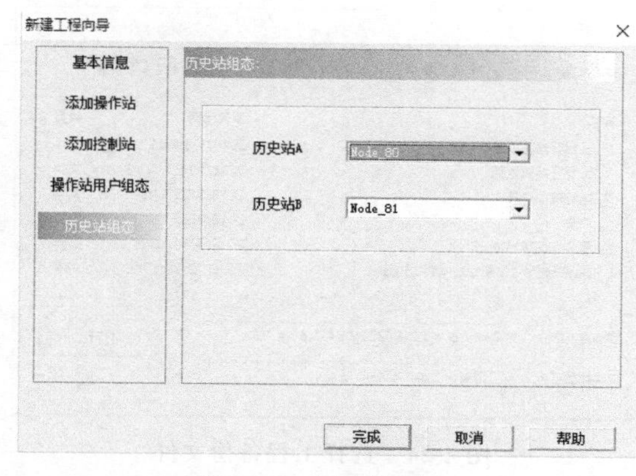

图 4-21　历史站组态

(1) 备份工程

备份工程可以防止工程的随意修改或文件偶然被删除、破坏等。备份工程是非常重要的，可以把组态的工程恢复到特定的版本。

菜单栏：单击“工程”→“备份”；

工具栏：；

快捷键：Alt+B。

备份工程时，备份工程名称是系统自动设置的，不可修改，此名称就是当前工程的工程名。

工程备份路径可以通过单击选择路径来修改，工程备份文件的文件名可直接手动输入修改。工程备份路径系统默认为安装盘符，文件名称为“工程名称”+“_”+“备份时间”+.“pbp”，如：E:\Demopro_20190220_094445.pbp。

设定好工程备份路径之后，单击“选项＜＜”选择备份文件内容，可以根据用户需要备份相应文件。单击备份，开始备份工程。

工程备份完成后，在选择的路径下生成备份文件，如图 4-22 所示。

工程备份文件不能通过解压缩文件直接解压缩，只能通过恢复工程将其恢复，详见恢复工程。

工程备份文件生成后，备份文件的名称和路径均可以修改，文件名可以在您的操作系统下被修改为更具有标识性的文件名，也可以被拷贝至其他存储设备中，这些都不会影响恢复后的工程信息。

(2) 恢复工程

恢复工程是在不需要重新组态工程的情况下，将已经备份的工程文件恢复，解压缩到安装盘目录的 User 下。工程恢复界面如图 4-23 所示。

菜单栏：单击“工程”→“恢复”；

工具栏：；

快捷键：Alt+R。

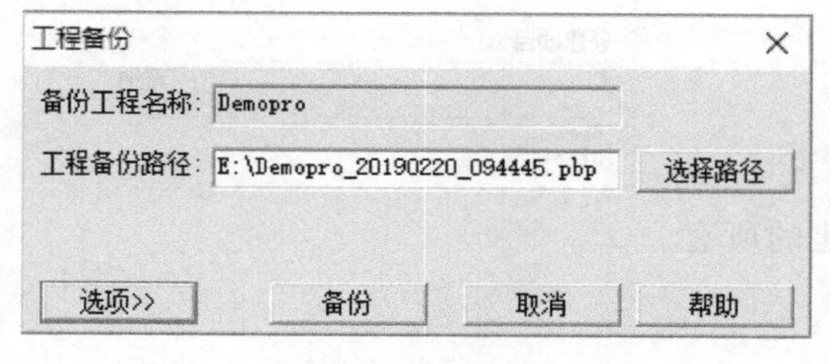

图 4-22　工程备份文件

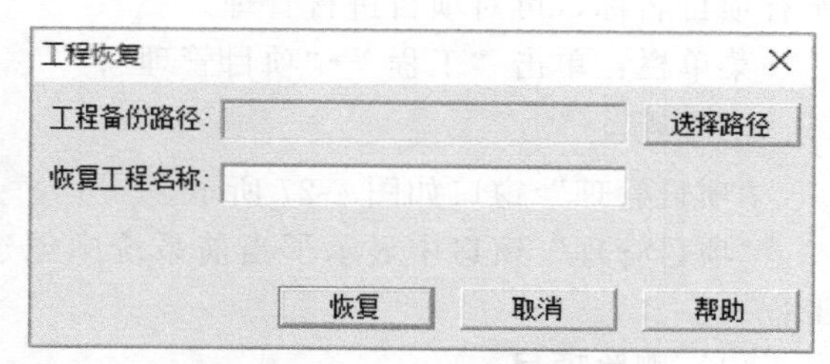

图 4-23　工程恢复界面

选择工程备份路径后，在窗口中选择工程备份文件（*.pbp），单击打开，如图 4-24 所示。

当选择工程备份路径之后，恢复工程名称处显示工程名称，恢复的工程名称可以为原来工程名称，也可由用户修改。关于工程名称的约束详见 4.2.1 设置工程基本信息。

单击恢复后，如果恢复工程名称与现有工程重名，会弹出覆盖提示，如图 4-25 所示。选择“是”覆盖现有工程，选择“否”重新选择工程名称。

图 4-24　选择工程备份文件

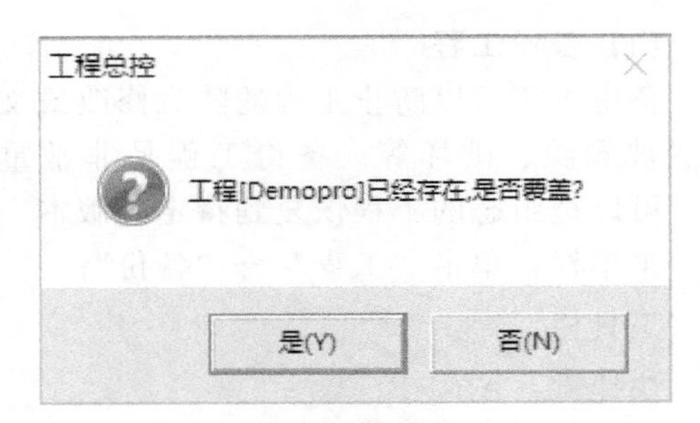

图 4-25　工程恢复覆盖提示

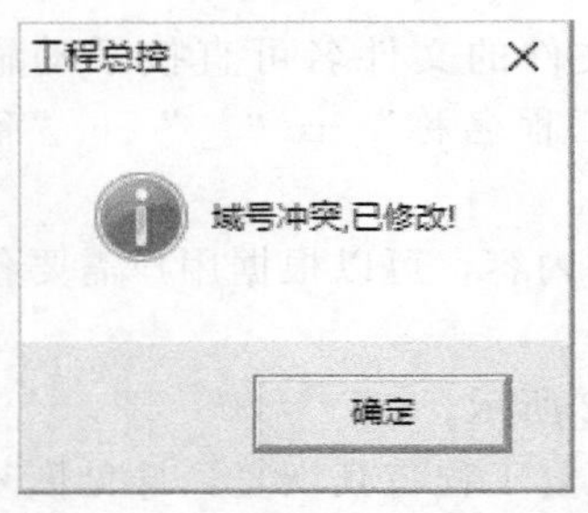

图 4-26　域号冲突提示

工程恢复开始后，会有进度条提示恢复进度。完成时，弹出恢复完成提示。

工程总控不允许同一项目下的域号重复，当恢复的工程与已存在的工程域号有冲突时，自动修改恢复工程的域号为当前项目中可用域号的最小值，修改后弹出如图 4-26 所示的提示。

修改后的域号如果不满足工程需要，可以通过工程管理修改，详见 4.2.8 工程管理。工程恢复完成后，需要手动打开恢复的工程。

4.2.7 项目管理

对于一个大型的系统，我们可以通过项目和域，将其分为若干部分，以便于管理、维护和运行。其中，项目是比域大一个级别的范畴，一个项目中可以包含多个工程，每个工程的域号都不相同，项目与项目之间不进行数据交换。一个域对应数据库总控中的一个工程，它归属于某一个项目，由独立的服务器、系统网络和多个现场控制站组成，完成相对独立的采集和控制功能。同一个项目内的域与域之间可以互相访问数据，可以在同一操作站对各个域进行监控，对一个域的组态、编译和下装不会影响其他域的在线运行。

“项目管理”窗口显示了工程总控中目前所建立的所有项目名称，可对项目进行管理。

菜单栏：单击“工程”→“项目管理”；

工具栏：⚙。

“项目管理”窗口如图 4-27 所示。

“项目管理”窗口中显示了当前系统中创建的所有工程。

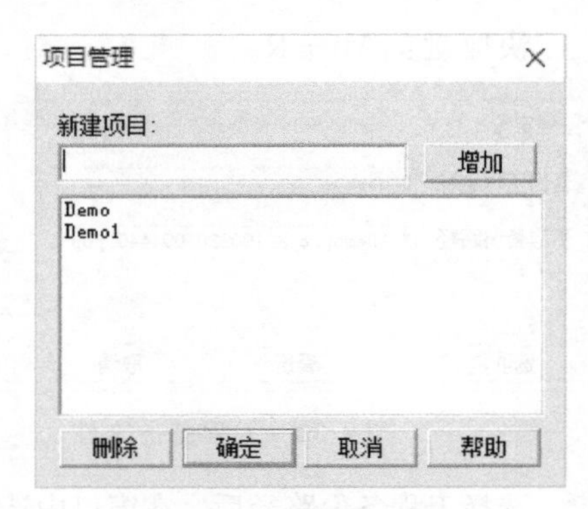

图 4-27　项目管理

(1) 删除项目

打开“项目管理”窗口，选中项目列表中的项目名称，单击删除，选中的项目被删除，但是如果项目下已经挂接了工程，则该项目不能被删除，弹出系统提示如图 4-28 所示。只有先删除工程后才能删除项目。详见 4.2.8 工程管理。

删除项目后，需单击“项目管理”窗口中的确定，该操作才能生效；否则，单击取消或关闭“项目管理”窗口，操作无效。

(2) 增加项目

在“项目管理”窗口新建项目，在编辑框中输入新的项目名称，如“Demo1”，单击增加，则该项目名称添加到窗口的项目列表中，如图 4-29 所示。

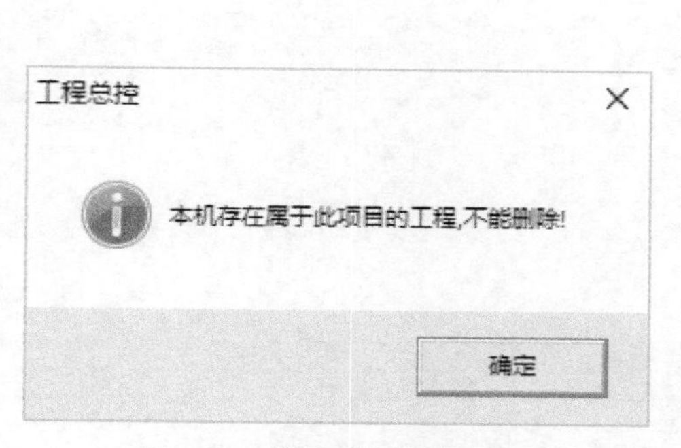

图 4-28 删除项目的提示框

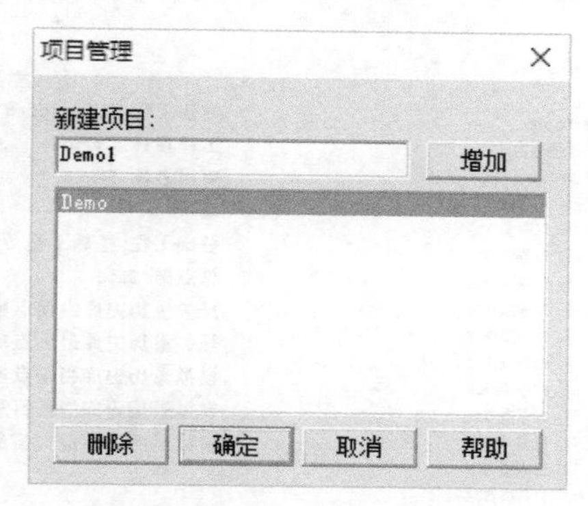

图 4-29 项目管理——增加项目

增加项目后，需单击“项目管理”窗口中的确定，该操作才能生效；否则，单击取消或关闭“项目管理”窗口，操作无效。

4.2.8 工程管理

“工程管理”是用于查看和修改工程的基本信息的工具。利用“工程管理”，用户可以集中查看并修改所有工程信息，完成工程组态。“工程管理”对话框如图 4-30 所示。

菜单栏：单击“工程”→“工程管理”；

工具栏：；

快捷键：Ctrl＋M。

工程域号的设置范围：0～14。

(1) 查看工程信息

打开“工程管理”窗口，如果只有一个项目，则在“工程管理”窗口中只有“未分组工程”标签页，如图 4-31 所示。

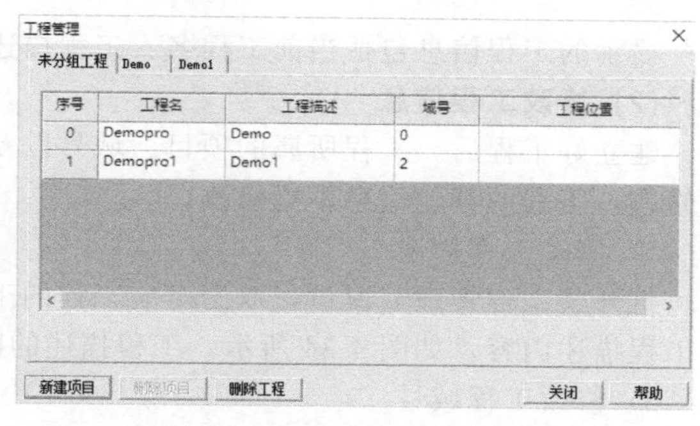

图 4-30 “工程管理”对话框

如果存在多个项目，则在“未分组工程”后并列显示当前存在的项目名称，如图 4-32 所示。单击相应的项目名称，显示属于此项目的工程，在“工程管理”中显示序号、工程名、工程描述、域号，其中域号可以修改。

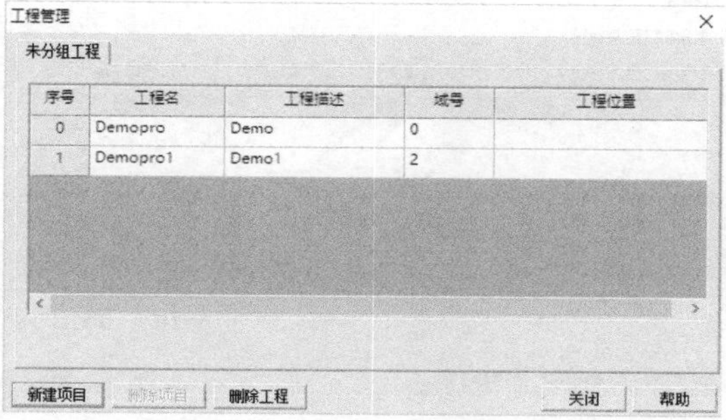

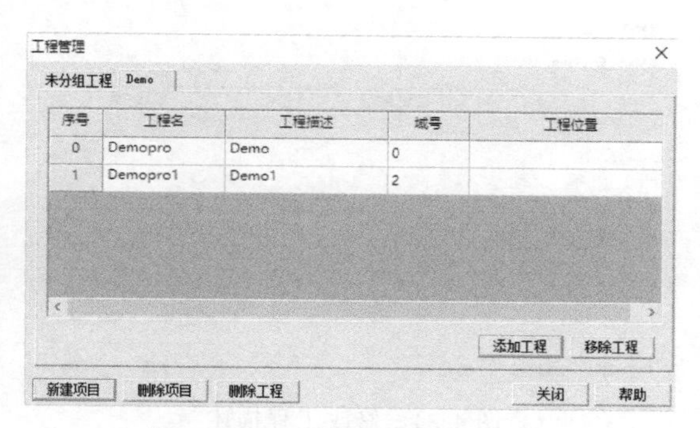

图 4-31 工程管理项目数为 1

图 4-32 工程管理项目数不为 1

打开工程后，在工程总控软件界面上会显示相应的工程信息，如图 4-33 所示。

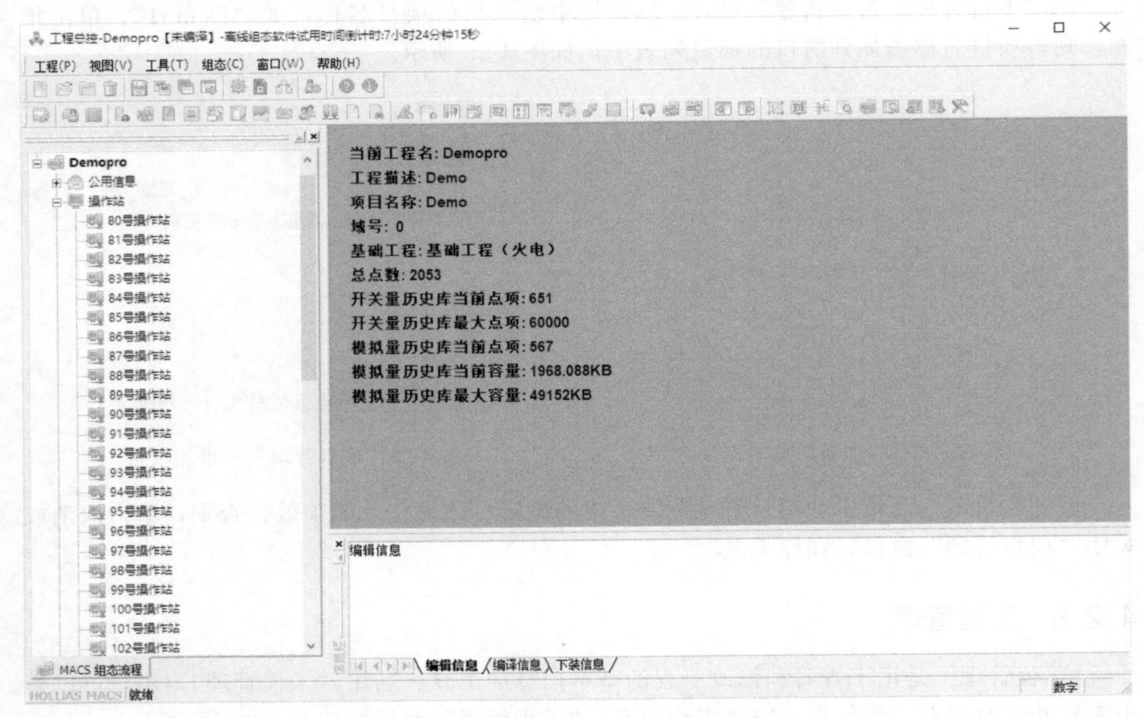

图 4-33　总控界面工程基本信息显示区

显示的工程信息包括当前工程名、工程描述、项目名称、域号、基础工程、总点数等。

(2) 修改工程信息

建立好工程后，工程所属的项目、域号以及工程描述等信息都可以在“工程管理”窗口中修改，工程的其他信息不能修改。

1） 修改工程描述

打开“工程管理”窗口，双击对应工程的工程描述单元格，变为可编辑状态，输入并修改工程描述内容，如图 4-34 所示。工程描述的限制请参见工程描述。

2） 修改工程域号

修改域号时，双击所选工程对应的域号所在的单元格，在下拉菜单中选择域号，如图 4-35 所示。

同一项目下工程的域号不能重复。

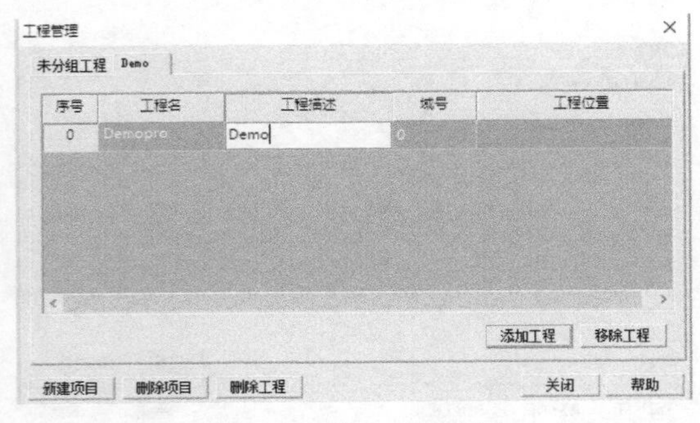

图 4-34　修改工程描述

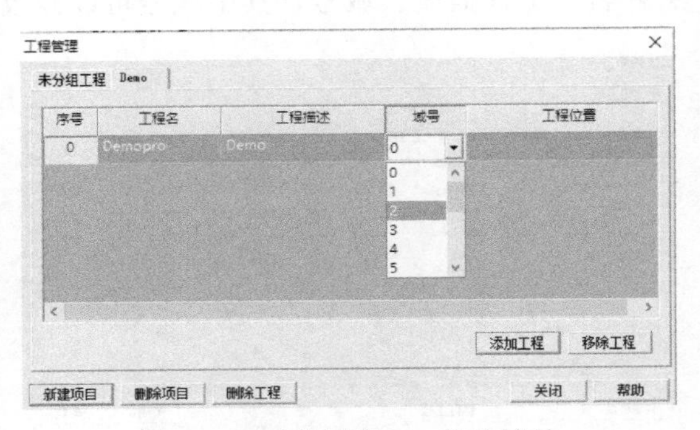

图 4-35　工程管理——修改域号

3）修改工程所属的项目

修改工程所属的项目：通过工程管理中的移除工程和添加工程来实现。

① 移除工程

将当前显示项目中选中的工程移除到未分组工程中。选中要移除的工程，单击移除工程，弹出确认框，如图 4-36 所示。单击“是”，将所选工程从该项目中移除，并被添加到“未分组工程”列表中。

② 添加工程

将“未分组工程”中的工程添加到当前显示项目中。选中项目名称标签页，单击添加工程，弹出“未分组工程”对话框，如图 4-37 所示。在“未分组工程”对话框中选择需要添加的工程，单击“确定”，将所选的工程加入到此项目组中。

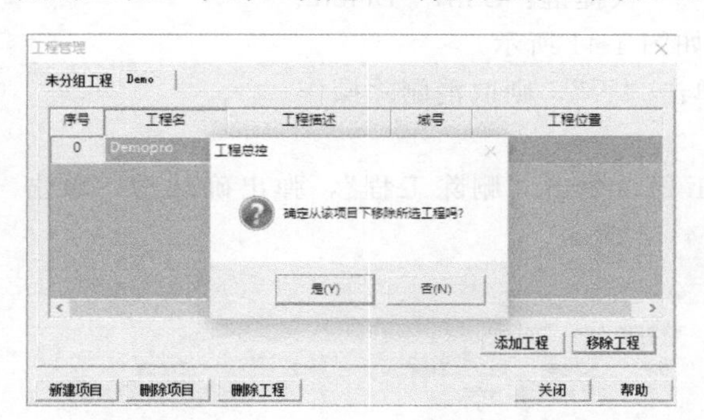

图 4-36 工程管理——移除工程

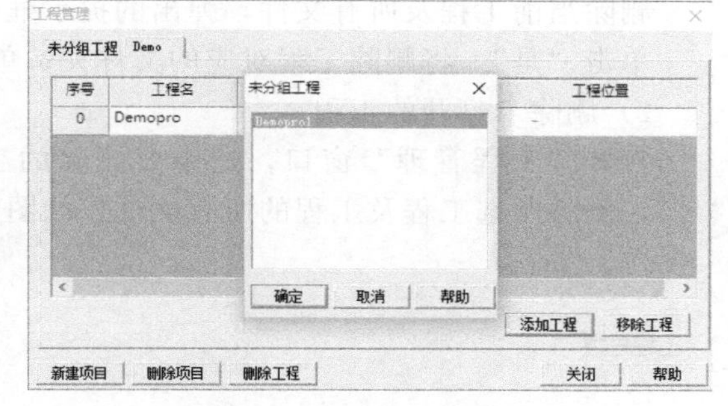

图 4-37 工程管理——添加工程

工程的项目改变之后，区域信息跟随变化为改变后的项目区域，数据点、流程图和用户的区域限制都取消，变为全厂区，如果改变后的项目没有区域信息，则项目的区域信息变为工程原有的区域信息，工程中的数据点、流程图和用户的区域设置都保持不变。

(3) 删除项目

删除项目是将项目文件从计算机中移除，包括项目的区域信息等。

打开“工程管理”窗口，选中需要删除项目的标签页，单击删除项目，弹出确认框，如图 4-38 所示。单击“是”，将当前显示的项目删除。

删除项目前必须移除项目下的所有工程，否则将无法完成删除操作，如图 4-39 所示。

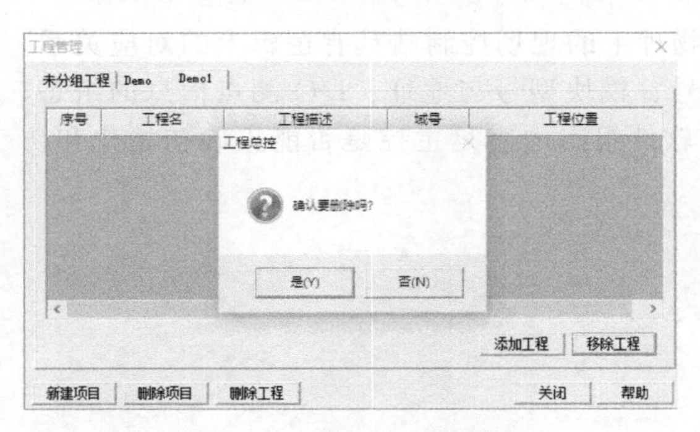

图 4-38 工程管理——删除项目

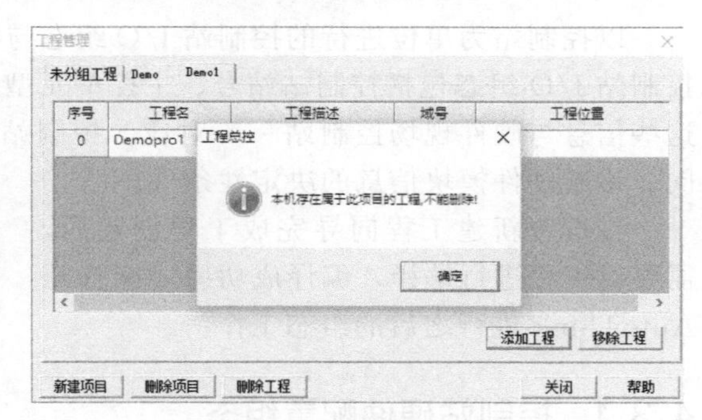

图 4-39 工程管理——未移除工程

(4) 新建项目

打开“工程管理”窗口，单击“新建项目”，弹出“新建项目”对话框，如图 4-40 所示。输入新建的项目名称，单击“确定”进行添加。

新建项目后，需单击“新建管理”窗口中的“确定”，该操作才能生效；否则，单击取消或关闭“新建项目”窗口，操作无效。

(5) **删除工程**

删除工程则可以将工程从组态软件中删除，同时工程目录中与该工程相关的文件都被永久性删除。当前已打开的工程和未打开的工程都可以被删除。

1）删除当前工程

菜单栏：单击“工程”→“删除”；

工具栏：🗑；

快捷键：Shift＋Delete。

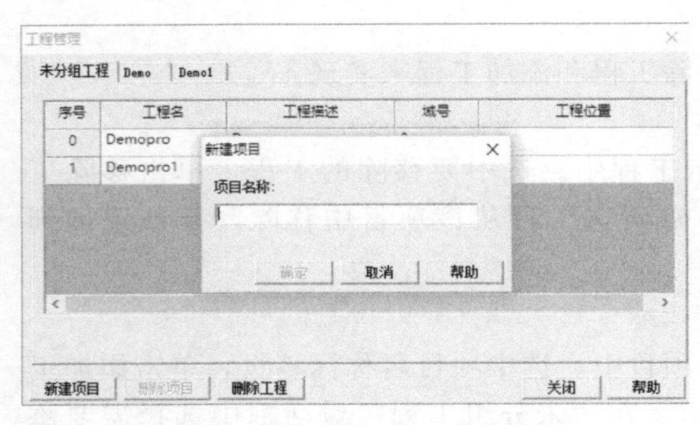

图 4-40　工程管理——新建项目

删除当前工程及所有文件，弹出的提示框如图 4-41 所示。

单击“是”，将删除工程对应的文件夹；单击“否”，则取消删除操作。

2）删除未打开的工程

打开“工程管理”窗口，选中要删除的工程，单击“删除工程”，弹出确认框，单击“是”，删除所选工程及工程的所有文件，如图 4-42 所示。

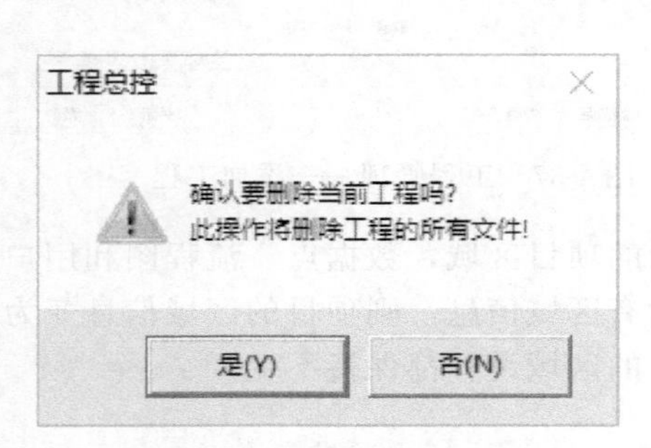

图 4-41　删除工程提示框

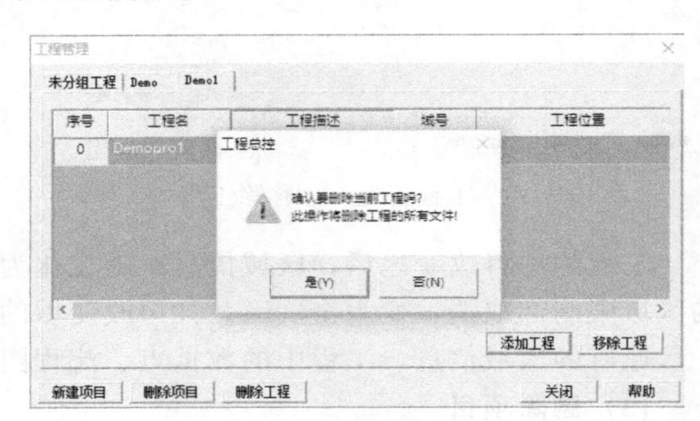

图 4-42　删除未打开的工程

4.3　控制站 I/O 组态

以控制站为单位进行的控制站 I/O 组态与物理上的现场控制站具有逻辑上的对应关系。控制站 I/O 组态包括控制站站号、主控单元型号、模块型号与地址、I/O 测点信息的组态，这些信息与硬件现场控制站一一对应。控制站软件组态内容是主控是否能正确初始化和访问、诊断硬件模块信息的决定性条件。

在按着新建工程向导完成工程创建后，需要对工程进行编译，编译成功后才能打开 AutoThink 进行之后的组态工作。

4.3.1　控制站硬件配置组态

在工程总控界面左侧的组态树目录中，双击“10 号现场控制站（K-CU01）”，打开 AutoThink 算法组态软件并加载控制站工程，如图 4-43 所示。

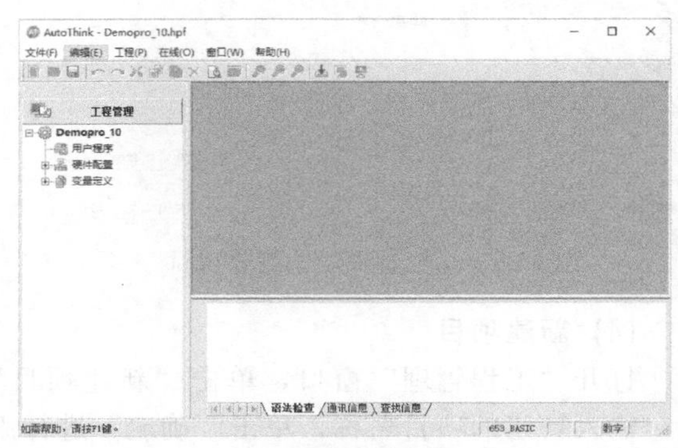

图 4-43　AutoThink 软件界面

在打开的“硬件配置”窗口中，使用拖动的方法从右侧“设备库”窗口中，添加机柜和模块，如图 4-44 和图 4-45 所示。

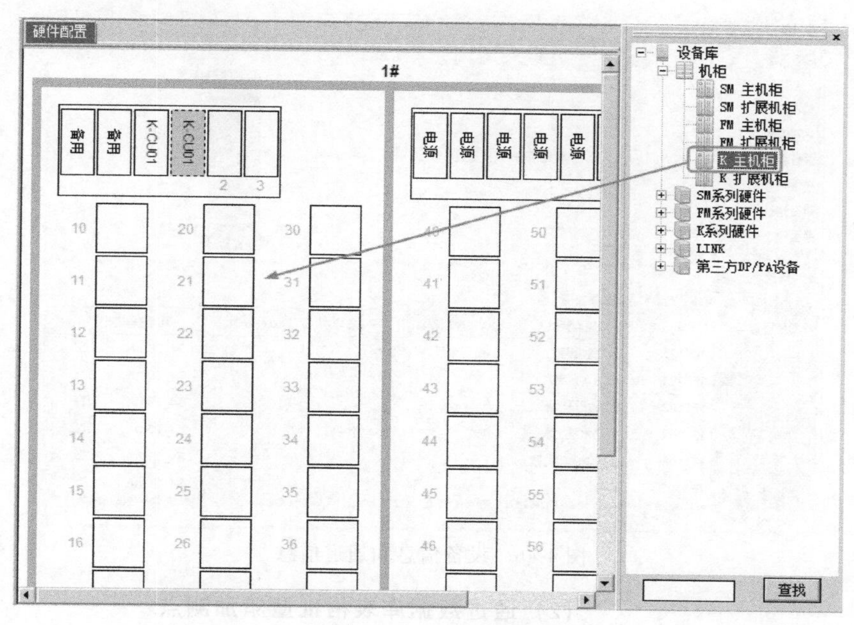

图 4-44　添加机柜

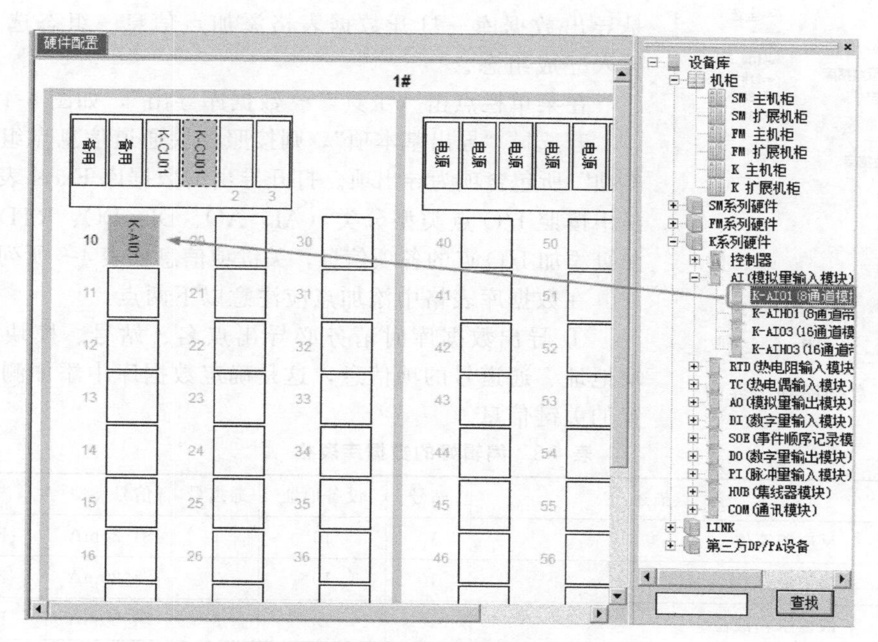

图 4-45　添加模块

4.3.2　I/O 测点组态

模块添加完成后，便可进行 I/O 测点组态，测点组态有两种方法，分别介绍如下。

(1) 通过模块信息下的通道信息进行添加

双击模块，可查看模块的设备信息和通道信息。在通道信息的任意通道上双击，生成默认通道信息后，可依据数据库资料进行修改，如图 4-46 所示。点击各项信息说明可查看组态手册或软件自带的帮助文件。

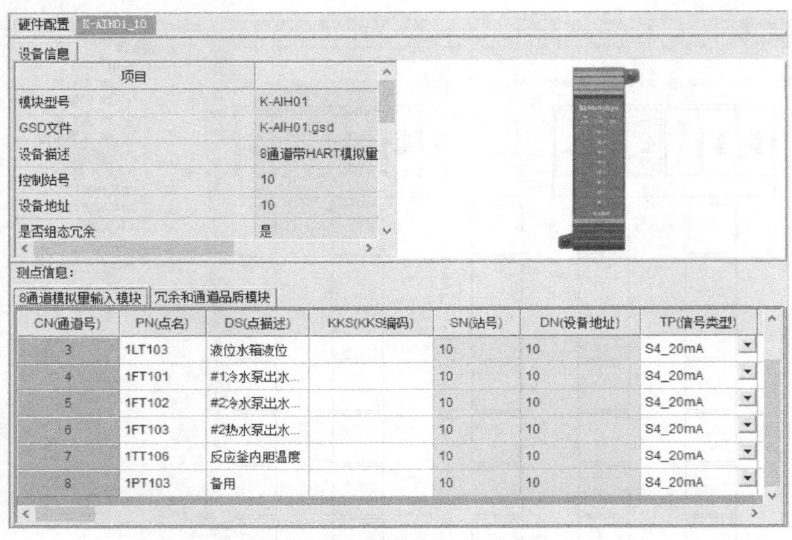

图 4-46　设备信息和通道信息

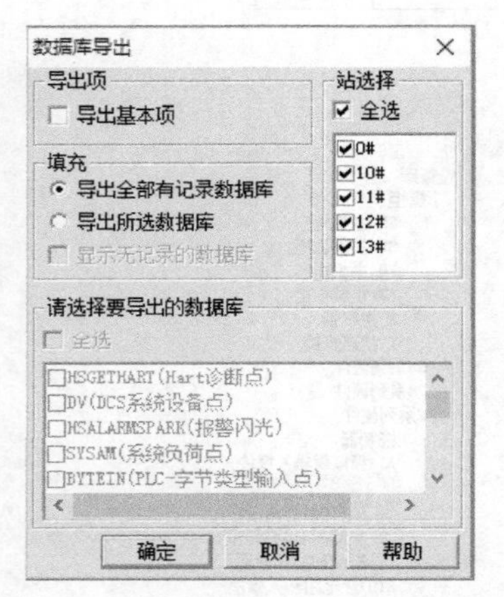

图 4-47　数据库导出界面

（2）通过数据库表格批量添加测点

可利用数据库导出/导入功能对数据进行修改，具体步骤是导出数据库—打开数据表格添加点信息—组态选项设置—导入完成组态。

在菜单栏点击“工具”→“数据库导出”，如图 4-47 所示。

若选择“导出基本项”，则按照模块通道信息点组态的“基本项”所包含项为导出项。打开导出的数据库 Excel 表格，在表格中按照 I/O 点类型分类（AI、AO、DI、DO、RTD、TC 等）分页添加 I/O 点的各项信息，关键项信息如表 4-3 所列。

在数据库表格中添加点应注意以下两点：

① 导出数据库时请务必导出点名、站号、模块类型、模块地址、通道号的项信息，这是确定数据库中添加测点物理位置的关键信息。

表 4-3　编辑好的数据库表格

点名	点描述	站号	设备地址	通道号	信号类型	模块类型
1LT101	反应釜液位	10	10	1	S4_20mA	K-AIH01
1LT102	锅炉液位	10	10	2	S4_20mA	K-AIH01
1LT103	液位水箱液位	10	10	3	S4_20mA	K-AIH01
1FT101	＃1 冷水泵出水流量	10	10	4	S4_20mA	K-AIH01
1FT102	＃2 冷水泵出水流量	10	10	5	S4_20mA	K-AIH01
1FT103	＃2 热水泵出水流量	10	10	6	S4_20mA	K-AIH01
1TT106	反应釜内胆温度	10	10	7	S4_20mA	K-AIH01
1PT103	备用	10	10	8	S4_20mA	K-AIH01
1TT101	反应釜内胆温度	10	14	1	K_TC	K-TC01

续表

点名	点描述	站号	设备地址	通道号	信号类型	模块类型
1TT102	反应釜夹套温度	10	14	2	K_TC	K-TC01
1TT103	锅炉温度	10	14	3	K_TC	K-TC01
1TT104	滞后水箱长滞后温度	10	14	4	K_TC	K-TC01
1TT105	滞后水箱短滞后温度	10	14	5	K_TC	K-TC01
1AI100306	备用	10	14	6	K_TC	K-TC01
1AI100307	备用	10	14	7	K_TC	K-TC01
1AI100308	备用	10	14	8	K_TC	K-TC01

② 在填写各项数据时，请严格遵守格式规范，可参考模块通道信息中各项的填写方法进行填写。

建议新接触软件的用户，使用第一种方法在每个类型模块上增加一个测点，导出数据库后，参照此测点填写其他测点。

(3) 组态选项设置

数据库导入时，可以在组态选项中设置导入方式、重名点处理方法等，如图 4-48 所示。

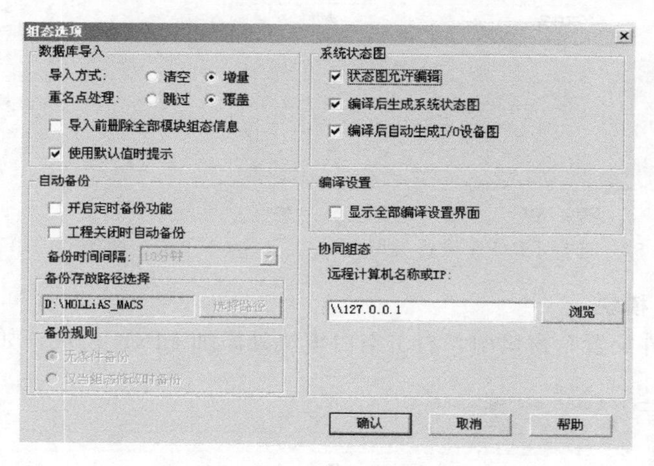

图 4-48　组态选项设置

(4) 导入数据库

数据库修改添加完成后再点击菜单栏“工具”→“数据库导入”。可在设置导入方式后，通过路径的选择，选中编辑好的数据库 Excel 文档，导入数据库。如图 4-49 所示。

显示导入完毕以后，点击工具进行编译，编译完成后，控制站每个模块的每个通道上便有了测点信息。

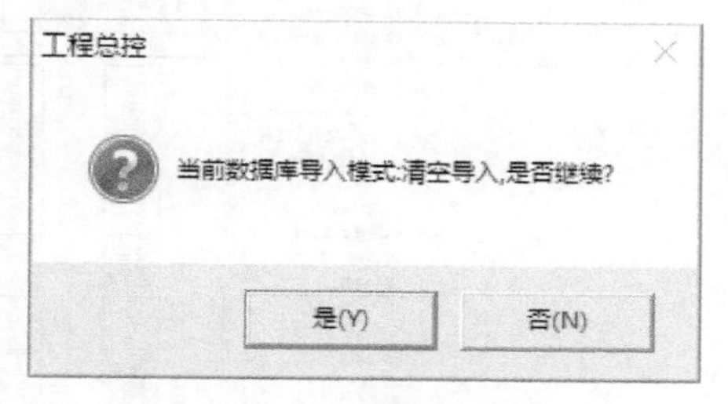

图 4-49　数据库导入界面

4.3.3　第三方 DP/PA 设备配置

(1) 导入 DP/PA 设备文件

点击“设备库”，右击“第三方 DP/PA 设备”，单击“导入”，如图 4-50 所示。

添加 GSD 文件如图 4-51 所示。

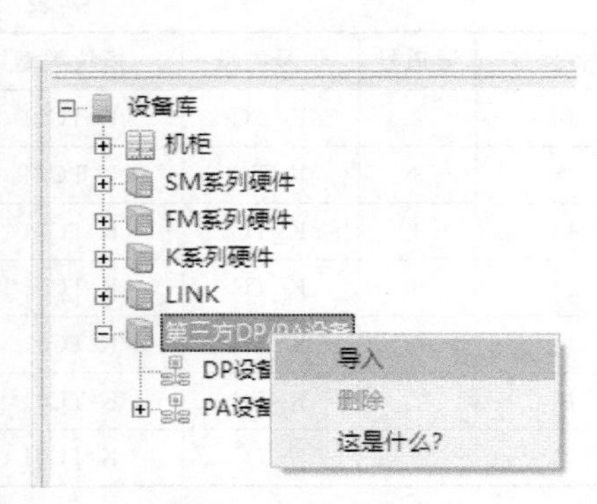

图 4-50　导入命令

图 4-51　导入 DP/PA 设备文件对话框

选择要导入的“*.gsd”文件，单击打开。出现“选择 DP/PA 分类”对话框，选择所属类型，如图 4-52 所示。

单击“确定”完成导入第三方设备，如图 4-53 所示。

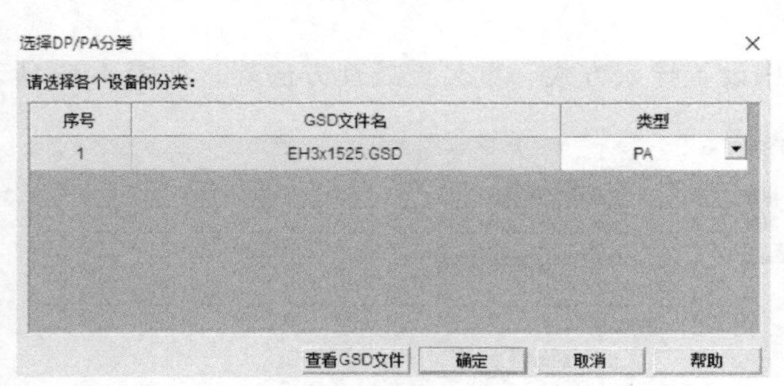

图 4-52　选择 DP/PA 设备类型

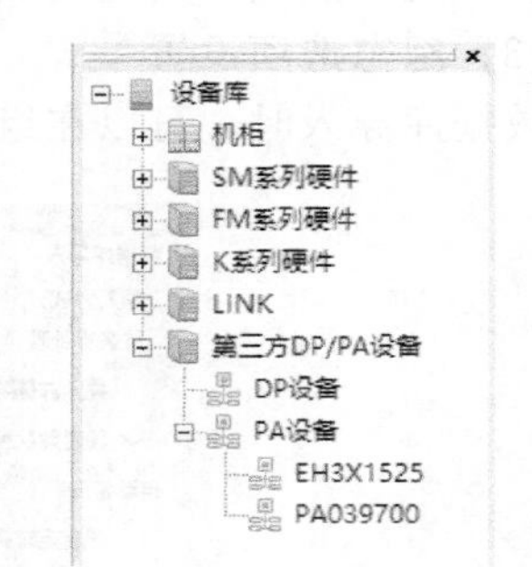

图 4-53　第三方设备导入成功

(2) 添加 LINK 模块

在打开的“硬件配置”窗口中，右击空白模块处添加 LINK 模块，如图 4-54 所示。

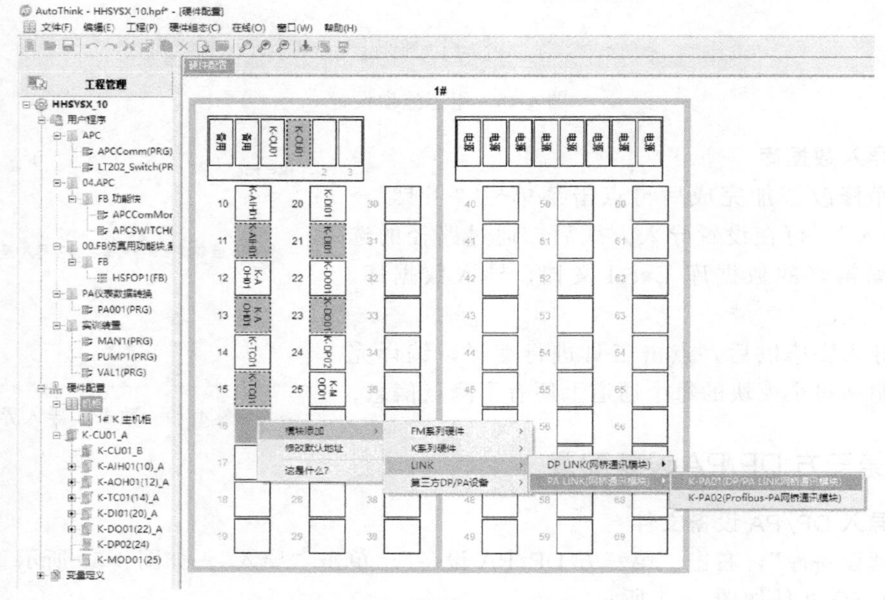

图 4-54　添加 LINK 模块

添加LINK模块后，选择该命令，打开“配置DP/PA设备”对话框，如图4-55、图4-56所示。

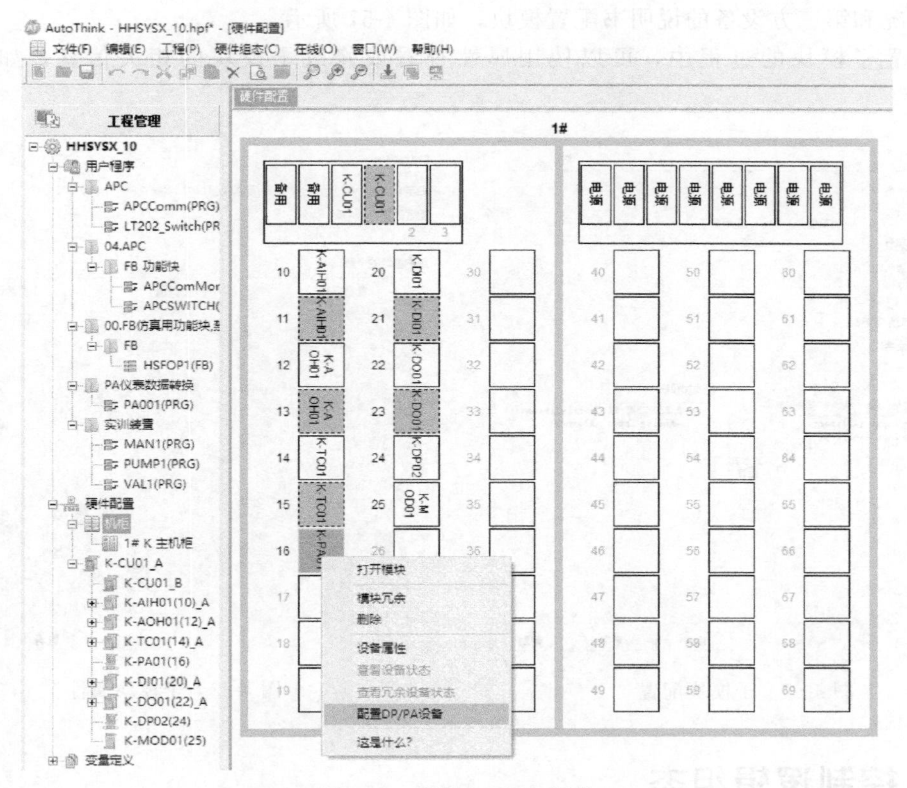

图4-55 配置DP/PA设备

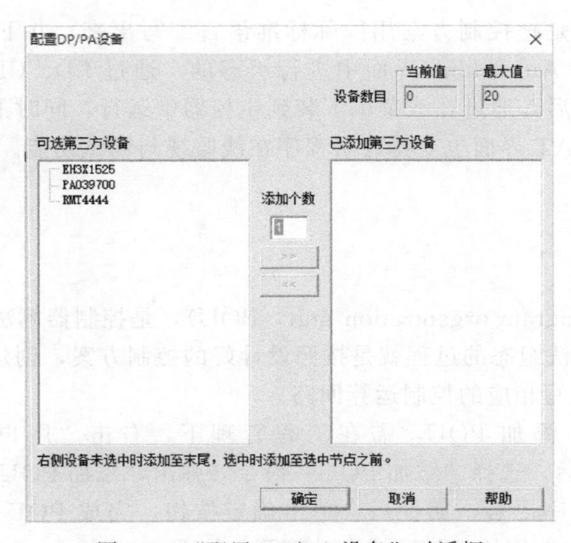

图4-56 “配置DP/PA设备”对话框

通过点击 >> 按钮，可将左侧框中选中的内容添加至右侧框，即添加第三方设备；点击 << 按钮，可删除右侧框中选中的内容，即删除第三方设备。设置添加个数，可实现批量添加。

(3) 第三方 DP/PA 设备的设置

第三方设备的设置需要使用“设备信息”中的设备属性项打开对应的模块属性，根据工程实际情况和第三方设备的说明书配置模块，如图 4-57 所示。

在配置子模块的过程中，可以使用属性查看或修改子模块的相关信息，如图 4-58 所示。

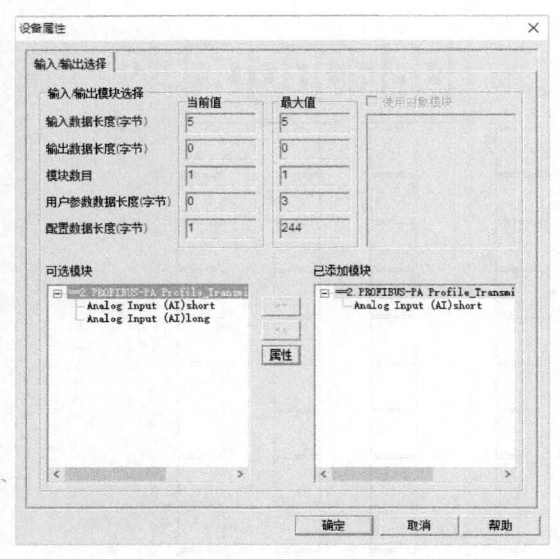

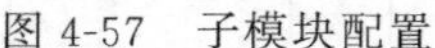
图 4-57　子模块配置

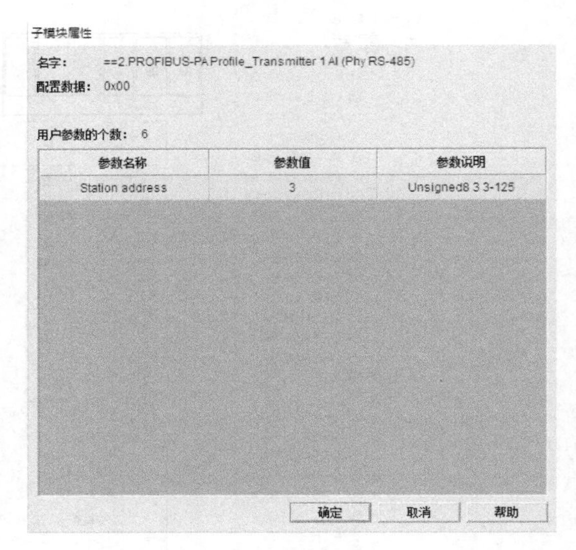

图 4-58　子模块属性

4.4 控制逻辑组态

控制逻辑组态主要是把控制方案用国际标准语言编写出来，并下装到控制器内使其运行。控制逻辑组态是在 AutoThink 界面中进行组态的，通过 LD、CFC、ST、SFC 语言编写程序，完成程序编写后，通过在线菜单下装到主控器中运行，同时下装的内容还有控制站 I/O 组态的相关信息。AT 界面也支持底层程序在线监视与调试功能。

4.4.1 POU 介绍

(1) POU 概述

程序组织单元（program organization unit，POU），是控制器算法组态软件作为控制软件的核心部分。控制算法组态的过程就是按照设计好的控制方案，创建解决问题所需的一系列 POU，在 POU 中编写相应的控制运算回路。

AutoThink 界面中添加 POU，需在工程管理下，右击“用户程序”—单击“添加 POU”。硬件配置完成后，选择“添加 POU”命令，弹出“添加 POU”对话框，输入 POU 的名称、描述，选择程序语言、属性后，单击确定按钮，完成 POU 添加。添加完成后的 POU 将在工程管理窗口右侧的工作区域自动打开，如图 4-59 所示。

在输入 POU 名称时应该注意：POU 名只能包含字母、数字、下划线“ _ ”，不能以“AT _ ”开始，且长度不超过 32 字节，超出部分无法输入。POU 不能与变量名、变量组名、POU 文件夹名、数据类型（自定义或系统缺省的）、关键字、指令库名或功能块名重名。POU 名不可为空。

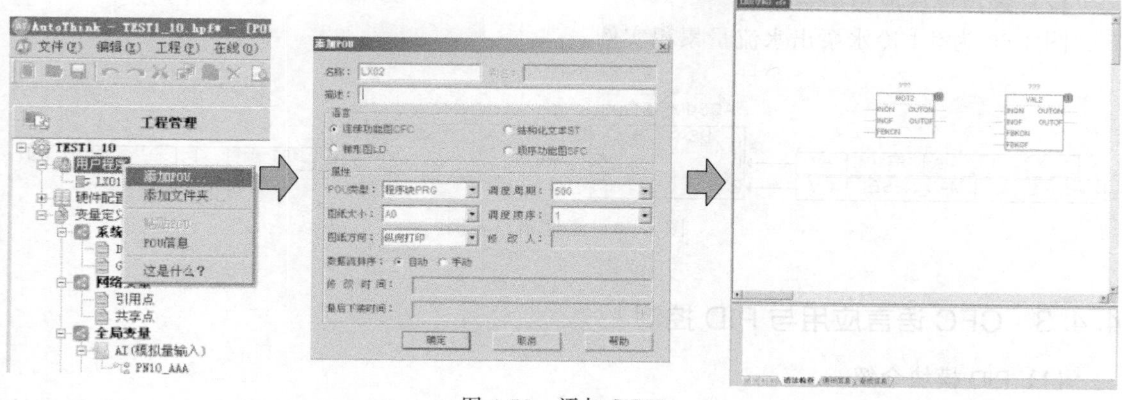

图 4-59 添加 POU

(2) POU 语言

POU 语言即算法编程语言，控制器算法组态软件提供梯形图（ladder diagram，LD）、结构化文本（structured text，ST）、顺序功能表图（sequential function chart，SFC）和连续功能图（continuous function chart，CFC）共四种编程语言。其中前三种语言完全符合 IEC61131-3 国际标准。本书重点讲解 CFC 语言的应用。

CFC 语言是面向图形的编程语言，用图形化的功能块编制用于完成一定运算或控制功能的程序。该运算回路由功能块、连线、输入输出端子组成，允许各运算回路连续放置。运算对照功能块顺序运行。

(3) POU 类型

POU 分为程序块（PRG）、功能块（FB）和函数（FUN）三类。

程序块（PRG）：最常用的 POU 类型。

功能块（FB）：可以赋予参数并具有静态参数（带有记忆）的 POU。当以相同输入参数调用时，FB 的输出值取决于其内部变量和外部变量的状态，这些变量在功能块的这一次执行到下一次执行的过程中是保持不变的。

函数（FUN）：可以赋予参数但没有静态参数的 POU。当以相同输入参数调用时，它总生成相同的结果作为其输出。

POU 的触发周期可在程序属性下设置为 100、200、500、1000 或禁止调度。

4.4.2 CFC 语言应用与流量积算

(1) 累积模块介绍

该功能块可对工业现场各种流量进行累积计算，可根据实际情况选择累积方式。在正累积方式下，只对正的流量值进行累积，全累积方式下，不论正负流量均进行累积。累积模块引脚说明见表 4-4。

表 4-4 累积模块引脚说明

项目	引脚	数据类型	描述	默认值	数据同步	掉电保护	参数对齐	强制	HMI
输入	I1	REAL	输入端	0.00	否	否	否	否	是
	RS	BOOL	复位	0	否	否	否	否	是
输出	AV	LREAL	积算结果	0.00	是	是	否	是	是
	SS	BOOL	选择结果	0	否	否	否	是	是

(2) 累积模块应用举例

图 4-60 为#1 冷水泵出水流量累积实例。

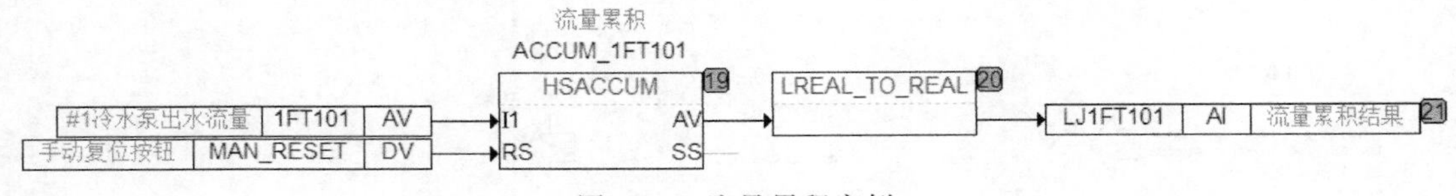

图 4-60 流量累积实例

4.4.3 CFC 语言应用与 PID 控制

(1) PID 模块介绍

单回路 PID 调节使用“HSVPID”功能块，这个功能块存放在 POWERCAL. HLF 中的“控制”文件夹中。HSVPID 模块部分引脚说明见表 4-5。

表 4-5 HSVPID 模块部分引脚说明

项目	引脚	数据类型	描述	默认值	数据同步	掉电保护	参数对齐	强制
输入	PV	REAL	过程值输入	0	否	否	否	否
	PT	REAL	比例带，大于 0，百分数(%)	100.0	是	否	是	否
	TI	REAL	积分时间，大于 0，如≤0，分离积分，PD 作用	60.0	是	否	是	否
	TISI	BOOL	积分分离输入	0	否	否	否	否
	TD	REAL	微分时间，≥0	0	是	否	是	否
	KD	REAL	微分增益，大于 0	1	是	否	是	否
	TS	BOOL	跟踪开关：1—TRACK 跟踪；0—AUTO 自动	1	是	否	是	否
	TP	REAL	跟踪量点	0	否	否	否	否
	OT	REAL	输出上限	100.0	是	否	是	否
	OB	REAL	输出下限	0	是	否	是	否
	OC	REAL	输出补偿	0	是	否	是	否
输出	AV	REAL	控制输出值	0	是	否	否	是
	TISO	BOOL	积分分离输出	0	否	否	否	是

1) 运行方式

HSVPID 有两种工作模式：自动、跟踪。

① 跟踪

跟踪工作方式 TS=1 时，PID 单元停止演算，其值随被跟踪量而变化。

② 自动

当跟踪条件不满足 TS=0 时，在自动方式下，PID 按公式进行定值运算。

2) 输出补偿

从输出补偿端 OC 进入的值用来对控制量 AV (n) 进行加补偿。即如果 OC 端有输入信号，则 AV (n) 要加上 OC 端的值（前馈控制）。

3) 积分分离

当 |EK| >SV 或 TI≤0 或输出限幅时，TISO=1 为 PD 控制；当|EK|≤SV 且 TI>0 和输出在输出限幅内时，TISO=0 为 PID 控制。

输出积分分离的目的是用于串级控制时，若副控制器积分分离，则主控制器也积分分离，也用于其他需要积分分离的算法。

4）设定值变化率限制

对设定值的变化速率进行限制，使得每次设定率变化不超过 FA。

5）无扰切换

方式切换时，如果从其他方式切到手动时，输出保持；当从手动切换到其他方式或其他方式间相互切换时，输出在上一方式输出值的基础上按新的工作方式开始计算，以保证输出无扰。

6）输出限制

① 输出变化最大幅值限制

无论在哪种工作模式下，每次输出的变化最大幅度不能超过输出变化幅度 OU 限定值。否则，输出值 $AV(K)=AV(K-1)\pm OU$。

② 输出限幅

输出值 AV 被限制在输出上限 OT 和输出下限 OB 之间。如果输出值 AV 大于输出上限 OT，则输出值 AV 等于输出上限 OT；如输出值 AV 小于输出下限 OB，则输出值 AV 等于输出下限 OB。

7）给定限制

给定值 SP 被限制在给定上限 SU 和给定下限 SD 之间。如果给定值 SP 大于给定上限 SU，则给定值 SP 等于给定上限 SU；如给定值 SP 小于给定下限 SD，则给定值 SP 等于给定下限 SD。

变比例修正 MPT：

① 积分分离时，PID 作用没有意义，以此来减弱比例作用，缺省不起作用，复杂应用时可调整此参数。

② 参照精控区控制中的比例作用。

8）精控区控制

精控区系数：$1\geqslant MK>0.1$，缺省为 1 不起作用，没有精控区。精控区范围，如果偏差 ABS(ek)＞MKD＞0，比例作用增强，修正后 PT＝原 PT×MK；如果 ABS(ek)＜MKD，比例作用减弱，比例带 PT 就回到了原来的值，即 PT＝原 PT。偏差超过一定值时，说明调节作用不够，需要增加，达到快速调节作用；当偏差较小时，比例作用恢复正常控制，以此来改善调节品质。复杂应用时可调整此参数。

9）反向截止

参数 BC 表示反向截止开关。当 BC＝FALSE 时，PID 正常计算输出；当 BC＝TRUE 时，PID 具有反向截止的功能。

在反作用模式下：（AV＝OT 且 PV＜SP）或（AV＝OB 且 PV＞SP）时，PID 保持输出不变。前者说明是已经在全开的状态下仍未升到位；后者表示在全关的状态下仍未降到位。

在正作用模式下：（AV＝OT 且 PV＞SP）或（AV＝OB 且 PV＜SP）时，PID 保持输出不变。

10）微分对象选择

参数 OD 表示微分对象的选择，当 OD＝FALSE 时，微分对象是 PV 和 SP 的偏差；当 OD＝TRUE 时，微分对象是 PV（OD 默认为 TRUE）。

（2）HSVPID 模块应用举例

① 在打开的工作区域空白处右击，从弹出菜单中选择需要添加的元件命令。添加完成后，需要对元件名称、变量名称等进行修改，完成对元件的命名。如添加 PID 块，命名为

PID102，过程如图 4-61 所示。

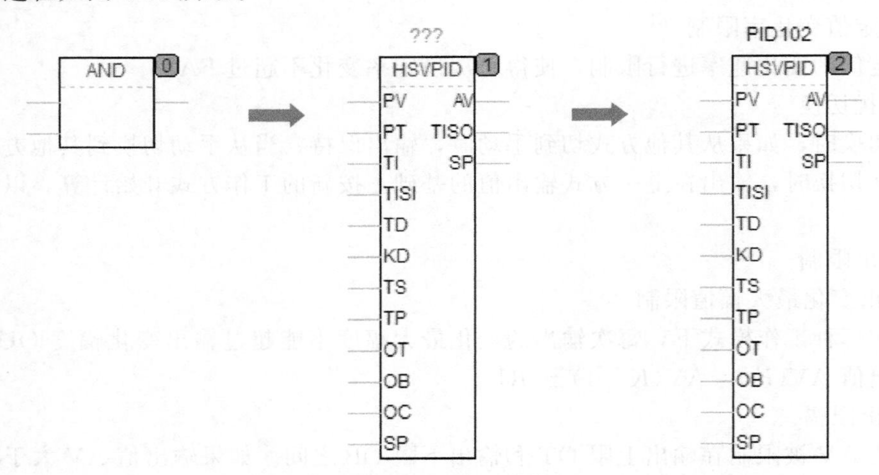

图 4-61 添加功能块

可在该功能块上右击，在弹出菜单中选择“这是什么?”进行查看。

添加元件时，修改变量名称后将自动弹出“变量声明”窗口，如图 4-62 所示。

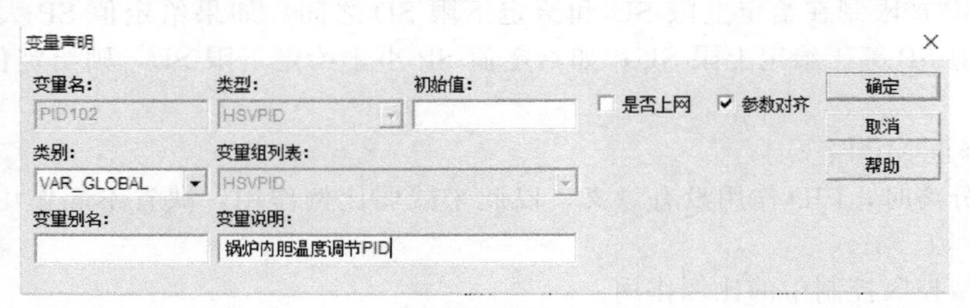

图 4-62 变量声明

选择类型，填写初始值、变量别名、变量说明后，勾选“是否上网”和“参数对齐”后，单击“确定”，完成变量声明。

如图 4-62 所示，添加变量名为 PID102 的 PID 调节块，变量类型为 HSVPID。添加完成后的变量将出现在“工程管理”窗口中“变量定义”的对应节点下。

元件添加完成后，用连线将元件输入、输出引脚进行正确连接，并将变量、功能块的注释显示出来。如图 4-63 所示。

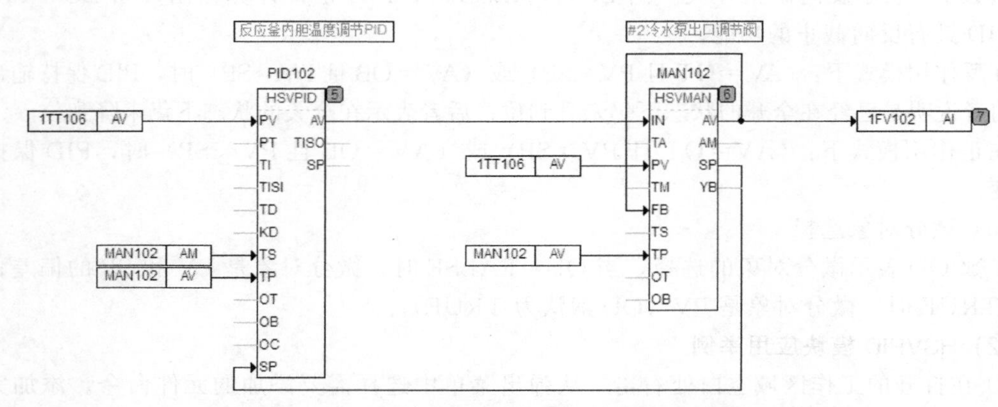

图 4-63 反应釜内胆温度单回路 PID 控制逻辑

② 图 4-64 所示为锅炉液位 PID 串级控制逻辑，模块的添加可参考 PID 单回路控制逻辑说明内容。

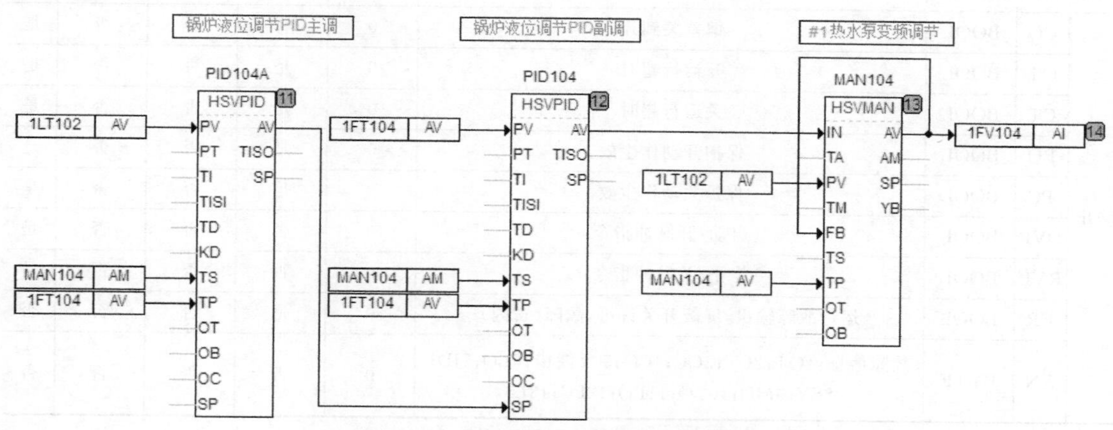

图 4-64 锅炉液位 PID 串级控制逻辑

4.4.4 CFC 语言应用与顺序控制

(1) 顺控模块介绍

对电动机、电动门和电磁阀的控制使用“HSSCS6”功能块，这个功能块存放在 POWERCAL. HLF 中的“控制”文件夹中。顺控模块引脚说明见表 4-6。

表 4-6 顺控模块引脚说明

项目	引脚	数据类型	描述	默认值	数据同步	掉电保护	参数对齐	强制
输入	V1	BOOL	启动/开位置状态反馈输入点	0	否	否	否	是
	V2	BOOL	停止/关位置状态反馈输入点	0	否	否	否	是
	L0	BOOL	电气故障报警	0	否	否	否	否
	L1	BOOL	设备保护关:不受限制,级别最高	0	否	否	否	是
	L2	BOOL	厂区保护启动/开:优先级别高于自动和手动,不受限制	0	否	否	否	是
	L3	BOOL	厂区保护停止/关:优先级别高于自动和手动,不受限制	0	否	否	否	是
	L4	BOOL	启动/开许可条件	1	否	否	否	是
	L5	BOOL	停止/关许可条件	1	否	否	否	是
	L6	BOOL	自动启动/开命令:优先级别高于手动开	0	否	否	否	是
	L7	BOOL	自动停止/关命令:优先级别高于手动关	0	否	否	否	是
	SD	BOOL	就地操作。0:远方/DCS;1:就地/手动	0	否	否	否	是
	MO	BOOL	开过力矩	0	否	否	否	否
	MC	BOOL	关过力矩	0	否	否	否	否
	TS1	BOOL	中间位置停止条件	0	否	否	否	否
	L8	BOOL	电气故障闭锁	0	否	否	否	否
输出	DV	BOOL	设备开指令	0	否	否	否	是
	RV	BOOL	设备关指令	0	否	否	否	是
	SP	BOOL	中停命令	0	否	否	否	是
	OC	BOOL	偏差开到关	0	否	否	否	是

续表

项目	引脚	数据类型	描述	默认值	数据同步	掉电保护	参数对齐	强制
输出	CO	BOOL	偏差关到开	0	否	否	否	是
	OT	BOOL	开运行超时	0	是	否	否	是
	CT	BOOL	关运行超时	0	是	否	否	是
	PO	BOOL	保护开动作生效	0	是	否	否	是
	PC	BOOL	保护关动作生效	0	是	否	否	是
	DVP	BOOL	启动/开脉冲指令	0	否	否	否	是
	RVP	BOOL	停止/关脉冲指令	0	否	否	否	是
	ER	BOOL	运行故障输出,屏蔽开关许可,故障(黄闪)	0	是	否	否	否
	FN	BYTE	故障信息:1OT;2CT;3OC;4CO;5反馈错;6LO;7JD;8SY;9MO;10CO;11PO;12PC;13L8	0	否	否	否	否

① 当检修挂牌命令 JC=1 时，顺控设备将禁止所有操作和输出。

② 当就地操作 SD=1 即选择就地操作，顺控设备将禁止操作（手动开/关、自动开/关、联锁开、联锁关、设备保护关）；SD=0 即选择远方/DCS 操作，则顺控设备可控和可操作。

③ 调试试验项 SY=1 时，除 L1 设备保护关外，设备允许开、关，联锁和自动命令被屏蔽，远方/就地、开/关许可条件不起作用，设备可以直接手动操作（调试期间小心使用，调试完后，一定要恢复）。

④ 顺控设备功能块主要对输入命令进行逻辑运算，同时产生输出指令。DV/RV 是电平式指令，发出后一直到得到完成反馈或超时才被复位，且其还可被复位、电气故障闭锁信号 L8 复位，DV 还可被开过力矩 MO 复位，DR 还可被关过力矩 MC 复位；DVP/RVP 是脉冲式指令，宽度为 T2，可调，默认为 15s，T2 时间到后自动复位。

⑤ 手动开、手动关、自动开、自动关受开/关许可条件限制，即只有当开许可条件、关许可条件为有效状态时，这些命令才有效，而设备保护关、联锁开、联锁关命令不受关许可条件限制。

⑥ AM 为自动/手动开关，为 1 时表示自动，屏蔽手动操作开、关、中停命令，起到禁操的目的；为 0 表示手动，按优先级接收所有命令。

⑦ 输入命令包括设备保护关、联锁保护开、联锁保护关、自动开、自动关和在线操作时发出的手动开、关、停止命令等。这些命令的顺序从高到低为：设备保护关的优先级最高，其次是联锁保护关＞联锁保护开＞自动保护关＞自动保护开＞手动开/关。当高优先级输入命令发生时，低优先级的其他命令将被屏蔽；手动开关同时存在时，命令相互屏蔽。

(2) 顺控模块应用举例

① 图 4-65 所示为＃1 热水泵启动逻辑，模块的添加可参考 PID 单回路控制逻辑说明内容。

② 图 4-66 所示为＃1 电磁阀启动逻辑，模块的添加可参考 PID 单回路控制逻辑说明内容。

4.4.5 PA 仪表的数据转换逻辑

图 4-67 所示为 PA 仪表数据转换逻辑，模块的添加可参考 PID 单回路控制逻辑说明内容。通过 PA 仪表数据转换逻辑可将总线数据包转换为模拟量点，供算法组态使用。其中输入标签中 dpdevpou.PI_16_4 的“16”指的是总线 LINK 模块的布置位置（第 1 列，第 6 个），“4”是指现场总线仪表的地址。

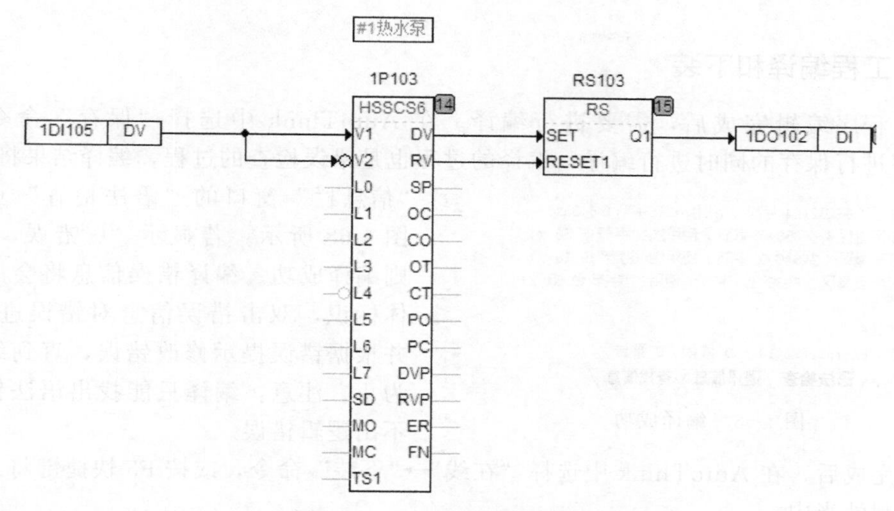

图 4-65　＃1热水泵启动逻辑

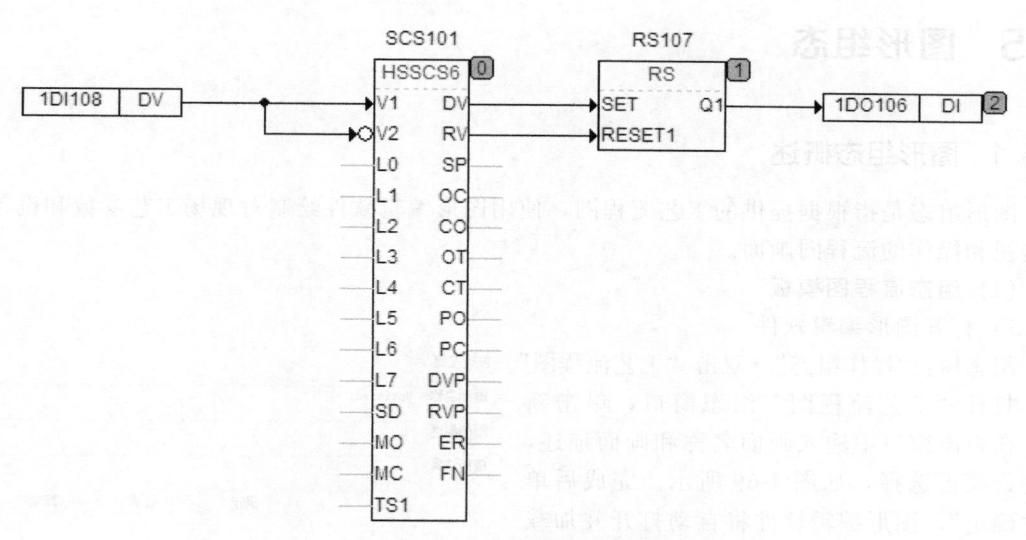

图 4-66　＃1电磁阀启动逻辑

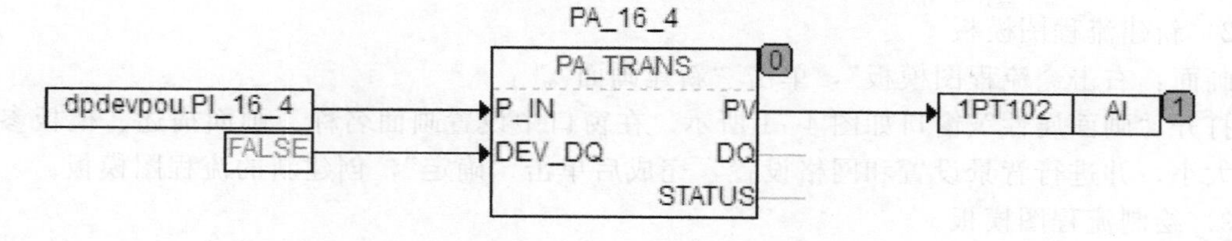

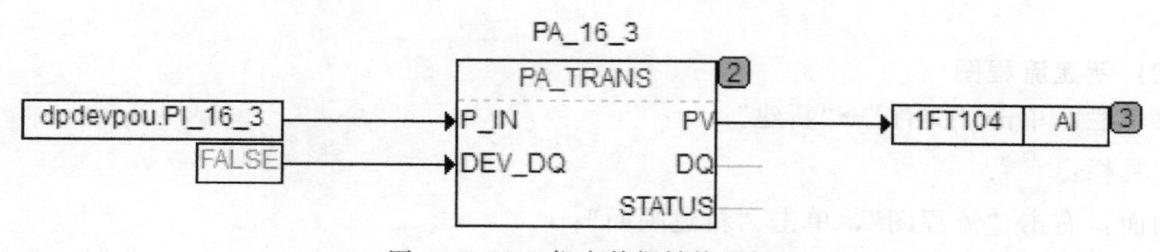

图 4-67　PA仪表数据转换逻辑

4.4.6 工程编译和下装

POU程序编辑完成后，需要进行编译。在AutoThink中选择“保存”命令，在对POU程序进行保存的同时进行编译，编译的过程也是错误检查的过程，编译结果将显示在“信息栏”窗口的“语法检查”页内，如图4-68所示。若显示“0错误，0警告”则编译成功。编译错误信息将会用红色字体标识，双击错误信息对错误进行定位，并根据错误提示修改错误，直到编译完成为止。注意：编译只能找出语法错误，找不出逻辑错误。

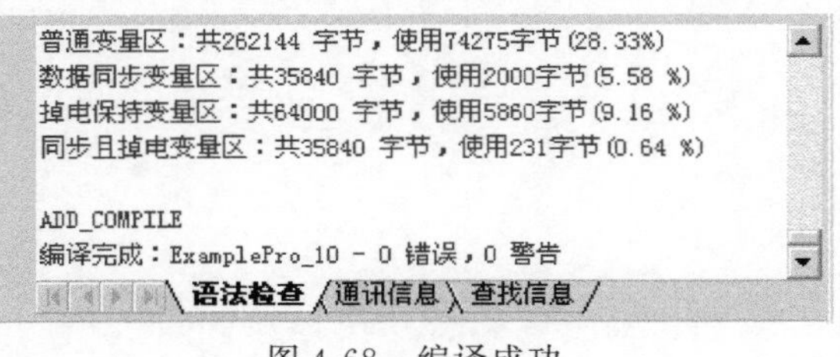

图4-68 编译成功

编译完成后，在AutoThink中选择“在线”→“下装”命令，或按F5快捷键将工程下装到现场控制站当中。

下装完成后，选择“在线”→“在线”命令，或按F6快捷键监视程序的在线运行情况。

4.5 图形组态

4.5.1 图形组态概述

图形组态是指根据提供的工艺流程图，使用图形编辑软件绘制对现场工艺参数和设备进行监视和操作的流程图画面。

(1) 组态流程图模板

1) 打开图形编辑软件

组态树：“操作组态”→双击“工艺流程图”。

打开“工艺流程图”组态窗口，单击新建，在弹出窗口中输入画面名称和画面描述，并进行模板选择，如图4-69所示。完成后单击“确定”，图形编辑软件将自动打开并加载当前画面，如图4-70所示。

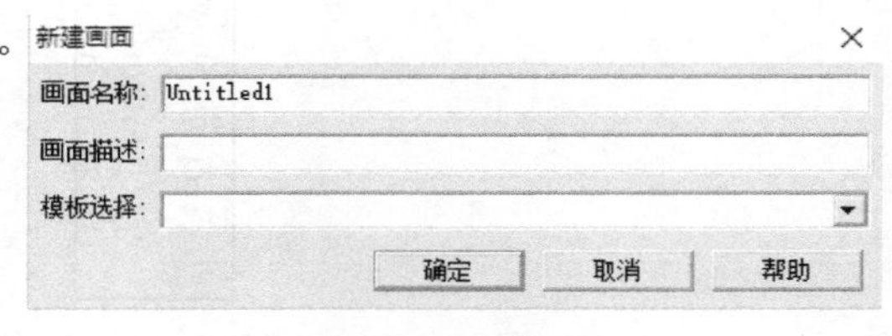

图4-69 新建画面

2) 新建流程图模板

画面：右击“流程图模板”，单击“新建画面”。

打开“画面属性”窗口如图4-71所示。在窗口中设置画面名称、画面描述、模板参数、画面大小，并进行背景设置和网格设置，完成后单击“确定”，创建新的流程图模板。

3) 绘制流程图模板

在流程图模板中，使用绘图工具栏中的基本图形对象和符号绘制模板，完成后如图4-72所示。

(2) 新建流程图

菜单栏：单击“文件”→“新建”；

工具栏：[icon]；

画面：右击“流程图”，单击“新建画面”；

快捷键：Ctrl+N。

图 4-70 图形编辑软件

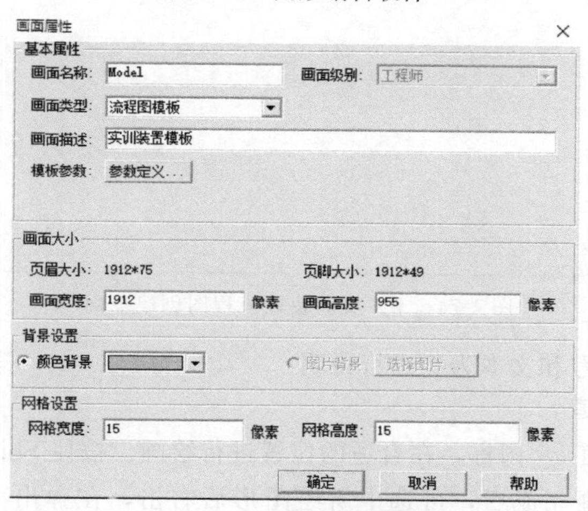

图 4-71 创建流程图模板

图 4-72 模板示例

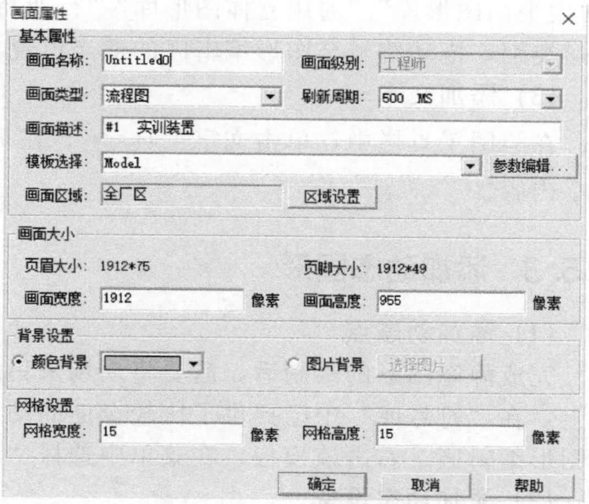

图 4-73 “画面属性”窗口

打开“画面属性”窗口如图 4-73 所示，在窗口中设置画面名称、画面描述，选择加载之前创建的流程图模板后，并进行网格设置。单击“确定”，完成流程图的创建。

在进行画面属性参数设置的时候，应注意以下几点：

① 画面名称缺省为“Untitled＋数字”，可以修改为字母、数字、汉字的任意组合，长度不大于 48 个字符。该画面名称将作为画面保存时的文件名，后缀名为 mgp，在工程中必须唯一。

② 页面的刷新周期，可选择 125ms、250ms、 500ms、 1000ms、 1500ms 或

2000ms，默认 500ms。

③ 当“参数编辑”时，需设置“参数名称”“参数描述”“参数类型”“参数值”。

④ 其中索引号从 0 开始，最多只能有 24 个参数。

⑤ 画面的宽度设置范围为 10～2000 像素，高度设置范围为 10～1500 像素，且设置值为整数。

⑥ 网格的宽度和高度设置范围为 5～30 像素，且设置值为整数。

4.5.2 添加静态图形

在打开的流程图中，将自动加载之前创建的模板内容，如图 4-74 所示。

图 4-74 ＃1 实训装置流程图创建页面

以线条、管道、符号和文本为例进行说明。

(1) 绘制线条或管道

单击线条 或管道 图标，在合适的位置进行绘画。按住 Shift 键可以画出水平、垂直或 45°角的对象。绘画完成后，可选中所绘图形后右击，在弹出菜单中选择“属性”命令，设置相关参数。

(2) 添加符号

在“画面/符号库”选项卡中，切换至“符号库”。在树状图中打开“系统符号库”，从“通用平面图形库”“通用立体图形库”“行业特殊图形库”“ISA 标准图形库”中选择合适的图形类别，拖动符号至图形编辑区的适当位置，完成添加。

(3) 添加文本

在绘图工具栏中，单击文字工具 A ，在页面中拖拽出一个矩形，在弹出文字框中输入文字内容。

4.5.3 添加动态图形

(1) 添加动态点

完成静态图形的绘制后，需要将现场采集的物理点和部分由算法产生的变量点显示在画面上。在“符号库”中已提供了比较全面的动态点模板，按照需要选择合适的模板后直接拖至图形编辑区。右击该模板，在菜单中选择“属性”修改相关参数。

(2) 添加动态设备

完成静态图形的绘制后，需要将现场由 DCS 控制的设备显示在画面上。在“符号库”

中已提供了比较全面的动态设备图形模板，包含“马达电机符号库”、“阀门符号库”和“控制调节符号库”。按照需要选择合适的符号后直接拖至图形编辑区。右击该符号，在菜单中选择“属性”修改相关参数。

(3) 添加动态特性

为了让一些静态图形在线运行时，表达的内容更直观，可以通过添加动态效果来实现。如常用棒状图的填充位置可以根据水位的高低而变化，动态特性分类比较多，在此以填充特性为例进行介绍。

在画面编辑区中需要添加动态特性的图形上右击，选择菜单中的“动态特性”命令，如图 4-75 所示。

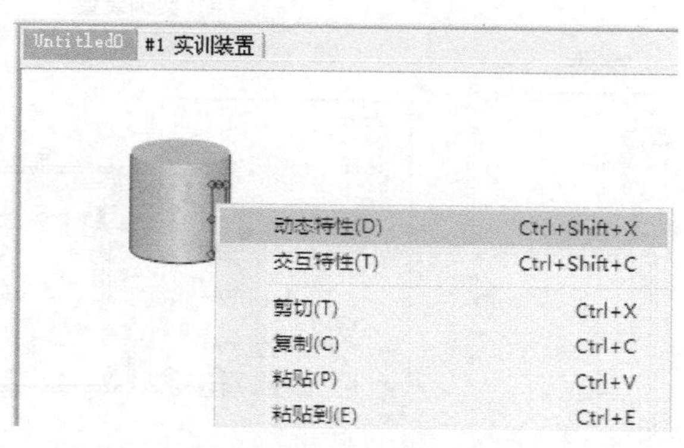

图 4-75 添加动态特性（一）

打开“矩形属性”窗口的“动态特性编辑”选项卡，在左侧列表框中选择需要的动态效果，单击“添加选中特性”按钮或双击该特性，在窗口右侧添加该特性并设置参数内容，单击“确定”完成动态特性的添加，如图 4-76 所示。

(4) 添加交互特性

交互特性用来组态人机交互的操作功能，如弹出窗口、切换底图、设置参数、下发操作命令等。在“符号库”的“动态设备符号”中已提供了一些常用的模板（按钮符号），这些模板可以直接使用鼠标左键拖到画面编辑区，修改相关参数后可直接使用。由于交互特性的分类比较多，下面以弹出窗口特性为例进行介绍。

在“电磁阀”图标上右击，在弹出的菜单中选择“交互特性”命令，打开“组合对象属性”窗口，如图 4-77 所示。选择“交互特性编辑”选项卡，在“交互特性”栏和“响应事件”栏中选择相应项，单击右侧的“添加”按钮，添加后在“已添加交互特性”栏中选中该特性，在“参数编辑”栏中设置其参数即可。

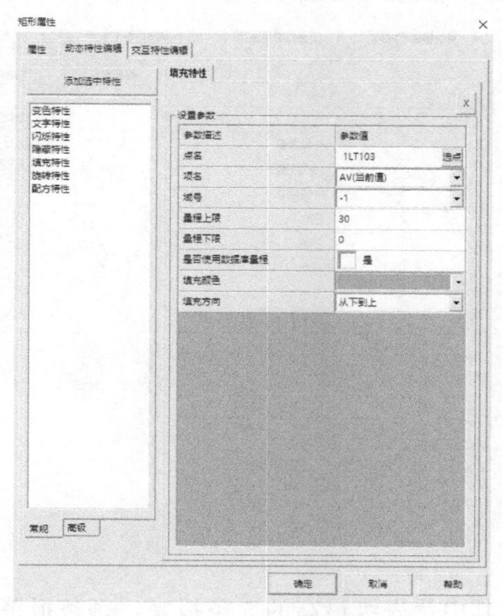

图 4-76 添加动态特性（二）

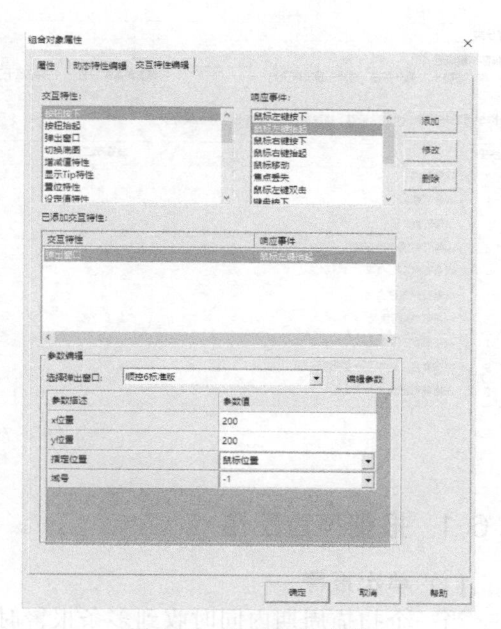

图 4-77 交互特性编辑

完成各属性定义以后，绘制完成的流程图如图 4-78 所示。

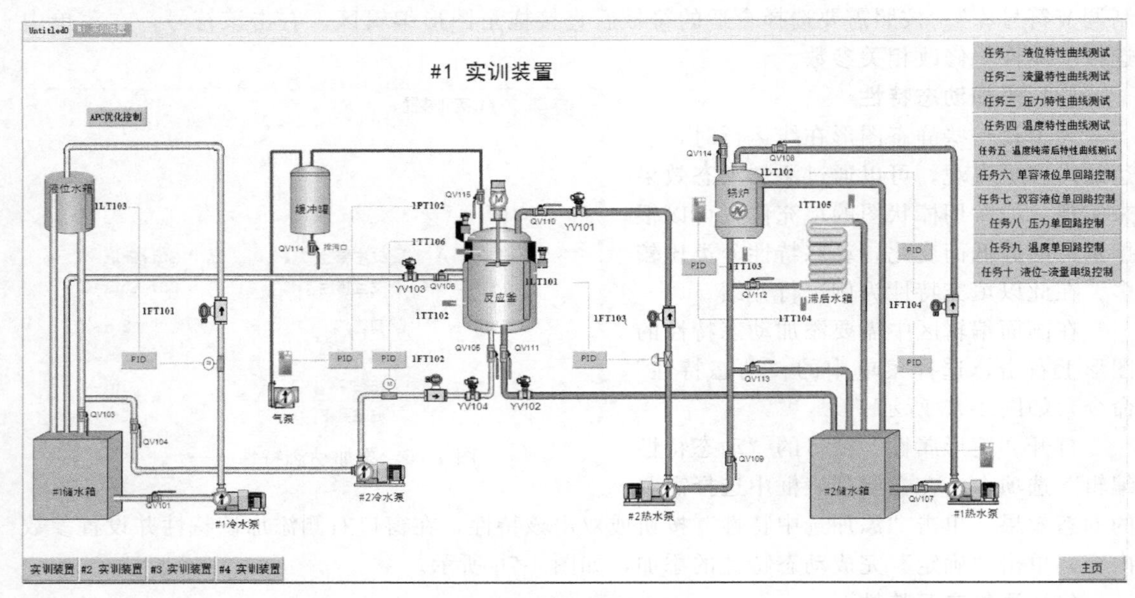

图 4-78 示例流程图

4.6 报警组态

报警包括工艺报警、设备报警和光字牌报警。

菜单栏：单击“组态”→“报警分类”；

组态树：“公用信息”→双击“报警分类”。

报警分类如图 4-79 所示。

报警分类

报警声音配置

◉ 单次报警 ○ 循环报警 循环报警发声条数: 5 报警发声顺序设置: 系统高于工艺 □ 系统报警不发声 □ 工艺报警不发声 □ 光字牌报警不发声

操作站/历史站报警 | 控制站报警 | 模块报警 | 通道报警 | 其他报警　　恢复默认　帮助

序号	报警描述	分类
0	xx号节点	一般报警
1	xx号节点A网	一般报警
2	xx号节点B网	一般报警
3	xx号节点操作员在线	日志
4	xx号节点CPU负荷	日志
5	xx号节点内存负荷	日志
6	xx号节点A网负荷	日志
7	xx号节点B网负荷	日志
8	数据库主从版本不一致报警	日志
9	进程异常退出	日志

图 4-79 报警分类

4.6.1 报警声音配置

(1) 单次报警

当一个扫描周期内同时收到多条报警时，只报其中优先级最高的 5 条报警，每条报警发声一次后不再进行发声，超过 5 条的报警不发声。不同扫描周期来的报警，按时间先后依次发声，火电版默认为该选项。

(2) 循环报警

报警产生时循环报警会按照用户配置的发声条数的数量一直循环发声。假设设置的发声条数为 5，在同一扫描周期内来的报警，只报其中优先级最高的 5 条声音，超过 5 条的报警不发声。当设置的发声条数小于 5 条时（比如 3 条），先循环播放 3 条报警声音。在操作员确认完一条报警时，从未发声的 2 条报警中补充 1 条到发声循环中。在发声报警期间，又来新的报警时系统先进行记录，在操作员确认完 1 条旧报警后，自动补到新报警发声循环中，通用版默认为该选项。

(3) 循环报警发声条数

当勾选“循环报警”时，可以从下拉列表中选择发声条数，范围为 1～5。

(4) 报警发声顺序设置

对于通用版，可以设置为自定义报警设置（即自定义报警中设置的优先级，默认为该选项）、系统高于工艺或工艺高于系统；对于火电版，可以设置为系统高于工艺（默认）或工艺高于系统。

(5) 系统报警不发声

勾选后系统报警产生后 OPS 上不会发出报警声音。

(6) 工艺报警不发声

勾选后工艺报警产生后 OPS 上不会发出报警声音。

(7) 光字牌报警不发声

对于火电版本，会多一个勾选项“光字牌报警不发声”。勾选后光字牌报警产生后 OPS 上不会发出光字牌报警声音，否则若产生了光字牌报警，OPS 只会发出光字牌报警的声音，不会发出系统或工艺报警的声音。

(8) 报警域设置

可在下拉列表中选择“仅显示本域报警”或者“显示多域报警”，只有选择了“显示多域报警”，并且 OPS 上下装了多域的工程时，OPS 上才会显示多域的报警信息。

4.6.2 报警发声设置

现在火电 MACS V6.5 版本中根据优先级高低依次为 4 种报警发声配置：光字牌报警、点名配置报警、序号报警和通用报警，4 种报警声音只能一种报警发声起作用，并且按照优先级依次检查后作出判断后报警；假设当前时刻光字牌报警没有，存在点名配置报警，那么序号报警和通用报警不发声。4 种报警发声设置如下：

(1) 光字牌报警

在光字牌设置中，需要设置当前光字牌的域号和序号，光字牌报警根据这两个参数来进行设置，设置格式为“sparkalarm_”＋域号＋“_”＋光字牌序号＋“.wav”。例如图 4-80，将光字牌报警文件的名称设置为“sparkalarm_0_4.wav”，将声音文件存放到“\HOLLiAS_MACS\ENG\USER\0 号域工程名\SystemFile\OPS\sound”，其他域的设置方法类似。

图 4-80 光字牌报警设置原理图

(2) 点名配置报警

在序号报警中的配置点名 VA 项值设置不为 0 的情况下，根据点名的报警等级设置来进行点名配置报警，如图 4-81 所示。假设图中的点名为“SYS_COUNTER10A”，选择的高限报警级为一级报警，VA 项为 5，那么设置格式为“VA 值”＋“_”＋“点名”＋“_L”＋“报警等级”＋“.wav”。其中一级报警对应数值 1，二级报警对应数值 2，依次类推，将报警文件的名称设置为“5_SYS_COUNTER10A_L1.wav”，将声音文件存放到“\HOLLiAS_MACS\ENG\USER\当前点名所在的工程名\SystemFile\OPS\sound”。

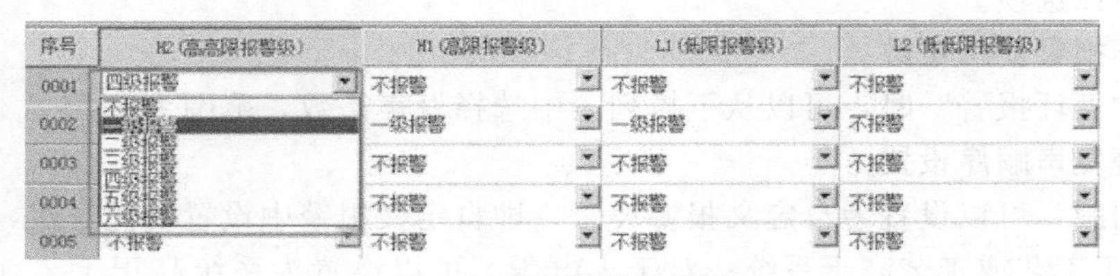

序号	H2(高高限报警级)	H1(高限报警级)	L1(低限报警级)	L2(低低限报警级)
0001	四级报警	不报警	不报警	不报警
0002	不报警 一级报警 二级报警 三级报警 四级报警 五级报警 六级报警	一级报警	一级报警	不报警
0003		不报警	不报警	不报警
0004		不报警	不报警	不报警
0005	不报警	不报警	不报警	不报警

图 4-81 点名配置报警

(3) 序号报警

序号报警配置只需要将当前点的 VA 项设置为某个值，并且相应声音文件存放到“\HOLLiAS_MACS\ENG\USER\当前点名所在的工程名\SystemFile\OPS\sound”就可以，格式为“VA 值”＋“.wav”。序号报警如图 4-82 所示。

序号	BENGCAL(工程计算属性)	AREANO(区号)	VA(声音报警)
0001	非工程计算点	全厂区	5
0002	非工程计算点	全厂区	0 1 2 3 4 5 6 7 8 9
0003	非工程计算点	全厂区	
0004	非工程计算点	全厂区	
0005	非工程计算点	全厂区	
0006	非工程计算点	全厂区	

图 4-82 序号报警

(4) 通用报警

在前面三种报警发声的声音文件找不到的情况下，如存在工艺报警、设备报警或者 SOE 日志的红闪，那么就会发声，发声文件为“alarm.wav”，存放到“\HOLLiAS_MACS\ENG\USER\工程名\SystemFile\OPS\sound”。

每个声音文件的后缀“wav”都为小写，并且配置后需要下装操作员站，重启操作员站生效。

4.7 报表组态

报表组态工具是利用通用制表工具绘制表格，在报表上添加相应的数据信息描述的。报表上的动态数据都从历史数据库中读取，或读取后经过某些统计处理。报表中所需要的数据都来源于历史数据库。

4.7.1 报表组态步骤

报表组态可以选择使用 Excel 或 Calc 软件进行组态，组态步骤基本一致，以 Excel 软件进行报表组态为例：

(1) 增加报表

菜单栏：单击“组态”→“报表组态”；

工具栏：　；

组态树："其他工具"→双击"报表组态"。

打开"报表组态"窗口，输入报表名称并选择报表类型，如图 4-83 所示，新建名称为 Report 的日报表，单击"增加报表"按钮，选择"是否加载报表模板后"，完成报表增加。

图 4-83　增加报表

(2) 打开报表

双击报表名称打开报表组态界面，弹出"报表组态"编辑工具窗口，如图 4-84 所示。

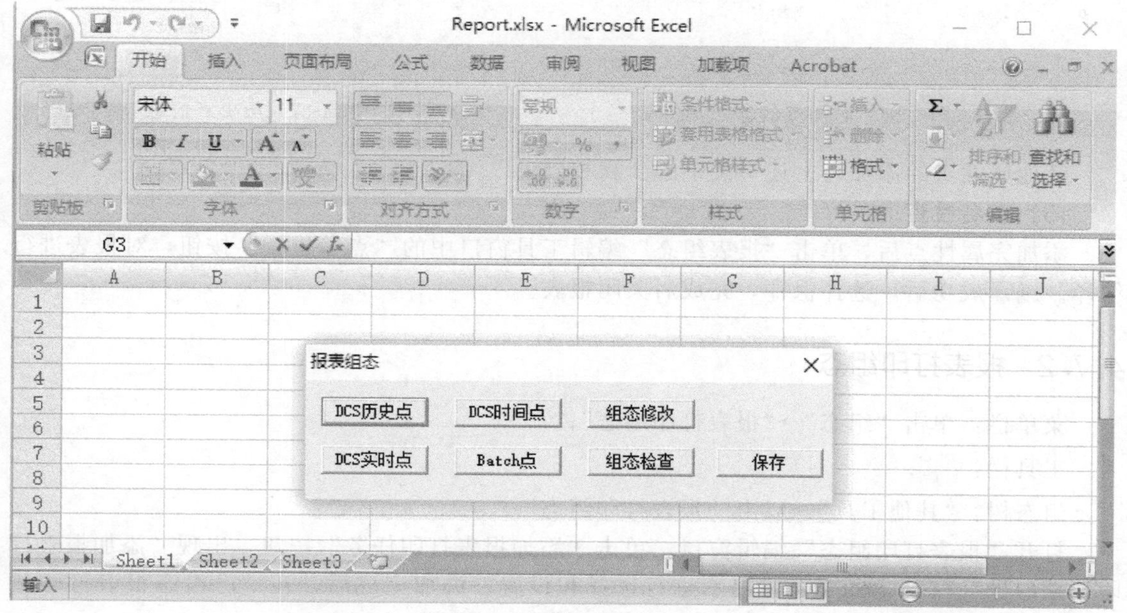

图 4-84　编辑报表窗口

(3) 添加静态信息

首先使用 Excel 工具绘制报表边框，并为报表添加静态表头说明，如图 4-85 所示。

A	B	C	D	E	F	G	H	I	J
				实训装置主要测点日报表					
时间	#1冷水泵出水流量 1FT101	#2冷水泵出水流量 1FT102	#2热水泵出水流量 1FT103	反应釜液位 1LT101	锅炉液位 1LT102	液位水箱液位 1LT103	反应釜内胆温度 1TT101	反应釜夹套温度 1TT102	锅炉温度 1TT103

图 4-85　表头信息

(4) 添加动态信息

在 A4 单元格添加时间点信息，选中 A4 单元格后，单击“报表组态”编辑工具窗口中的“DCS 时间点”按钮，打开设置窗口，如设置前推一天从上午 8 时开始，每隔 2h 采集一次，共采集 13 个数据，如图 4-86 所示。

在 B4 单元格添加历史点信息，选中 B4 单元格后，单击“报表组态”编辑工具窗口中的“DCS 历史点”按钮，打开设置窗口，输入点名和项名，或单击“选点”按钮进行查找，并设置前推一天从上午 8 时开始，每隔 2h 采集一次，共采集 13 个数据，取平均值，如图 4-87所示。

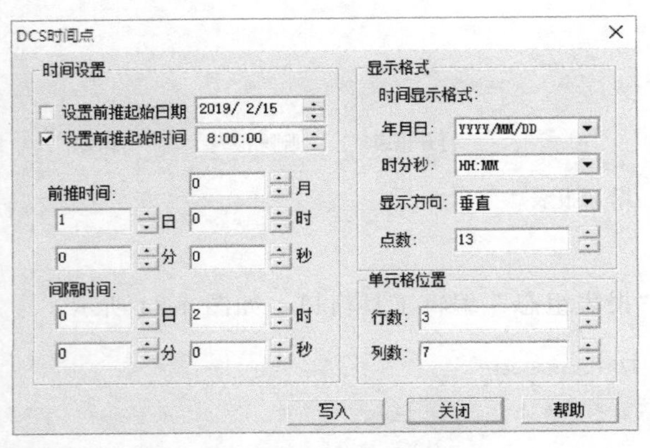

图 4-86　时间点信息

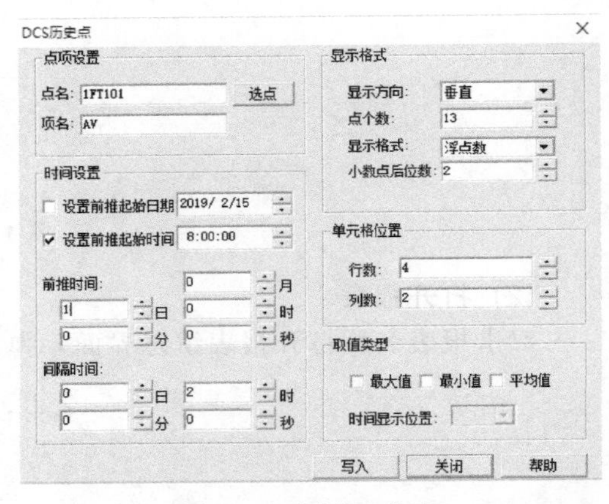

图 4-87　历史点信息

其他属性点的添加与上述举例中的步骤相同。

(5) 点名检查

添加完属性点后，单击“报表组态”编辑工具窗口中的“点名检查”按钮，对报表进行编译。编译成功后，选择保存，完成后关闭报表。

4.7.2　报表打印组态

菜单栏：单击“组态”→“报表打印组态”；

工具栏：；

组态树：“其他工具”→双击“报表打印组态”。

打开“报表打印组态”编辑窗口，单击“添加报表打印任务”按钮，出现“添加报表打印计划向导”窗口，根据窗口提示进行选择和设置。添加完成后，在“已组态报表打印任务”中，可以看到设置的相关信息，如图 4-88 所示。

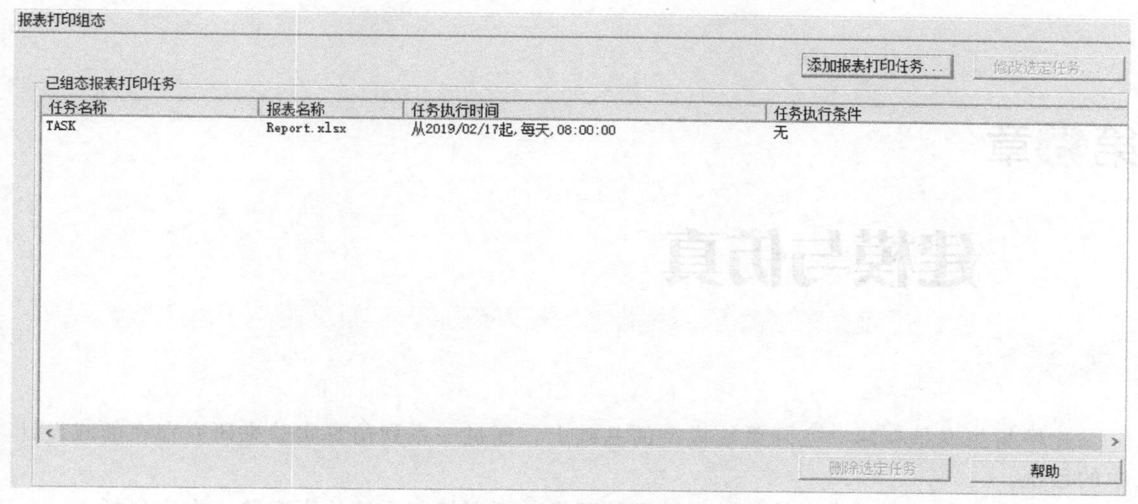

图 4-88　报表打印组态窗口

执行报表打印站下装操作后，当满足任务执行时间（执行条件）时，将自动执行报表打印操作。打印的报表文件缺省存放在安装文件夹“…\HOLLiAS_MACS\OutFile\Report”中。

第5章 建模与仿真

建模与仿真是在建立实际系统模型的基础上，通过一系列仿真实验来研究存在的或设计中的系统。

本章的任务是利用仿真软件进行模型的开发与开展控制系统仿真实验，内容包括：

① 仿真概述；

② 仿真软件；

③ 建模与仿真过程典型应用案例；

④ 仿真工程实例。

通过本章的学习与训练，能够让读者：

※了解仿真的概念与分类。

※掌握建立数学模型的常用方法。

※掌握仿真软件的使用。

※了解仿真工程的建立过程。

※利用仿真技术对控制系统进行分析。

5.1 仿真概述

5.1.1 仿真基本概念

仿真技术是以相似原理、信息技术、网络技术、图形图像技术及其应用领域有关的专业技术为基础，利用仿真模型对实际或者设想的系统进行试验研究的一门综合性技术，它为开展控制系统设计、研究和决策提供了一个先进而有效的手段。利用仿真技术开展实训和实验研究具有广泛的实际应用意义。

当所研究的系统造价昂贵、实验的危险性大或者需要很长的时间才能了解系统参数变化所引起的后果时，仿真是一种特别有效的研究手段，已广泛地应用于航天航空、航海、国防、电力、冶金、化工等领域。根据模型种类的不同，仿真可分为物理仿真、数学仿真、物理-数学混合仿真。

(1) 物理仿真

按照真实系统的物理性质构造系统的物理模型，并在物理模型上进行实验的过程称为物理仿真，也叫实物仿真，如图 5-1 所示。物理仿真具有直观、形象的特点。

(2) 数学仿真

对实际系统进行抽象，并将其特性用数学关系加以描述构造而成的数学模型，即将实际

图 5-1 物理仿真示例

系统的运动规律用数学形式表达出来，再利用计算机对数学模型进行运算和实验的过程称为数学仿真，也叫计算机仿真。数学仿真具有方便、灵活的特点。

随着计算机的广泛应用，利用计算机进行仿真实验和研究已成为从事控制工程的各种人员所必须掌握的一门技术。

(3) 物理-数学混合仿真

将真实系统的一部分用数学模型描述，并在计算机上加以实现，而另一部分则构造其物理模型或者直接采用实物，再将它们连接起来进行整个系统实验的过程称为物理-数学混合仿真，也叫半实物仿真。物理-数学混合仿真具有可重复、安全等优点。

5.1.2 模型及建模

模型的建立在仿真应用中占有重要的地位，不但能对现实系统的结构、环境和变化过程进行定性的分析，还可以来模仿实际系统的运行状态及其随时间变化的运行规律，能够进行优化研究和模拟实验，并且不受时间和空间的限制。

(1) 模型的特征

系统模型是实际系统或过程在某些方面特性的一种表现形式，是一切客观事物及其运动形态的特征和变化规律的定量抽象，它能反映出系统和过程的行为特性。模型应具有如下的三个特征：

① 是实际系统的合理抽象和有效的模仿；

② 由反映系统本质或特征的主要因素构成；

③ 表明了有关因素之间的逻辑关系或定量关系。

(2) 建模的原则

计算机仿真系统的关键是建立实际系统（或对象）的模型，系统建模是把真实系统抽象化，在一定的约束条件下用数学模型描述所研究的系统，建模过程一般遵循以下原则：

① 现实性：构造的模型能够确切地反映客观现实系统，即模型必须包括现实系统中的本质因素和各部分之间的普遍联系。

② 简化性：在满足现实性要求的基础上，在保证必要的精度的前提下，去掉不影响真实性的非本质因素，从而使模型简化，便于求解，减少处理模型的工作量。

③ 适应性：系统应该适应外界环境的变化，这就要求模型对环境要有一定的适应能力。

(3) 建模的方法

建模的过程是构造实际系统模型的过程，随着科学技术的快速发展，计算机建模技术已渗透到各学科与工程技术领域。计算机建模方法基本分为两类：

① 机理建模方法：依据基本的物理、化学等定律，进行机理分析，确定模型结构、参数。使用该方法的前提是对系统的运行机理完全清楚，又称为直接分析法或解析法，是应用最广泛的一种建模方法。

② 系统辨识建模方法：基于输入和输出实验数据，在一组给定的模型类中，确定一个与被识系统等价的模型，又称为黑箱建模法。该方法完全从外部特性上测试和描述系统的动态性质，不需要深入掌握其内部机理。

5.1.3 仿真的应用

随着经济的发展和社会的进步，计算机仿真技术作为人们科学研究的一种新型方法，不仅用于航天、航空各种系统的研制，而且广泛应用于电力、交通运输、通信、化工、核能等各个领域。它使人们在科学研究、生产实践中获得了更好的系统优化性、预测的可靠性和研究的前瞻性，既节约了科研和生产的成本，也降低了风险。美国在1992年将仿真技术列入国防关键技术中，甚至把仿真技术作为今后科技发展战略的关键推动力。我国计算机仿真技术的研究与应用发展也非常迅速，20世纪50年代开始，自动控制领域首先采用仿真技术。60年代，在开展连续系统仿真的同时，开展对离散事件系统的仿真研究。70年代，训练仿真机获得迅速发展，我国自行设计的飞行模拟机、化工过程培训仿真机、电力过程培训仿真机等相继研制成功，在操作员培训中起到了很大作用。从90年代开始，我国又开始了对分布交互仿真、虚拟现实等先进仿真技术的研究。

计算机仿真具有高效安全、受时间和空间条件的约束较少、可以重复多次模拟等优点，被称为继科学理论和实验研究后第三种认识和改造世界的工具，已成为工业生产系统分析、设计、诊断和优化不可缺少的重要技术手段，其作用具体表现在以下几个方面：

(1) 优化系统设计

提供系统不同方式、不同工况下的运行试验，完成系统设计方案选择，确定生产参数，以便使所设计的系统达到最优指标。

(2) 系统分析与预测

现代工业系统的大型化和复杂性，不允许在真实系统上进行试验研究，仿真能够研究和分析各种参数变化时的反应，用于预测系统的性能和外部作用的影响。

(3) 操作员培训

通过模拟系统正常和故障情况下的运行状态，能够对操作员进行正常运行的操作技巧及处理紧急事故的能力训练，提高操作员的实际操作能力、分析判断能力和应急处理能力。

(4) 控制策略研究

通过仿真试验进行工业系统控制方案的研究，提供新型控制算法的验证与测试平台，摸索最佳的控制策略，为实际系统的优化运行提供指导。

(5) 在线安全与优化

通过分析在线数据和预测未来的运行结果，提前判断系统运行参数的走势和可能发生的故障，给出最优的运行方案。

5.2 仿真软件

5.2.1 软件组成

仿真软件是面向仿真用途的专用软件。在工业仿真培训系统中，最常用的再现DCS的方法有仿真式和激励式。仿真式是在新的软硬件环境下重新编程和组态的方法，它对控制系统只能部分地、近似地仿真，难以实现和工业现场完全相同的DCS环境。激励式采用虚拟DPU（Distributed Processing Unit）技术，以真正的DCS软件及虚拟DPU软件为基础，系统结构、图形组态、逻辑组态等与工业现场相一致。

本章主要介绍基于虚拟DPU技术的仿真系统软件，它由DCS工程师组态软件、操作员在线监控软件、历史站软件与虚拟DPU仿真软件组成。

(1) 工程师组态软件

工程师组态软件用于部署和管理整个DCS仿真工程，完成仿真系统工业过程自动控制的任务，包括控制算法组态、图形组态、报表组态等。此外还具备仿真建模型的功能，数学模型能够嵌入到控制组态软件中，形成DCS闭环回路。

(2) 操作员在线监控软件

在线监控软件为仿真系统提供人机操作界面，可以进行流程图显示及仿真数据监控、报警监视和趋势分析等，并执行操作指令发送至虚拟控制站。

(3) 历史站软件

历史站软件为DCS仿真工程提供数据库组态与管理、实时数据库服务和历史数据库服务等。

(4) 虚拟DPU仿真软件

虚拟DPU仿真软件完全实现真实主控的功能，DCS控制逻辑组态软件编译后的算法可以直接下装到虚拟DPU中，即不需要DPU硬件就可完成信号采集、控制逻辑运算、控制输出等功能，使DCS软件在仿真系统中的应用得以实现。

真实控制器与虚拟仿真控制器的调试过程如图5-2所示。

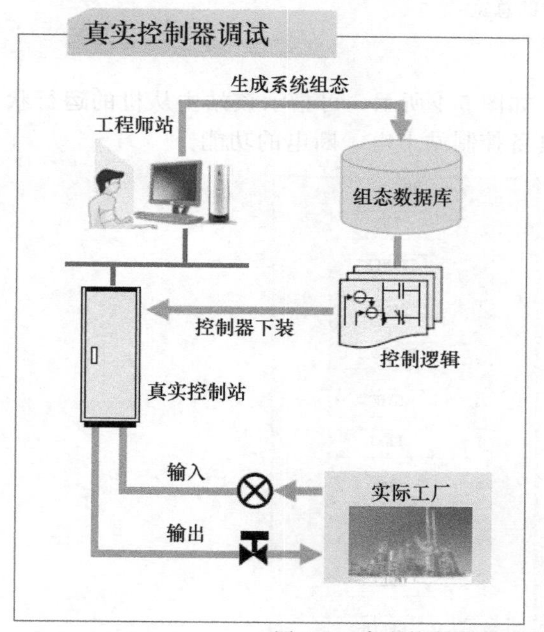

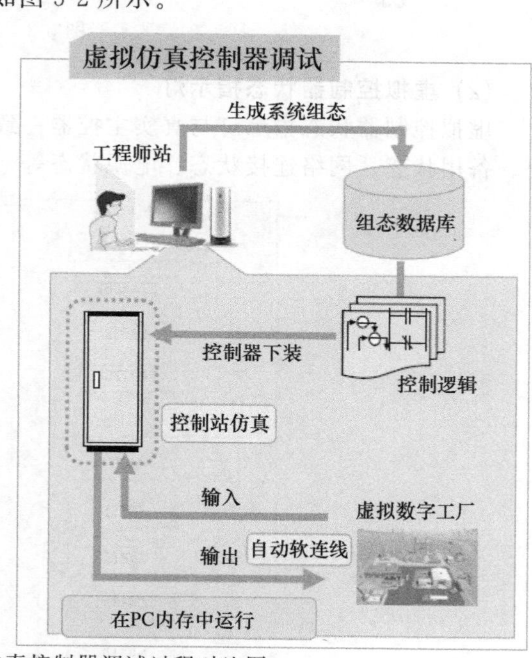

图5-2 真实控制器与虚拟仿真控制器调试过程对比图

5.2.2 功能说明

虚拟DPU仿真软件运行在计算机纯软件环境中，不需要使用任何主控硬件，大大降低了使用与维护成本，且使用与现场DCS相同的算法、模块、位号等，可以同步修改与更新，方便工程师的组态与调试。

(1) DPU 总览

通过 DPU 总览，可以全局掌握各虚拟控制站的状态，如是否上电、是否下装控制工程，上电后是否运行，并有不同颜色的指示灯明确指示，如图 5-3 所示。“灰色”指示灯代表该控制站控制电源未上电。“红色”指示灯代表该控制站已上电，但无 DCS 组态工程下装。“绿色”指示灯代表该控制站已上电，并已下装 DCS 控制站工程。

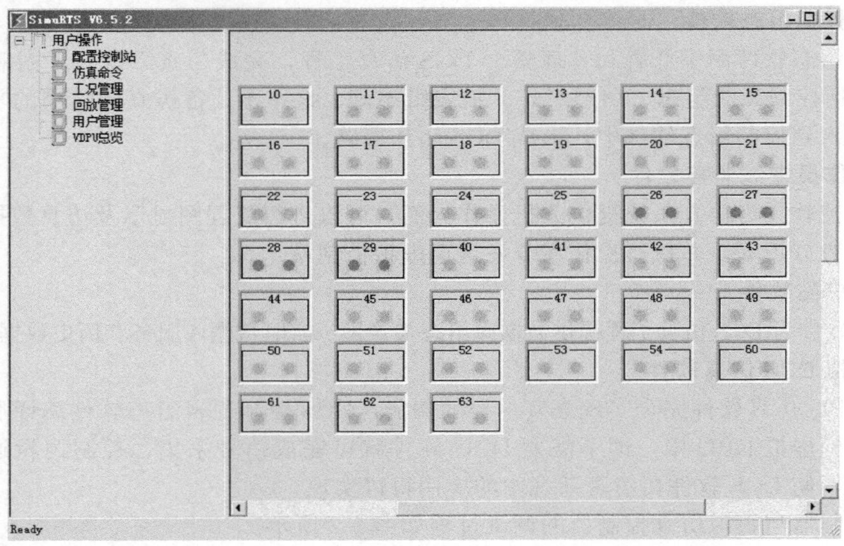

图 5-3 DPU 总览

(2) 虚拟控制器状态指示灯

虚拟控制器状态指示灯与真实主控器一致，如图 5-4 所示，可指示该站主从机的运行状态、备用状态、网络连接状态、电源状态等，具备控制站上电、断电的功能。

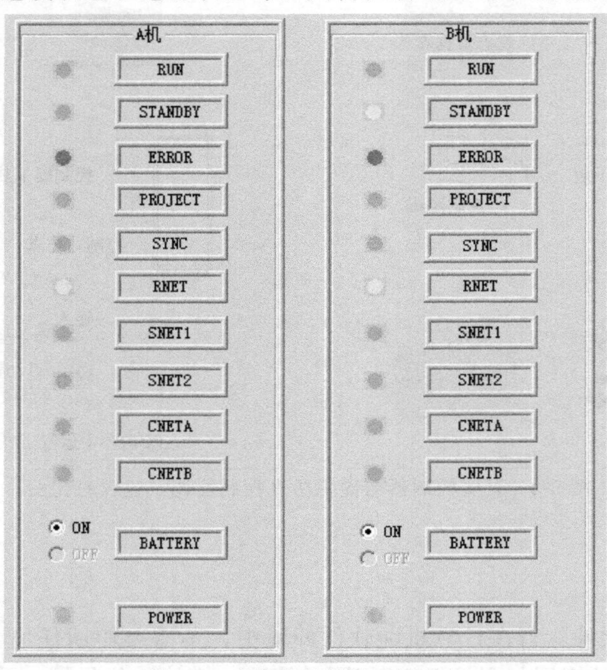

图 5-4 虚拟控制器状态指示灯

（3）仿真命令

图 5-5　仿真命令界面

虚拟 DPU 仿真软件具备教控台功能，能够通过运行、冻结、步进等命令对仿真系统的运行状态进行控制，如图 5-5 所示。点击“RUN”（运行）按钮时，仿真系统处在连续运行状态。“FREEZE”（冻结）是指仿真系统停止计算，所有设备状态和运行计算出的数值均是在点击“FREEZE”按钮之前的状态。“STEP”（步进）是指仿真系统进行单步运行，每点击一次“STEP”，仿真系统进行一个周期的计算，一个周期结束后，仿真器又进入停止状态，等待下一次“步进”命令。它还支持 0.1～10 倍的仿真加减速命令，方便逻辑组态的调试，同时也满足仿真应用的需求。

（4）工况管理

虚拟 DPU 仿真软件具有仿真系统所必需的工况管理功能，包括工况的保存、恢复、删除等功能，如图 5-6 所示。工况是指仿真系统运算中某一时刻全部数据的暂态值，在仿真培训中经常要恢复到过去的某一状态，工况管理为这一需求提供了技术手段。

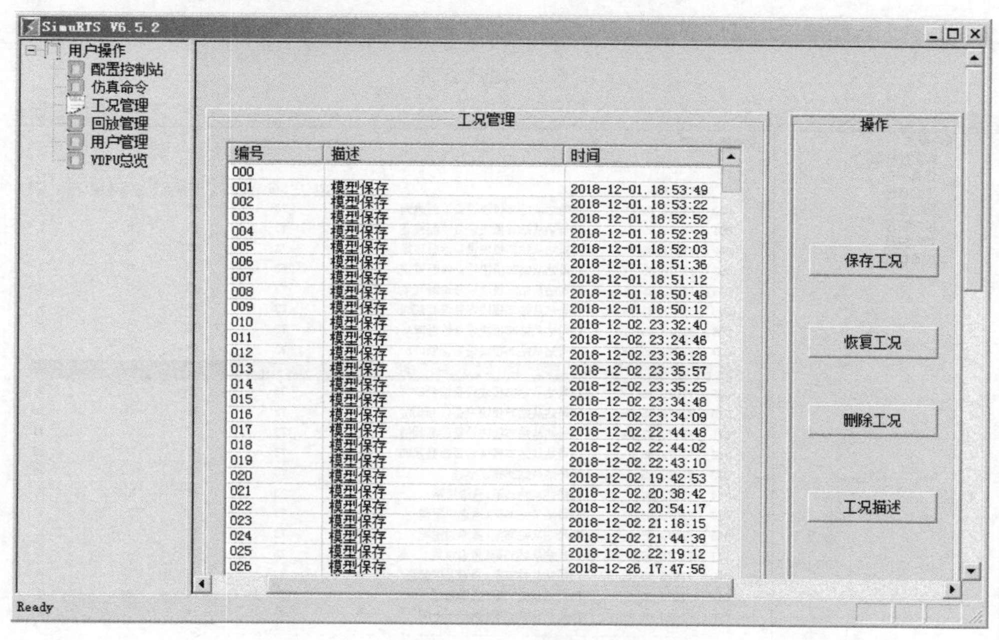

图 5-6　工况管理

（5）回放管理

虚拟 DPU 仿真软件可详细记录每一步操作过程和全部仿真数据，并通过回放管理功能对过去任意时间段的操作和数据进行回放，以便追忆各种仿真操作的效果和重要参数的变化趋势，回放管理操作面板如图 5-7 所示。回放时可在任意时刻暂停并保存为新的工况，有利于对操作和事故原因进行分析，并给予评判。

（6）故障仿真

根据培训需要，在仿真操作过程中可任意触发或取消 DCS 故障进行模拟演练，故障仿真操作界面如图 5-8 所示。故障类型包括控制器故障、模块故障和通道故障，如主控失电、模块离线、通道短路/断路等，故障现象与真实 DCS 一致。

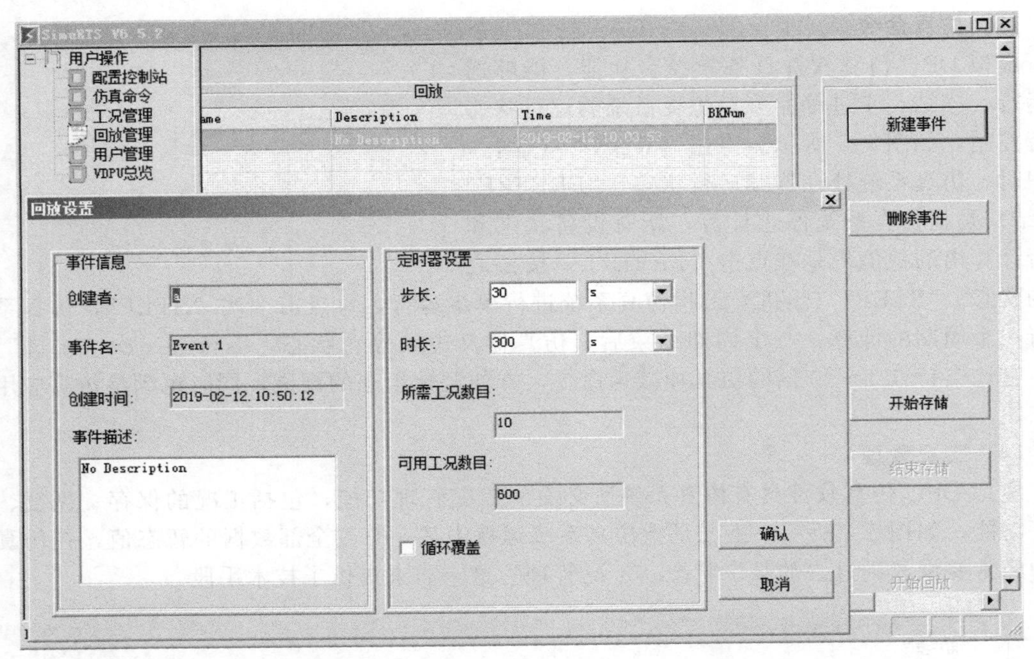

图 5-7 回放管理

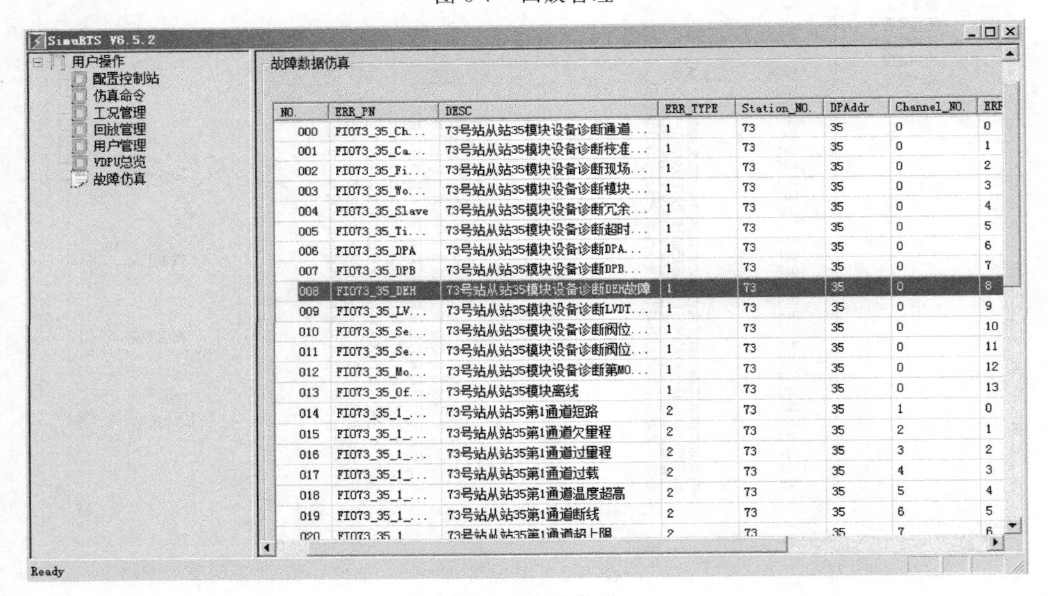

NO.	ERR_PN	DESC	ERR_TYPE	Station_NO.	DPAddr	Channel_NO.	ERR
000	FI073_35_Ch...	73号站从站35模块设备诊断通道...	1	73	35	0	0
001	FI073_35_Ca...	73号站从站35模块设备诊断校准...	1	73	35	0	1
002	FI073_35_Fi...	73号站从站35模块设备诊断现场...	1	73	35	0	2
003	FI073_35_Wo...	73号站从站35模块设备诊断模块...	1	73	35	0	3
004	FI073_35_Slave	73号站从站35模块设备诊断冗余...	1	73	35	0	4
005	FI073_35_Ti...	73号站从站35模块设备诊断超时...	1	73	35	0	5
006	FI073_35_DPA	73号站从站35模块设备诊断DPA...	1	73	35	0	6
007	FI073_35_DPB	73号站从站35模块设备诊断DPB...	1	73	35	0	7
008	FI073_35_DEH	73号站从站35模块设备诊断DEH故障	1	73	35	0	8
009	FI073_35_LV...	73号站从站35模块设备诊断LVDT...	1	73	35	0	9
010	FI073_35_Se...	73号站从站35模块设备诊断阀位...	1	73	35	0	10
011	FI073_35_Se...	73号站从站35模块设备诊断阀位...	1	73	35	0	11
012	FI073_35_Mo...	73号站从站35模块设备诊断第MO...	1	73	35	0	12
013	FI073_35_Of...	73号站从站35模块离线	1	73	35	0	13
014	FI073_35_1_...	73号站从站35第1通道短路	2	73	35	1	0
015	FI073_35_1_...	73号站从站35第1通道欠量程	2	73	35	2	1
016	FI073_35_1_...	73号站从站35第1通道过量程	2	73	35	3	2
017	FI073_35_1_...	73号站从站35第1通道过载	2	73	35	4	3
018	FI073_35_1_...	73号站从站35第1通道温度超高	2	73	35	5	4
019	FI073_35_1_...	73号站从站35第1通道断线	2	73	35	6	5
020	FI073_35_1	73号站从站35第1通道超上限	2	73	35	7	6

图 5-8 故障仿真

5.2.3 软件使用

(1) 软件运行环境

为了保证系统安全稳定地运行，推荐在以下环境下安装运行仿真软件：

① 操作系统：Windows XP、Windows 7；

② 计算机硬件：Intel Pentium 2.4GHz 以上，2GB 以上内存，CDROM，160GB 以上硬盘。

(2) 软件安装

插入安装盘，运行 setup.exe，按照安装程序的提示安装，软件安装向导如图 5-9 所示。

点击“下一步”，进入安装路径选择界面，默认安装路径为“D：\SimuRTS”。点击“浏览”按钮可以更改安装目录，如图 5-10 所示。

图 5-9 安装向导

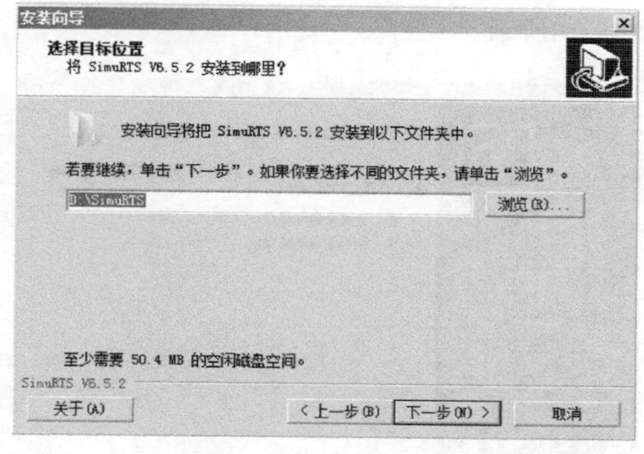

图 5-10 安装位置

点击“下一步”，选择安装类型，默认选择“典型”。如图 5-11 所示。

点击“下一步”，进入安装组件选择界面，如图 5-12 所示，默认全选。

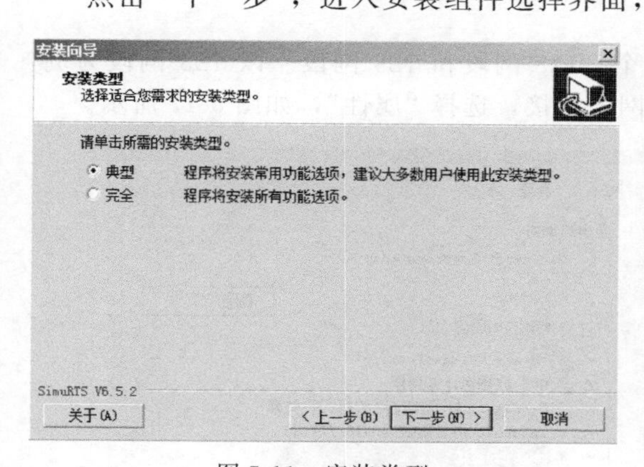

图 5-11 安装类型

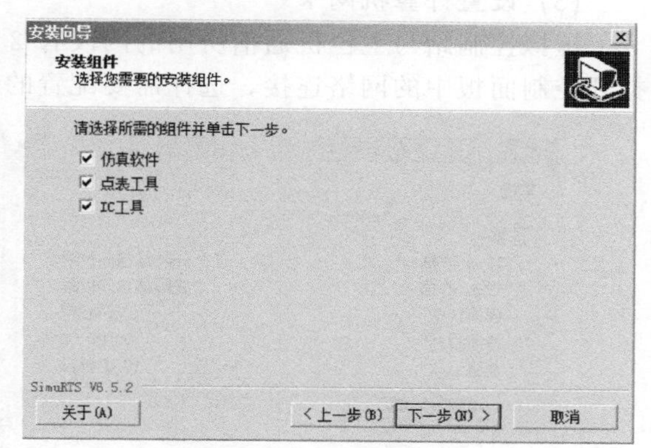

图 5-12 安装组件

点击下一步，进入安装信息确认界面，如图 5-13 所示；若该信息正确，请点击“安装”安装程序。若信息错误，请点击“上一步”，重新设置。

进入安装过程，如图 5-14 所示。

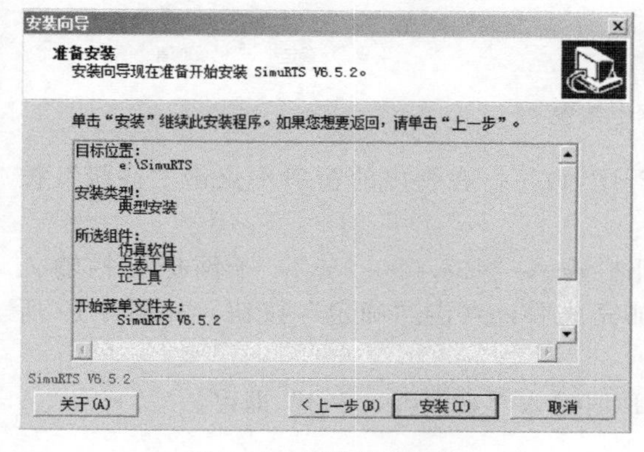

图 5-13 安装信息确认

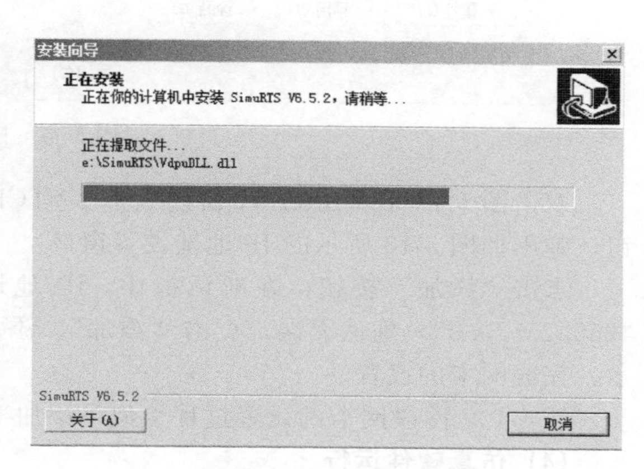

图 5-14 安装过程

完成安装，重启电脑，如图 5-15 所示。

安装完成后，在桌面生成快捷方式；在开始菜单生成各个软件的快捷方式，如图 5-16所示。

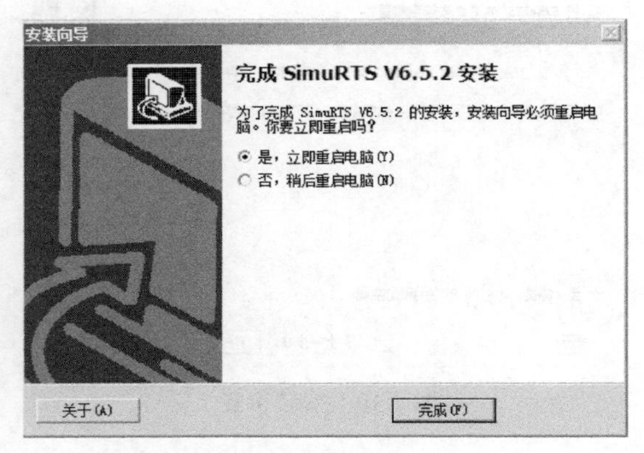

图 5-15　重启电脑提示

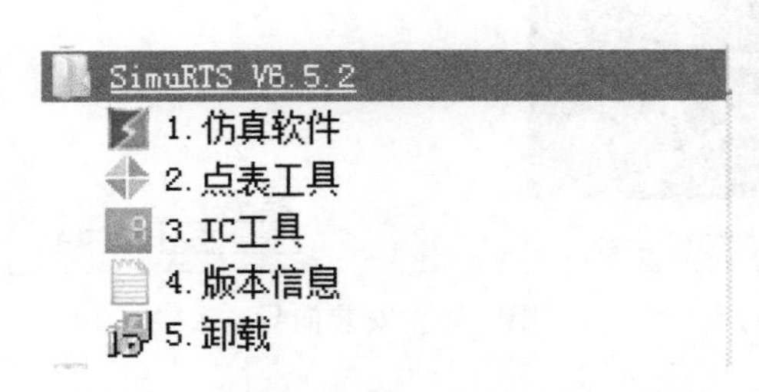

图 5-16　快捷方式

(3) 设置计算机网卡

虚拟控制站与上位机通信所用的网段有 2 个：128 网段和 129 网段。以 128 网段为例：打开控制面板中的网络连接，选择需要配置的网卡连接，选择“属性”，如图 5-17 所示。

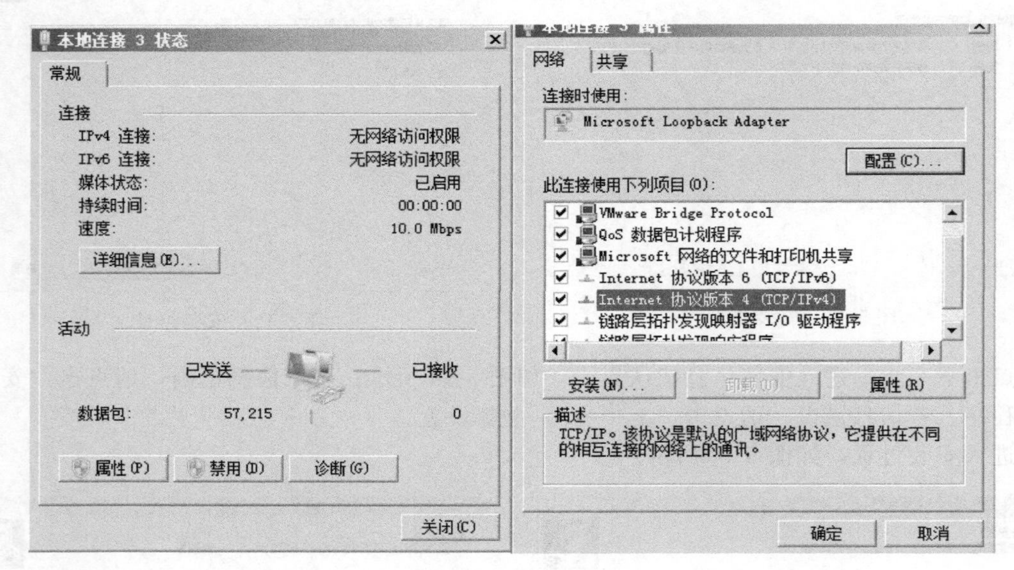

图 5-17　网卡配置

双击图 5-17 中“Internet 协议版本 4（TCP/IPv4）”，在弹出的窗口中点击“高级”按钮，弹出如图 5-18 所示的 IP 地址设置窗口。

点击“添加”按钮，在对话框中，IP 地址栏输入“128.0.0.253”，子网掩码栏输入“255.255.0.0”，确认无误，点击“添加”。添加完成后，点击“确定”按钮，如图 5-19 所示，完成网卡的设置。

注：129 网段网卡的设置过程类似，添加 IP 时输入“129.0.0.253”即可。

(4) 仿真软件运行

可以通过桌面快捷方式或开始菜单项运行软件，软件运行后会自动变成托盘运行模式，右键点击屏幕右下方 SimuRTS 软件托盘，点击“用户管理” 退出程序 用户管理 仿真信息 关于.... 将弹出用户管理界面，如图 5-20 所示。

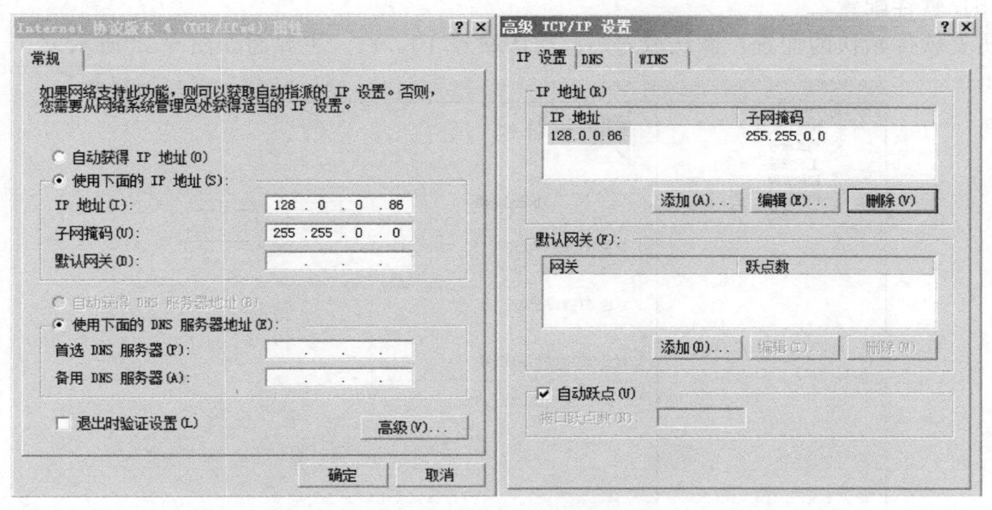

图 5-18 IP 地址设置

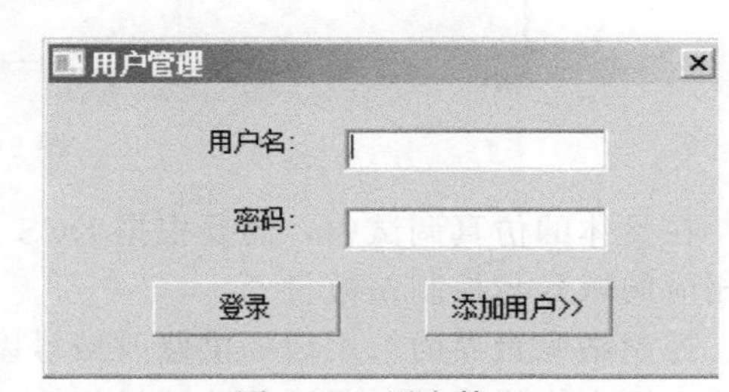

图 5-20 用户管理

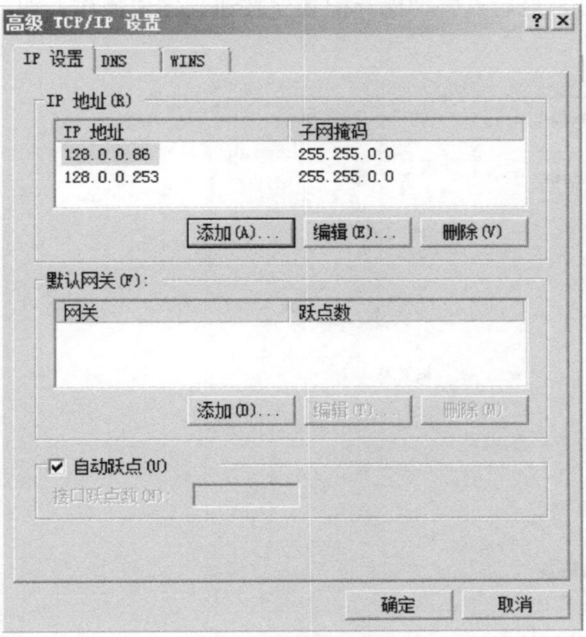

图 5-19 网卡设置

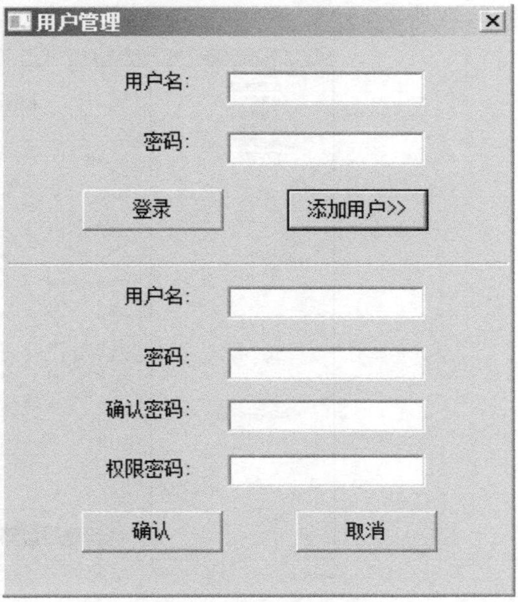

图 5-21 添加用户

若之前已经设置过用户，直接输入用户名和密码登录即可，若第一次使用，请点击“添加用户”，如图 5-21 所示。

输入新的用户名和密码，权限密码请向管理人员索取，设置完成后点击“确认”即可。当用户没有登录时，SimuRTS 软件将一直保持托盘状态，用户无法关闭软件。

(5) 软件配置

仿真软件默认的配置：默认域号 0；默认站号 10、11。主界面如图 5-22 所示。

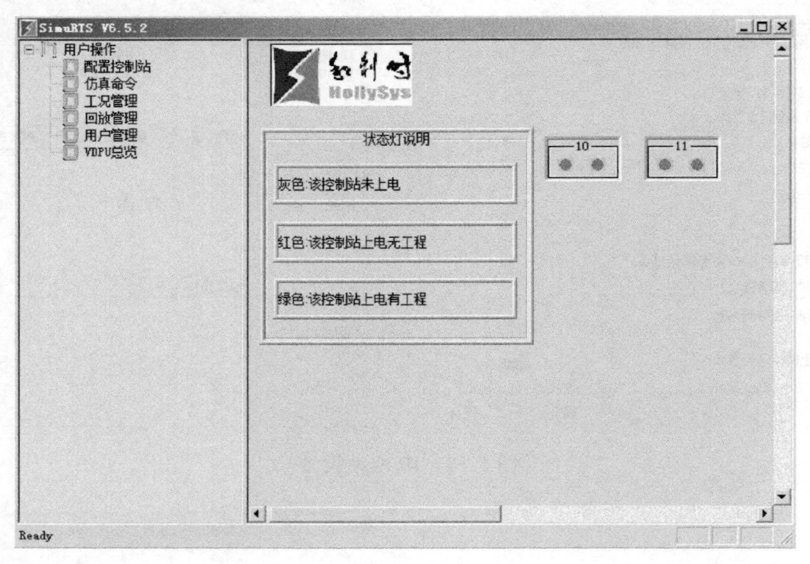

图 5-22　主界面

在具体的仿真调试中，需要根据 DCS 工程的域号和现场控制站的个数在仿真软件中配置相应的域号与控制站数量。

控制站配置界面给用户提供修改域号以及配置虚拟控制站的功能。用户可以在输入域号的输入框中修改域号；通过勾选站号修改站号，最后点击“保存配置”按钮，完成操作。如图 5-23 所示。

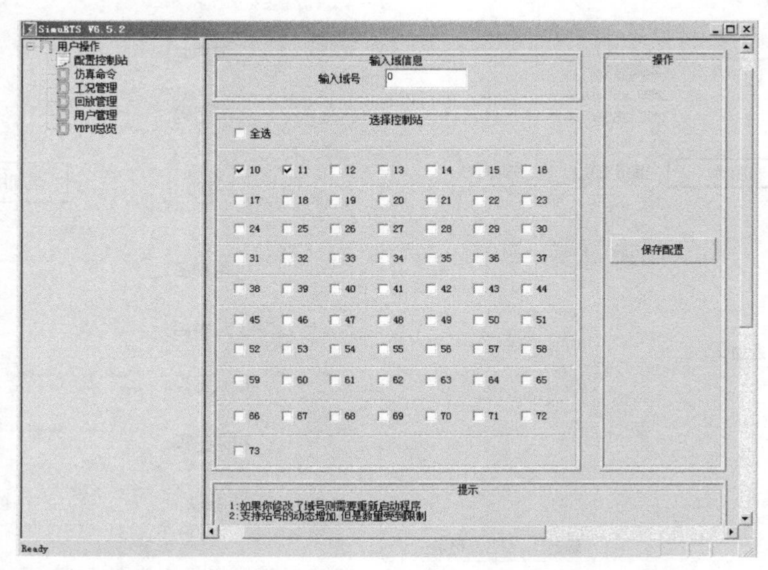

图 5-23　控制站配置

5.3 建模与仿真过程典型应用案例

5.3.1 仿真的基本步骤

仿真技术是分析、研究、设计控制系统的有力工具，是从事自动化、控制系统工程、计算机应用技术人员必须掌握的一门新型技术。本章以图 0-1 中水箱液位系统仿真设计为例详细介绍仿真的实现过程。

仿真研究的基本步骤如图 5-24 所示。

(1) 确定仿真目的和基本需求

给出仿真的研究对象，如反应釜液位系统的仿真研究，能够开展液位特性曲线测试及液位控制系统设计与仿真调试。

(2) 建立系统对象的数学模型

对实际系统进行简化或抽象，用数学的形式对系统的行为、特征等进行描述。

(3) 建立系统的仿真模型

将数学模型通过一定的方式转变成能在计算机上实现和运行的模型。

(4) 编写仿真系统程序，并进行调试

利用各种计算机语言（FORTRA、C 语言等）编制控制系统的仿真程序。

(5) 进行仿真研究

根据仿真实验输出的结果，得出研究结论。

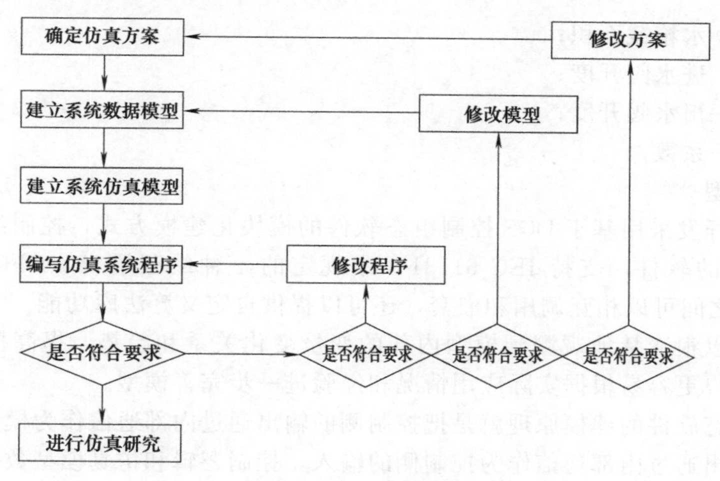

图 5-24　仿真基本步骤

5.3.2 建立系统模型

(1) 系统描述

本章选取反应釜装置的水箱液位系统进行仿真模拟。液位系统由被控对象（水箱）、检测装置（液位变送器、流量变送器）和执行机构（水泵、电动调节阀）组成。工艺流程图如图 5-25 所示。根据工艺要求需要连续控制水箱内流入和流出物料的平衡情况，使液位保持在工艺要求的范围内。

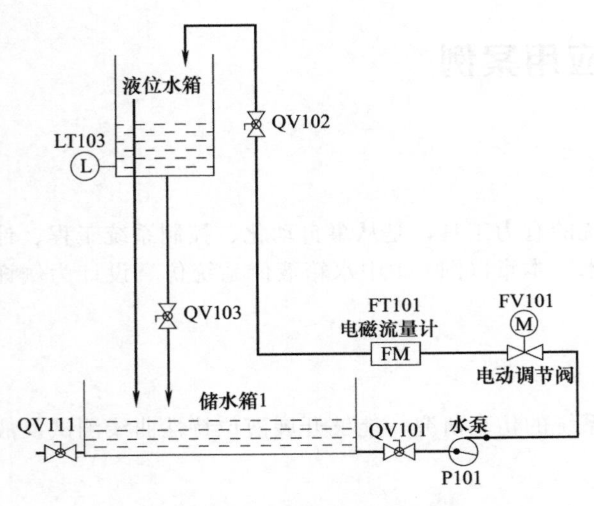

图 5-25　液位系统工艺流程图

(2) 数学模型

工业生产过程的数学模型有静态和动态之分。过程控制中通常采用动态数学模型，它是过程输出变量和输入变量之间随时间变化时动态关系的数学描述。本系统采用机理建模的方法建立液位水箱的数学模型。

设流入水箱的流量为 Q_1，流出水箱的流量为 Q_2，某一时刻 $Q_1=Q_2$，水箱的水位 H 稳定在某一值，此时有某种原因使得 $Q_1 \neq Q_2$，水箱内存储的水量就会发生变化，这种变化导致水箱的水位 H 发生变化，可以用数学关系描述：

$$Q_1-Q_2=A\times\frac{\mathrm{d}H}{\mathrm{d}t} \tag{5-1}$$

$$Q_1=K_1U$$

$$Q_2=K_2F+K_3\sqrt{H}$$

将 Q_1、Q_2 代入方程（5-1）可得平衡方程：

$$\frac{\mathrm{d}H}{\mathrm{d}t}=\frac{1}{A}(K_1U-K_2F-K_3\sqrt{H}) \tag{5-2}$$

式中　A——水箱截面积；

U——进水阀开度；

F——出水阀开度；

K_1，K_2，K_3——系数。

(3) 仿真模型

仿真模型的开发采用基于 DCS 控制组态软件的模块化建模方式，控制组态软件是一种基于功能块编程的软件，支持 IEC 61131-3 中规定的 4 种编程语言（CFC、SFC、ST 和 LD），各种语言之间可以相互调用和嵌套，还可以提供自定义算法库功能。采用控制组态软件建立模型，可以很清楚地观测到模型内部的变量变化关系和趋势，提高模型的透明化程度，同时也使用户更容易根据实际应用情况和经验进一步完善模型。

基于控制组态软件的建模原理就是把控制侧的输出通过内部通信作为模型侧的输入，同理把模型侧的输出通过内部通信作为控制侧的输入，控制逻辑和仿真模型数据只需下载到虚拟控制站便可实现系统的闭环。

下面以液位水箱系统仿真模型的开发为例，阐述建立仿真模型的详细过程。

第一步：创建 DCS 仿真工程

双击桌面上的“工程总控”图标 工程总控 ，运行“工程总控”软件，单击“工程”菜单栏下的“新建”选项，如图 5-26 所示。

根据新建工程向导，建立 DCS 仿真工程。

① 填入工程基本信息，如图 5-27 所示，点击“下一步”。

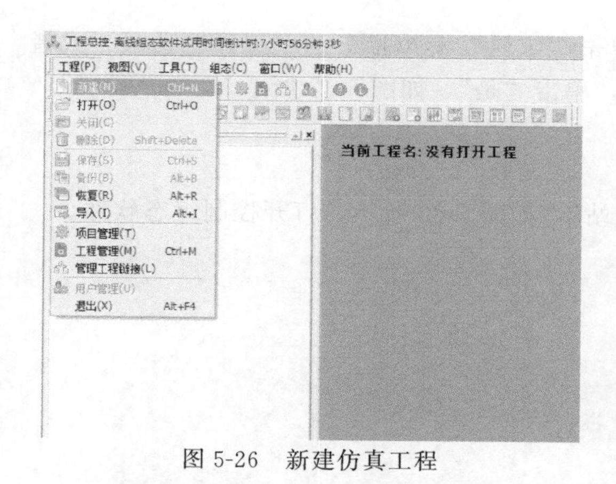

图 5-26 新建仿真工程

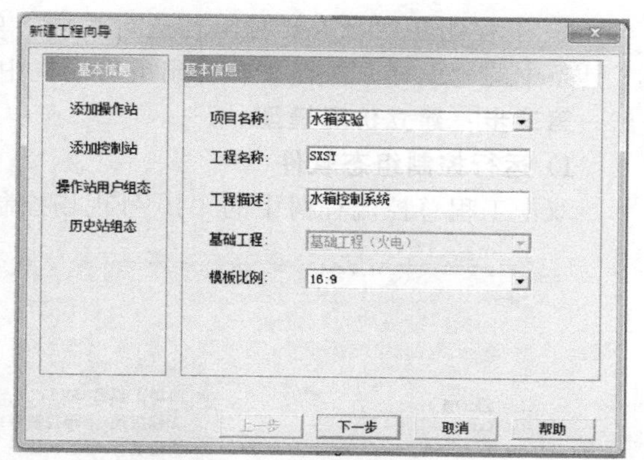

图 5-27 工程基本信息

② 根据所需的操作站的数量添加操作站，本例中添加了 82 号操作站，如图 5-28 所示，点击“下一步”。

③ 根据所需的控制站的数量和控制器的型号添加控制站，如图 5-29 所示，控制站的范围是 10～73，本例中添加了型号为 K-CU01 的 10 号控制站，点击“创建工程”。

④ DCS 可根据不同级别，设置不同用户密码，本例中创建了用户名和密码均为 AAAA 的工程师级别的用户，点击“添加”按钮，如图 5-30 所示，用户添加完成后，点击“下一步”。

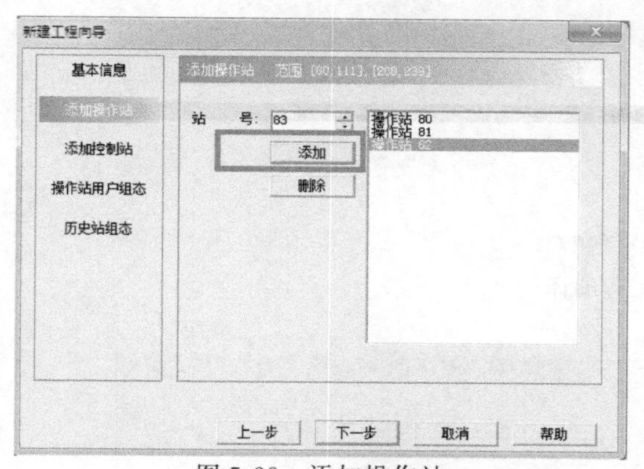

图 5-28 添加操作站

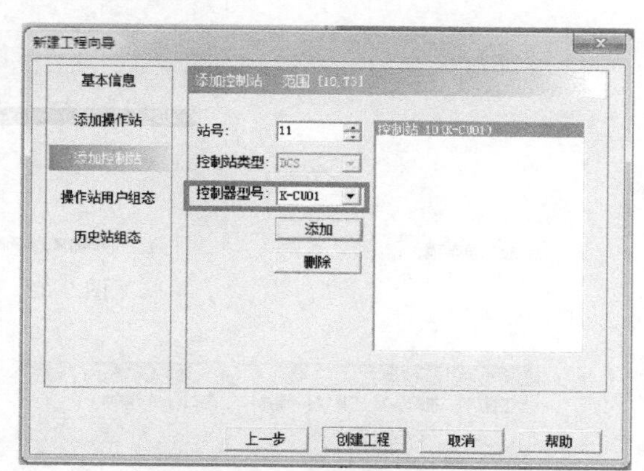

图 5-29 添加控制站

⑤ 配置历史站组态信息，本例中选择 82 号操作站兼作历史站 A，如图 5-31 所示，点击“完成”按钮。

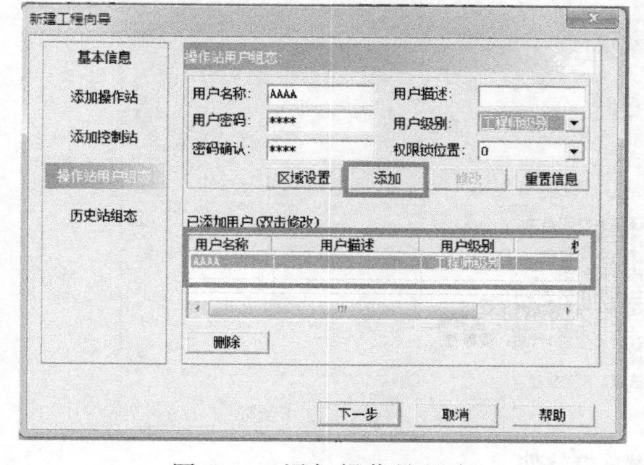

图 5-30 添加操作站用户

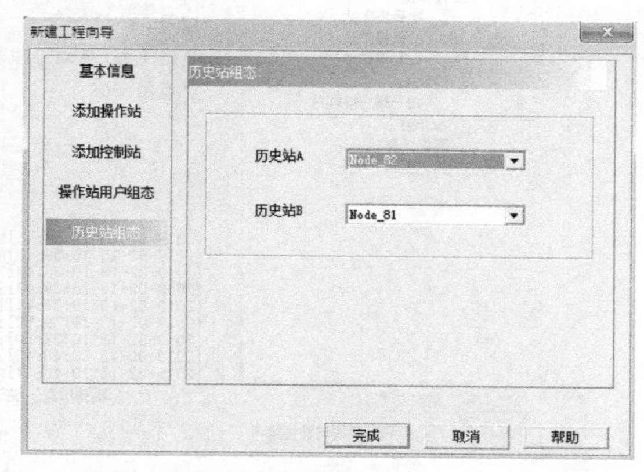

图 5-31 历史站组态

⑥ 工程建立后，需要对工程进行编译。单击“工具”菜单栏下的“编译”选项，或者工具条中的“编译”按钮，在弹出的对话框中，单击“是”，如图 5-32 所示。

第二步：建立仿真模型

1）运行控制组态软件

双击工程总控流程树中的“10 号现场控制站”，如图 5-33 所示，打开控制组态软件。

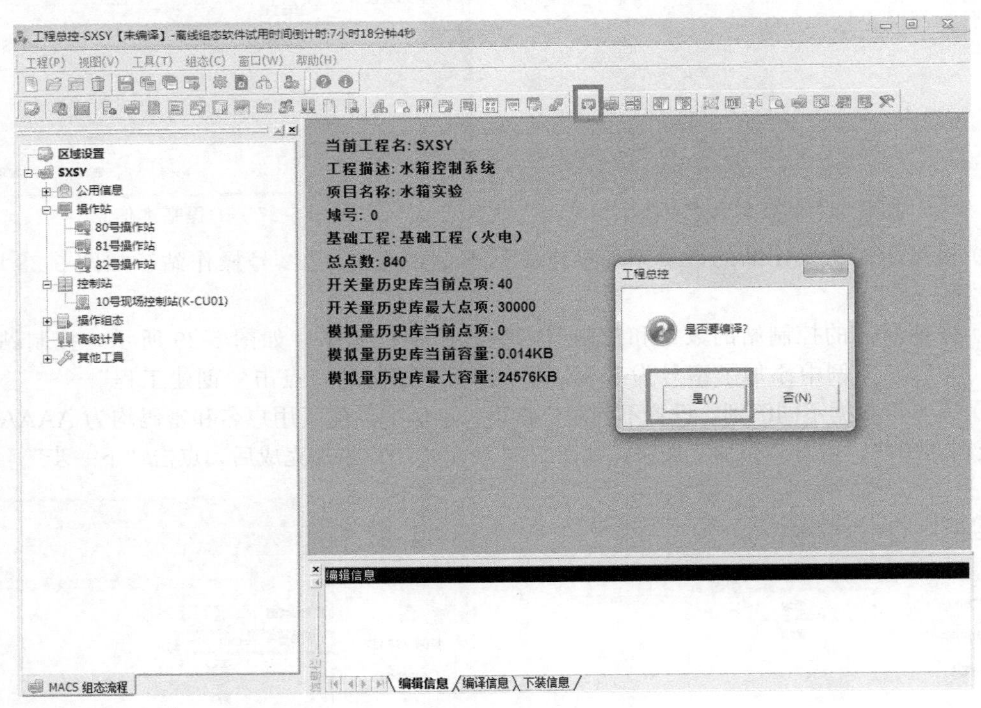

图 5-32 工程编译

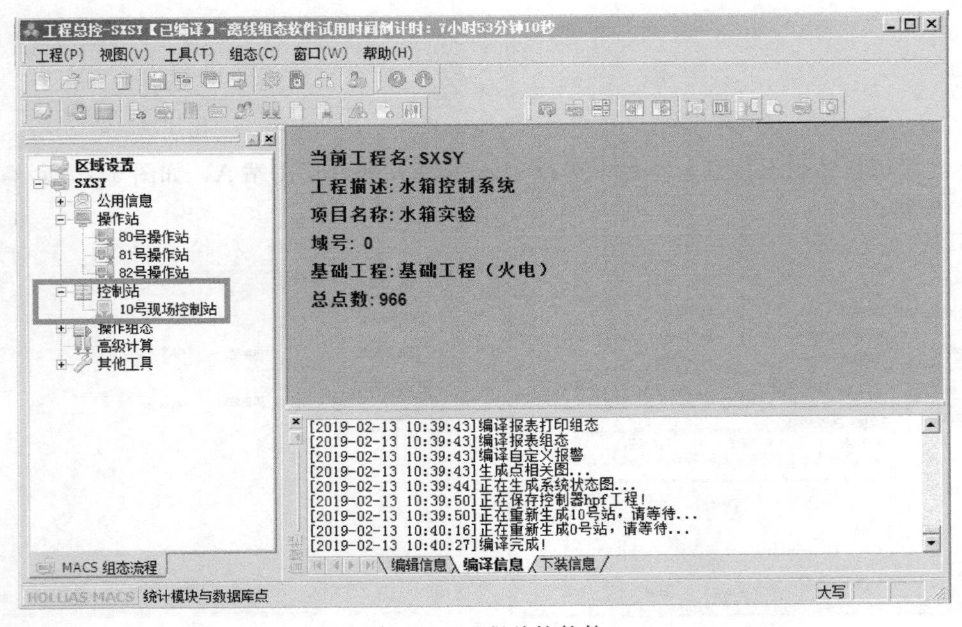

图 5-33 工程总控软件

2）添加机柜和模块

现场使用的各种硬件模块均需插置到机柜上；同理，在DCS仿真工程中也需要添加机柜和模块。

点击控制组态软件左侧的“硬件配置”→“机柜”，在右侧的设备库中，将“K主机柜”拖入到硬件配置窗口中，如图5-34所示。

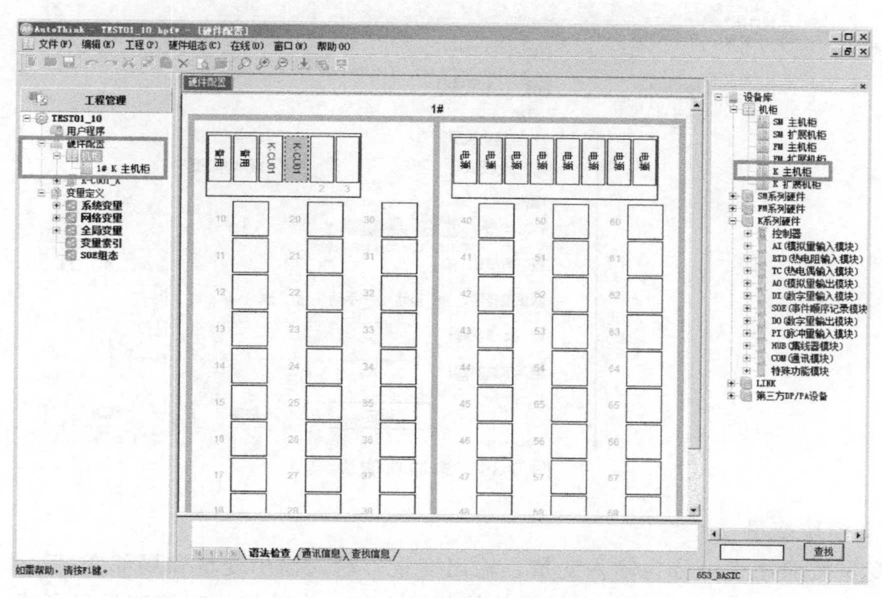

图5-34 添加机柜

右键点击“硬件配置”窗口中未配置模块的位置，单击“模块添加”，添加任意类型的模块，如图5-35所示。

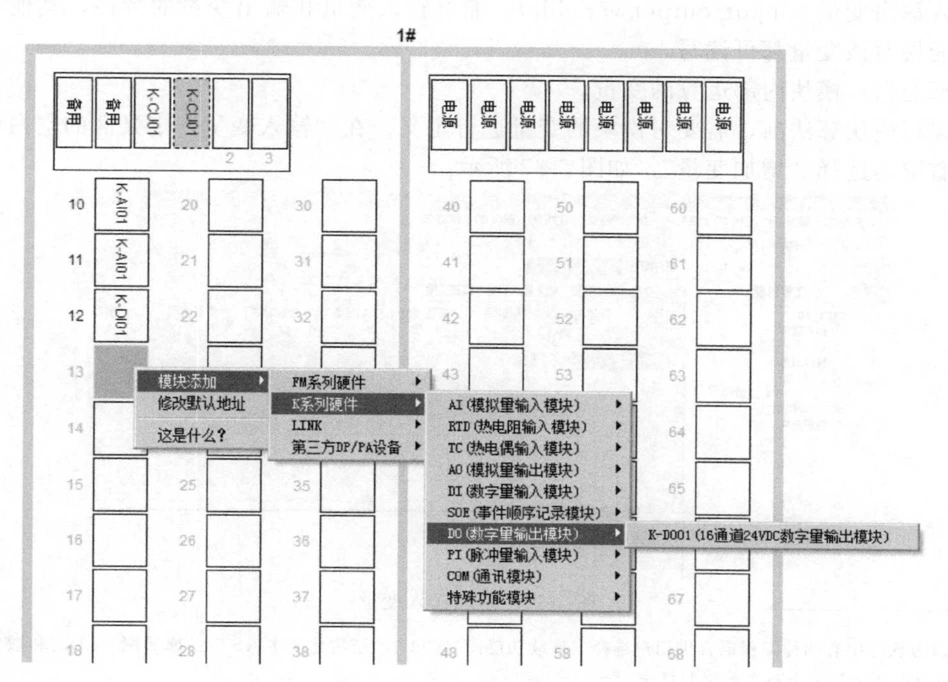

图5-35 添加模块

3）编写水箱模型功能块

① 添加功能块

鼠标右键点击“用户程序”，选择“添加POU”，在弹出的窗口中填入方案页名称、语言❶、属性❷等信息，如图5-36所示，点击“确定”按钮。

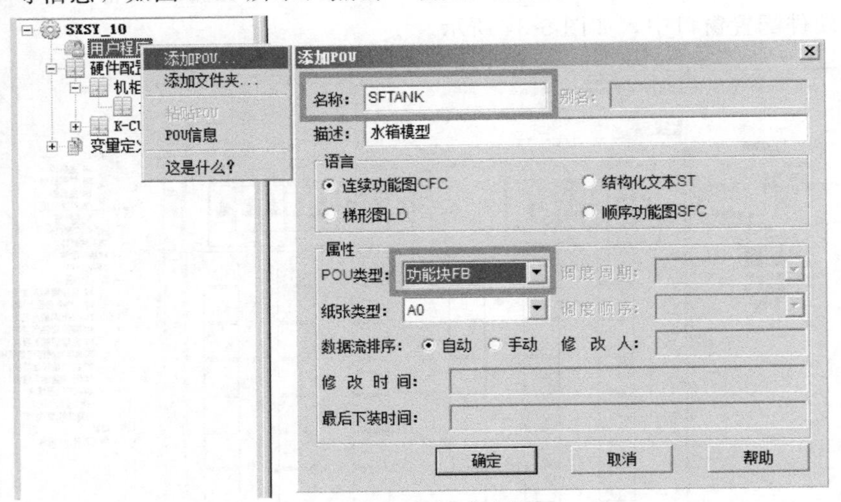

图5-36 添加功能块

② 定义模块变量

模块变量按照用途可分为输入变量、输出变量、输入输出变量和局部变量。

输入变量（input variable）：变量是从外部输入的，本功能块对该变量只可读。

输出变量（output variable）：变量是向外部输出的，本功能块对该变量可读写；其他功能块只可读。

输入输出变量（input/output variable）：兼有输入变量和输出变量的特性，其他功能块和本功能块对该变量都可读写。

局部变量：模块内部运算的变量。

在编写模块算法前，需要对模块的变量进行定义。在“输入变量”定义区的空白位置点击鼠标右键，选择“增加变量”，如图5-37所示。

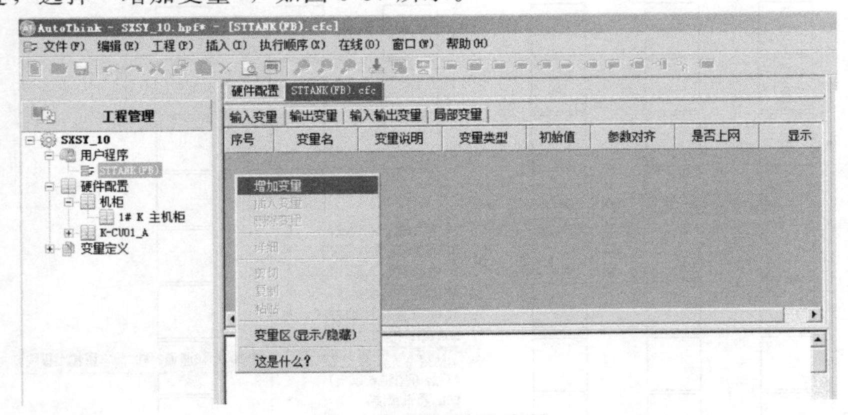

图5-37 添加输入变量

❶ 组态软件中有四种编程语言供用户选择：连续功能图（CFC）、结构化文本（ST）、梯形图（LD）和顺序功能图（SFC），用户可任选其一编写水箱模型算法。

❷ 编写算法功能块时，“属性”中的“POU类型”需选择“功能块FB”。

在变量列表中依次添加变量名、变量说明、类型、初始值等信息，水箱模块的输入变量如图 5-38 所示。

序号	变量名	变量说明	变量类型	初始值	参数对齐	是否上网	显示
0001	wi	水箱入口流量	REAL	0	TRUE	FALSE	TRUE
0002	wo	水箱出口流量	REAL	0	TRUE	FALSE	TRUE
0003	tankL	水箱尺寸（长）	REAL	0	TRUE	FALSE	TRUE
0004	tankW	水箱尺寸（宽）	REAL	0	TRUE	FALSE	TRUE
0005	tankh0	水箱可用高度	REAL	0	TRUE	FALSE	TRUE

图 5-38　模块输入变量

按照同样的方法添加水箱模块的输出变量和局部变量，如图 5-39、图 5-40 所示。

序号	变量名	变量说明	变量类型	初始值	参数对齐	是否上网	显示
0001	tankH	水箱水位	REAL	0	TRUE	FALSE	TRUE
0002	tankHmm	水箱水位	REAL	0	TRUE	FALSE	TRUE
0003	tankBP	水箱底部压力	REAL	0	TRUE	FALSE	TRUE

图 5-39　模块输出变量

序号	变量名	变量说明	变量类型	初始值	参数对齐	是否上网
0001	w1	流量1	REAL	0	TRUE	FALSE
0002	w2	流量2	REAL	0	TRUE	FALSE

图 5-40　模块局部变量

③ 编写模块算法

控制组态软件提供编程所需的常用算法库，用户编程时只需从“库管理器窗口中”将相关算法块拖入到编程窗口中调用即可。

库管理器中的算法块按功能分类，每种功能的说明如表 5-1 所示。

表 5-1　算法库功能说明

功能名称	功能分类	说　明
基本指令	数学运算	包含加、减、乘、除等基本的数学运算
	逻辑运算	包含与、或、非、异或等逻辑运算
	比较运算	包含大于、等于、小于等比较运算
	选择运算	包含选择最大值、最小值、二选一及多选一等选择运算
	移位运算	包含控制一个变量的二进制值按位左右移动等移位运算
	数据类型转换	包含 BOOL/BYTE/WORD/DWORD/SINT/INT 等数据类型之间的相互转化
	地址类运算	包含取地址、取内存值及获取变量字节长度的地址类运算
高级运算	报警处理	包含幅值、偏差、速率及死区等报警处理
	信号处理	包含限幅、无扰切换、数值滤波及温压补偿、模拟量二选一、三选一等信号处理功能
	信号发生器	包含设定曲线、一维插值、典型信号发生器等信号发生处理
	统计计算	包含流量累计、首出记忆、开关量状态时间累计及模拟量越限时间累计等统计计算功能
	模型仿真	包含一阶、二阶、三阶惯性加纯滞后模型及超前滞后等模型仿真处理功能
	触发器	包含置位优先、复位优先、上升沿、下降沿及 D 触发器
	定时器	包含开关延迟及设定时间计时、时间判断、获取控制器时间等时间处理功能
	计数器	包含了递增、递减及递增/递减计数器

用户可在程序编辑区根据水箱数学模型公式和基本指令算法块，编写水箱仿真模型算法程序。

水箱入口流量和出口流量的差值计算程序如图 5-41 所示。

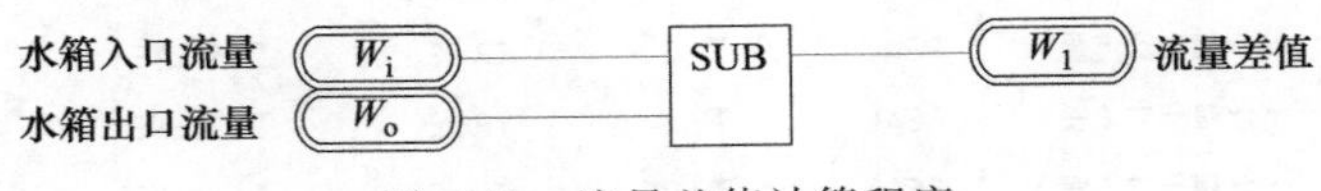

图 5-41　流量差值计算程序

液位水箱高度计算程序如图 5-42 所示。

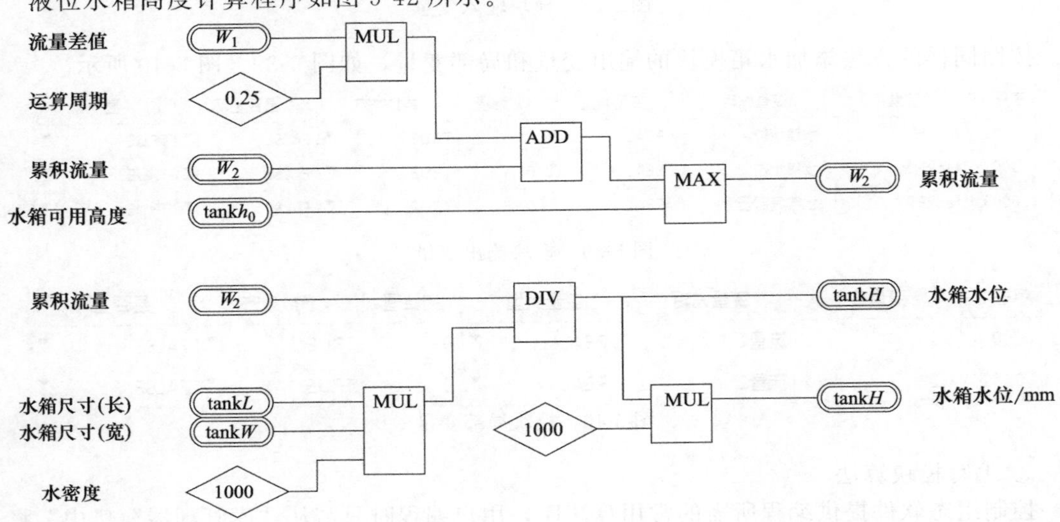

图 5-42　液位水箱高度计算程序

水箱底部压力计算程序如图 5-43 所示。

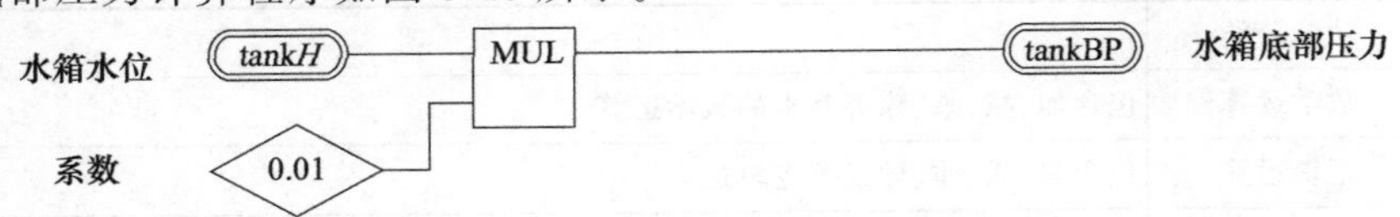

图 5-43　水箱底部压力计算程序

图 5-44　水箱功能块

程序编写完成后，点击工具栏中的保存按钮，程序开始编译，编译是一个翻译过程，是将用户使用 IEC 61131-3 语言编写的源程序翻译成可执行的目标程序的过程，编译过程中还涉及语法检查、语法分析，分析过程中发现问题时，会在信息窗口中给出提示。编译不通过时，会用红色标注错误信息，双击红色信息项可以定位到错误具体所在位置，便于修改，直至编译通过。至此，水箱模型功能块已建立完成，如图 5-44 所示。

4）液位系统仿真模型

对水箱控制系统进行仿真研究的前提是建立被控对象的仿真模型，过程对象模型是设计控制方案、分析质量指标和整定调节器参数等的重要依据。这里被控对象是水箱的液位（位号是 LT103）。当入口调节阀 FV101 开度或水箱出口手动阀 QV103 开度改变时，将改变流入或流出水箱的流量，从而导致水箱液位的变化。假设水箱高度 $H=0.3\text{m}$，长度 $L=0.4\text{m}$，宽度 $W=0.6\text{m}$，根据物料平衡原理，水箱液位仿真模型的实现过程如下：

① 根据出口管道阀门 QV103 的开度计算液位水箱出口流量，如图 5-45 所示。

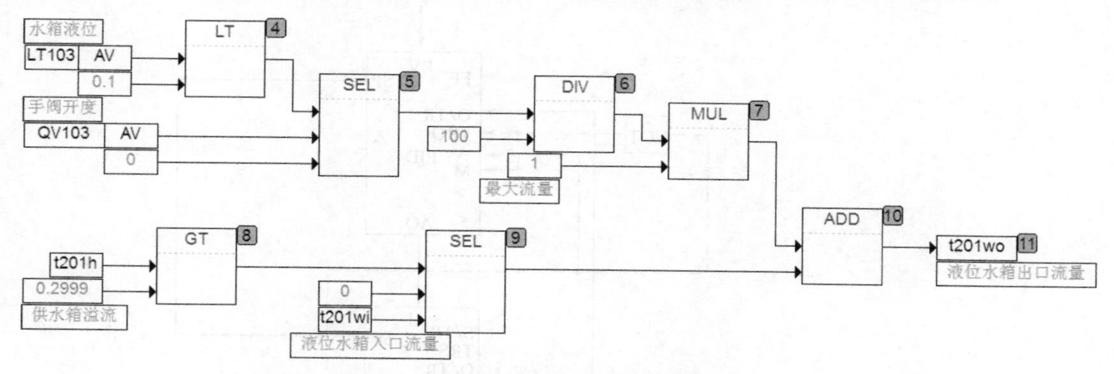

图 5-45　液位水箱出口流量计算程序

② 根据入口管道阀门 FV101 的开度计算液位水箱入口流量，如图 5-46 所示。

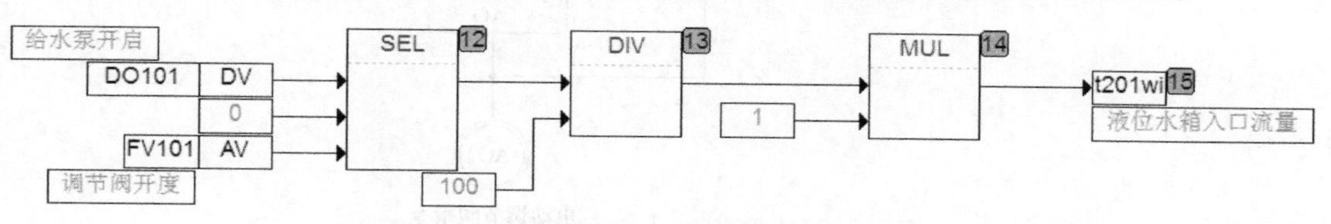

图 5-46　液位水箱入口流量计算程序

③ 根据入口流量和出口流量计算水箱液位 LT103，如图 5-47 所示。

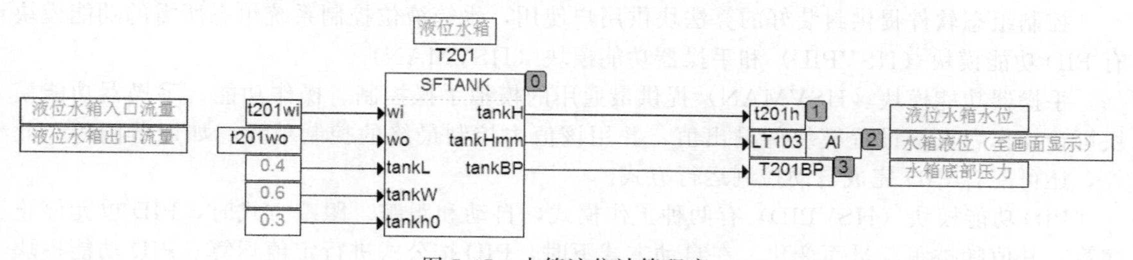

图 5-47　水箱液位计算程序

（4）DCS 仿真工程组态

1）控制逻辑组态

控制逻辑组态是应用 DCS 控制组态软件和程序语言进行的编程工作。控制组态软件能够完成数据库组态、控制逻辑组态和对现场控制站进行下装等功能，提供图形化的控制算法组态界面，包括回路控制、联锁控制、顺序控制和先进控制等，集成了多种行业应用算法库，并支持高级算法的定制开发，如智能 PID、模糊控制器、最优控制器、神经网络控制等。

水箱液位系统的控制任务是使水箱液位实际值实时跟踪给定值，减小或消除来自系统内部或外部扰动的影响，并能实现手自动无扰切换。

水箱液位控制方案如图 5-48 所示。

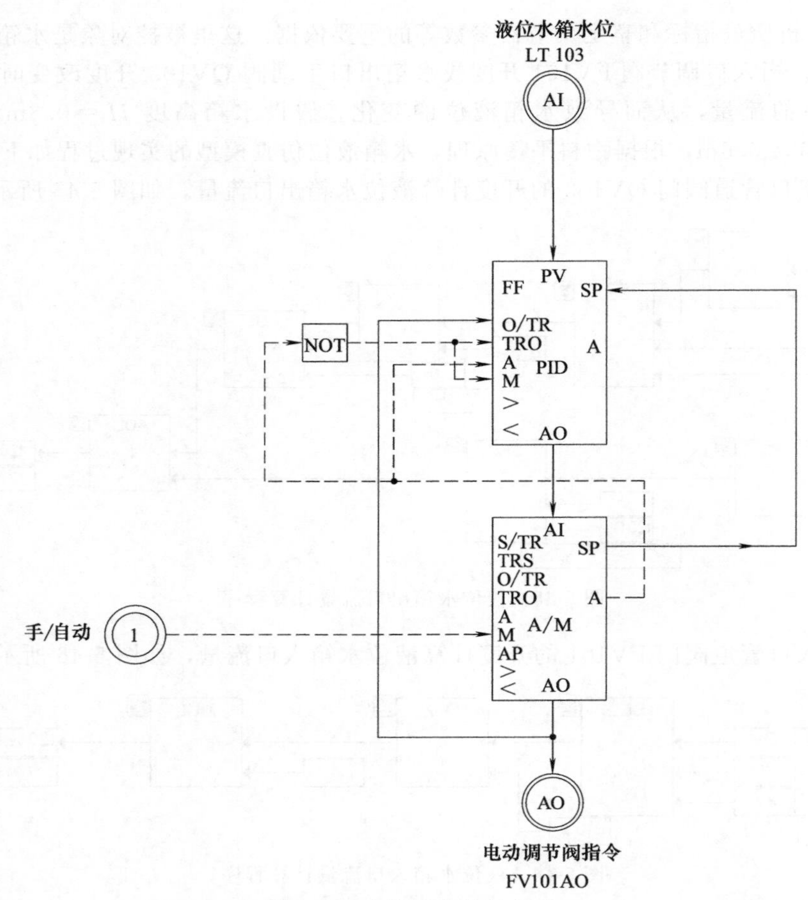

图 5-48 水箱液位控制方案

控制组态软件提供封装好的算法块供用户使用，水箱液位控制系统组态所需的功能模块有 PID 功能模块（HSVPID）和手操器功能模块（HSVMAN）。

手操器功能模块（HSVMAN）提供最通用的模拟手操控制、操作功能。手操器功能模块可让操作者直接设置模块的输出值，并用该值去控制最终的控制单元，如调节阀等。此外，还可配合 PID 完成自动控制运行方式。

PID 功能模块（HSVPID）有两种工作模式，自动和跟踪。跟踪方式时，PID 单元停止演算，其值随被跟踪量而变化。在自动方式下时，PID 按公式进行定值运算。PID 功能模块输出特性如表 5-2 所示。

表 5-2 PID 功能模块输出特性

工作模式(TS)		输出公式	说明
0	自动	$\mathrm{AV}(K)=\mathrm{AV}(K-1)+\mathrm{d}u+\mathrm{d}k+OC$ $\mathrm{d}u=\dfrac{100}{PT}\times\Delta E(k)+\dfrac{1}{TI}\times E(k)$ $\mathrm{d}k=\dfrac{TD}{CP+TD}\times\{\mathrm{d}k_{-1}+KD\times\Delta[\Delta E(k)]\}$	du：本次计算得到的比例＋积分项 dk：本次计算得到的微分项 OC：输出补偿项
1	跟踪	AV＝TP	当跟踪开关 TS＝1 时

水箱液位控制逻辑组态图如图 5-49 所示。

2）图形组态

图形组态通过绘制形象直观的画面来模拟工业控制系统流程，用于为操作者提供数据显

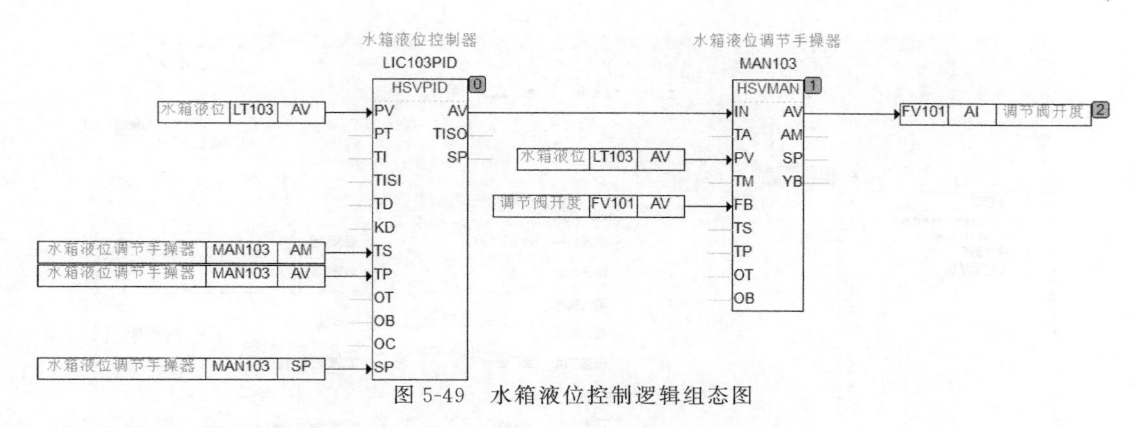

图 5-49 水箱液位控制逻辑组态图

示和操作的人机界面图。

工业控制系统流程图包括静态图形和动态图形两部分。静态图形表示流程画面中的静态信息，它们与数据库信息没有任何联系。动态图形是随数据库点实时值的变化而变化的图形单元，变化内容可以有颜色、大小、形状和数值等。

人机界面组态工作通过DCS图形组态软件完成，图形组态软件是DCS系统图形画面编辑的工具，给用户提供一个编辑在线运行画面的环境，还是生成系统状态图、工艺流程图等的工具。软件提供了多种静态操作工具，包括图形的生成、填充、组合、分解、旋转、拉伸、剪切、复制和粘贴等，可以灵活地对图形进行变换和加工。此外也提供了多种动态特性和交互特性，动态特性包括变色、文字、闪烁、显示/隐藏、填充、旋转、平移、动画特性等。交互特性为用户提供了推出窗口、切换页面和在线修改数据点值等功能。

① 双击工程总控流程树中的“操作组态”→“工艺流程图”，选择“新建”，如图5-50所示。

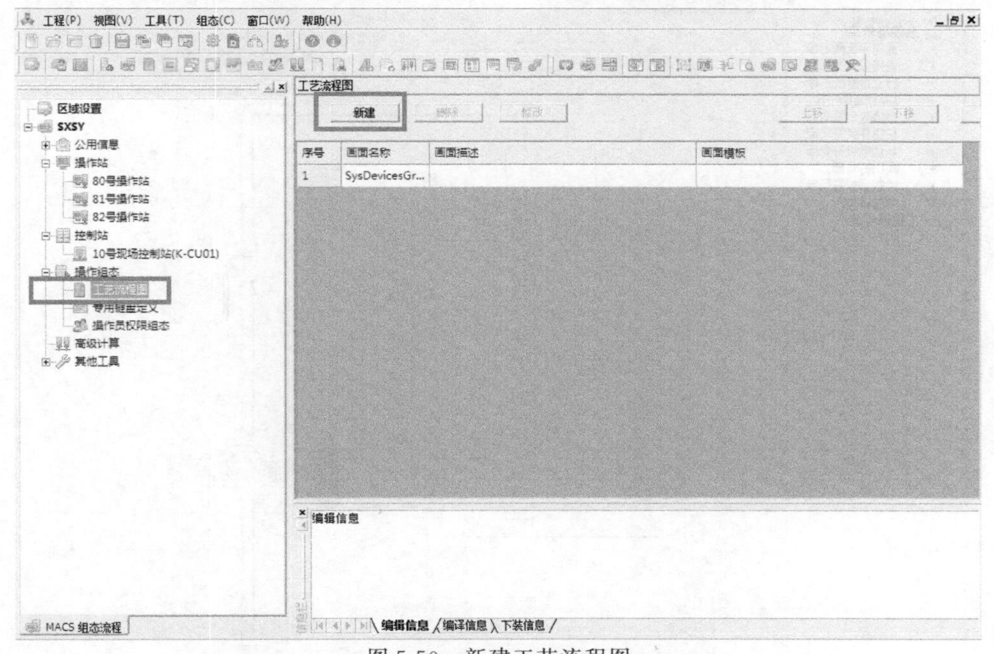

图 5-50 新建工艺流程图

② 在弹出窗口中输入画面名称，点击“确定”按钮，进入图形编辑软件。双击画面，在弹出的画面属性窗口中可以修改画面名称、画面大小、颜色背景等信息，如图5-51所示。

③ 绘制工艺流程图，如图5-52所示。

这部分内容可参看第4章的4.5节。

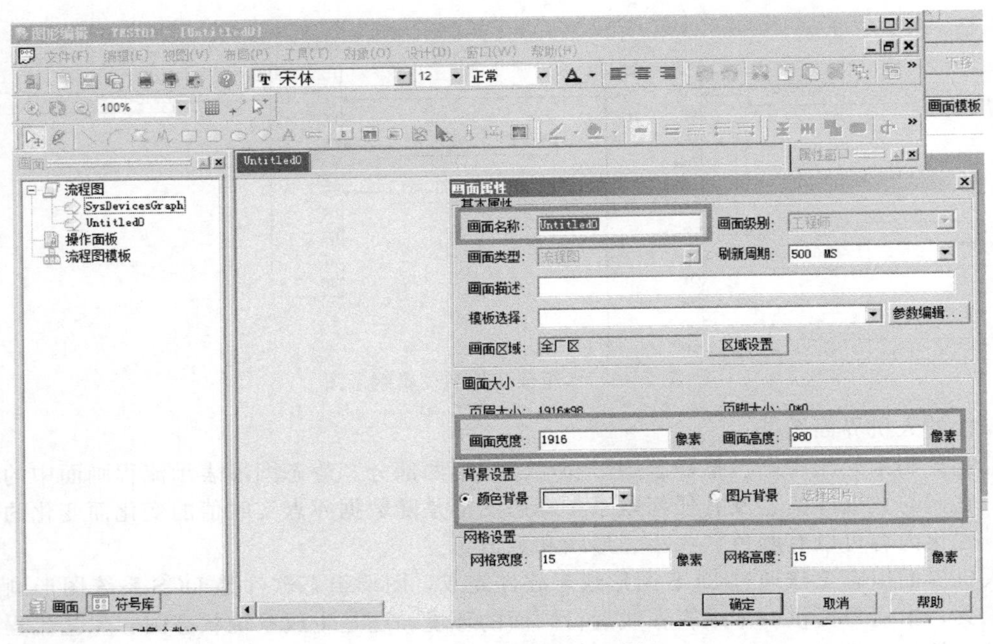

图 5-51 工艺流程图属性编辑

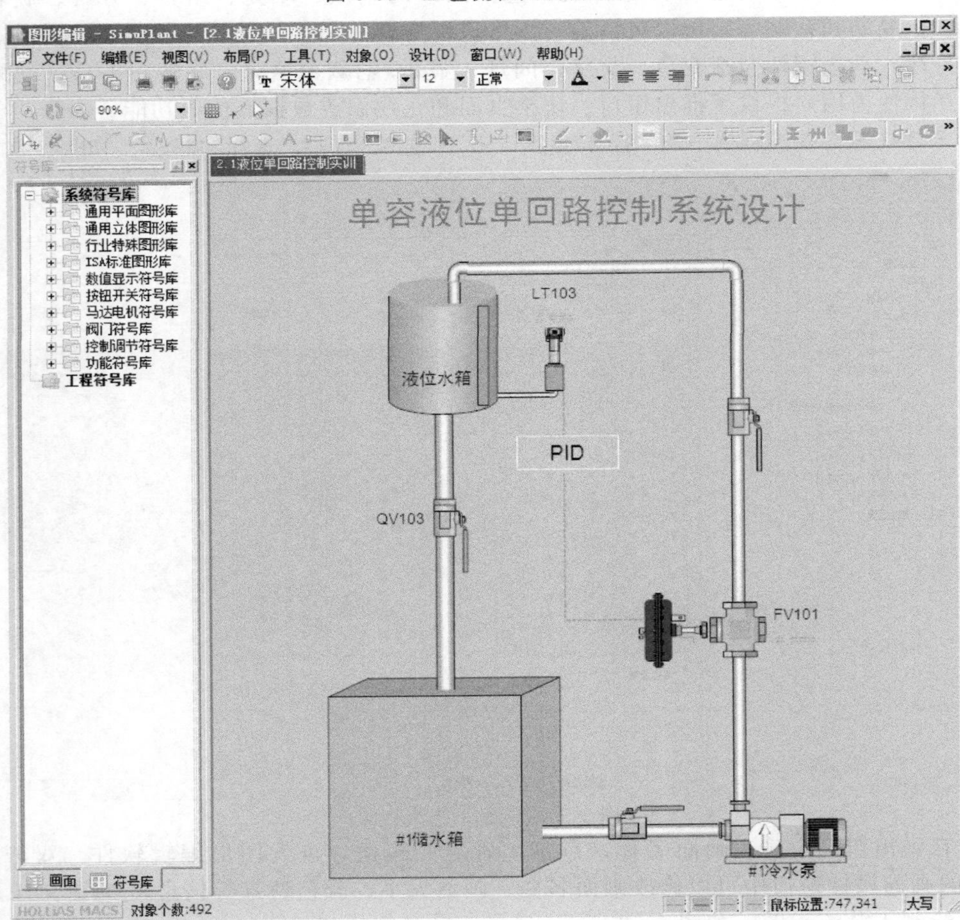

图 5-52 工艺流程图绘制界面

3）编译下装

DCS 仿真工程组态完成后，需要进行工程编译。编译是将用户组态的数据生成在线运行所需要的各种下装文件，并提示检查组态中错误的过程。编译通过后可执行下装操作，下装是将编译生成的下装文件通过网络传输到历史站、操作站和虚拟控制器的过程，包括下装组态程序文件到虚拟控制器中进行运算，下装图形组态文件到各个操作站上进行显示，下装工程数据文件到历史站给各节点提供实时和历史数据服务。下装完成后即可使用仿真系统开始相关调试工作。

① 选择“工程总控”工具菜单栏下的“编译”选项，对工程进行编译。

② 编译完成后，点击“工具”菜单栏下的“下装”命令，下装操作站及历史站，如图 5-53 所示。

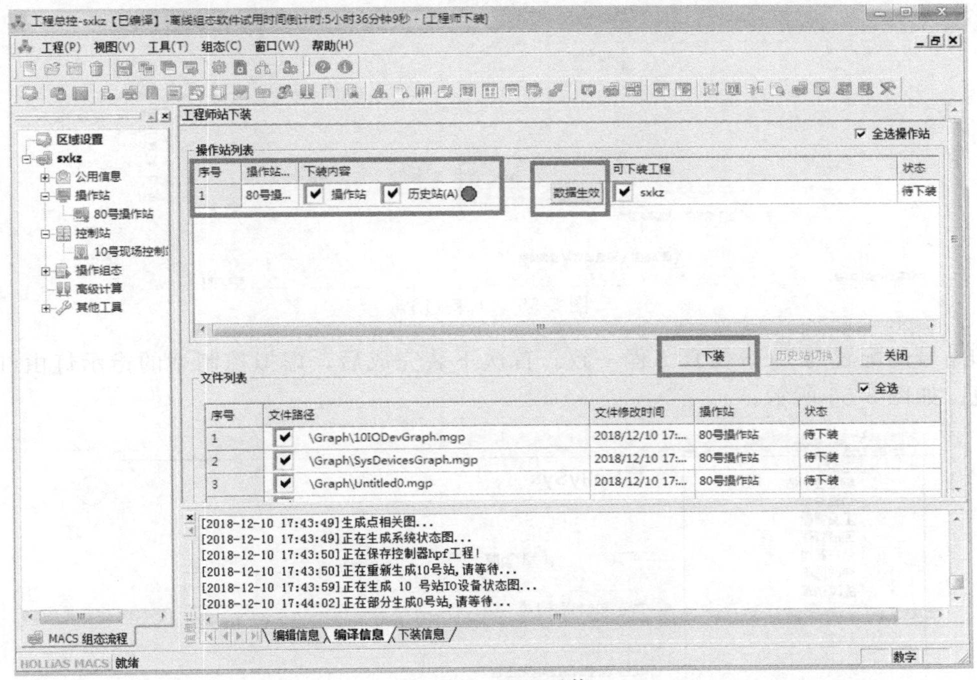

图 5-53　工程下装

③ 下装完成后，点击“数据生效按钮”，提示数据生效成功。

④ 控制组态程序下装前需要进行平台的切换，打开 AutoThink 控制算法组态软件，右键点击工程名字，选择属性，在“配置信息”中进行平台切换，仿真工程的下装平台为“652_SIMU”，如图 5-54 所示。

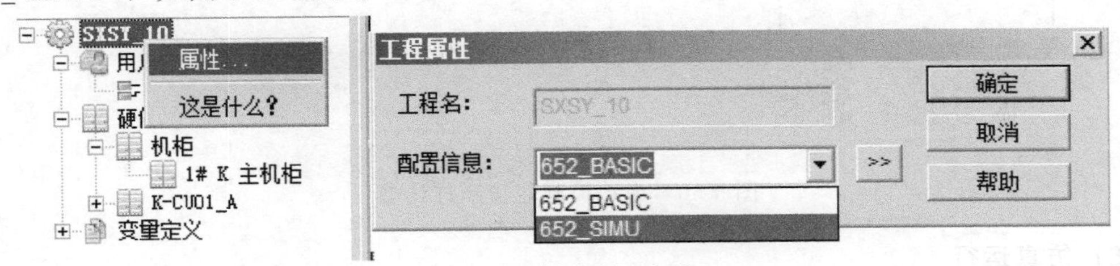

图 5-54　仿真平台切换

平台切换完成后，点击菜单栏中的“在线”→“下装”命令，将控制算法程序下装到虚拟控制站。下装完成后，点击“确定”按钮，如图 5-55 所示。

注：控制算法组态下装时，必须保证虚拟控制器软件 SimuRTS 处于运行状态，且软件

图 5-55 下装过程

域号和站号的配置与 DCS 仿真工程一致。首次下装完成后，虚拟控制站的指示灯由红色变成绿色。如图 5-56 所示。

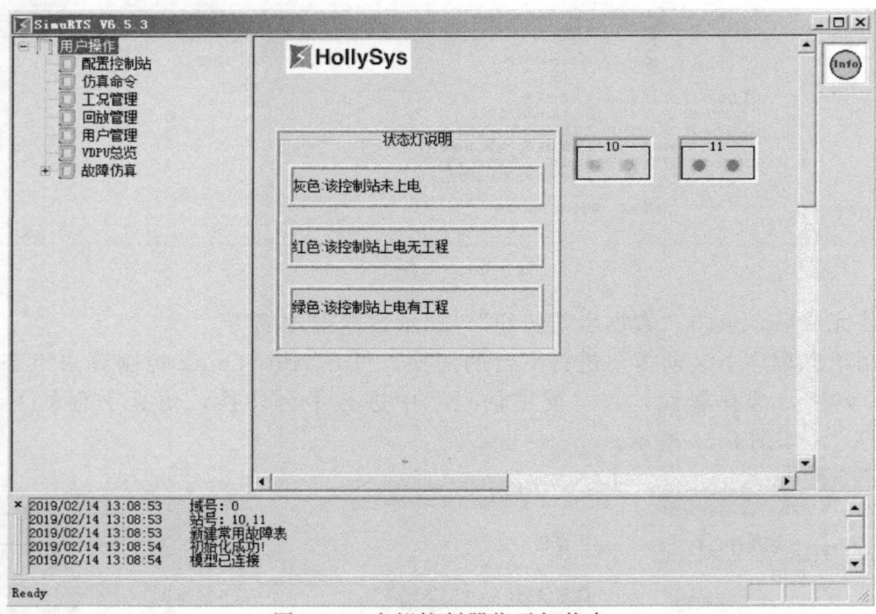

图 5-56 虚拟控制器指示灯状态

(5) 仿真运行

本章中根据 DCS 软件和虚拟 DPU 仿真软件开发的液位控制系统仿真集对象模型、虚拟控制器、DCS 工程组态于一体，能够在计算机上完成对象特性分析、控制策略研究、控制器参数整定等功能。组态和参数修改灵活，能够多次或重复仿真运行，可实时观察参数变化前后系统的趋势曲线，可参与性与操作性强。

① 运行虚拟控制器软件 SimuRTS，点击“运行命令”，如图 5-57 所示。

② 双击桌面操作员在线图标，进入操作员在线监控界面，点击“登录”，输入用户名和密码，如图 5-58 所示。

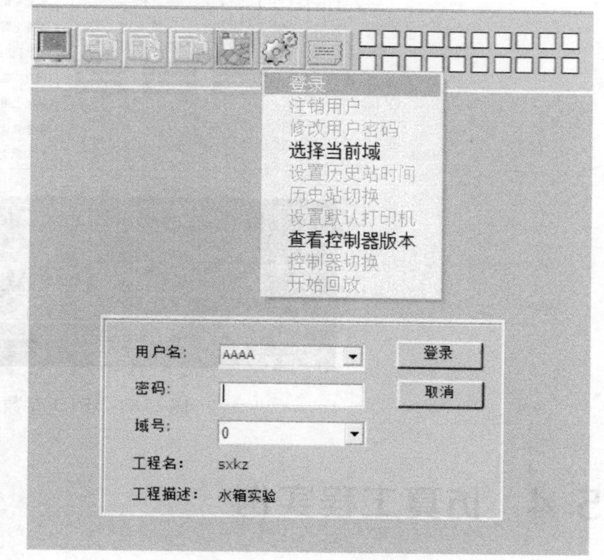

图 5-57 运行命令

图 5-58 登录界面

③ 点击“打开底图”，在弹出的窗口中选择图形组态时建立的图形文件，选择“底图方式打开”，如图 5-59 所示。

④ 进入工艺流程在线监控界面，可以进行手自动操作、液位值的在线监控、曲线查看、PID 参数整定等，如图 5-60、图 5-61 所示。

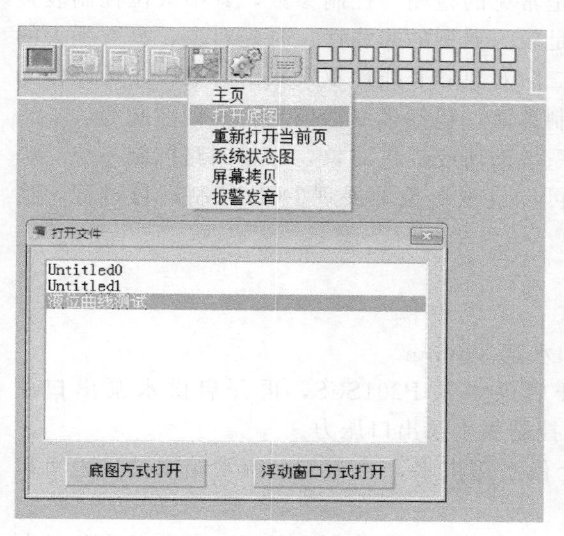

图 5-59 打开底图

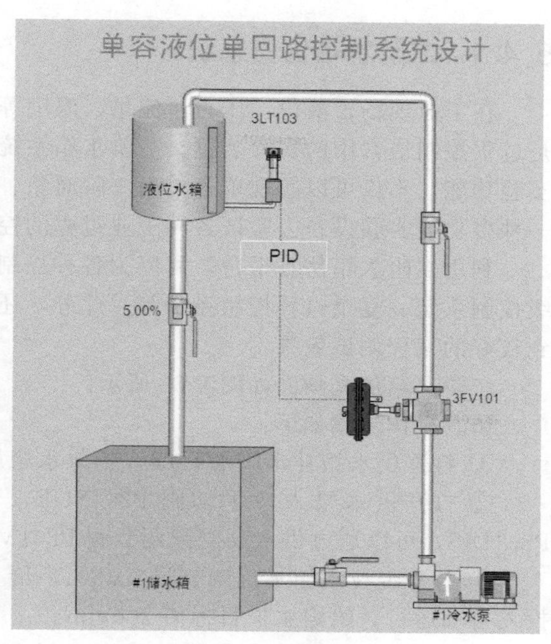

图 5-60 在线监控

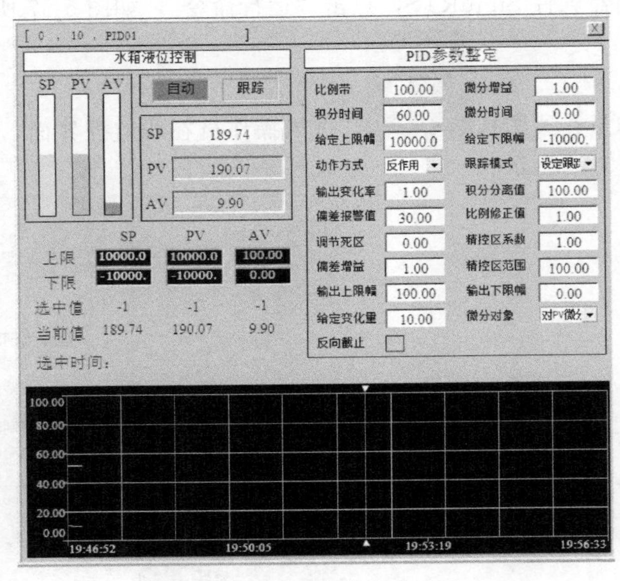

图 5-61 PID 参数整定画面

5.4 仿真工程实例

仿真系统通过计算机模拟展现工业控制现场，一方面可以继承传统实验的参与性与操作性的优点，另一方面有可利用计算机优势，发挥其资源共享、直观形象、动态模拟等优点，克服传统实验的不足之处，进一步提高实验效果。

仿真模型可以根据实际装置进行 1∶1 数学建模，还具备开放的接口，支持任意模型的扩展，使仿真系统控制对象更加丰富，实现各种工业控制系统的仿真运行与调试。

5.4.1 二阶水箱仿真系统

在工业现场，液位、压力、流量、温度等是常见的检测与控制参数，其中液位控制装置是过程控制最常用的实验装置。二阶水箱系统是较为典型的非线性、时延对象，具有强大的实验功能，不仅可以实现单入单出一阶对象、二阶对象和非线性双入双出对象，还可以作为一种多功能实验设备去验证各种工业过程的控制算法，包括多变量控制、模糊控制等。

利用二阶水箱仿真平台，可以为各种控制系统的研究提供对象，如单回路控制系统、串级控制系统、复杂过程控制系统等。此外，还可以直观形象地展现 DCS 控制运行过程，达到较好的编程调试效果。

二阶水箱仿真画面如图 5-62 所示。

仿真操作步骤如下：

① 打开供水箱补水阀 LV204，给供水箱加水至 300mm。

② 打开供水泵入口手动阀 P201SUB，开启供水泵 P201SCS，再开启供水泵出口阀 P201DIS，可以通过供水泵变频调节阀 P201M 控制供水泵出口压力。

③ 打开上位水箱水位调节阀 LV201，给上位水箱供水，并调节上位水箱水位，也可以投入自动运行，给定水位目标值 200mm。

在自动控制回路中，控制品质的好坏与控制器参数的选择有很大关系，如何整定好控制

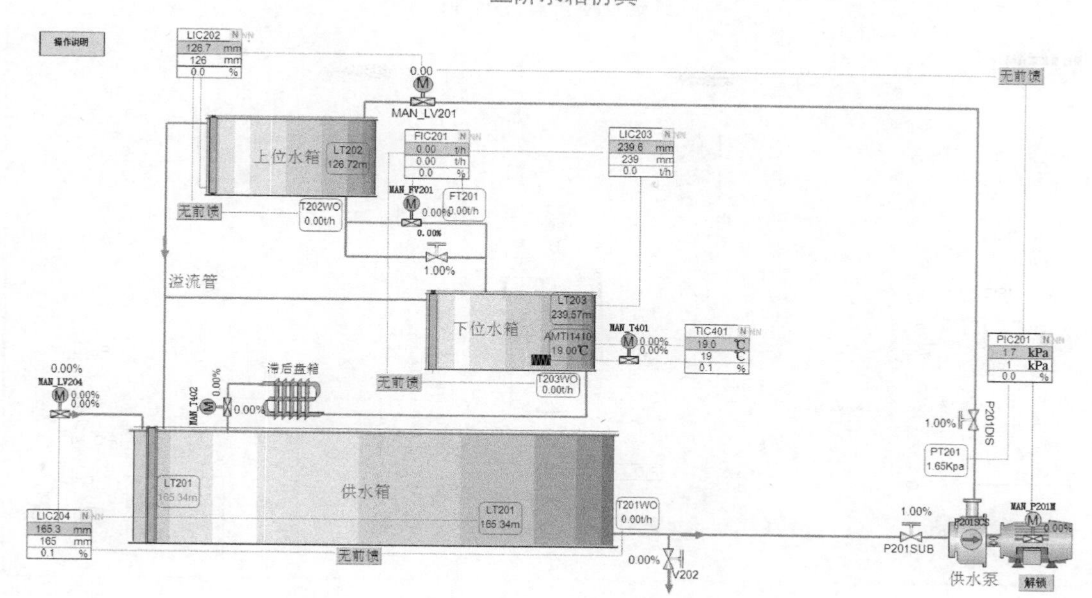

图 5-62 二阶水箱仿真画面

器参数是十分重要的工作。此处可以做 PID 参数整定实验。在弹出的 PID 面板中，可以修改比例带（P）、积分时间（I）等参数，通过观察被调量曲线的变化，得到合适的 PID 参数。具体方法参见第 6 章 6.2.3 小节。

④ 上位水箱水位达目标值后，就可以打开中间的下位水箱入口（上位水箱底部出口）的调节阀 FV201 或旁路手动阀 V203，给下位水箱供水。FV201 可调节下位水箱的水位，设计成通过它调节流量可控制下位水箱水位，串级控制，主调水位、副调流量的控制方案。这里可以做串级控制系统参数整定实验。

⑤ 下位水箱水位达目标值后，可以通过温度控制器 T401 对下位水箱的水进行加热，温度不要超过 100℃。也可以给定温度目标 60℃，投入自动控制。这里可做温度特性实验和温度单回路控制实验。

5.4.2 反应釜仿真工程

反应釜为化工行业重要的压力容器，很多化工原料合成都在反应釜中进行。由于受空间和投资的限制，反应釜实训装置的数量有限，不能满足多人同时实验。鉴于以上考虑，可以在仿真软件中建立反应釜装置的数学模型，在仿真工程中做相同的实验，且分组灵活，每个学员都能独立操作，互不影响。此外，仿真系统易于扩展和更新，可以方便地增加实验数目和种类，在扩展实训项目时不会增加硬件成本。

根据实物装置 1∶1 搭建的反应釜仿真工程监控画面如图 5-63 所示。

仿真工程中设置了如下控制回路：

① 液位水箱串级控制；

② 锅炉液位串级控制；

③ 锅炉加热单回路控制；

④ 反应釜夹套加热串级控制；

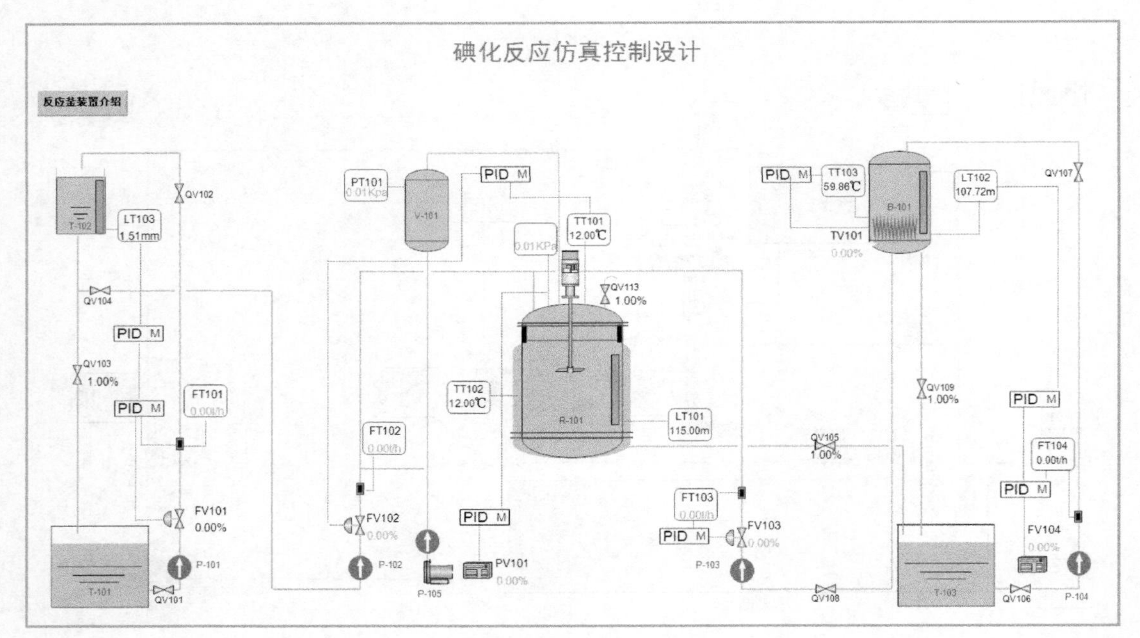

图 5-63 反应釜仿真工程

⑤ 反应釜夹套冷却串级控制；

⑥ 反应釜进料比值控制；

⑦ 压力单回路控制。

仿真工程调试中，在各 PID 参数整定好后，可逐步进行锅炉水加热、液位水箱上水、反应釜进料，直至反应结束。除手动启停装置外，还可以设计一键自动启停机，系统将全自动完成整个运行过程。

第6章 调试与投运

DCS系统调试与投运是对硬件和组态软件进行检验的过程，以确保DCS是按照工程设计的要求来对生产装置过程进行检测和控制的。

本章主要内容包括：

① 系统调试的一般步骤；

② DCS系统接地；

③ 系统投运的准备工作及投运步骤；

④ PID原理及参数整定方法；

⑤ 自动调节系统的质量指标。

通过本章的学习与训练，能够让读者：

※ 了解DCS系统调试的步骤。

※ 了解接地的作用与分类。

※ 熟悉控制器参数的改变与系统性能的影响。

※ 掌握PID参数整定的方法。

※ 能够进行控制系统的调试与投运。

6.1 DCS系统调试

6.1.1 调试的一般步骤

DCS系统调试是确保DCS系统安全稳定、准确可靠运行至关重要的一步工作。它是DCS系统机柜现场安装完毕、信号电缆接线完成、DCS系统组态工作初步完成之后，系统准备上电开始直至DCS系统全部正常运行所进行的工作。

系统调试的一般程序如下：

(1) 上电前检查

① DCS设备接地检查：检查控制站内部、操作站及主机、DP线等设备的接地。接地电阻需小于4Ω，可用手摇式接地电阻测量仪或使用钳形接地表进行测量。

② 每个电源负载接线检查、绝缘检查。

③ DCS设备检查：

- 检查主控单元内部件是否有松动的情况；
- 各电源端子是否牢固；
- 以太网线、DP线、主控单元间的连线是否已紧固好；

- 明确进入 DCS 配电柜的双路电源已正确连接；
- 明确通过 DCS 配电柜到各电源负载的名称、开关及顺序；
- 各负载的电源线已正确连接及开关处于断开位；
- 各负载的电源线绝缘正常。

(2) 系统上电

系统检查正常后，就可以给各控制站逐一送电。如发现不正常时，马上停电检查，确认原因，消除故障后再重新送电。

(3) 硬件调试

逐一设置计算机 IP 地址，检查网络连接情况，网络正常后，对 DCS 系统的操作站、控制站进行调试，检查各模块的工作情况及技术性能。

1）热电偶、热电阻测量回路的检查

检查各热电偶与热电阻的一次元件校验报告，对重要信号的测量回路、测点对应关系、回路正确性、回路电阻值、绝缘电阻逐点检查。用毫伏信号发生器或标准电阻进行校验，检查模块信号采集是否正确，测量精度是否达到要求。

2）变送器及其回路检查

检查回路的正确性及变送器校验报告。根据变送器测量范围及系统对量程的要求，对变送器进行检查，当输入信号在系统规定量程内变化时，变送器输出信号应在 4～20mA 范围内变化，其对应理论值与 CRT 上显示值之间误差应满足精度要求。

3）模拟量测点综合性调试

核实每一个测点分度、量程、报警值等与实际要求是否一致，对于重要的信号通过测量就地变送器的输出信号与 DCS 系统的显示值校核，保证测量的准确性。

4）开关量测点调试

检查开关量输入、输出信号回路正确性。外部加入模拟开关信号，观察 CRT 上开关量输入响应。对开关量输出进行强制输出，观察开关量输出回路是否正确响应。

(4) 软件调试

1）操作站功能测试

检查操作站的各种功能是否满足要求，如数据监视功能、趋势记录功能、报警及日志功能、系统管理功能等。

2）组态测试

确保工程组态编译无错误，并可以正常下装和运行，且组态内容要与控制方案一致，无明显错误。

(5) 系统调试

1）模拟量控制系统调试

① 手操系统的投入

在控制机柜、操作站和执行机构送电后，通过操作站做阀门或执行机构的开关动作试验，检查阀门和执行机构的动作方向应与操作方向一致且位置反馈应与执行器位置相对应，手/自动切换正常。

② 执行机构的检查

执行机构安装应正确，外观检查应无损坏，阀门应能保证全开、全关。动作应灵活、平稳，无卡涩、跳动现象，各开度应和位置发送器输出保持线性关系，并记录调试结果。

③ 控制系统的开环试验

根据装置运行要求，对控制系统组态进行进一步检查与修改，设定静态参数的初始值和动态参数的预估值，根据系统工作过程和调节原理确定各主、副控制器动作方向。

检查各限幅、报警功能、各逻辑动作应正确无误。对系统进行手/自动切换试验，检查其是否有扰动。

2）开关量控制系统调试

① 单项控制系统调试

- 单台设备控制的组态调试：包括无闭锁时的手操检查和闭锁时的手操检查。
- 回路调试：包括各项输出指令都能正确到位；对外部输入回路检查确认。
- 模拟试验：设备在试验位启动试验。
- 实际启停试验：进行各项启停试验和联锁试验。

② 联锁保护投入调试

- 逻辑组态检查。
- 相应的顺控设备已调试完毕。
- 投入联锁保护，检查对应的顺控设备联锁情况。

(6) 系统投运

DCS系统调试完毕，经过相关测试与验证，各项功能和性能符合要求后，即可将系统投入在线运行。

DCS系统调试步骤如图6-1所示。

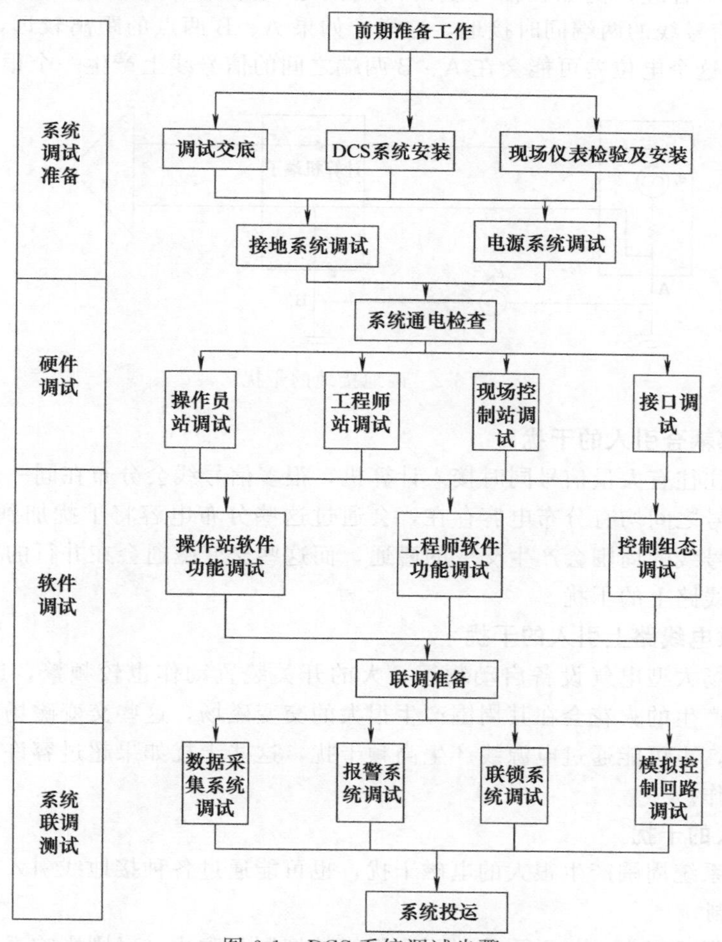

图6-1 DCS系统调试步骤

6.1.2 系统接地

DCS及其辅助装置，对接地都有严格的要求，在DCS通电调试前，必须完成接地系统的连接和测试。在回路中，正确的屏蔽和接地，可抑制大部分干扰。接地系统的连接影响着各电源系统、信号系统、DCS及仪表的正常运行和安全。

(1) 系统干扰

干扰又叫噪声，是窜入或叠加在系统电源、信号线上的与信号无关的电信号。干扰会造成测量的误差，严重的干扰（如雷击、大的串模干扰）可能会造成设备损坏。常见的干扰有以下几种：

1）电阻耦合引入的干扰

① 当几种信号线在一起传输时，由于绝缘材料老化、漏电而影响到其他信号，即在其他信号中引入干扰。

② 在一些用电能作为执行手段的控制系统中（如电热炉等），信号传感器漏电，接触到带电体，也会引入很大的干扰。

③ 在一些老式仪表和执行机构中，现场端采用220V供电，有时设备烧坏，造成电源与信号线间短路，也会造成较大的干扰。

④ 由于接地不合理，例如在信号线的两端接地，会因为电位差而加入一较大的干扰，如图6-2所示。信号线的两端同时接地，这样，如果A、B两点的距离较远，则可能会有较大的电位差e_N，这个电位差可能会在A、B两端之间的信号线上产生一个很大的环流。

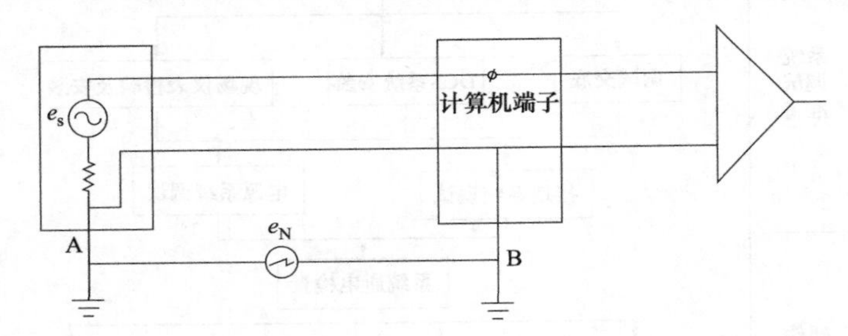

图6-2 两地接地的干扰

2）电容电感耦合引入的干扰

在被控现场往往有大量信号同时接入计算机，很多信号线会分布在同一个走线槽或者电缆管内。这些信号之间均有分布电容存在，会通过这些分布电容将干扰加到别的信号线上，同时，在交变信号线的周围会产生交变的磁通，而这些交变磁通会在并行的导体之间产生电动势，也会造成线路上的干扰。

3）计算机供电线路上引入的干扰

有些工业现场大型电气设备启动频繁，大的开关装置动作也较频繁，这些电动机的启动、开关的闭合产生的火花会在其周围产生很大的交变磁场，这些交变磁场既可以通过信号线耦合产生干扰，也可能通过电源线产生高频干扰，这些干扰如果超过容许范围，也会影响计算机系统的工作。

4）雷击引入的干扰

雷击可能在系统周围产生很大的电磁干扰，也可能通过各种接地线引入干扰。

(2) 干扰抑制

控制系统运行过程中，如果干扰得不到很好的抑制和防止，轻则影响系统的测量技术精度，因而使正常的控制无法实现，重则会造成设备损坏。人们在长期的工程实践中总结出了很多干扰抑制的方法。

1）隔离

① 使所有的信号线很好地绝缘，使其不可能漏电，这样，防止由于接触引入的干扰。

② 8.将不同种类的信号线隔离铺设（在同一电缆槽中，或用隔板隔开），我们可以根据信号不同类型将其按抗噪声干扰的能力分成几等：

a. 模拟量信号（模拟量输入、模拟量输出，特别是低电平的模拟量输入信号如热电偶信号、热电阻信号等）对高频脉冲信号的抗干扰能力很差，建议用屏蔽双绞线连接，且这些信号线必须单独占用电线管或电缆槽，不可与其他信号在同一电缆管（或槽）中走线。

b. 低电平的开关信号（一些状态干接点信号）、数据通信线路（RS232、RS485 等），对低频脉冲信号的抗干扰能力比模拟量信号要强，但建议最好采用屏蔽双绞线（至少用双绞线）连接。此类信号也要单独走线，不可和动力线和大负载信号线在一起平行走线。

c. 高电平（或大电流）的开关量的输入输出、CATV、电话线，以及其他继电器输入输出信号，这类信号的抗干扰能力强于以上两种，但这些信号会干扰别的信号，因此建议用双绞线连接，也单独走电缆管或电缆槽。

d. 动力线 AC 220V、AC 380V，以及大通断能力的断路器、开关信号线等，这些线的电缆选择主要不是依据抗干扰能力，而是由电流负载和耐压等级决定的。

以上说明，同一类信号可能放在一条电缆管或槽中，相近种类信号如果必须在同一电缆槽中走线，则一定要用金属隔板将它们隔开。

2）屏蔽

屏蔽就是用金属导体，把被屏蔽的元件、组合件、电话线、信号线包围起来。这种方法对电容性耦合噪声抑制效果很好。因为放置在空心导体或者金属网内的物体不受外电场的影响。请注意，屏蔽电场耦合干扰时，导线的屏蔽层最好不要两端连接当地线使用。因在有地环电流时，这将在屏蔽层形成磁场，干扰被屏蔽的导线。正确的做法是把屏蔽层单点接地，一般选择它的任一端头接地。

3）绞线

用双绞线代替两根平行导线是抑制磁场干扰的有效办法。原理如图 6-3 所示。

图 6-3 中，每个小绞扭环中会通过交变的磁通，而这些变化磁通会在周围的导体中产生电动势，它由电磁感应定律决定（如图中导线中的箭头所示）。从图中可以看出相邻绞纽环中在同一导体上产生的电动势方向相反，相互抵消，这对电磁干扰起到较好的抑制作用。

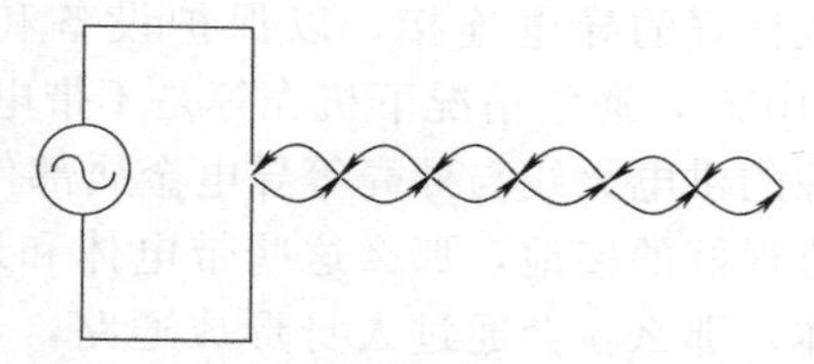

图 6-3 双绞线抑制电磁干扰的原理

4）雷击保护

系统受雷击干扰有两种方式：一种是架空电源线、信号线遭受雷击，另一种是信号电缆附近受到雷击，通过分布电容和电感耦合到信号线，在信号线上产生一个很大的脉冲干扰，有时甚至会烧坏设备，影响人员安全。针对不同的干扰原因，可以采用下面两种措施防雷击：

① 对于耦合干扰，我们可用金属电缆管或槽铺设信号线，电缆管或金属槽有很好的接地。

② 对于架空信号线，则必须在计算机输入端子处采取防雷措施，如装避雷器，加压敏电阻、较强的滤波电路等来抑制其干扰。

5）接地抗干扰技术

接地抗干扰技术的主要内容：一是避开地环电流的干扰；二是降低公共地线阻抗的耦合

干扰。“一点接地”有效地避开了地环电流；而在“一点接地”前提下，并联接地则是降低公共地线阻抗的耦合干扰的有效措施；它们是工业控制系统采用的最基本的接地方法。

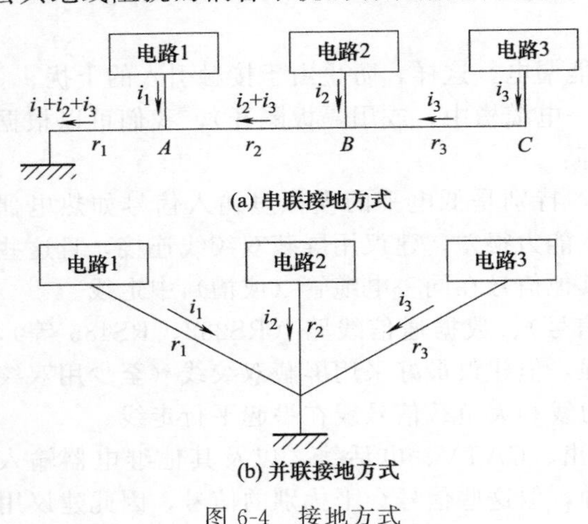

图 6-4　接地方式

常见的接地方式有串联接地和并联接地。在图 6-4（a）所示的串联接地方式中，电路 1、2、3 各有一个电流 i_1、i_2、i_3 流向接地点。由于地线存在电阻，因此，A、B、C 点的电位不再是零，于是各个电路间相互发生干扰。尤其是强信号电路将严重干扰弱信号电路。如果必须要这样使用，应当尽力减小公共地线的阻抗，使其能达到系统的抗干扰容限要求。串联的次序是，最怕干扰的电路的地接 A 点，而最不怕干扰的电路的地应当接 C 点。但工业控制系统中的模拟通道和数字通道不能这样串联接地。应当按照图 6-4（b）所示的并联接地方式使用。并联接地中各个电路的地电位只与其自身的地线阻抗和地电流有关，互相之间不会造成耦合干扰。因此，有效地克服了公共地线阻抗的耦合干扰问题，工业控制系统应当尽量采用并联接地方式。值得注意的是，虽然采用了并联接地方式，但是地线仍然要粗一些，以使各个电路部件之间的地电位差尽量减小。这样，当各个部件之间有信号传送时，地线环流干扰将减小。

(3) DCS 接地分类

接地按其作用分主要有两种：一是为人身安全和电气设备安全运行而设置的接地，包括保护接地、本安接地、防静电接地和防雷接地等；二是为信号传输和抗干扰而设置的工作接地。但二者又是相关的，不能截然分开。

1）保护接地

保护接地（cabinet grounding，CG）是为人身安全和电气设备安全而设置的接地（也称为安全接地），设备保护地要求接入公共接地极，与设备所处地理位置的建筑地电平等电位。保护接地是将 DCS 中平时不带电的金属部分（机柜外壳，操作台外壳等）与地之间形成良好的导电连接，以保护设备和人身安全。原因是 DCS 的供电是强电供电（220V 或 110V），通常情况下机壳等是不带电的，当故障发生（如主机电源故障或其他故障）造成电源的供电火线与外壳等导电金属部件短路时，这些金属部件或外壳就形成了带电体，如果没有很好的接地，那么这些带电体和地之间就有很高的电位差，如果人不小心触到这些带电体，那么就会通过人身形成通路，产生危险。因此，必须将金属外壳和地之间做很好的连接，使机壳和地等电位。此外，保护接地还可以防止静电的积聚。

2）工作接地

工作接地的目的是抗干扰，是为了使 DCS 以及与之相连的仪表均能可靠运行并保证测量和控制精度而设的接地。它分为逻辑地、信号回路地、系统地、屏蔽地，在石化和其他防爆系统中还有本安接地。

① 逻辑地：也叫主机电源地，是计算机内部的逻辑电平负端公共地，也是 DCS 系统内部电信号传递和电路运算的基准参考电平。

② 系统地：也叫系统基准地，通常也是系统电源地（＋24V 负端），是 DCS 信号提供的一个基准点。系统地在 DCS 中，就是给模件供电的 24V DC 电源地。对于通道隔离的I/O模块应用场合，它与信号地是有区别的，因为两者没有电气联系。隔离输入的信号一般遵循

在信号源端接地的原则。

• 信号地：也叫信号回路地，如各变送器的负端接地，开关量信号的负端接地等。信号回路地是DCS系统对外界信号输入/输出的信号基准参考电平（现场返回信号的负端）。为了减少干扰电平对信号回路的影响，统一基准电平的前提是现场的信号源装置及DCS系统的I/O电路对地处于同一电位：原则上供电不隔离，在DCS端接地；隔离不供电，允许现场端接地，也允许DCS端接入公共接地极。

• 屏蔽地：也叫模拟地，是为了避免电磁场对仪表和信号的干扰而采取的屏蔽网接地。它可以把信号传输时所受到的干扰屏蔽掉，以提高信号质量。线缆屏蔽层必须一端接地（一般在DCS设备侧统一接地），防止形成闭合回路干扰，而且需要接入公共接地极。

3）与DCS相关的接地分类

① 本安地：也叫本质安全地，是本安仪表和齐纳安全栅的本安接地。实践中常常将现场的设备外壳与系统地（信号地）、本安地连接，以此保证安全栅能可靠工作，在此种情况下，DCS侧给齐纳安全栅供电的电源地（+24V负端）浮空，接入公共接地极。

② 避雷地：将雷击能量导入大地的接地。在电气接地网覆盖的范围内，一般不只一个避雷地。避雷地可以通过等电位连接器与公共接地极连接在一起。

4）DCS系统接地原则

① 一个系统只允许一点接地，一般与电气接地网共地。严格区分不同性质的地，做到不混接。不同性质的地用分干线接入各自的汇流板（或者直接接入总的汇流板），各汇流板用总干线接入公共接地极（网），最终汇入一点接地。

② 防雷保护地通过避雷器/冲击波抑制器与电气接地网的主干线相连。

DCS系统中设置的接地装置有操作台、配电柜、服务器柜、现场控制站机柜、服务器柜、安全栅柜等。集中布置的DCS设备接地方法如图6-5所示。

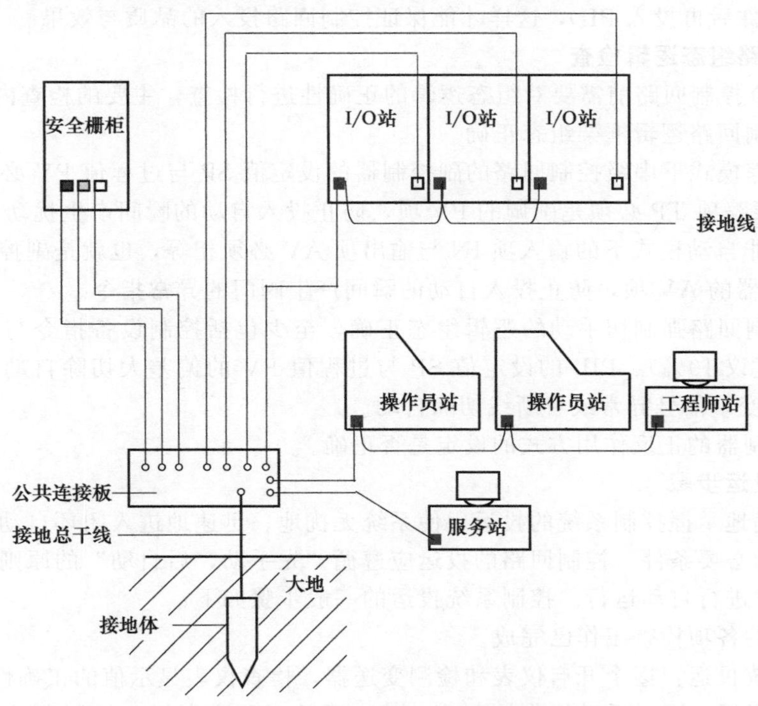

图6-5 集中布置的DCS设备接地方法

■保护地；□屏蔽地；▣本安地

6.2 系统投运

6.2.1 系统投运概述

控制系统的投运是指当系统方案设计、控制仪表选型和安装调试完毕或者经过停车检修之后，使控制系统投入使用的过程。系统的投运工作是鉴别自动控制人员是否具有足够的实践经验和清晰的控制理论知识的一个重要标准。

(1) 投运前准备工作

为保证控制系统的顺利投运，达到预期的效果，必须做好各项准备工作。

1) 熟悉生产工艺流程

熟悉生产工艺流程，熟悉控制系统的特点与控制方案，熟悉紧急情况下故障处理方法。

2) 全面检查过程检测控制仪表

现场的仪表精度与控制设备的特性对控制回路调试的品质与效果有直接影响，通常情况下的基本要求如下：

① 阀门类控制设备的执行机构没有空行程；

② 阀门类控制设备的动作灵敏度（死区）小于1.5%；

③ 变频器类（含液偶）控制设备的动作灵敏度（死区）小于1.0%；

④ 阀门的流量特性良好，漏流量情况良好；

⑤ 负荷在30%～100%调整时，控制设备的余量满足，即20%<开度<85%；

⑥ 转速、压力、流量、温度、风量等测量仪表工作与显示正常。

当控制设备的灵敏度或者流量特性不满足要求时，应该对设备进行校正与维修（甚至是更换），满足条件后再投入PID，这样才能保证控制回路投入的品质与效果。

3) 控制回路组态逻辑检查

在调试PID控制回路前需要对组态逻辑的正确性进行检查，主要的检查内容包括：

① PID控制回路逻辑框架组态正确。

② PID跟踪模式下串级控制回路的副控制器的设定值SP与过程值PV必须相等，也就是主控制器的跟踪项TP必须是副调的PV项，防止投入自动的瞬间产生扰动。

③ 手操器非自动模式下的输入项IN与输出项AV必须相等，也就是副控制器的跟踪项TP必须是手操器的AV项，防止投入自动的瞬间产生阀门的异常指令。

④ PID控制回路强制切手动的逻辑组态正确，至少包括控制设备指令与反馈偏差大切除自动（一般建议10%）、PID的设定值SP与过程值PV的偏差大切除自动（按照工艺安全设定）、被控变量信号异常或者断线切除自动。

⑤ 检查控制器的正反作用方式的设定是否正确。

(2) 系统投运步骤

合理、正确地掌握控制系统的投运，使系统无扰地、迅速地进入闭环自动控制，是工艺过程平稳运行的必要条件。控制回路的投运应遵循“先手动，后自动”的原则，在手动调节稳定的前提下，进行自动运行。控制系统投运的一般步骤如下：

① 投运前的各项检查工作已完成。

② 检测系统投运：逐个开启仪表和检测变送器，检查仪表显示值的正确性。

③ 控制器投运：通过手动操作控制阀，使工况趋于稳定以后，控制器就可以由手动切换到自动，实现自动操作。

④ 控制器参数整定：根据实际情况进行P、I、D参数的整定，直到被调工艺参数满足要求为止。

6.2.2 PID基本原理介绍

(1) PID控制系统常用术语

PID控制是工业过程控制中应用最广泛的一种控制规律。控制质量的好坏与控制器参数的选择有着很大的关系，合适的控制参数可以带来满意的控制效果，反之，控制器参数选择得不合适，则会导致控制质量变坏，甚至使系统不能正常工作。因此如何整定好控制器的参数是个很重要的实际问题，一个控制系统设计好以后，系统投运与控制器参数整定是十分重要的工作。

通常PID控制由PID控制器与DCS系统内部功能程序模块组合来实现，理解与掌握PID控制相关的一些基本术语，有助于PID入门新手快速熟悉调节器应用，在自动控制系统中成功整定PID参数。常用术语一般包括被控变量、设定值、控制输出、单回路、串级、主控制器、副控制器、正反作用、动态偏差、静态偏差、回调等。

① 被调量：反映被控对象的实际波动的量值，如水箱液位、反应釜温度等。

② 设定值：人们期待被调量需要达到的值，设定值可以是固定的，也可以是变化的。

③ 控制输出：根据设定值以及被控变量的变化情况运算之后发出的指令值。

④ 单回路：只有一个PID控制器组成的控制回路。

⑤ 串级：两个PID控制器串接起来形成一个串级控制系统，也被称为双回路控制系统。

⑥ 主控制器：串级回路中要调节被控变量的PID控制器。

⑦ 副控制器：输出直接去指挥执行器动作的PID控制器，主控制器的控制输出进入副控制器作为副调的设定值。

⑧ 正作用：控制输出随被控变量增高而增高，随被控变量减少而减少的作用。

⑨ 反作用：控制输出随被控变量增高而降低，随被控变量减少而增高的作用。

⑩ 动态偏差：在调节过程中，被控变量和设定值之间的偏差随时改变，任意时刻两者之间的偏差。

⑪ 静态偏差：调节趋于稳定之后，被控变量和设定值之间还存在的偏差，消除静态偏差是通过PID控制器积分作用来实现的。

⑫ 回调：控制器调节作用显示，使被控变量开始由上升变为下降，或者由下降变为上升的趋势称为回调。

(2) PID参数整定的基础知识

在自动控制系统中，E=SP−PV。其中，E为偏差、SP为给定值、PV为测量值。当SP大于PV时为正偏差，反之为负偏差。

① 比例调节作用的强度与偏差E的大小成正比；当比例带PT为100时，比例系数为1（比例系数=100/PT），比例作用的输出与偏差按各自量程范围的1∶1动作。当比例带为20时，按5∶1动作。即比例带越小，比例作用越强。比例作用太强会引起振荡。比例作用太弱会造成比例欠调，造成系统收敛过程的波动周期太多，衰减比太小。其作用是稳定被调量。纯比例PID输出曲线见图6-6。

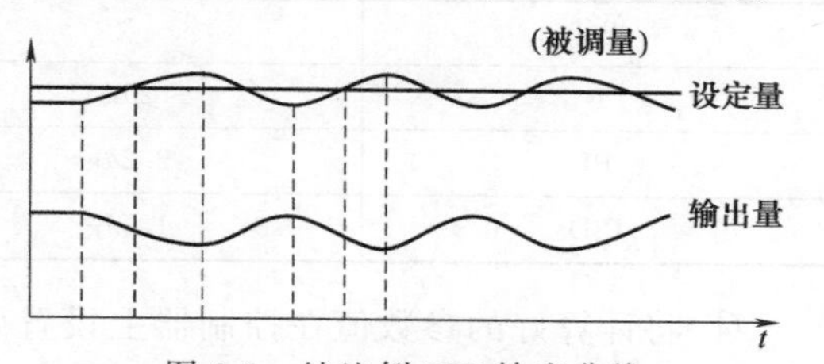

图6-6　纯比例PID输出曲线

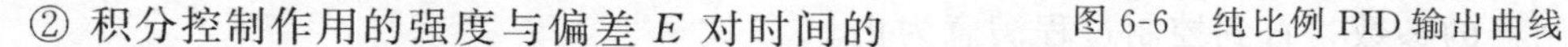

② 积分控制作用的强度与偏差E对时间的

积分成正比。即偏差存在积分作用就会有输出。它起着消除余差的作用。积分作用太强也会引起振荡，太弱会使系统存在余差，造成系统收敛时间过长。纯积分 PID 输出曲线见图 6-7。

③ 微分作用的强度与偏差的变化速度成正比。其作用是阻止被控变量的一切变化，有超前调节的作用。对滞后大的对象有很好的效果，但不能克服纯滞后，适用于温度控制系统。使用微分作用可使系统收敛周期的时间缩短。微分时间太长也会引起振荡。被控变量阶跃的纯微分 PID 输出曲线见图 6-8。

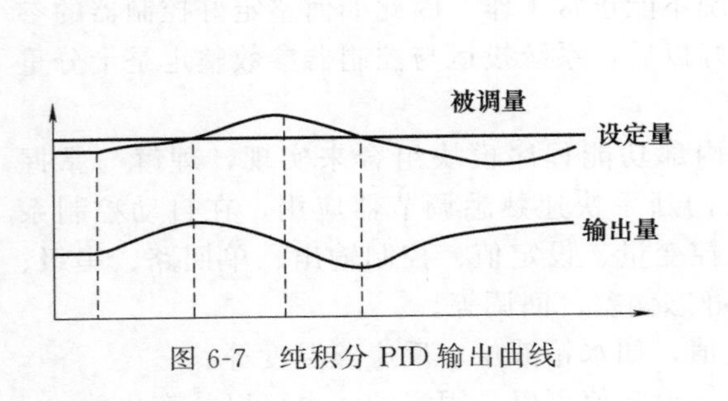

图 6-7 纯积分 PID 输出曲线

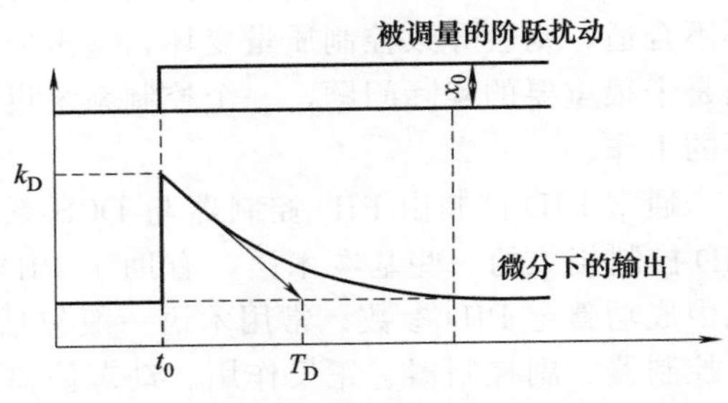

图 6-8 被控变量阶跃的纯微分 PID 输出曲线

6.2.3 PID 参数整定方法

(1) 临界比例带法

临界比例带法又称边界稳定法，其要点是将控制器设置成纯比例作用，将系统投入自动运行并将比例带由大到小改变，直到系统产生等幅振荡为止。这时控制系统处于边界稳定状态，记下此状态下的比例带值，即临界比例带 δ_K 以及振荡周期 T_K，然后根据经验公式计算出控制器的各个参数。可以看出临界比例带法无须知道对象的动态特性，直接在闭环系统中进行参数整定。

临界比例带法的具体调试步骤是：

① 将控制器的积分时间置于最大，即 $T_I \rightarrow \infty$；置微分时间 $T_D=0$；置比例带 δ 于一个较大的值。

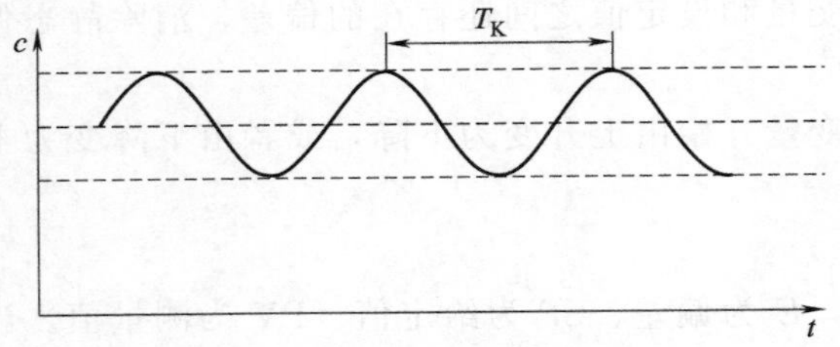

图 6-9 等幅振荡曲线

② 将系统投入闭环运行，待系统稳定后逐渐减小比例带 δ，直到系统进入等幅振荡状态。一般振荡持续 4～5 个振幅即可，试验记录曲线如图 6-9 所示。

③ 据记录曲线得振荡周期 T_K，此状态下的控制器比例带为 δ_K，然后按表 6-1 计算出控制器的各个参数。

表 6-1 临界比例带法参数计算公式

规律	δ	T_I	T_D
P	$2\delta_K$	—	—
PI	$2.2\delta_K$	$0.85T_K$	—
PID	$1.7\delta_K$	$0.5T_K$	$0.125T_K$

④ 将计算好的参数值在控制器上设置好，做阶跃响应试验，观察系统的控制过程，适当修改控制器的参数，直到控制过程满意为止。

(2) 衰减曲线法

衰减曲线法是在总结临界比例带法基础上发展起来的，它利用比例作用下产生的4：1衰减振荡（$\psi=0.75$）过程时的控制器比例带δ_s及过程衰减周期T_s，或10：1衰减振荡（$\psi=0.9$）过程时控制器比例带δ_s及过程上升时间T_r，据经验公式计算出控制器的各个参数。

衰减曲线法的具体调试步骤是：

① 置控制器的积分时间$T_I\to\infty$，微分时间$T_D\to 0$，比例带δ为一稍大的值；将系统投入闭环运行。

② 在系统处于稳定状态后做阶跃扰动试验，观察控制过程。如果过渡过程衰减率大于0.75，应逐步减小比例带值，并再次试验，直到过渡过程曲线出现4：1的衰减过程。对于$\psi=0.9$的控制过程，也是一样地做上述试验，直到出现10：1的衰减过程。记录下4：1（或10：1）的衰减振荡过程曲线，如图6-10所示。

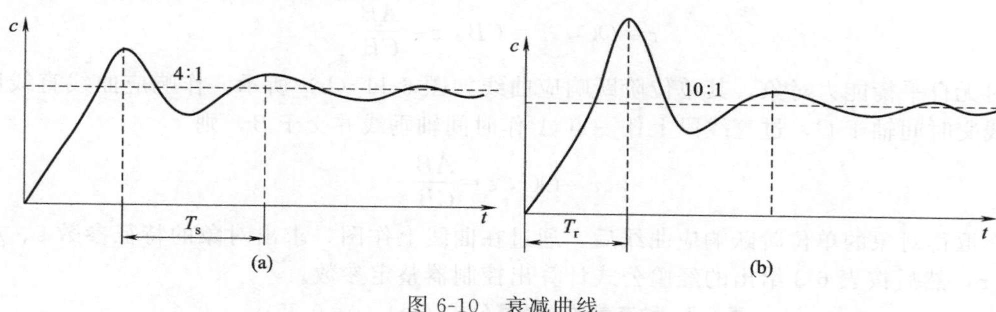

图6-10 衰减曲线

③ 在图6-10（a）或图6-10（b）所示的曲线上求取$\psi=0.75$时的振荡周期T_s或$\psi=0.9$时的上升时间T_r，结合此过程下的控制器比例带δ_s，按表6-2计算出控制器的各个参数。

表6-2 衰减曲线法参数计算公式

ψ	规律	δ	T_I	T_D	ψ	规律	δ	T_I	T_D
0.75	P	δ_s	—	—	0.9	P	δ_s	—	—
	PI	$1.2\delta_s$	$0.5T_s$	—		PI	$1.2\delta_s$	$2T_r$	—
	PID	$0.8\delta_s$	$0.3T_s$	$0.1T_s$		PID	$0.8\delta_s$	$1.2T_r$	$0.4T_r$

④ 按计算结果设置好控制器的各个参数，做阶跃扰动试验，观察控制过程，适当修改控制器参数，直到满意为止。

与临界比例带法一样，衰减曲线法也利用了比例作用下的控制过程。从表6-2可以发现，对于$\psi=0.75$，采用比例积分控制规律时相对于采用比例控制规律引入了积分作用，因此系统的稳定性将下降，为了仍然能得到$\psi=0.75$的衰减率，就需将δ_s放大1.2倍后作为比例积分控制器的比例带值。对于三个参数控制规律，由于微分作用的引入提高了系统的稳定性和准确性，因此可将δ_s减小至$0.8\delta_s$后作为控制器比例带设定值，同时积分时间与无微分作用下相比也适当减小了。

(3) 动态参数法

动态参数法是在系统处于开环状态下，做对象的阶跃扰动试验，根据记录下的阶跃响应曲线求取一组特征参数ε、τ（无自平衡能力对象）或ε、ρ、τ（有自平衡能力对象），再据经验公式计算出控制器各个参数的方法。

对于有自平衡能力对象，其阶跃响应曲线如图6-11（a）所示。过响应曲线拐点P作切

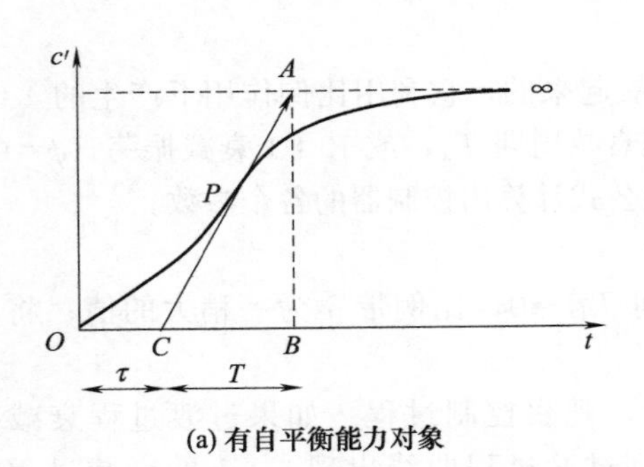

(a) 有自平衡能力对象

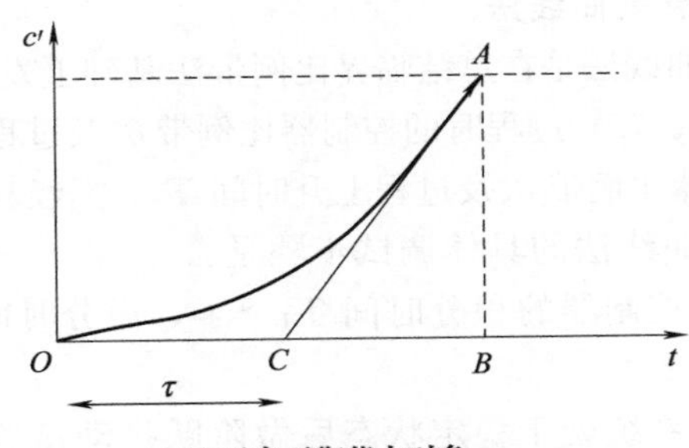

(b) 无自平衡能力对象

图 6-11 动态响应曲线

线交稳态值渐近线 $c'(\infty)$ 于 A，交时间轴于 C；过 A 点作时间轴垂线并交于 B，则：

$$\tau=OC,\ T=CB,\ \varepsilon=\frac{AB}{CB}$$

对无自平衡能力对象，其单位阶跃响应曲线如图 6-11（b）所示。作响应曲线直线段的渐近线交时间轴于 C，过直线段上任一点 A 作时间轴垂线并交于 B，则

$$\tau=OC,\ \varepsilon=\frac{AB}{CB}$$

在取得对象的单位阶跃响应曲线后，通过在曲线上作图，求出对象的特征参数 ε、ρ、τ 或 ε、τ，然后按表 6-3 给出的经验公式计算出控制器整定参数。

表 6-3 动态参数法计算公式（一）（$\psi=0.75$）

规律	δ	T_I	T_D
P	$\varepsilon\tau$	—	—
PI	$1.2\varepsilon\tau$	3.3τ	—
PID	$0.8\varepsilon\tau$	2τ	0.5τ

生产实践表明，对象特征参数 ε 和 τ 的乘积反映了控制难易的程度；$\varepsilon\tau$ 越大，对象就越不好控制，因此控制器的比例带就应取大一些，即 δ 与 $\varepsilon\tau$ 成正比。对于采用比例积分作用，积分作用的加入使系统的稳定性下降，因此比例带 δ 为纯比例作用时的比例带值的 1.2 倍；对于采用比例积分微分作用，则因微分作用提高了系统的稳定性，因而比例带 δ 可为纯比例作用时比例带的 0.8 倍。

积分作用主要用于消除系统的稳态误差，并且希望在被控变量波动一个周期后消除稳态误差的作用应基本结束；就是说积分时间 T_I 的大小应根据被控变量波动周期大小来确定，而迟延时间 τ 又是影响过渡过程周期的主要因素。因此，对象的迟延时间大，则积分作用就应相对较弱，即积分时间 T_I 应与 τ 成正比；有微分作用加入时，T_I 可适当减小一些。一般地，在对象惯性和迟延都较大时，需加入微分控制作用，即微分时间 T_D 的值也应据迟延时间 τ 来确定。

表 6-4 动态参数法计算公式（二）（$\psi=0.75$）

规律	$\tau/T\leqslant 0.2$			$1.5\geqslant\frac{\tau}{T}>0.2$		
	δ	T_I	T_D	δ	T_I	T_D
P	εT	—	—	$2.6\varepsilon T\dfrac{\frac{\tau}{T}-0.8}{\frac{\tau}{T}+0.7}$	—	—

续表

规律	$\tau/T\leqslant 0.2$			$1.5\geqslant\frac{\tau}{T}>0.2$		
	δ	T_I	T_D	δ	T_I	T_D
PI	$1.2\varepsilon\tau$	3.3τ	—	$2.6\varepsilon T\frac{\frac{\tau}{T}-0.08}{\frac{\tau}{T}+0.6}$	$0.8T$	—
PID	$0.8\varepsilon\tau$	2τ	0.5τ	$2.6\varepsilon T\frac{\frac{\tau}{T}-0.15}{\frac{\tau}{T}+0.88}$	τ	0.25τ

表6-3给出的经验公式比较粗略，它忽略了对象自平衡率对控制过程的影响，这在$\tau/T\leqslant 0.2$时还是允许的。在考虑对象的自平衡率影响时，较准确的经验公式如表6-4所示。表6-3与表6-4的区别在于$\tau/T>0.2$以后，两表计算出的整定参数有较大的差别。然而表6-3给出的计算公式十分简单，又便于记忆，为工程技术人员广泛采用。

(4) 反推经验法

反推经验法是根据PID的传递函数，然后结合被控变量与输出值的比例关系反算出比例带的方法。积分时间是根据对象的惯性时间结合实际经验得出的，微分时间也是根据对象的惯性和迟延由经验得出的。

反推经验法的具体调试步骤是：

① 根据使用的PID类型，结合PID的传递函数反推出比例带的计算公式，和利时DCS控制系统使用的2种PID算法块的比例带PT的反推计算公式如下（不考虑积分与微分）：

➤ HSPID:　PT＝（MU－MD）/［100（PU－PD）ΔAVΔPV］

➤ HSVPID:　PT＝100Mek/(ΔAVΔPV)

说明：ΔAV为PID输出值的变化增量，ΔPV为ΔAV变化引起的被控变量的变化增量。

② 在工况相对比较稳定没有其他干扰因素的情况下，对控制设备进行手动的阶跃扰动（扰动幅度依据运行安全来定，幅度适中即可），如果人为阶跃扰动条件不允许，可以通过查看历史操作曲线，查找具有代表意义的正常操作曲线来代替人为扰动。

③ 通过曲线读取阶跃扰动（或正常操作）期间的控制设备起始指令值$AV_{(K-1)}$与控制结束指令$AV_{(K)}$，计算$\Delta AV=AV_{(K)}-AV_{(K-1)}$。

④ 通过曲线读取阶跃扰动（或正常操作）期间由于调节设备指令从$AV_{(K-1)}$变化到$AV_{(K)}$引起的被控变量的变化范围，读取控制开始前的被控变量$PV_{(K-1)}$与控制结束的被控变量$PV_{(K)}$，计算$\Delta PV=PV_{(K)}-PV_{(K-1)}$。注意$PV_{(K)}$的取值时刻与控制对象的惯性与迟延有关，与$AV_{(K)}$不是同一个时刻，一般$PV_{(K)}$都滞后于$AV_{(K)}$，故读取控制结束的被控变量$PV_{(K)}$需要等阶跃扰动（或正常操作）结束后，系统进入稳态后再取值，具体的曲线与取值点如图6-12所示。

⑤ 通过不同幅度、不同方向的阶跃扰动（或正常操作）获取至少4组的ΔPV与ΔAV，然后通过比例带PT的计算公式计算初始PT，然后求取4组PT的平均值，对于有异常的数据需要分析原因重新取值。在实际应用过程中，通常采用比例积分作用，故一般情况下取计算比例带的0.8倍控制效果更佳。具体PID的比例带PT的计算方式如图6-13所示，读取的4组参数填入对应的表格内，会自动计算出4个比例带PTn，然后计算平均值PT，以该表为例，初始PT为477.9，采用比例积分调节时一般建议的PT＝477.9×0.8＝382.3。

⑥ 通过图6-13可以看出，(T_2-T_1)为控制对象的延迟滞后时间，(T_3-T_2)为控制

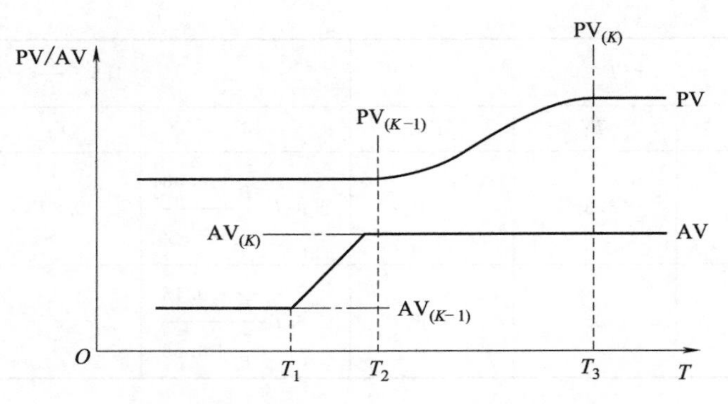

图 6-12 手动阶跃（或正常操作）扰动曲线

PV—过程值；AV—输出值；T—时间

参数	AV1	PV1	AV2	PV2	AV3	PV3	AV4	PV4
K-1	31.3	158	29.89	142	34.4	163	38.1	195
K	27.1	117	26.08	104	38.1	196	33.4	150

比例带		PT1	PT2	PT3	PT4
PT	477.9	488.0952381	498.687664	445.9459459	478.7234043

MU	100	PU	100
MD	0	PD	-100

图 6-13 PID 的比例带 PT 的计算方式实例图

对象的惯性时间，PID 的积分时间与（T_3-T_1）有直接关系，按照经验我们通常取初始积分时间 $T_1=1.3\times(T_3-T_1)$。一般情况下积分时间、微分时间与被控变量的特性有关，参考范围如表 6-5 所示，当然这些参数都是经验值，不是绝对的，需要根据实际情况整定。

表 6-5 积分时间与微分时间经验参数

被控变量	积分时间(T_I)	微分时间(T_D)
流量	30～50	—
温度	100～200	60～100
压力	50～100	—
液位	80～250	—

⑦ 将计算好的比例、积分、微分参数值在控制器上设置好，作阶跃响应试验，观察系统的控制过程，适当修改控制器的参数，直到控制过程满意为止。

6.2.4 自动控制系统的质量指标

自动控制系统的品质指标，主要包括稳态品质指标和动态品质指标两部分。稳态品质指标是指系统在稳态工况时，被控变量偏离设定值的允许偏差以及对控制系统稳定性的要求，定量的指标主要有稳态偏差，此外还有一些定性指标。动态品质指标是指控制系统在受到内部或外部扰动时，动态控制过程中被控变量偏离设定值的允许偏差指标；动态品质指标主要有过渡过程衰减率、稳定时间、最大动态偏差等。一般来说一个自动控制回路调试好以后，需要关注以下几个质量指标：

➢ 衰减率：0.75 最好。好的自动控制系统，用通俗的话来说为“一大一小两个波”。

➢ 最大偏差：一个干扰来临之后，经过调节，系统稳定后，被控变量与设定值的最大偏差。

➢ 稳定时间：阶跃扰动后，被控变量回到稳态所需要的时间，其决定了系统抑制干扰的速度。

➢ 稳态偏差：系统处于稳态时，被控变量与设定值之间的偏差。

➢ 执行机构动作频率：一般来说，稳态工况下阀门类执行机构的动作频率低于4 次/min为优，介于 4 次/min 与 8 次/min 之间为良好，大于 8 次/min 为不合格。动作频率与比例、积分、微分作用都有关系，一般来说，合适的比例使系统的波动较小，控制器的输出波动也就小。若执行机构动作次数过于频繁，则容易导致电机过热，甚至烧毁电机。

参考文献

[1] 高国光，武平丽. 离子膜烧碱控制技术. 北京：化学工业出版社，2015.
[2] 武平丽，高国光. 过程控制工程实施. 北京：电子工业出版社，2011.
[3] 武平丽主编. 过程控制及自动化仪表（第二版）. 北京：化学工业出版社，2016.
[4] 俞金寿主编. 过程自动化及仪表. 北京：化学工业出版社，2003.
[5] 陆建国主编. 工业电器与自动化. 北京：化学工业出版社，2005.
[6] 贺代芳主编. 过程控制技术及应用. 北京：机械工业出版社，2017.
[7] HOLLiAS MACS_V6.5_用户手册 1 _ 软件安装. 杭州：杭州和利时自动化有限公司，2016.
[8] HOLLiAS MACS_V6.5_用户手册 2_快速入门. 杭州：杭州和利时自动化有限公司，2016.
[9] HOLLiAS MACS_V6.5_用户手册 3_工程组态. 杭州：杭州和利时自动化有限公司，2016.
[10] HOLLiAS MACS-K 系统安装维护手册. 杭州：杭州和利时自动化有限公司，2011.
[11] HOLLiAS MACS-K 控制系统选型手册. 杭州：杭州和利时自动化有限公司，2011.
[12] 胡寿松主编. 自动控制原理. 北京：科学出版社，2007.
[13] 吴重光主编. 系统建模与仿真. 北京：清华大学出版社，2008.
[14] 张显库，金一丞主编. 控制系统建模与数字仿真. 大连：大连海事大学出版社，2004.
[15] 曹梦龙，安世奇主编. 控制系统计算机仿真技术. 北京：化学工业出版社，2009.
[16] 靳其兵，王燕，曹丽婷主编. 集散系统中 PID 参数整定与控制器优化. 北京：化学工业出版社，2011.
[17] 王再英，刘淮霞，陈毅静主编. 过程控制系统与仪表. 北京：机械工业出版社，2017.
[18] 系统接地和 EMC/EMI 设计手册. 杭州：杭州和利时自动化有限公司，2009.